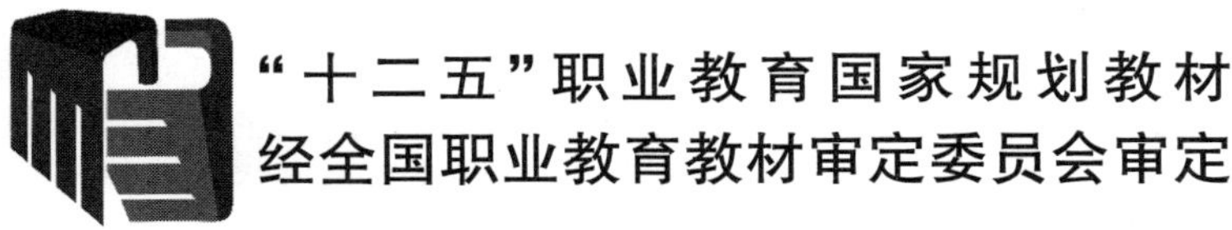

土木工程专业系列规划教材

建 筑 构 造

（第二版）

韩建绒 孔玉琴 主 编

白 雪 韩 洁
韩晓玲 吴 珊 副主编

田树涛 主 审

科 学 出 版 社

北 京

内 容 简 介

本书是根据全国高职高专土建类专业教学指导委员会颁布的建筑工程技术专业《高等职业教育——建筑工程技术专业教育标准和培养方案及主干课程教学大纲》进行编写的，并参照执行了国家现行的有关规范、规程和技术标准，能够适应高职高专建筑工程技术专业教学及课程改革的需要，可以作为其他相关专业教学的辅助用书。

本书主要介绍建筑设计及建筑构造的有关知识，并根据职业教育的特色以及专业岗位的要求展开内容。主要内容有建筑的含义及建筑设计概述、建筑构造概论、基础与地下室、墙体、楼板层与地层、窗与门、楼梯及其他交通垂直设施、屋顶、建筑抗震与防火、民用工业化建筑体系、工业建筑构造概述、单层工业厂房构造、多层厂房简介。

本书可作为高等职业院校、高等专科学校、成人高校及本科院校举办的二级职业技术学院、继续教育学院和民办高校的土建类各专业的教材，也可供相关的工程技术人员及自学人员参考。

图书在版编目(CIP)数据

建筑构造/韩建绒，孔玉琴主编. — 2版. —北京：科学出版社，2016
（“十二五”职业教育国家规划教材·经全国职业教育教材审定委员会审定·土木工程专业系列规划教材）
ISBN 978-7-03-046836-9

Ⅰ. ①建… Ⅱ. ①韩… ②孔… Ⅲ. ①建筑构造-高等职业教育-教材
Ⅳ. ①TU22

中国版本图书馆CIP数据核字(2015)第318107号

责任编辑：杜 晓/责任校对：王万红
责任印制：吕春珉/封面设计：曹 来

科学出版社 出版
北京东黄城根北街16号
邮政编码：100717
http://www.sciencep.com
三河市骏杰印刷有限公司印刷
科学出版社发行 各地新华书店经销
*
2010年2月第 一 版 开本：787×1092 1/16
2016年1月第 二 版 印张：18 1/2
2021年8 月第九次印刷 字数：439 000

定价：45.00元

（如有印装质量问题，我社负责调换〈骏杰〉）
销售部电话 010-62134988 编辑部电话 010-62132124（VA03）

第二版前言

本书主要介绍建筑设计的基础知识，一般民用建筑和工业建筑的构造原理和常见构造的基本做法等内容，其中以民用建筑构造为重点。本书自第一版出版以来，受广大院校师生好评，并被评为“十二五”国家规划教材。此次修订在第一版的基础上，充分考虑了当前高职高专学生在就业方面的实际需求，尽力提高其兼容性和通用性。本书内容新颖、技术先进、重点突出、通俗易懂、图文并茂，努力反映我国当前建筑施工领域新工艺、新材料、新技术发展的动态和趋势。

为了便于学生学习，本书在每一章的开始列有学习目标与提示，结尾附有小结与思考题。

本书由甘肃建筑职业技术学院韩建绒、孔玉琴担任主编并编写第5章；白雪编写绪论；孔玉琴编写1、9~12章；山西职业技术学院樊旭宏编写第2章；韩洁编写第3、4、7章；吴珊编写第6章；韩晓玲编写第8章。甘肃建筑职业技术学院院长田书涛教授审阅了书稿，并对本书的编写提出了有益的建设性意见，在此表示衷心的感谢。

由于建筑的地域特征明显、工程水平发展不一，以及编者对新信息和资料的收集不够完善，本书难免会存在不足，希望读者批评指正，以便在以后修订时改正。

第一版前言

本书主要介绍建筑的基本知识、一般民用建筑和工业建筑的构造原理和常见构造的基本做法等内容。其中，以民用建筑构造为重点。

本书在内容的设计上，充分考虑了当前高职高专学生在就业方面的实际需求，把培养建筑生产一线的基层技术及管理人员应当具备的基本知识、岗位知识、能力和技能等作为本书定位的核心，充分注意了不同地域、不同经济状况地区对建筑专业人才需求的个性要求，尽力提高兼容性和通用性，内容新颖、技术先进、重点突出、通俗易懂，图文并茂，努力反映我国当前建筑施工领域新工艺、新材料、新技术发展的动态和趋势。

为了便于学生学习，每一章的开始列有学习目标与提示，结尾附有小结与思考题。

本书由甘肃建筑职业技术学院韩建绒、孔玉琴担任主编并编写第 3~5 章；白雪编写绪论；孔玉琴编写第 1、9~12 章；韩晓玲编写第 8 章；韩洁编写第 2、7 章；吴珊编写第 6 章。甘肃建筑职业技术学院田树涛研究员审阅了书稿，并对本书的编写提出了建设性意见，在此表示衷心的感谢。

由于建筑的地域特征明显、工程水平发展不一、编者的水平所限以及对新信息和资料的收集不够完善，本书难免会存在不足，希望读者批评指正，以便在以后修订时改正。

目　录

绪　论

学习目标

通过学习绪论的基本知识，掌握建筑的含义及构成要素，了解建筑的起源、21 世纪建筑发展趋势，了解建筑的节能。通过学习建筑设计概述的基本知识，掌握建筑设计的要求及设计依据。了解建筑设计内容及设计程序。

提示

通过本章的学习，对建筑施工图的图纸和文件更进一步加深理解，要求能够熟悉一些规范的规定。

学习本课程前需要了解建筑的含义及中外建筑的发展史，本章起到了一个引领的作用，引领学生加深对建筑的认识和理解。

0.1 建筑的含义及发展

有了人类便有了建筑。从建筑的起源发展到建筑文化，经历了千万年的变迁。有许多著名的格言可以帮助我们加深对建筑的认识，如“建筑是石头的文书”，“建筑是一切艺术之母”，“建筑是凝固的音乐”，“建筑是不朽的乐章”，“建筑是城市经济制度和社会制度的自传”，“建筑是城市的重要标志”，等等。信息时代，则以“语言”、“符号”来剖析建筑的构成，许多不同的认识形成了建筑的各种流派，各流派长期以来进行着热烈的讨论。一般是将道路、桥梁、铁路、水坝等称为“土木工程”，只有“建造安全、适用和美观的住宅、公共建筑和城市艺术”才称为“建筑学”。建筑学是研究建筑物及其所处环境的学科，旨在总结人类建筑活动的经验，用以指导建筑设计创作。

0.1.1 “建筑”的含义及起源

1. “建筑”的含义

“建筑”通常被认为是建筑物和构筑物的总称，建筑物又通称为“建筑”。一般将供人们生活居住、工作学习、娱乐和从事生产的建筑称为建筑物，如住宅、学校、办公楼、影剧院、体育馆等，而水塔、蓄水池、烟囱、贮油罐之类的建筑则称为构筑物。所以从本质上讲，建筑是一种人工创造的空间环境，是人们劳动创造的财富。建筑是一门集社会科学、工程技术和文化艺术于一体的综合科学。建筑是一个时代物质文明和精神文明的产物。本书所说的建筑指房屋，专门研究房屋的建筑学就是“房屋建筑学”。“房屋建筑学”原来是专门研究设计与建造房屋的一门综合性课程，但是由于建筑的材料、结构、施工等方面都已分别成为独立的学科，因此现在的房屋建筑学实际上只研究房屋空间环境的组合设计和构造设计两部分内容，这两部分内容也是建筑工程技术人员必备的基本知识。建筑工作者进行设计的指导方针是“适用、安全、经济、美观”，这个方针又是评价建筑优劣的基本准则。学习过程中应深入理解，并且在工作中贯彻执行。

2. 建筑起源

原始人类为了避风雨、御寒暑和防止其他自然灾害或野兽的侵袭，需要有一个赖以栖身的场所——空间，这就是建筑的起源。原始社会是人类社会发展第一个阶段，原始人类为了自身的生存与社会的发展，创造了原始人的建筑。原始人类最初栖居于树上，劳动工具进化后逐渐出现地面的居所。

0.1.2 国外建筑史发展简介

随着社会生产力的发展和原始公社的瓦解，世界上先后出现了最早的奴隶制国家。公元前3500年左右，建立的古埃及王国实行奴隶主专制统治，国王法老掌控军政大权。古埃及人迷信人死后会复活并从此得到永生，法老与贵族均千方百计地建造能保存自己躯体的陵墓，至今尚存的古埃及建筑以陵墓为主。古埃及奴隶主陵墓中最大的一座为胡夫金字塔，平面呈边长约230m的正方形，高约146m，用230万块巨石块干砌而成，每块石料重2.5t。塔内有三层墓室，上层为法老墓室，中层为王后墓室，地下室存放殉葬品。此塔动用十多万人工，历时30年建成。金字塔以其庞大、沉重、稳定的体形屹立在一望无垠的沙漠上，充分体现了劳动人民创造世界的聪明才智。

图 0-1　帕提农神庙

古希腊是欧洲文化的摇篮，其建筑对欧洲建筑发展具有极大的影响。在公元前5世纪雅典的大规模建设中除神庙外已有剧场、议事厅等公共建筑。雅典卫城的帕提农神庙（图0-1）代表着希腊多立克柱式的最高成就。它建成于公元前431年，除屋顶为木结构外，柱子、额枋等全用白色大理石砌成。其平面是回廊式，建立在三阶台基上，两坡屋顶，两端形成三角形山花。这种格式形成欧洲古典建筑的基本风格。

古罗马建筑继承了古希腊建筑的成就，并进一步创新，为人类建筑宝库做出了巨大贡献。公元前200年，已出现了由火山灰、石灰、碎石组成的天然混凝土，并用其浇筑混凝土拱圈，创造了穹隆顶和十字拱。罗马大斗兽场也是罗马建筑的代表作之一。大斗兽场用作角斗士与野兽或角斗士相互角斗的场所，建筑平面呈椭圆形，长轴长188m，短轴长156m，立面高48.5m，分为4层，下面3层为连续的券柱组合，第4层为实墙（图0-2）。

它是建筑功能、结构和形式三者和谐统一的楷模，有力地证明了古罗马建筑已发展到了相当成熟的地步。

(a) 外观

(b) 内部

图 0-2　罗马大斗兽场

1889 年正是法国大革命 100 周年，在巴黎市中心耸立起了一座高达 338m 的铁塔，全塔重达 8000 余吨，是当时全世界最高的建筑，为当时正在巴黎举办的世界博览会增色不少，也成了博览会的标志（图 0-3）。它以昂扬挺拔的气势、空前的高度和全然不同于欧洲传统石头建筑的新形象，展示出钢铁建筑技术的先进性和艺术表现的可能性，成为历史长河中划时代的标志。它是由法国铁路桥梁工程师艾菲尔设计，并以他的名字命名的。它的外观刚劲有力、美观大方，现已成为巴黎人的骄傲。

图 0-3　埃菲尔铁塔

1. 现代建筑的兴起

随着社会的不断发展，19 世纪以来，钢筋混凝土的应用、电梯的发明、新型建筑材料的涌现到建筑结构理论的不断完善，使高层建筑、大跨度建筑相继问世。第二次世界大战以后，建筑设计思潮非常活跃，出现了设计多元化时期，同时创造出了丰富多彩的建筑形式。20 世纪以来，铝、塑料陆续登上了建筑舞台，玻璃的品种与质量不断提高与改善，在建筑中的用途更加广泛。随着建筑材料的发展，新结构不断涌现，出现了薄壳结构、折板结构、悬索结构、网架结构、筒体结构等，从而为大跨度建筑和高层建筑提供了物质技术条件。罗马小体育馆的平面是一个直径 60m 的圆，可容纳观众 5000 人，兴建于 1957 年，是由意大利著名结构工程师奈尔维设计的。他把使用要求、结构受力和艺术效果有机地结合起来。

代代木体育馆是 20 世纪 60 年代技术进步的象征，脱离了传统的结构和造型，被誉为划时代的作品。代代木体育馆的整体构成、内部空间以及结构形式，展示出丹下健三杰出的创造力、想像力和对日本文化的独到理解，它是由奥林匹克运动会游泳比赛馆、室内球技馆及其他设施组成的大型综合体育设施，采用高张力缆索为主体的悬索屋顶结构，创造出带有紧张感、力动感的大型内部空间（图 0-4）。

澳大利亚悉尼歌剧院坐落在澳大利亚悉尼市三面环水的贝尼朗岛上，总建筑面积为 8.8 万 m^2，由音乐厅、歌剧院、剧场、展览厅等组成。它的外形像一支迎风扬帆的船队，又像是一堆白色的贝壳，从旁边的摩天大楼或铁桥上俯视则活像几朵浮在碧海中的百合花（图 0-5）。

图 0-4　代代木体育馆

图 0-5　悉尼歌剧院

2. 高层建筑

为了节约城市土地，改善环境面貌，高层建筑在 20 世纪 30 年代开始蓬勃发展起来。20 世纪 70 年代以美国为代表，其高层和超高层建筑多功能的综合体增多，如位于芝加哥的西尔斯大厦，建于 1970~1974 年，建筑地上 110 层，总高为 443m，由 9 个 22.9m 见方的框架式钢框筒组成束筒结构，随着高度的增加分段收缩，是当时世界最高建筑（图 0-6）。到了 20 世纪后期，亚洲已经成为高层建筑发展最快的地区。提起摩天大楼，人们自然而然会想到迪拜，目前世界上最高的建筑是迪拜塔，共 160 层，总高度 818m，2009 年建成［图 0-7（a）］。然而，“世界第一高度”的争夺异常激烈，迪拜塔尚未竣工时，其他城市已经跃跃欲试，计划打造世界新高度。环顾全球，建筑师们纷纷提出各自宏伟的建筑工程设计计划，向迪拜塔的纪录发起有力挑战，其中有的追求高度，有的追求风格，有的注重环保，但这些建筑有一个共同的特点，就是外观新颖、别致，让人过目不忘。上海中心大厦有一帮备受全球关注的“好邻居”，即高 492m 的上海环球金融中心和高达 421m 的金茂大厦，上海中心大厦的高度 632m，3 幢超高层的标志性建筑形成“品”字形的三足鼎立之势［图 0-7（b）］。俄罗斯莫斯科联邦大厦独特的外形是根据船的风帆设计的，由两座塔楼组成，即 506m 高的东塔楼和 242m 高的西塔楼，几条通道将它们连了起来。东塔楼将用作办公场所，西塔楼将用作酒店和公寓，两个塔楼的顶部均设有 360°观景台［图 0-7（c）］。

图 0-6　西尔斯大厦

(a) 迪拜塔

(b) 上海塔

(c) 莫斯科联邦大厦

图 0-7 高层建筑

21 世纪初期世界的高层建筑向更耀眼的高度冲刺。表 0-1 是 2010 年全世界 10 座超高层建筑的排名。

表 0-1 世界 10 座超高层建筑的排名（截至 2011 年 6 月）

序号	建筑名称	地址	建成时间/年	总高度/m	层数	主要功能
1	迪拜塔	迪拜	2009	818	160	多功能
2	台北 101	台北	2004	509	101	金融
3	上海环球金融中心	上海	2009	492	101	金融
4	环球贸易广场	香港	2010	484	118	金融
5	双峰塔	吉隆坡	1998	452	88	多功能
6	紫峰大厦	南京	2009	450	89	多功能
7	京基金融中心	深圳	2009	446	102	金融
8	韦莱集团大厦	芝加哥	1974	442	110	办公
9	广州国际金融中心	广州	2009	438	103	金融
10	金茂大厦	上海	1998	421	88	多功能

0.1.3 中国建筑史发展简介

中国建筑具有悠久的历史和鲜明的特色，在世界建筑史上占有重要的地位。

中国经历了 3000 多年的封建社会，在这漫长的岁月中，中国古建筑逐步发展成独特的建筑体系，在城市规划、园林、民居、建筑技术与艺术等方面都取得了很大的成就。我国的万里长城被誉为世界建筑史上的奇迹，它最初兴建于春秋战国时期，是各国诸侯为相互防御而修筑的城墙。秦始皇公元前 221 年灭六国后，建立起中国历史上的第一个统一的封建帝国，他逐步将这些城墙增补连接起来，后经历代修缮，形成了西起嘉峪关、东至山海关、总长 6700km 的“万里长城”（图 0-8）。

图 0-8 万里长城

兴建在隋朝的河北赵县安济桥是我国古代石建筑的瑰宝，在工程技术和建筑造型上都达到了很高的水平。桥身是一道雄伟的单孔弧拱，跨度达 37m，两端拱背之上又增设两道小圆拱；这种处理方式一方面可以防止洪水雨季急流对桥身的冲击，另一方面可减轻桥身的自重，并形成了桥面的缓和曲线。这是世界上现存最早的敞肩式石拱桥（图 0-9）。

图 0-9 河北赵州桥

唐代是我国封建社会经济文化发展的一个高潮时期，著名的山西五台山佛光寺大殿就兴建于唐朝，它是我国保存年代最久、现存最大的木构件建筑。该建筑是唐代木结构庙堂的范例，它充分地表现了结构和艺术的统一（图 0-10）。

图 0-10 山西五台山佛光寺

明清时期，随着生产力的发展，建筑技术与艺术也有了突破性的发展，兴建了一些举世闻名的建筑。明清两代的皇宫紫禁城（又称故宫）就是代表性建筑之一，它采用了中国传统的对称格局的形式，格局严谨，轴线分明，整个建筑群体高低错落，起伏开阔，色彩华丽，庄严巍峨，体现了王权至上的思想。

在这一时期北京颐和园、天坛也集中体现了古代园林和祭祀建筑的光辉成就，建筑技术和艺术都达到了极高的境界（图 0-11 和图 0-12）。

图 0-11 颐和园

图 0-12 天坛

1949 年新中国成立以来，随着国民经济的恢复和发展，建设事业取得了很大的成就，1959 年在建国 10 周年之际，北京市兴建了人民大会堂、北京火车站、民族文化宫等十大建筑，建筑规模、建筑质量、建设速度都达到了很高的水平，如图 0-30 为人民大会堂；20 世纪 60 年代至 70 年代，我国在广州、上海、北京等地兴建了一批大型公共建筑，如 1968 年兴建的 27 层广州宾馆，1977 年兴建的 33 层广州白云宾馆。1970 年兴建的上海体育馆（图 0-13）等建筑，都是当时高层建筑和大跨度建筑的代表作。进入 20 世纪 80 至 90 年代以来，随着改革开放和经济建设的不断发展，我国的建设事业也出现了蓬勃发展的景象。1985 年建成的北京国际展览中心是我国最大的展览建筑，总建筑面积 7.5 万 m^2。1990 年建成的国家奥林匹克体育中心游泳馆，建筑面积 3.7 万 m^2，内设 6000 个座席，是北京亚运会的重要比赛场馆之一。目前，我国已兴建了深圳国贸中心、深圳发展中心、广州国际大厦、广州中信广场、北京京广中心、上海金茂大厦等一大批高层建筑（图 0-14～图 0-16），标志着我国高层建筑的发展已达到或接近世界先进水平。

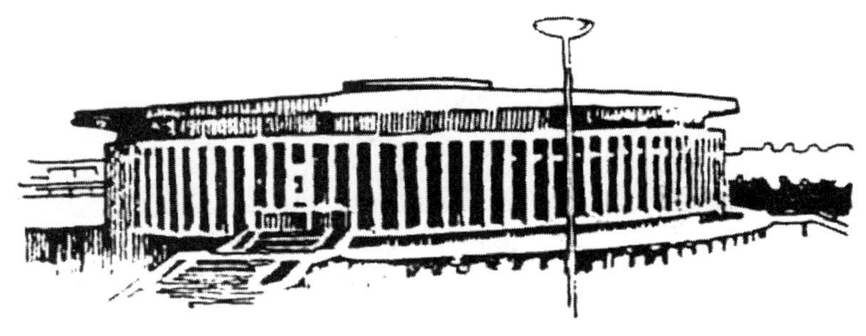

图 0-13 上海体育馆

图 0-14　北京国际展览中心（2~5 号馆）

图 0-15　深圳国际贸易中心

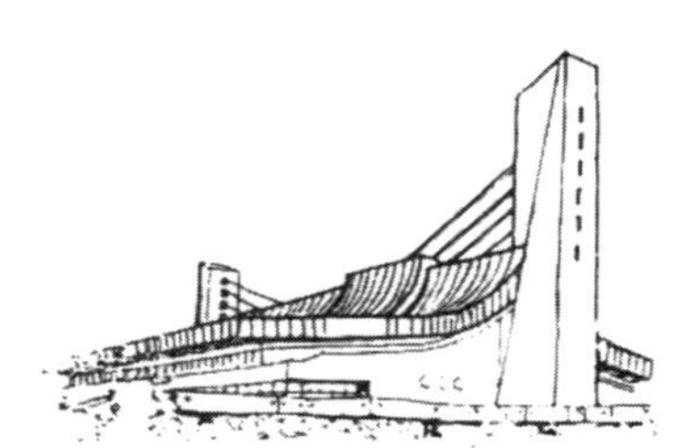

图 0-16　北京奥林匹克体育中心游泳馆

国家体育场“鸟巢”是 2008 年北京奥运会主体育场。2009 年入选世界 10 年十大建筑。其形态如同孕育生命的“巢”，更像一个摇篮，寄托着人类对未来的希望，“鸟巢”外形结构主要是由巨大的门式钢架组成，共有 24 根桁架柱。国家体育场建筑顶面呈鞍形，长轴为 332. 3m，短轴为 296. 4m，最高点高度为 68. 5m，最低点高度为 42. 8m（图 0-17）。

图 0-17　鸟巢

广州电视观光塔是在以“鸟巢”为代表的中国建设浪潮的大背景下诞生的。“鸟巢”一亮相即好评如潮。如果从底部到针状物计算，广州电视观光塔的高度估计在 610m。广州电视观光塔是双曲面结构，意即它通过其外形构成结构的完整性，正如高架渠或桥梁的拱顶的作用一样。大楼中间和屋顶有两个露天的观景台，整栋建筑共有 37 层高，分别用作旋转餐厅、艺术空间、会议室、商店、电影院以及广播设施（图 0-18）。

我国在住宅建设方面，50 多年来也取得了很大的发展，特别是 1979~1988 年 10 年间，全国城镇新建住宅 12.68 亿 m^2，平均每年竣工 1.27 亿 m^2，较大地提高了人均居住面积。20 世纪 90 年代全国新建住宅 21.5 亿 m^2，超过历史最高水平，住宅小区建设也已产生了质的变化。人们居住水平和条件已有了一个飞跃的发展。人们基本的生活条件，“衣、食、住、行”也已随着历史的进程，跨入了崭新的 21 世纪。

图 0-18 广州电视观光塔

0.1.4 21 世纪建筑的发展趋势

1. 高层建筑的发展

近些年来，高层建筑的发展速度很快，特别是亚洲国家和地区。高层建筑的建造要权衡利弊，因其主要特点是：节省地皮，缩短城市各种工程管线，经济上比较优越；高层建筑造型独特，大致可分为标志性、高科技性、纪念性、生态性、文化性等类型；但是从技术上讲，地震、大风对其影响很大，防火、安全隐患以及实用性都令人担忧。

2. 地下建筑的发展

地下建筑是一部分城市功能在地下空间中的具体体现和主要补充，如地铁、地下街、地下室、江底隧道、地下民防工程、地下暖路、近海城市间的海底通道等，显示其在城市中的优越性、节约城市用地、节约能源、改善城市交通、减轻环境污染等。

现在地下建筑起源于地下铁路和军事工程。从 1863 年伦敦建成 6km 长的世界第一条地铁开始，世界各大城市相继建成了地铁。地铁客运量大、速度快，缓解了地面交通的紧张状况，也为修建地下道路开了先河。

21 世纪，地下的建筑将越来越多，不仅有商店、实验室、办公大楼，而且有广场、公园、草坪等。

3. 智能建筑的发展

所谓“智能建筑”，是综合计算机、信息通信等方面最先进的技术，使建筑内的电力、空调、照明、防灾、防盗、运输设备等，实现建筑综合管理自动化、远程通信和办公自动化的有效运作，并使这三功能结合起来的建筑。世界第一幢智能大厦是 1984 年建的美国康乃迪格州哈特福特市的 38 层商业大厦，名为城市广场。

4. 生态与绿色建筑的发展

生态建筑基于生态学原理规划、建设和管理的群体和单体建筑及其周边的环境体系。其设计、建造、维护与管理必须以强化内外生态服务功能为宗旨，达到经济、自然和人文三大生态目标，实现生态健康的净化、绿化、美化、活化、文化“五化”需求。

生态建筑 是根据当地的自然生态环境，运用生态学、建筑技术科学的基本原理和现代科学技术手段等，合理安排并组织建筑与其他相关因素之间的关系，使建筑和环境之间成为一个有机的结合体，同时具有良好的室内气候条件和较强的生物气候调节能力，以满足人们居住生活的环境舒适，使人、建筑与自然生态环境之间形成一个良性循环系统。

绿色建筑 是指在建筑的全寿命周期内，最大限度地节约资源（节能、节地、节水、节材)，保护环境和减少污染，为人们提供健康、适用和高效的使用空间，与自然和谐共生的建筑。所谓“绿色建筑”的“绿色”，并不是指一般意义的立体绿化、屋顶花园，而是代表一种概念或象征，指建筑对环境无害，能充分利用环境自然资源，并且在不破坏环境基本生态平衡条件下建造的一种建筑，又可称为可持续发展建筑、生态建筑、回归大自然建筑、节能环保建筑等。

5. 未来的建筑

（1）仿生建筑在崛起

仿生建筑以生物界某些生物体功能组织和形象构成规律为研究对象，探寻自然界中科学合理的建造规律，并通过这些研究成果的运用来丰富和完善建筑的处理手法，促进建筑形体结构以及建筑功能布局等的高效设计和合理形成。从某个意义上说，仿生建筑也是绿色建筑，仿生技术手段也应属于绿色技术的范畴。

对于仿生建筑的研究被认为赋予了提供健康生活、改善生态环境的目标，体现了社会可持续发展意识和对人类生存环境的关怀。另外，从建筑创作研究的角度看，仿生与生态构思有相通之处，它们的过程和出发点相对于其他的构思方法或类型有自己的特点。

（2）海洋城市与建筑

海上城市，构想中未来新兴城市的发展形式之一。在未来建设海上城市是解决人类居住问题的重要途径。人们设计了一种锥形的四面体，高 20 层左右，漂浮在浅海和港湾，用桥同陆地相连，这就成为海上城市。它实际上是一种特殊的人工岛。

海上城市每一座可容纳三万人左右。美国正在离夏威夷不远处的太平洋上修建一座海上城市，它的底座是一艘高 70m，直径 27m 的钢筋混凝土浮船。日本也在积极推行人工浮岛计划。辽阔大海深处的“仙山琼阁”，是古代人们的想像；海面升腾的“海市蜃楼”，是令人心驰神往的美妙幻景。然而，以人工岛为依托，建立海上城市，是有充分科学依据的构想，很可能在不久的将来会变为现实。那里有办公大楼、住宅大厦，有宽阔的街道和繁华的商场，有旅馆和饭店、图书馆和电视台、会议中心和娱乐中心，有银行和邮局、国际机场和海港码头……当然，还有陆地城市所难以企及的“海域风光”。夜晚，辉煌的灯火与周围的海面交相辉映，“海市蜃楼”真的不再是虚幻了。那里是城市的缩影，是更加现代化的新型城市。

0.2 建筑节能

当今，全球关注的两大环境问题——温室气体减排和臭氧层保护，都与人类活动有关。建筑节能就是其中的一个极为重要的热点，是建筑技术进步的一个重大标志，也是建筑界实施可持续发展战略的一个关键环节。各发达国家为此已经进行了长久的努力，并取得十分丰硕的成果。我国从20世纪80年代中期开始推行建筑节能，建筑节能已纳入1998年1月1日施行的《中华人民共和国节约能源法》。直到现在，各个国家还在不断提高建筑能源利用效率，节能建筑的出现又带动建筑技术的发展。

0.2.1 建筑节能的重要意义

1. 建筑节能是世界性的大潮流

在建筑节能这个潮流的引导下，建筑技术蓬勃发展，许多建材和建筑用产品不断更新换代，建筑业也产生了一系列变化，其表现是：

建筑构造上的变化 房屋围护结构改用高效保温隔热复合结构及多层密封门窗。

供热系统的变化 建筑供热系统采用自动化调节控制设备及计量仪表。

建筑用产品结构的变化 形成众多的生产节能用材料和设备的新的工业企业群体，节能产业兴旺发达。

建筑机构的变化 出现了许多诸如从事建筑保温隔热、密封门窗以至于供热计量等专业化的建筑安装和服务性组织。

2. 社会需要推动建筑节能

简而言之，建筑节能是经济发展的需要，减轻环境污染的需要，改善建筑热环境的需要，是发展建筑业的需要。

3. 在市场经济条件下，住房制度的改革有利于建筑节能

商品住宅使用的能源费用理所当然地由住户自己承担，节能势必逐渐成为广大居民的自觉行动。因此，建筑节能将是大势所趋，人心所向，既是国家民族利益的需要，又是亿万群众自己的切身事业，它将克服目前存在的各种困难，在21世纪的可持续发展战略中不断进步。

0.2.2 建筑节能的含义及范围

1. 含义

建筑节能即在建筑中保持能源，减少能量的散失；要提高建筑中的能源利用效率是消极意义上的节省，而是从积极意义上提高利用效率，通称为建筑节能。

2. 范围

我国建筑节能的范围现已与发达国家取得一致，从实际条件出发，当前的建筑节能工作集中于建筑采暖、空调、热水供应、照明、炊事、家用电器等方面的节能，并与改善建筑舒适性相结合。

0.2.3 节能建筑的主要特征

在资源得到充分有效利用的同时，使建筑物的使用功能更加符合人类生活的需要，创造健康、舒适、方便的生活环境是人类的共同愿望，也是建筑节能的基础和目标。为此，21世纪的节能建筑应该是：

高舒适度 由于围护结构的保温隔热和采暖空调设备性能的日益提高，建筑热环境将更加舒适。

低能源消耗 采用节能系统的建筑，其空调及采暖设备的能源消耗量远远低于普通住宅。

通风良好 自然通风与人工通风相结合，空气经过净化，新风“扫过”每个房间，通风持续不断，换气次数足够，室内空气清新。

光照充足 尽量采用自然光，天然采光与人工照明相结合。

0.2.4 我国建筑节能展望

1. 必须使节约建筑能耗与改善热环境互相结合

1）对于新建建筑及室温满足要求的建筑，着重在节约能源。

2）对于冬季室温过低、结露的建筑和夏季室温过高的建筑，首先要改善建筑热环境，也要注意节约能源。

3）在夏热冬冷区及农村，则应在节约能源条件下逐步改善建筑热环境。

各地应根据当地实际情况，根据工作进展可进行适当的调整和充实。

2. 建筑类型上逐步推开

1）从居住建筑开始，其次抓公共建筑，然后是工业建筑。

2）从新建建筑开始，接着是近期必须改造的热环境很差的结露建筑和危旧建筑，然后才是其他保温隔热条件不良的建筑。

3）建筑围护结构节能同供热（或降温）系统节能同步进行。

3. 地域上逐步扩展

1）从北方采暖区开始，然后发展到中部夏热冬冷区，并扩展到南方夏热冬暖区。

2）从几个工作基础较好的城市（如哈尔滨、北京、上海、南京等）开始，再发展到镇，然后逐步扩展到广大农村。例如，长江中游是典型的夏热冬冷地区，已贯彻建设部2001年发布的《夏热冬冷地区居住建筑节能设计标准》（JGJB 4—2001）。2005年4月1日起武汉市出售的商品住宅必须是节能住宅，2010年重点城市普遍推行。《公共建筑节能设计标准》2005年7月1日起正式实施，按该标准设计的公共建筑总能耗可减少50%。

4. 加强建筑节能标准化工作

发展建筑节能科学技术，积极利用自然能源，加强已有建筑的节能改造，等等。

我国建筑节能工作的进展，对于全球减少温室气体的排放，对于中国经济的持续稳定发展、对于世界建筑节能产品市场，都将产生十分显著的影响。建筑工作者必须知难而进，奋起直追，把建筑节能视为自己义不容辞的历史责任，为我国社会经济的可持续发展，为建筑科学的繁荣进步，做出自己应有的贡献。

0.3 建筑的构成要素

构成建筑的基本要素是指在不同历史条件下的建筑功能、建筑的物质技术条件和建筑形象。

0.3.1 建筑功能

1. 满足人体尺度和人体活动所需的空间尺度

人要在建筑空间内活动，所以人体的各种活动尺度与建筑空间有十分密切的关系。人的生活起居（如存取动作、厨房操作动作、厕浴动作等）和站立坐卧等活动所占的空间尺度就是确定建筑内部各种空间尺度的主要依据。各国、各地区人体高度有差异，我国成年人的平均高度男为1.67m，女为1.56m。

2. 满足人的生理要求

要求建筑应具有良好的朝向、保温、隔声、防潮、防水、采光及通风的性能，这也是人们进行生产和生活活动所必须的条件。随着物质技术水平的提高。例如建筑材料的某些物理性能得到改进，机械通风代替自然通风，人工照明代替自然采光等，还要为人们创造一个舒适的卫生环境，以便在更大程度上满足人的生理要求。

3. 满足不同建筑有不同使用特点的要求

不同性质的建筑物在使用上有不同的特点，例如火车站要求人流、货流畅通；影剧院要求听得清、看得见和疏散快；工业厂房要求符合产品的生产工艺流程；某些实验室对温度、湿度的要求等，都直接影响着建筑物的使用功能。满足功能要求也是建筑的主要目的，在构成的要素中起主导作用。

0.3.2 物质技术条件

建筑物质技术条件是指建造房屋的手段，包括建筑材料及制品技术、结构技术、施工技术和设备技术等．所以建筑是多门技术科学的综合产物，是建筑发展的重要因素。其中，建筑材料是建造房屋必不可缺的物质基础；结构是构成建筑空间环境的骨架；设备（含水、电、通风、空调、通讯、消防等）是保证建筑物达到某种要求的技术条件；施工技术则是实现建筑生产的过程和方法。

0.3.3 建筑形象

构成建筑形象的因素有建筑的体型、立面形式、细部与重点的处理、材料的色彩和质感、光影和装饰处理等，建筑形象是功能和技术的综合反映。建筑形象处理得当、就能产生良好的艺术效果，给人以美的享受。有些建筑使人感受到庄严雄伟、朴素大方、简洁明朗等，这就是建筑艺术形象的魅力。

不同社会和时代、不同地域和民族的建筑都有不同的建筑形象。例如古埃及的金字塔、古希腊的神庙、欧洲中世纪的教堂、中国古代的宫殿和国外近现代的摩天大楼等，都反映了时代的生产水平、文化传统、民族风格、建筑文化等特点。

建筑三要素是相互联系、约束，又不可分割的。在一定功能和技术条件下，充分发挥设计者的主观作用，可以使建筑形象更加美观。历史上优秀的建筑作品，这三要素都是辩证统一的。

适用、安全、经济、美观这一建筑方针是我国建筑工作者进行工作的指导方针，又是评价建筑优劣的基本准则。

0.4 建筑设计概述

0.4.1 技术经济分析与技术经济指标

1. 建筑经济分析评价方法

建筑从选址、勘察基地、设计、施工，直到使用与维修管理，无不包含着经济问题。因而建筑师应从方案构思开始，便把经济问题放在一个重要的位置来考虑。

目前，评价单体民用建筑设计的经济性，主要根据技术经济指标来进行，而每平方米建筑面积的造价是最重要的指标。但是仅仅根据技术经济指标来评价建筑的经济性是很片面的，全面评价应从以下几个方面进行。

（1）建筑技术经济指标

这些指标包括建筑面积、建筑系数、每平方米造价等，它是评价建筑经济性的重要指标。其中，每平方米造价的指标最重要，它是建筑所消耗的工日、材料、机械以及其他费用的综合反映。在保证建筑的功能和质量标准的前提下，每平方米造价越低越经济。建筑系数也是一个重要的衡量指标。在保证安全的前提下，减少结构面积；在保证使用的条件下，提高有效面积系数，减少有效面积的体积系数或增加单位体积的有效面积系数，都能取得经济效果。但是进行建筑经济分析时必须具有全面的观点，不能追求较低的每平方米的造价而降低建筑质量标准，也不能追求各项建筑系数的表面效果而影响实用功能。过窄的楼梯，过低的层高，过小的辅助面积，既不方便使用，又会因为改建等原因造成更大的浪费。此外，为了增加可比性，我国还将平均每平方米建筑面积的主要材料（钢材、木材、水泥和砖）消耗量作为衡量建筑经济性的一项指标。

（2）长期经济效益

要取得良好的长期经济效益，就需要恰当的选择建筑的质量标准。片面追求建筑费用的节约而降低质量标准，不但影响建筑的使用水平，而且会增加试用期的维修费用，降低使用年限，从而造成浪费。一幢建筑使用期内各项费用的总和，通常比一次性建设投资大若干倍。由此可见，注重建筑的长期经济效益，是取得良好经济效果的一个重要途径。基于这种原因，在建筑设计中，选择建筑的质量标准时，具有适当的超前意识是必要的。

（3）结构形式与建筑材料

分析表明，砖混结构房屋各部分造价占总造价的比例约为：基础 6%~15%，墙体 30%~40%，楼、屋盖 20%~40%，门窗 10%左右，设备 5%~10%。可见，结构部分对建筑的经济性影响很大。因此，在建筑设计时必须合理选择结构形式，并做好结构设计。

建筑材料的费用一般占工程总造价的 60%~70%，因此合理选择材料，尽量就地取材和利用工业废料，并注意材料的节省，也是降低建筑造价的重要内容。

（4）建筑工业化

在建筑设计中，采用标准设计越多，工业化程度越高，对加快施工进度，提高劳动生产率，从而减少建设投资就越有利。

（5）适用、经济、技术和美观的统一

一切设计工作，都应力求在节约的基础上达到实用的目的，在合理的物质基础上努力创新，设计出既经济实用，又美观大方的建筑。一幢不适用的建筑实质上是一种浪费。技术上不合理的节约会带来不良后果。片面强调经济而不注意美观也不可取。

为了更科学地做好建筑的技术经济评价工作，原建设部于1988年制订了《住宅建筑技术评价标准》（JGJ 47—1988）。这个标准，建立了住宅建筑的评价指标体系，确定了评价指标的计算方法以及综合评价的方法，对搞好建筑的技术经济评价工作具有重要的意义。

2. 建筑设计中主要技术经济指标

（1）建筑面积

建筑面积是指建筑物勒脚以上各层外墙墙面所围合的水平面积之和。它是国家控制建筑规模的重要指标，是计算建筑物经济指标的主要单位。

对于建筑面积的计算规则，目前全国尚不统一。1995年，原建设部颁布的《建筑面积计算规则》是国家基本建设主管部门关于建筑面积计算的指导性文件。各地根据这个文件也制定了实施细则。根据规定、地下室、层高超过2.2m的设备层和储藏室，阳台、门斗、走廊、室外楼梯以及缝宽在300mm以内的变形缝等，不计建筑面积。具体计算方法见“建筑经济评价与法规”课程。

（2）每平方米造价

每平方米造价也称单方造价，是指每平方米建筑面积的造价。它是控制建筑质量标准和投资的重要指标，包括土建工程造价和室内设备工程造价，不包括室外设备工程造价、环境工程造价以及家居设备费用（如教室的桌登、实验室的实验设备、影剧院的座椅和放映设备）。

影响单方造价的因素很多，除建筑质量标准外，还受材料供应、运输条件、施工水平等因素影响，并且不同地区之间的差异很大，所以只在相同的地区才有可比性。

要精确计算单方造价较困难，通常在初步设计阶段可采用概算造价，在施工图完成后再采用预算造价。工程竣工后，根据工程决算得出的造价，是较准确的单方造价。

（3）建筑系数

面积系数　常用的面积系数及其计算公式如下：

$$有效面积系数=有效面积\ (m^2)/建筑面积\ (m^2)\times100\%$$

$$使用面积系数=使用面积\ (m^2)/建筑面积\ (m^2)\times100\%$$

$$结构面积系数=结构面积\ (m^2)/建筑面积\ (m^2)\times100\%$$

有效面积是指建筑平面中可供使用的全部面积。对于居住建筑，有效面积包括居住部分、辅助部分以及交通部分楼地面面积之和。对于公共建筑，有效面积则为使用部分和交通系统部分楼地面面积之和。户内楼梯、内墙面装修厚度以及不包含在结构面积内的烟道、通风道、管道井等应计入有效面积。使用面积等于有效面积减去交通面积。

民用建筑通常以使用面积系数来控制经济指标。使用面积系数的大小同时也反映了结构面积和交通面积所占比例的大小。中小学建筑使用面积系数约为60%左右，住宅则可达65%~85%。

提高使用面积系数的主要途径是减少结构面积和交通面积。减少结构面积，可以采取以下三种措施：一是合理选择结构形式，如框架结构的结构面积一般小于砖混结构；二是合理确定构件尺寸，在保证安全的前提下，尽量避免肥梁、胖柱、厚墙体；三是在不影响功能要求的前提下，适当减少房间的数量，减少隔墙。为了达到减少交通面积的目的，在设计中应恰当选择门厅、过厅、走廊、楼梯、电梯间的面积，切忌过大；此外，合理布局，适当压缩交通面积也是方法之一。

体形系数 常用的体积系数及计算公式如下：

有效面积的体积系数=建筑体积（m^3）/有效面积（m^2）

单位体积的有效面积=有效面积（m^2）/建筑体积（m^3）

显然，即使面积系数相同的建筑，体积系数不同，经济性也不同。因此，合理进行剖面组合，恰当选择层高，充分利用空间，是有经济意义的。

（4）容量控制指标

1）建筑覆盖率，又称建筑密度，计算公式如下：

建筑覆盖率（%）= 建筑基地面积之和（m^2）/总用地面积（m^2）×100%

2）容积率计算公式如下：

容积率=总建筑面积（m^2）/总用地面积（m^2）

基地布置多层建筑时，容积率一般为1~2；布置高层建筑时可达到4~10。

3）人口密度计算公式如下：

人口毛密度（人/hm^2）= 居住总人口数（人）/居住区用地总面积（hm^2）

人口净密度（人/hm^2）= 居住总人口数（人）/住宅用地总面积（hm^2）

（5）高度控制指标

1）平均层数计算公式如下：

平均层数（层）= 总建筑面积（m^2）/建筑基地面积之和（m^2）

平均层数（层）= 容积率/建筑覆盖率

2）极限高度是指地段内最高建筑物的高度（m），有时也利用最高层数来控制。城市规划对此往往有控制要求。

（6）绿化控制指标

1）绿化覆盖率又称绿化率，指基地内所有乔、灌木和多年生草本所覆盖的土地面积（重叠部分不重复计算）的总和，占基地用地的百分比。一般新建筑物地基绿化率不小于30%，旧区改扩建的绿化率不小于25%。

2）绿化用地面积指建筑基地内专门用作绿化的各类绿地面积之和，包括公共绿地、专用绿地、宅旁绿地、防护绿地和道路绿地，但不包括屋顶和阳台的绿化，面积单位为平方米。

（7）用地控制指标及有关规定

用地面积 指所使用基地四周红线框定的范围内用地的总面积，单位为公顷，有时也用亩①或平方米。

红线 可分为道路红线和建筑红线两种。道路红线是指城市道路（包括公用设施）用地与建筑用地之间的分界线。建筑红线是指建筑用地相互之间的分界线。红线由城市规划部门划定。

建筑范围控制线 是指城市规划部门根据城市建设的总体需要，在红线范围内进一步

① 1亩=666.7m^2，全书同。

标定可建建筑范围的界线。建筑范围控制线与红线之间的用地归地基执行者所有，可布置道路、绿化、停车场及非永久性建筑物、构筑物，也计入用地面积。

征地线　表示建设单位（业主）需办理建设征用土地范围的控制线。征地线与红线之间的土地不允许建设单位使用。

3. 影响建筑设计经济的主要因素及提高经济性的措施

（1）建筑物平面形状与建筑平面尺寸的影响

建筑物的平面形状与建筑物的平面尺寸（主要是面宽、进深和长度）不同，其经济效果也不同，主要表现在以下三个方面：

用地经济性不同　用地经济性可用建筑面积的空缺率来衡量。空缺率越大越不经济。建筑面积的空缺率计算公式如下：

$$建筑面积的空缺率=建筑平面的长度（m）\times 建筑平面最大进深（m）\div 底层平面建筑面积（m^2）\times 100\%$$

图 0-19 为两幢住宅单元组合示意。它们建筑面积相同，但显然图 0-19（b）建筑面积空缺率大。这表明，建筑平面越方正，用地越经济。

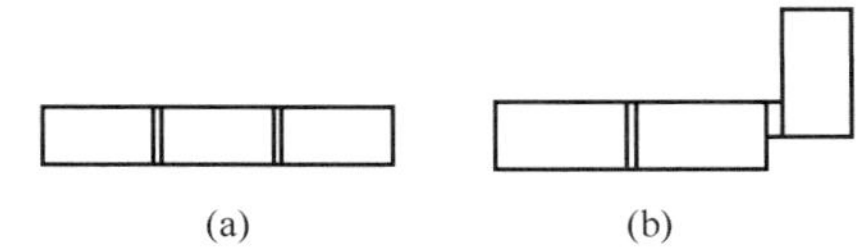

图 0-19　面积相同的两幢建筑占地的比较

建筑物的进深也会影响用地经济性。建筑物的进深越大，越能节约用地。对居住建筑来说，每户面积越小，用地也越省。

基础及墙体工程量不同　基础及墙体工程量的大小，可用每平方米建筑面积的平均墙体长度来衡量。该指标越小越经济。考虑到内墙、外墙、隔墙造价不同，通常分别统计，以利于比较。由于外墙造价最高，因而缩短外墙长度对经济性影响最显著。一般来说，建筑物平面形状越方正，基础和墙体的工程量越小；建筑物的面宽越小，进深越大，基础和墙体工程量也越小。

设备的常年运行费用不同　方正的建筑平面，较大的进深和较小的面宽，可使外墙面积缩小，建筑的稳定性提高，这对减少空调与采暖费用是有利的。

综上所述，进行建筑平面设计时，应力求平面形状简洁，减少凹凸；适当增大建筑的进深与缩小面宽；另外，减少建筑幢数，增加建筑长度也可以节约用地。有低层住宅优越，虽不需要高层住宅所必需的电梯，但上面基层垂直交通仍感不便。

（2）建筑层数与层高的影响

适当增加建筑层数，不仅可以节约用地，而且可以减小地坪、基础、屋盖等在建筑总造价中所占的比例，还可以降低市政工程造价。表 0-2 是对 1～6 层砖混结构住宅每平方米造价的比较。从表中可以看出，单层房屋最不经济，5 层最经济。层数更多时，虽可节省用地，但因公共设施增加和结构形式的改变而影响经济性。

表 0-2　1～6 层砖混结构住宅每平方米造价的比较

层　数	1 层	2 层	3 层	4 层	5 层	6 层
每平方米造价的相对比值	1.000	0.916	0.869	0.819	0.795	0.838

层高的增加，不但增加了房屋的日照间距，还增大了墙体工程量和房屋使用期间的能源消耗，增加了管线长度。分析表明，住宅层高每降低 100mm，大约可节约造价 1.2%~1.5%；层高由 2.8m 降低到 2.7m，可节约用地 7.7%左右。

由此可见，在保证空间使用合理性的前提下，适当降低层高，选择经济的建筑层数，是降低建筑造价的有效措施。

（3）建筑结构的影响

从上部结构来看，应选择合理的结构形式与布置方案。例如，对 6 层及以下的一般民用建筑，选择砖混结构是经济合理的，但对需要大空间的建筑，则可能采用框架结构更经济合理。再如，在对住宅的厕所、厨房进行结构布置时，是采用小开间的墙支承小跨度板的方案，还是采用大跨度板支承隔墙的方案，应通过技术经济比较后确定。对于基础，一是选择基础材料要因地制宜，二是要采用合理的基础形式，三是要确定安全而经济的基础尺寸与埋深，以降低造价。

（4）门、窗设置的影响

从单位面积来看，门、窗的造价大于墙体，特别是铝合金门、窗的造价高出墙体 10 余倍。据分析，在一套面积为 $42m^2$ 的住宅中，墙厚 240mm，如果将采光系数由 1/8 提高到 1/6，使用普通木窗，则每平方米造价将上升 0.5%左右。此外，门、窗的数量与面积还将影响采暖和空调系统的运行费用。因此，设计中应避免设置过多、过大的门窗。

（5）建筑用地的影响

增加用地，不但会增加土地征用费，还会增加道路、给排水、供热、燃气、电缆等管网的城市建设投资。除上面已经提到的节约土地措施外，在建筑群体布置中，也应合理提高建筑密度，选择恰当的房屋间距，使布局紧凑。

0.4.2 设计内容及设计程序

1. 设计内容

建造房屋，从拟定计划到建成使用，通常有编制计划任务书、选择和勘测基地、设计、施工以及交付使用后的回访总结等几个阶段。设计工作又是其中比较关键的环节，它必须严格执行国家基本建设计划，并且具体贯彻建设方针和政策。通过设计这个环节，把计划中有关设计任务的文字资料编制成表达整幢或成组房屋立体形象的全套图纸。

设计内容包括建筑设计、结构设计、设备设计三个方面。

建筑设计 是在总体规划的前提下，根据建设任务要求和工程技术条件进行房屋的空间组合设计和细部设计，并以建筑设计图的形式表示出来。建筑设计是整个设计工作的先行，常处于主导地位。

结构设计 其主要任务是配合建筑设计选择切实可行的结构方案，进行结构构件的计算和设计，并用结构设计图表示。结构设计通常由结构工程师完成。

设备设计 是指建筑物的给排水、采暖、通风和电气照明等方面的设计。设备设计一般由相关的工程师配合建筑设计完成，并分别用水、暖、电等设计图表示。

以上几个方面的工作，既有分工，又相互密切配合。建筑设计是建筑功能、工程技术和建筑艺术的综合，因此必须综合考虑建筑、结构、设备等工种的要求，以及这些工种的相互联系和制约。设计人员必须贯彻执行建筑方针和政策，正确掌握建筑标准，重视调查研究和群众路线的工作方法。建筑设计和城市建设、建筑施工、材料供应以及环境保护等部门的关系也极为密切。

2. 设计程序

（1）设计招投标

为了规范建筑工程设计市场，优化建筑工程设计，促进设计质量的提高，除了采用特定的专利技术、专有技术或建筑艺术造型有特殊要求的项目，经有关部门批准以后可以直接委托设计以外，在规定范围内的工程项目一般在方案阶段通过设计招标来确定委托的设计单位。

在招标的过程中，招标方提供工程的名称、地址、占地面积、建筑面积等，还提供批准的项目建议书或可行性报告，工程经济技术要求，城市规划管理部门确定的规划控制条件和用地红线图，可参考的工程地质、水文地质、工程测量等建设场地勘察成果报告，供水、供电、供气、供热、环保、市政道路等方面的基础材料。投标方则据此按投标文件的编制要求在规定的时间内提交投标文件。投标文件一般可能含有建筑总平面图，各主要楼层的平面图、建筑主要立面图和主要剖面图所组成的建筑方案，反映该方案设计特点的若干分析图和彩色建筑表现图或建筑模型，以及必要的设计说明。设计说明的内容以建筑构思为主，也包括结构、设备各专业、环保、卫生、消防等各个方面的基本设想和设计依据，同时还提供设计方案的各项技术经济指标和概算书。

经专家评审后被认为方案中标的设计单位，就获得该项目的设计承包资格。

（2）初步设计阶段

初步设计是建筑设计的第一阶段，它的主要任务是提出设计方案，即在已定的基地范围内，按照设计任务书所拟的房屋使用要求，综合考虑技术经济条件和建筑艺术方面的要求，提出设计方案。

初步设计的内容包括确定建筑物的组合方式，选定所用建筑材料和结构方案，确定建筑物在基地的位置，说明设计意图，分析设计方案在技术上、经济上的合理性，并提出概算书。初步设计的图纸和设计文件有：

建筑总平面　比例尺（1∶500）～（1∶2000）（建筑物在基地上的位置、标高、道路、绿化以及基地上设施的布置和说明）。

各层平面及主要剖面、立面　比例尺（1∶100）～（1∶200）（标出房屋的主要尺寸，房间的面积、高度以及门窗位置，部分室内家具和设备的布置）。

说明书　设计方案的主要意图，主要结构方案及结构特点，以及主要技术经济指标等。

建筑概算书

根据设计任务的需要，可能辅以建筑透视图或建筑模型。

建筑初步设计有时可有几个方案进行比较，送审经有关部门协议并确定的方案批准下达后，这一方案便是二阶段设计时的施工准备、材料设备订货、施工图编制以及基建拨款等的依据文件。

（3）技术设计阶段

技术设计是三阶段建筑设计时的中间阶段。它的主要任务是在初步设计的基础上，进一步确定房屋各工种和工种之间的技术问题。

技术设计的内容为各工种相互提供资料、提出要求，并共同研究和协调编制拟建工程各工种的图纸和说明书，为各工种编制施工图打下基础。在三阶段设计中，经过送审并批准的技术设计图纸和说明书等，是施工图编制、主要材料设备订货以及基建拨款的依据文件。

技术设计的图纸和设计文件，要求建筑工种的图纸标明与技术工种有关的详细尺寸，并编制建筑部分的技术说明书，结构工种应有房屋结构布置方案图，并附初步计算说明，设备工种也提供相应的设备图纸及说明书。

对于不太复杂的工程，技术设计阶段可以省略，把这个阶段的一部分工作纳入初步设计阶段，称为“扩大初步设计”；另一部分工作则留待施工图设计阶段进行。

（4）施工图设计阶段

施工图设计是建筑设计的最后阶段。它的主要任务是满足施工要求，即在初步设计或技术设计的基础上，综合建筑、结构、设备各工种，相互交底、核实核对，深入了解材料供应、施工技术、设备等条件，把满足工程施工的各项具体要求反映在图纸中，做到整套图纸齐全统一，明确无误。

施工图设计的内容包括：确定全部工程尺寸和用料，绘制建筑、结构、设备等全部施工图纸，编制工程说明书、结构计算书和预算书。

施工图设计的图纸及设计文件有：

建筑总平面　比例尺 1∶500（建筑基地范围较大时，也可用 1∶1000，1∶2000 应详细标明基地上建筑物、道路、设施等所在位置的尺寸、标高，并附说明）。

各层建筑平面、各个立面及必要的剖面　比例尺（1∶100）～（1∶200）。

建筑构造节点详图　根据需要可采用 1∶1，1∶5，1∶10，1∶20 等比例尺（主要为檐口、墙身和各构件的连接点，楼梯、门窗以及各部分的装饰大样等）。

各工种相应配套的施工图　如基础平面图和基础详图、楼板及屋顶平面和详图、结构构造节点详图等结构施工图，给排水、电器照明以及暖气或空气调节等设备施工图。

建筑、结构及设备等的说明书。（略）

结构及设备的计算书。（略）

工程预算书。（略）

0.4.3　建筑设计的要求及设计依据

1. 建筑设计的要求

（1）满足建筑功能要求

满足建筑物的功能要求，为人们生产和生活活动创造良好的环境，是建筑设计的首要任务。例如设计学校，首先考虑满足教学活动的需要，教室设置应做到合理布局，使各类活动有序进行、动静分离、互不干扰；教学区应有便利的交通联系和良好的采光及通风条件，同时还要合理安排教师备课、办公、贮藏和厕所等行政管理和辅助用房，并配置良好的体育场和室外活动场地等。又如工业厂房，首先应该适应生产流程的安排，合理地布置各类生产和生活、办公及仓储等用房，使得人流、物流能方便有效的运行，同时还要达到安全、节能等各项标准。

（2）采用合理的技术措施

正确选用建筑材料，根据建筑空间组合的特点，选择合理的结构、施工方案，使房屋坚固耐久、建造方便。例如近年来，我国设计建造的一些覆盖面积较大的体育馆，由于屋顶采用钢网架空间结构和整体提升的施工方法，既节省了建筑物的用钢量，也缩短了施工期限。

（3）考虑建筑美观要求

建筑物是社会的物质和文化财富，它在满足使用要求的同时，还需要考虑人们对建筑物在美观方面的要求，考虑建筑物所赋予人们在精神上的感受。建筑是凝固的音乐，建筑设计应该做到既有鲜明的个性特征、满足人们良好的视觉效果的需要，同时也是整个城市空间和谐乐章中的有机部分，建筑设计要努力创造具有我国时代精神的建筑空间组合与建筑形象。历史上创造的具有时代印记和特色的各种建筑形象，往往是一个国家、一个民族文化传统宝库中的重要组成部分。

（4）具有良好的经济效果

建造房屋是一个复杂的物质生产过程，需要大量人力、物力和资金，在房屋的设计和建造中，要因地制宜、就地取材，尽量做到节省劳动力，节约建筑材料和资金。设计和建造房屋要有周密的计划和核算，重视经济领域的客观规律，讲究经济效益。房屋设计的使用要求和技术措施，要和相应的造价、建筑标准统一起来。

（5）符合总体规划要求

单体建筑是总体规划中的组成部分，单体建筑应符合总体规划提出的要求。建筑物的设计，还要充分考虑和周围环境的关系，例如原有建筑的状况、道路的走向、基地面积大小以及绿化等方面和拟建建筑物的关系。新设计的单体建筑，应使所在基地形成协调的室外空间组合、良好的室外环境。

2. 建筑设计依据

（1）使用功能

1）人体尺度和人体活动所需的空间尺度。

建筑物中家具、设备的尺寸，踏步、窗台、栏杆的高度，门洞、走廊、楼梯的宽度和高度，以及各类房间的高度和面积大小，都和人体尺度以及人体活动所需的空间尺度直接或间接相关，因此人体尺度和人体活动所需的空间尺度，是确定建筑空间的基本依据之一。我国成年男子和女子的平均高度分别为1670mm和1560mm（图0-20）。

近年来在建筑设计中日益重视人体工程学的运用，人体工程学是运用人体计测、生理心理计测和生物力学等研究方法，综合地进行人体结构、功能、心理等问题的研究，用以解决人与物、人与外界环境之间的协调关系并提高效能。建筑设计中人体工程学的运用，将使确定空间范围始终以人的生理、心理需求为研究中心，使空间范围的确定具有定量计测的科学依据。图0-21为人体活动所需要的空间尺度。

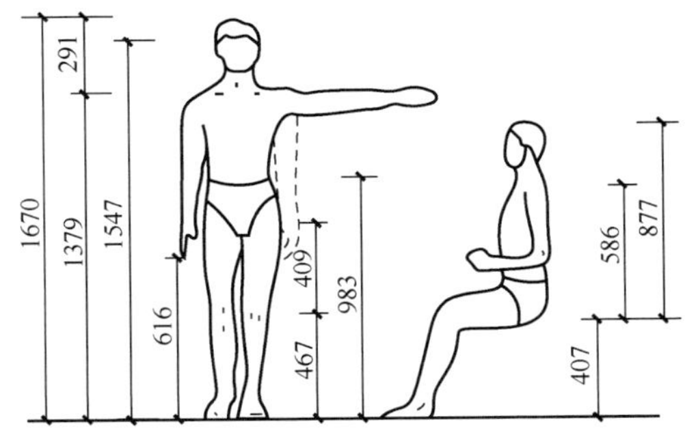

图0-20　中等身材成年男子的人体基本尺度

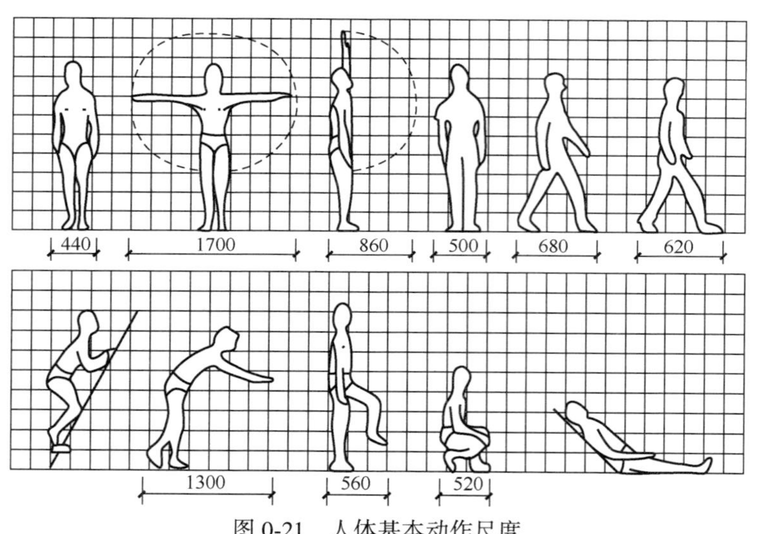

图 0-21　人体基本动作尺度

2）家具、设备的尺寸和使用它们的必要空间。

家具、设备的尺寸，以及人们在使用家具和设备时，在它们近旁必要的活动空间，是考虑房间内部使用面积的重要依据（图 0-22）。图 0-23 为居住建筑常用家具基本尺寸示例。

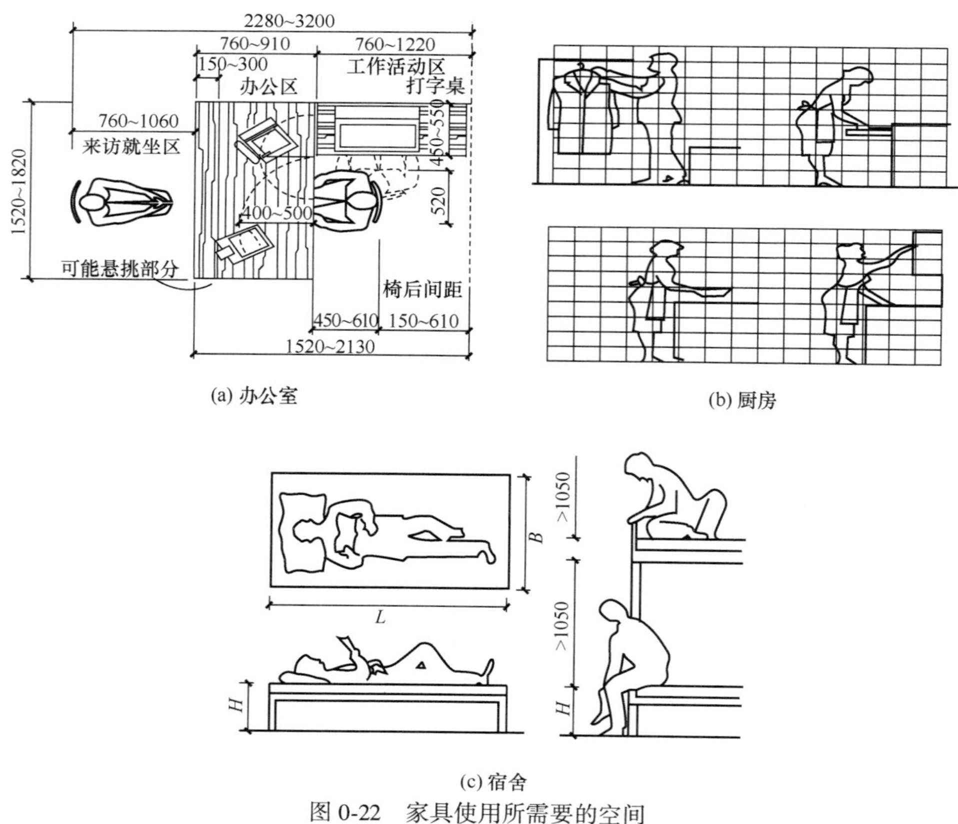

图 0-22　家具使用所需要的空间

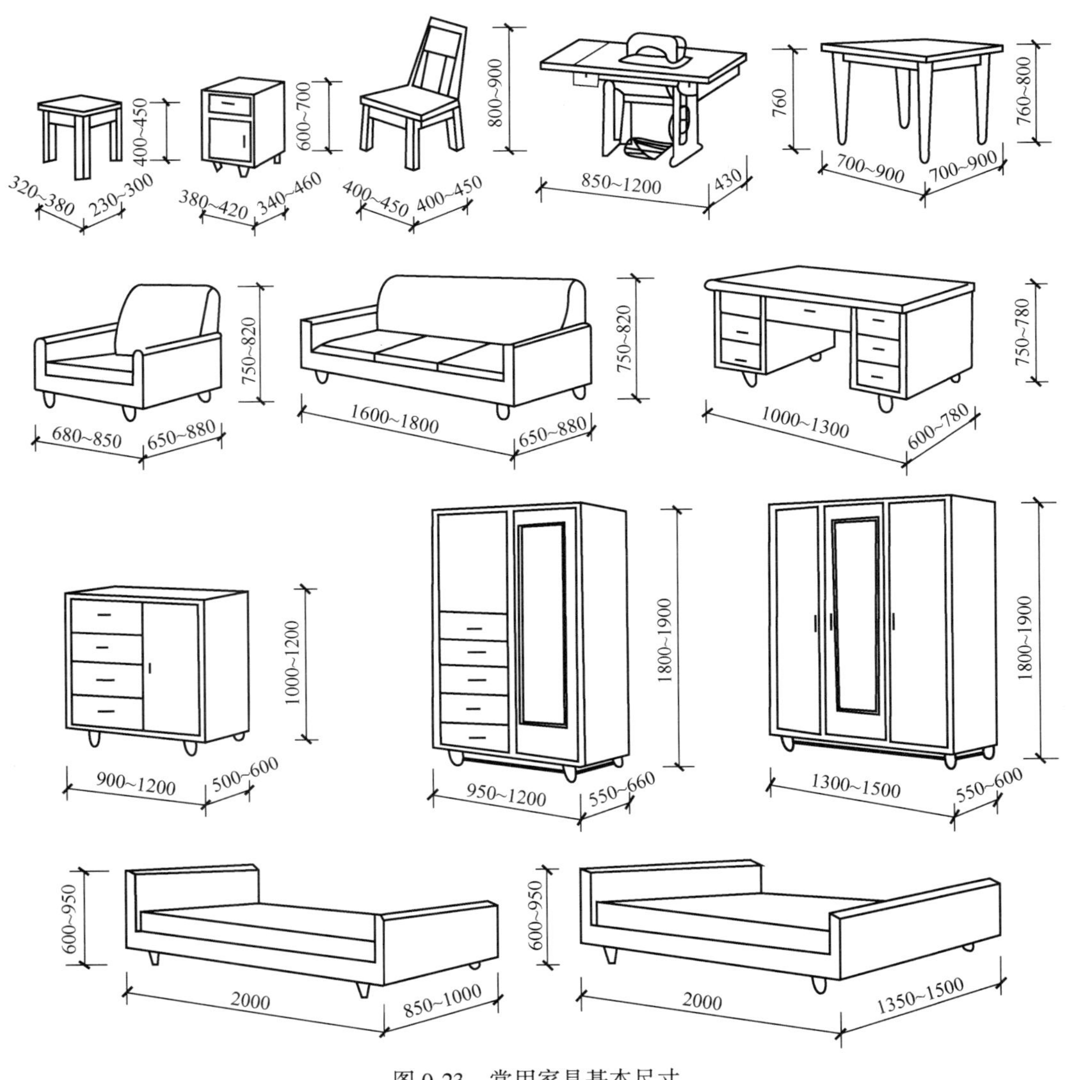

图 0-23　常用家具基本尺寸

（2）自然条件

气象条件　建设地区的温度、湿度、日照、雨雪、风向、风速等气候条件是建筑设计的重要依据。

例如湿热地区，房屋设计要很好考虑隔热、通风和遮阳等问题；干冷地区，通常又希望把房屋的体型尽可能设计得紧凑一些，以减少外围护面的散热，有利于室内采暖、保温。

日照和主导风向，通常是确定房屋朝向和间距的主要因素，风速是高层建筑、电视塔等设计中考虑结构布置和建筑体型的重要因素，雨雪量的多少对屋顶形式和构造也有一定影响。在设计前，需要收集当地上述有关的气象资料，作为设计的依据。

图 0-24 为我国部分城市的风向频率玫瑰图。图中实线部分表示全年风向频率，虚线部分表示夏季风向频率。风向是指由外吹向地区中心，比如由北吹向中心的风称为北风。风向频率玫瑰图（简称风玫瑰图）是依据该地区多年来统计的各个方向吹风的平均日数的百

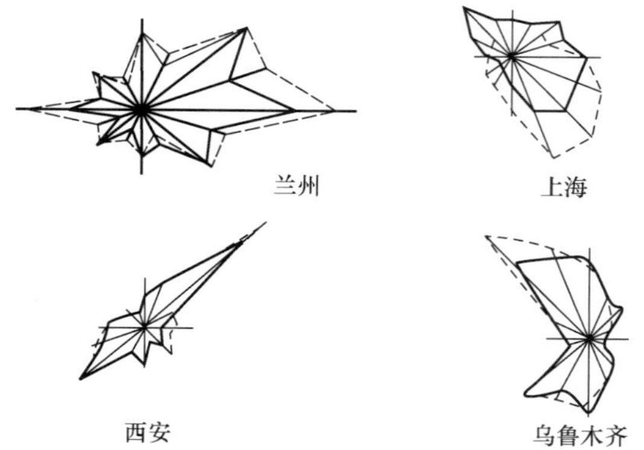

图 0-24　我国部分城市的风向频率玫瑰图

分数按比例绘制而成。

地形、地质条件和地震烈度　基地地形的平缓或起伏，基地的地质构成、土壤特性和地耐力的大小，对建筑物的平面组合、结构布置和建筑体型都有明显的影响。坡度较陡的地形，常使房屋结合地形错层建造，复杂的地质条件，要求房屋的构成和基础的设置采取相应的结构构造措施。

地震烈度表示地面及房屋建筑遭受地震破坏的程度。在烈度 6 度及 6 度以下地区，地震对建筑物的损坏影响较小。9 度以上的地区，由于地震过于强烈，从经济因素及耗用材料考虑，除特殊情况外，一般应尽可能避免在这些地区建设。房屋抗震设防的重点，是 7~9 度地震烈度的地区。

水文条件　水文条件是指地下水位的高低及地下水的性质，直接影响到建筑物的基础及地下室。一般应根据地下水位的高低及地下水性质确定是否在该地区建造房屋或采取相应的防水和防腐蚀措施。

（3）地震区的房屋设计要求

1）选择对抗震有利的场地和地基，例如应选择地势平坦、较为开阔的场地，避免在陡坡、深沟、峡谷地带，以及处于断层上下的地段建造房屋。

2）房屋设计的体型，应尽可能规整、简洁，避免在建筑平面及体型上的凹凸。例如住宅设计中，地震区应避免采用突出的楼梯间和凹阳台等。

3）采取必要的加强房屋整体性的构造措施，不做或少做地震时容易倒塌或脱落的建筑附属物，如女儿墙、附加的花饰等须作加固处理。

4）从材料选用和构造做法上尽可能减轻建筑物的自重，特别需要减轻屋顶和围护墙的重量。

（4）技术要求

设计标准化是实现建筑工业化的前提。因为只有设计标准化，做到构建定型化，使构配件规格、类型少，才有利于大规模采用工厂生产及施工的机械化，从而提高建筑工业化的水平。为此，建筑设计应采用国家规定的《建筑模数协调统一标准》。

除此之外，建筑设计应遵照国家指定的标准、规范以及各地或国家各部、委颁发的标准执行，如建筑防火规范、采光设计标准、住宅设计规范等。

小结

1. 建筑通常认为是建筑物和构筑物的总称。建筑物又通称为“建筑”，一般将供人们生活居住、工作学习、娱乐和从事生产的建筑称为建筑物。不直接供人使用的建筑叫构筑物。建筑具有实用性和艺术性两重属性，既是物质产品又是精神产品。

2. 建筑起源于新石器时代，西安半坡村遗址，欧洲的巨石建筑是人类最早的建筑活动例证。商代创造的夯土版筑技术，西周创造的陶瓦屋面防水技术体现了我国奴隶社会时期建筑的巨大成就。埃及金字塔、希腊雅典卫城、罗马斗兽场和万神庙是欧洲奴隶社会的著名建筑。万里长城、赵州桥、五台山佛光寺、故宫、颐和园等是我国封建社会建筑的代表作，它们集中体现了中国古代建筑的五大特征（群体布局、平面布置、结构形式、建筑外形和造园艺术）。巴黎圣母院是欧洲封建社会的著名建筑。它的骨架拱肋结构是一伟大创举。意大利的圣彼得教堂和巴黎的凡尔赛宫是欧洲文艺复兴建筑的代表。19 世纪末掀起的新建筑运动开创了现代建筑的新纪元，德国的包豪斯校舍、伦敦的水晶宫体现了新功能、新材料、新结构的和谐与统一。大跨度建筑和高层建筑集中反映了现代建筑的巨大成就，举世闻名的悉尼歌剧院、巴黎国家工业技术中心、芝加哥西尔斯大厦等是现代建筑的著名代表。改革开放后我国在城市建设、住宅建筑、公共建筑和工业建筑等方面取得了显著的成绩。

3. 21 世纪建筑业的发展与环境、城市、科学技术、文化艺术密切相关。

4. 建筑节能已经成为世界性大潮流，同时也是社会的需要。

5. 建筑功能、建筑技术和建筑形象是建筑的三个基本要素，我国的建筑方针是全面贯彻适用、安全、经济、美观。

6. 建筑经济技术分析及建筑经济指标。

7. 广义的建筑设计是指设计一个建筑物或建筑群所会做的全部工作，包括建筑设计、结构设计、设备设计。以上几方面的工作是一个整体，彼此分工而又密切配合，通常建筑工种是先行，常常处于主导地位。

8. 为使建筑设计顺利进行，少走弯路，少出差错，取得良好的成果，设计工作必须按照一定的程序进行。为此，设计工作的全过程包括收集资料、初步方案、初步设计、技术设计、施工图设计等几个阶段，其划分视工程的难易而定。

9. 两阶段设计是初步设计（或扩大初步设计）和施工图设计、技术设计和施工图设计。

10. 建筑设计是一项综合性工作，是建筑功能、工程技术和建筑艺术相结合的产物，因此从实际出发、有科学的依据是做好建筑设计的关键，这些依据通常包括：人体尺度和人体活动所需的空间尺度；家具、设备的尺寸和使用它们的必要空间；气象条件、地形、地质、地震烈度及水文；建筑模数协调统一标准及国家制订的其他规范及标准等。

思考题

1. 建筑的含义是什么？什么是建筑物和构筑物？
2. 中外建筑在发展过程的各个时期有哪些重大成就？有哪些代表性建筑？
3. 21 世纪建筑的发展将受到哪些因素的影响？应遵循哪些原则？
4. 构成建筑的三要素是什么？如何正确认识三者的关系？
5. 适用、安全、经济、美观的建筑方针所包含的具体内容是什么？
6. 建筑节能的意义是什么？
7. 建筑技术经济指标包括哪些内容？
8. 建筑工程设计包括哪几个方面的设计内容？

9. 建筑设计的程序如何？
10. 两阶段设计和三阶段设计的含义及适用范围是什么？
11. 建筑施工图包括哪些内容？
12. 建筑设计的要求有哪些？
13. 建筑设计的主要依据是什么？

第 1 章　建筑构造概论

学习目标

通过本章的学习，熟悉建筑物的分类和民用建筑的等级划分，掌握民用建筑的构造组成及定位轴线的标定；熟悉建筑模数协调统一标准，了解影响建筑构造的因素及设计原则。

1.1 建筑物的分类

1.1.1　按使用功能分类

1. 民用建筑

民用建筑即非生产性建筑，民用建筑可以分为居住建筑和公共建筑。

1）居住建筑指供人们工作、学习、生活、居住用的建筑物，如住宅、宿舍、公寓等。

2）公共建筑是人们从事政治文化活动、行政办公、商业、生活服务等公共事业所需要的建筑物。按性质不同又可分为 15 类之多。

行政办公建筑　如各类办公楼、写字楼等。

文教建筑　如教学楼、图书馆等。

托幼建筑　托儿所、幼儿园等。

医疗卫生建筑　如医院、疗养院、养老院等。

观演性建筑　电影院、剧院、音乐厅等。

体育建筑　如体育馆、体育场、训练馆等。

展览建筑　如展览馆、文化馆、博物馆等。

旅馆建筑　如宾馆、招待所、旅馆等。

商业建筑　如商店、商场、专卖店等。

电信、广播电视建筑　如邮政楼、广播电视楼、电信中心等。

交通建筑　如车站、航站客运站等。

金融建筑 如储蓄所、银行、商务中心等。

饮食建筑 如餐馆、食品店等。

园林建筑 公园、动物园、植物园等。

纪念建筑 如纪念碑、纪念堂等。

2. 工业建筑

工业建筑即生产性建筑，指为工业生产服务的生产车间及为生产服务的辅助车间、动力用房、仓储建筑等。

3. 农业建筑

农业建筑指供农（牧）业生产和加工用的建筑，如种子库、温室、畜禽饲养场、农副产品加工厂、农机修理厂（站）等。

1.1.2 按建筑规模和数量分类

大量性建筑 指建筑规模不大，但修建数量多，与人们生活密切相关的分布面广的建筑，如住宅、中小学教学楼、医院、中小型影剧院、中小型工厂等。

大型性建筑 指规模大、耗资多的建筑，如大型体育馆、大型剧院、航空港（站）、博物馆、大型工厂等。与大量性建筑相比，其修建数量是很有限的，这类建筑在一个国家或一个地区具有代表性，对城市面貌的影响也较大。

1.1.3 按建筑层数和总高度分类

1. 住宅按层数分

低层住宅 1~3 层的住宅。

多层住宅 一般指 4~6 层的住宅。

中高层住宅 一般指 7~9 层的住宅。

高层住宅 10 层及 10 层以上的住宅。

由于低层住宅占地较多，因此在城市中应当控制建造。按照《住宅设计规范》（GB 500996—2011）的规定，7 层及 7 层以上或住宅入口层楼面距室外设计地面的高度超过 16m 以上的住宅必须设置电梯。由于设置电梯将会增加建筑的造价和使用维护费用，应当适当控制中高层住宅的修建。

2. 其他民用建筑按高度分类

建筑高度指自室外设计地面到建筑主体檐口顶部的垂直高度。

普通建筑 建筑高度不超过 24m 的民用建筑和建筑高度超过 24m 的单层民用建筑。

高层建筑 建筑高度超过 24m 的民用建筑和 10 层及 10 层以上的居住建筑。

超高层建筑 建筑物高度超过 100m 时，不论住宅或公共建筑均为超高层。

注：建筑高度按《建筑设计防火规范》（GB 50016—2006）的规定来确定。

建筑高度的计算：当为坡屋面时，应为建筑物室外设计地面到其檐口的高度；当为平屋面（包括有女儿墙的平屋面）时，应为建筑物室外设计地面到其屋面面层的高度；当同一座建筑物有多种屋面形式时，建筑高度应按上述方法分别计算后取其中最大值。局部突

出屋顶的瞭望塔、冷却塔、水箱间、微波天线间或设施、电梯机房、排风和排烟机房以及楼梯出口小间等，可不计入建筑高度内。

1.1.4　按承重结构的材料分类

木结构建筑　指以木材作房屋承重骨架的建筑。木结构具有自重轻、构造简单、施工方便等优点，我国古代建筑大多采用木结构。但木材易腐、不防火，再加上我国森林资源较少，所以木结构建筑已很少采用。

砌体结构建筑　指以砖或石材为承重墙柱和楼板的建筑。这种结构便于就地取材，能节约钢材、水泥和降低造价，但抗害性能差，自重大。

钢筋混凝土结构建筑　指以钢筋混凝土作承重结构的建筑，如框架结构、剪力墙结构、框剪结构、筒体结构等，具有坚固耐久、防火和可塑性强等优点，故应用较为广泛。

钢结构建筑　指以型钢等钢材作为房屋承重骨架的建筑。钢结构力学性能好，便于制作和安装，工期短，结构自重轻，适宜超高层和大跨度建筑中采用。随着我国高层、大跨度建筑的发展，采用钢结构的趋势正在增长。

混合结构建筑　指采用两种或两种以上材料作承重结构的建筑，如由砖墙、木楼板构成的砖木结构建筑，由砖墙、钢筋混凝土楼板构成的砖混结构建筑，由钢屋架和混凝土（或柱）构成的钢混结构建筑。其中砖混结构在大量性民用建筑中应用最广泛。钢混结构多用于大跨度建筑，砖木结构由于木材资源的缺乏而极少采用。

1.1.5　按照结构的承重方式分类

墙承重结构建筑　由墙体作为建筑物的承重构件，承受楼板及屋顶传来的全部荷载，并把荷载传给基础的一种结构体系，有夯土墙结构、砌体墙结构、钢筋混凝土剪力墙结构等。其特点是墙体既是承重构件又是围护或者分隔构件。由于楼板的经济跨度的影响，其房间开间和进深都受到一定限制，很难形成大空间，所以一般用于小开间建筑，如住宅、宿舍、医院、旅馆等建筑。

骨架承重结构建筑　由钢筋混凝土或钢材制作的梁、板、柱形成的骨架来承担荷载的建筑。常用的骨架承重结构体系有框架结构、框—剪结构、框—筒结构、板柱结构、拱结构、排架结构等。在骨架承重结构体系中，内外墙体均不承重，所以墙体可以灵活布置。较为适用于灵活分隔空间的建筑物，或是内部空旷的建筑物，且建筑物立面处理也比较灵活，如商场、教学楼、工业厂房等。

空间结构建筑　是指结构呈三维形态，具有三维受力特性并呈空间工作状态的结构体系。常用的空间结构体系有折板结构、薄壳结构、网架结构、悬索结构及膜结构等。现代以来，涌现出很多优秀建筑，如北京奥运场馆的“鸟巢”、“水立方”等就是其代表作。

1.2　建筑物的等级划分

建筑物的等级一般按耐久性和耐火性进行划分。

1.2.1 按建筑物的耐久性能分类

建筑物的耐久等级的指标是设计使用年限。建筑合理使用年限主要指建筑主体设计使用年限，主要根据建筑物的重要性和规模大小划分，作为基建投资和建筑设计的重要依据。按国家标准《建筑结构可靠度设计统一标准》（GB 50068—2001）和《民用建筑设计通则》（GB 50352—2005）中的规定，建筑的设计使用年限分四类，见表 1-1。

表 1-1 建筑物耐久等级

类 别	使用年限	适用范围
一级	100 年以上	重要的单层、多层和高层公共建筑，超高层民用建筑等
二级	50~100 年	多层、中高层和高层的居住建筑，一般的单层、多层和高层公共建筑等
三级	25~50 年	低层居住建筑，次要的单层、公共建筑
四级	5 年以下	临时性民用建筑

注：使用年限系指主体结构和基础等不可置换的结构构件。

1.2.2 按建筑物的耐火性能分类

所谓耐火等级，是衡量建筑物耐火程度的标准，它是由组成建筑物的构件的燃烧性能和耐火极限的最低值所决定的。划分建筑物耐火等级的目的在于根据建筑物的用途不同提出不同的耐火等级要求，做到既有利于安全，又有利于节约基本建设投资。现行《建筑设计防火规范》（GB 50016—2006）规定将建筑物的耐火等级划分为四级。

1. 建筑构件的燃烧性能分类

非燃烧体 指用非燃烧材料做成的建筑构件，如天然石材、人工石材、金属材料等。

燃烧体 指用容易燃烧的材料做成的建筑构件，如木材、纸板、胶合板等。

难燃烧体 指用不易燃烧的材料做成的建筑构件，或者用燃烧材料做成，但用非燃烧材料作为保护层的构件，如沥青混凝土构件、木板条抹灰等。

2. 建筑构件的耐火极限

所谓耐火极限，是指任一建筑构件在规定的耐火试验条件下，从受到火的作用时起，到失去支持能力或完整性被破坏或失去隔火作用时为止的这段时间，用小时表示。只要以下三个条件中任一个条件出现，就可以确定达到其耐火极限。

失去支持能力 指构件在受到火焰或高温作用下，由于构件材质性能的变化，使承载能力和刚度降低，承受不了原设计的荷载而破坏。例如受火作用后的钢筋混凝土梁失去支承能力，钢柱失稳破坏；非承重构件自身解体或垮塌等，均属失去支持能力。

完整性被破坏 指薄壁分隔构件在火中高温作用下，发生爆裂或局部塌落，形成穿透裂缝或孔洞，火焰穿过构件，使其背面可燃物燃烧起火。例如受火作用后的板条抹灰墙，内部可燃板条先行自燃，一定时间后，背火面的抹灰层龟裂脱落，引起燃烧起火；预应力钢筋混凝土楼板使钢筋失去预应力，发生炸裂，出现孔洞，使火苗窜到上层房间。在实际中这类火灾相当多。

失去隔火作用 指具有分隔作用的构件，背火面任一点的温度达到 220℃时，构件失去

隔火作用。例如一些燃点较低的可燃物（纤维系列的棉花、纸张、化纤品等）烤焦后以致起火。

1.3 建筑物的构造组成及其作用

一幢建筑，一般是由基础、墙或柱、楼地层、楼梯、屋顶和门窗等六大部分所组成（图 1-1）。

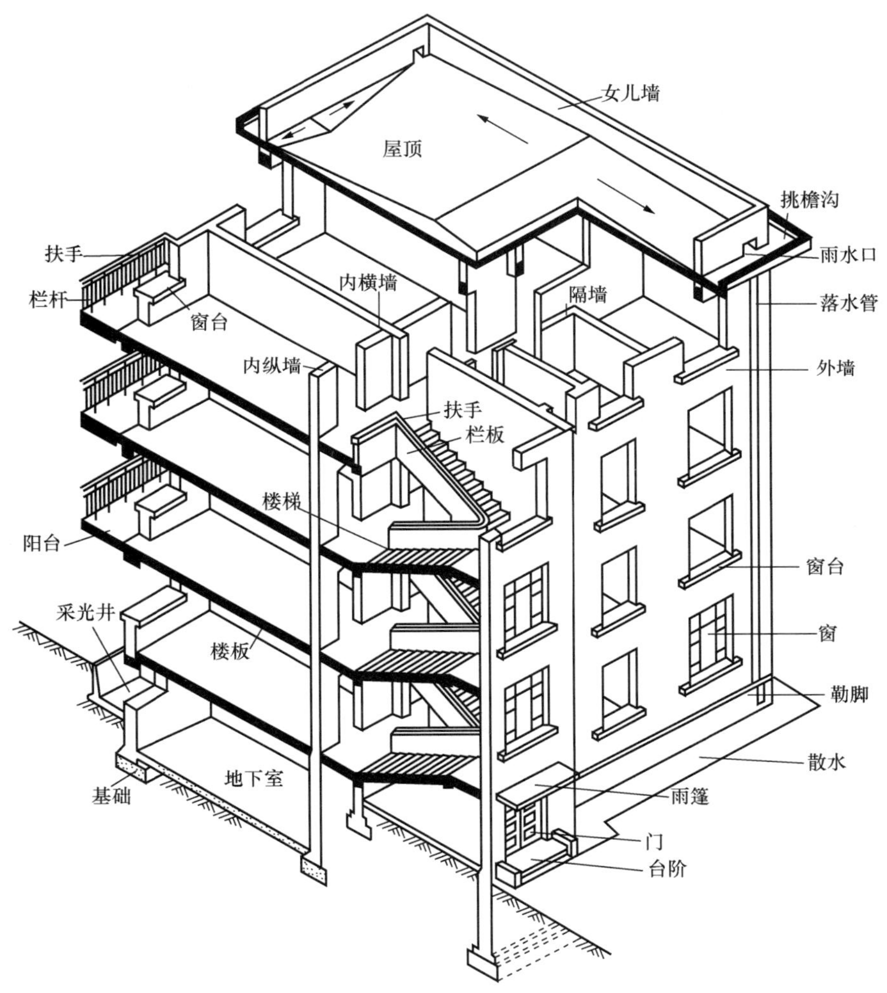

图 1-1　房屋的构造组成

基础　是建筑物最下部的承重构件，其作用是承受建筑物的全部荷载，并将这些荷载传给地基。因此，基础必须具有足够的强度，并能抵御地下各种有害因素的侵蚀。

墙体　是建筑物的承重构件和围护构件。作为承重构件的外墙，其作用是抵御自然界各种因素对室内的侵袭；内墙主要起分隔空间及保证舒适环境的作用。框架或排架结构的建筑物中，柱起承重作用，墙仅起围护作用。因此，要求墙体具有足够的强度、稳定性，保温、隔热、防水、防火、耐久及经济等性能。

楼板层和地坪 楼板是水平方向的承重构件，按房间层高将整幢建筑物沿水平方向分为若干层；楼板层承受家具、设备和人体荷载以及本身的自重，并将这些荷载传给墙或柱；同时对墙体起着水平支撑的作用。因此要求楼板层应具有足够的抗弯强度、刚度和隔声、防潮、防水的性能。

地坪是底层房间与地基土层相接的构件，起承受底层房间荷载的作用。要求地坪具有耐磨、防潮、防水、防尘和保温的性能。

楼梯 是楼房建筑的垂直交通设施。供人们上下楼层和紧急疏散之用。故要求楼梯具有足够的通行能力，并且防滑、防火，能保证安全使用。

屋顶 是建筑物顶部的围护构件和承重构件。抵抗风、雨、雪霜、冰雹等的侵袭和太阳辐射热的影响；又承受风雪荷载及施工、检修等屋顶荷载，并将这些荷载传给墙或柱。故屋顶应具存足够的强度、刚度及防水、保温、隔热等性能。

门与窗 均属非承重构件，也称为配件。门主要供人们出入内外和分隔房间用，窗主要起通风、采光、分隔、眺望等围护作用。处于外墙上的门窗又是围护构件的一部分，要满足热工及防水的要求；某些有特殊要求的房间，门、窗应具有保温、隔声、防火的能力。

一座建筑物除上述六大基本组成部分以外，对不同使用功能的建筑物，还有许多特有的构件和配件，如阳台、雨篷、台阶、排烟道等。

1.4 建筑模数协调统一标准

为了实现工业化大规模生产，使不同材料、不同形式和不同制造方法的建筑构配件、组合件具有一定的通用性和互换性，在建筑业中必须共同遵守《建筑模数协调统一标准》(GBJ 2—1986)，以下简称模数标准。

建筑模数是指选定的尺寸单位，作为尺度协调中的增值单位，也是建筑设计、建筑施工、建筑材料与制品、建筑设备、建筑组合件等各部门进行尺度协调的基础，其目的是使构配件安装吻合，并有互换性。建筑模数分为基本模数和导出模数，导出模数分为扩大模数和分模数。

1. 基本模数

基本模数的数值规定为100mm，表示符号为M，即1M等于100mm，整个建筑物或其中一部分以及建筑组合件的模数化尺寸均应是基本模数的倍数。

2. 导出模数

导出模数分为扩大模数和分模数。

扩大模数 指基本模数的整倍数。扩大模数的基数应符合下列规定：

水平扩大模数为3M、6M、12M、15M、30M、60M等6个，其相应的尺寸分别为300mm，600mm、1200mm、1500mm、3000mm、6000mm。

竖向扩大模数的基数为3M、6M两个，其相应的尺寸为300mm、600mm。

分模数 指整数除基本模数的数值。分模数的基数为M/10、M/5、M/2等3个，其相

应的尺寸为 10mm、20mm、50mm。

3. 模数数列

模数数列指由基本模数、扩大模数、分模数为基础扩展成的一系列尺寸。

水平基本模数的数列幅度为（1~20）M。主要适用于门窗洞口和构配件断面尺寸。

竖向基本模数的数列幅度为（1~36）M。主要适用于建筑物的层高、门窗洞口、构配件等尺寸。

水平扩大模数数列的幅度：3M 为（3~75）M；6M 为（6~96）M；12M 为（12~120）M；15M 为（15~120）M；30M 为（30~360）M；60M 为（60~360）M，必要时幅度不限。主要适用于建筑物的开间或柱距、进深或跨度、构配件尺寸和门窗洞口尺寸。

竖向扩大模数数列的幅度不受限制。主要适用于建筑物的高度、层高、门窗洞口尺寸。

分模数数列的幅度。M/10 为（1/10~2）M，M/5 为（1/5~4）M；M/2 为（1/2~10）M。主要适用于缝隙、构造节点、构配件断面尺寸。

4. 三种尺寸

标志尺寸　应符合模数数列的规定，用以标注建筑物定位轴线之间的距离（如跨度、柱距、层高等），以及建筑制品、构配件、有关设备位置界限之间的尺寸。

构造尺寸　是建筑制品、构配件等生产的设计尺寸。一般情况下，构造尺寸加上缝隙尺寸等于标志尺寸。缝隙尺寸的大小，宜符合模数数列的规定。

实际尺寸　是建筑制品、建筑构配件等的实有尺寸。实际尺寸与构造尺寸之间的差数，应由允许偏差值加以限制。

标志尺寸、构造尺寸与两者之间缝隙尺寸的关系如图 1-2 所示。

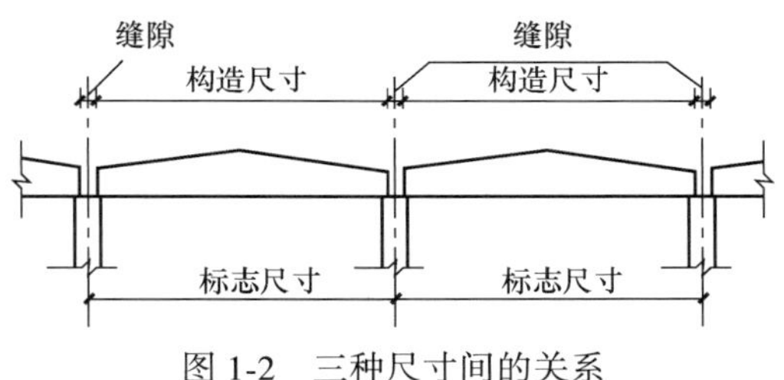

图 1-2　三种尺寸间的关系

1.5 定位轴线

定位轴线是确定建筑物主要承重构件位置的基准线，是施工定位、放线的重要依据。用于平面时称为平面定位轴线；用于竖向时称为竖向定位线。定位轴线之间的距离（如开间、进深、层高等）应符合模数数列的规定。规定定位轴线的布置以及结构构件与定位轴线联系的原则，是为了统一与简化结构或构件尺寸和节点构造，减少规格类型，提高互换性和通用性，满足建筑工业化生产要求。

1.5.1　平面定位轴线的编号

平面定位轴线分为横向定位轴线和纵向定位轴线，横向定位轴线的编号应从左至右用阿拉伯数字注写；纵向定位轴线的编号应自下向上用大写拉丁字母编写，如图 1-3 所示。其中 I、O、Z 不得用于轴线编号，以免与数字 1、0、2 混淆。字母数字不够，可用 AA、BB、…或 A1、B1 等标注，定位轴线分区注写，注写形式为“分区号-该区轴线号”如图 1-4 所示。

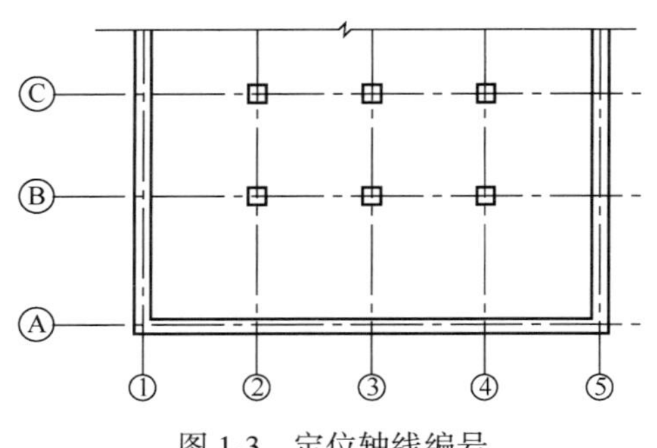

图 1-3　定位轴线编号

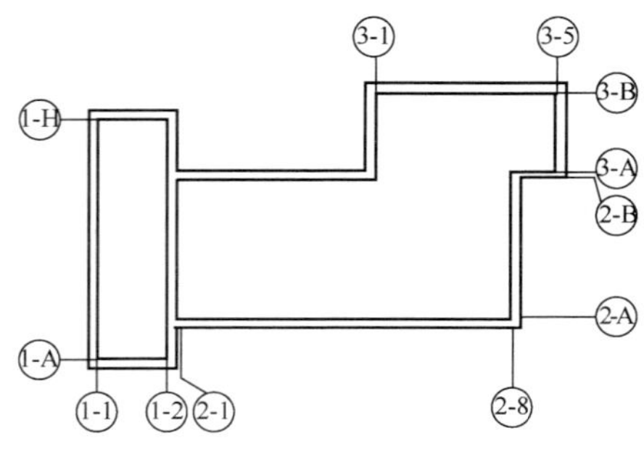

图 1-4　定位轴线分区编号

在建筑设计中经常把一些次要的建筑构件用附加轴线进行编号，如非承重墙、装饰柱等。附加轴线应以分数表示，如图 1-5 所示。

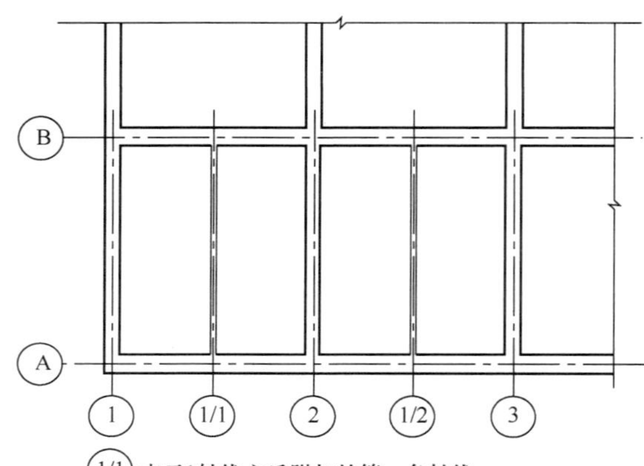

图 1-5　附加定位轴线编号

1.5.2　平面定位轴线

1. 砖混结构建筑

（1）承重外墙的定位轴线

承重外墙平面定位轴线与外墙内缘相距为 120mm，如图 1-6（a）所示。

（2）承重内墙的定位轴线

承重内墙的平面定位轴线应与顶层墙体中线重合，如图 1-6（b）所示。当内墙厚度≥370mm 时，为了便于圈梁或墙内竖向孔道的通过，往往采用双轴线形式，如图 1-6（c）所示；有时根据建筑空间的要求，也可以把平面定位轴线设在距离内墙某一外缘 120mm 处，如图 1-6（d）所示。

（3）非承重墙定位轴线

由于非承重墙没有支撑上部水平承重构件的任务，平面定位轴线的定位就比较灵活。非承重墙除了可按承重墙定位轴线的规定定位之外，还可以使墙身内缘与平面定位轴线重合。

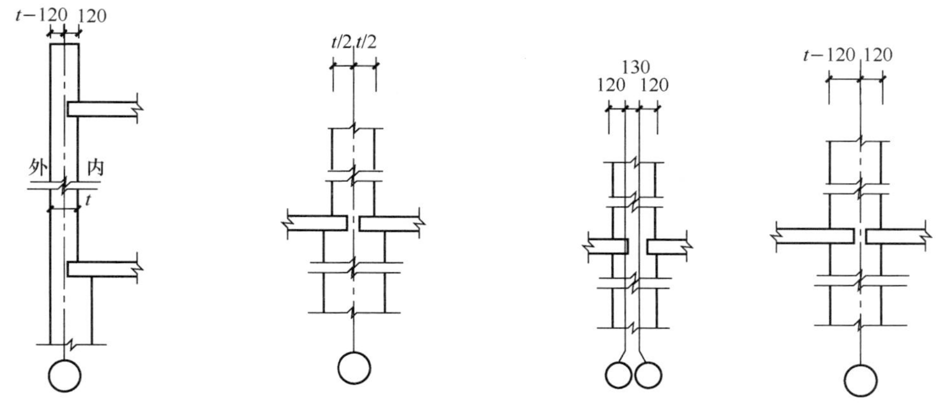

(a) 承重外墙的定位轴线　(b) 承重内墙定位轴线中分顶层墙身　(c) 承重内墙采用双轴线　(d) 承重内墙采用偏轴线

图 1-6　承重墙的定位轴线

（4）带壁柱外墙的定位轴线

带壁柱外墙的墙体内缘与平面定位轴线重合，如图 1-7（a）、（b）所示。或距墙体内缘 120mm 处与平面定位轴线重合，如图 1-7（c）、（d）所示。

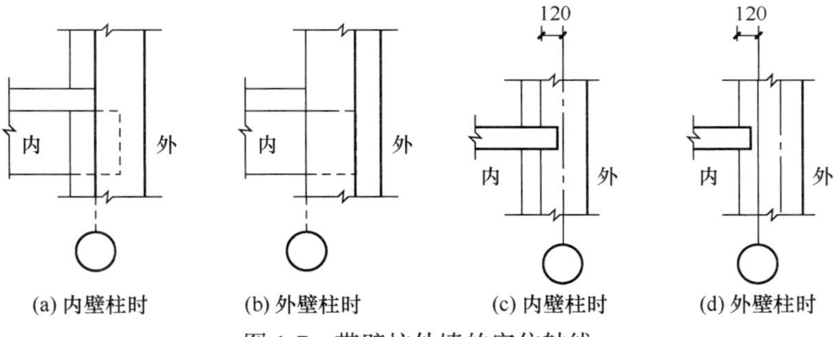

(a) 内壁柱时　(b) 外壁柱时　(c) 内壁柱时　(d) 外壁柱时

图 1-7　带壁柱外墙的定位轴线

（5）变形缝处定位轴线

为了满足变形缝两侧结构处理的要求，变形缝处通常设置双轴线。

1）当变形缝处一侧为墙体，另一侧为墙垛时，墙剁的外缘应与平面定位轴线重合。当墙体是外承重墙时，平面定位轴线距顶层墙内缘 120mm，如图 1-8（a）所示；当墙体是非承重墙时，平面定位轴线应与顶层墙内缘重合，如图 1-8（b）所示。

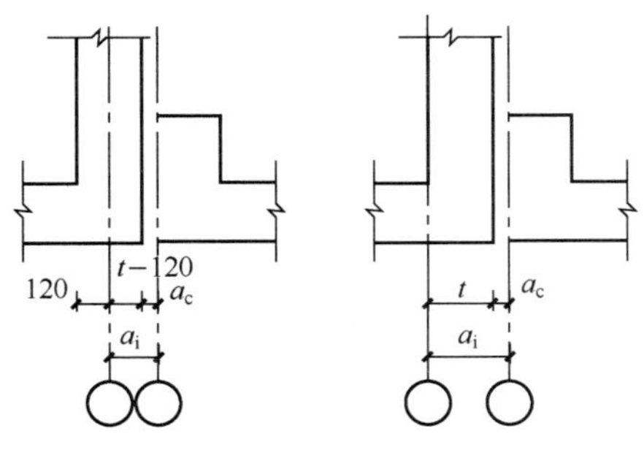

(a) 墙体是承重外墙　(b) 墙体是非承重外墙

图 1-8　变形缝外墙与墙垛交界处定位轴线

2）当变形缝两侧均为墙体时，如两侧墙体均为承重墙时，平面定位轴线应分别设在距顶层墙内缘 120mm 处，如图 1-9（a）所示；当两侧墙体均按非承重墙处理时，平面定位轴线应分别与顶层墙体内缘重合，如图 1-9（b）所示。

3）当变形缝处两侧墙体带联系尺寸时，其平面定位轴线的划分与上述原则相同，如图 1-10 所示。

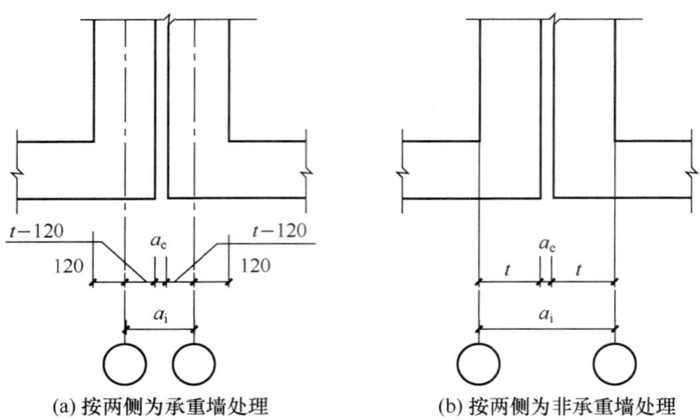

图 1-9　变形缝处双墙的定位轴线

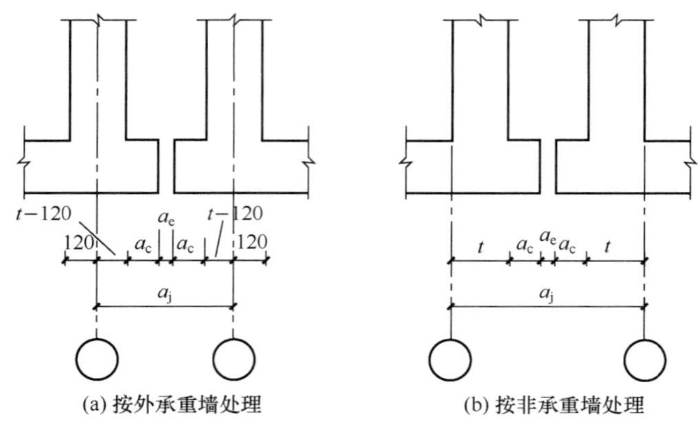

图 1-10　变形缝处双墙带联系尺寸的定位轴线

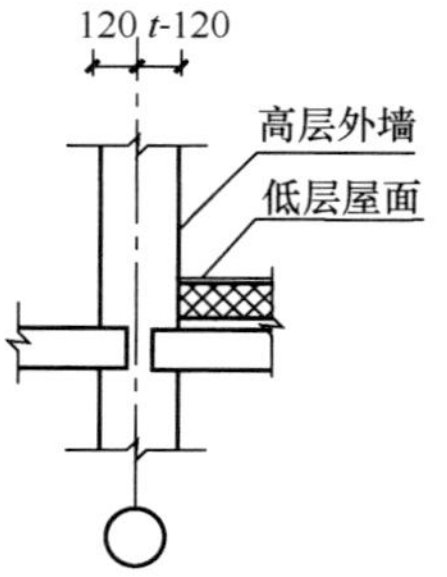

120 t-120

高层外墙

低层屋面

图 1-11　高低层分界处无变形缝时的定位轴线

（6）高低层分界处的墙体定位轴线

当高低层分界处不设变形缝时，应按高层部分承重外墙定位轴线处理，平面定位轴线应距离墙身内缘 120mm，并与底层定位轴线重合，如图 1-11 所示；当高低层分界处设置变形缝时，应按变形缝处墙体平面定位轴线处理。

2. 框架结构建筑

框架结构建筑中柱定位轴线一般与顶层柱截面中心线相重合，如图 1-12（a）所示。边柱定位轴线一般与顶层柱截面中心线重合［图 1-12（b）］或距柱外缘 250mm 处［图 1-12（c）］。

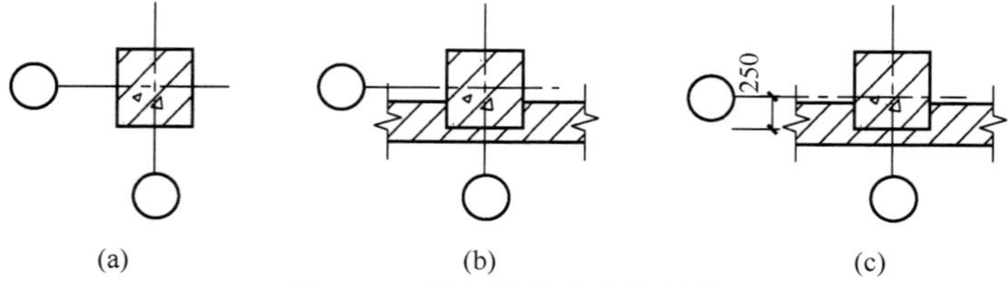

图 1-12　框架结构主定位轴线

1.5.3　砖墙的竖向定位

楼地面　砖墙楼地面竖向定位应与楼（地）面面层上表面重合，如图 1-13 所示。由于结构构件的施工先于楼（地）面面层进行，要根据建筑专业的竖向定位确定结构构件的控制高程。一般情况下，建筑标高减去楼（地）面面层构造厚度等于结构标高。

屋面　平屋面竖向定位应标在屋面结构层上表面；坡屋顶的建筑标高标在屋顶结构层上表面与外墙定位轴线的相交处，如图 1-14 所示。

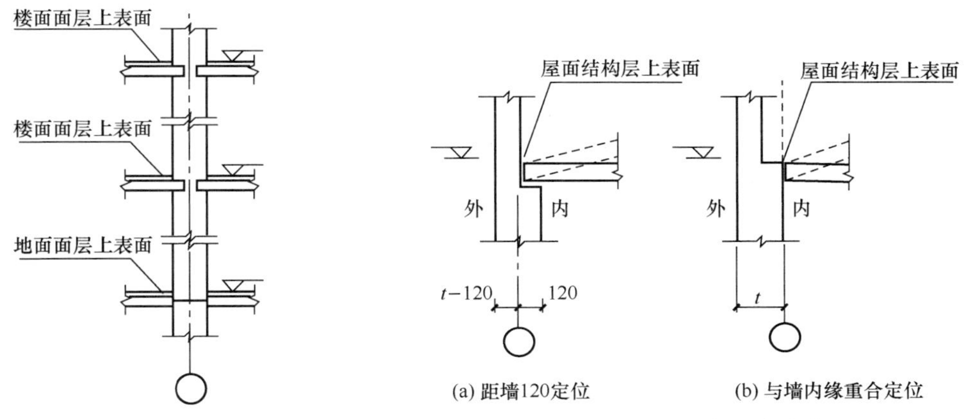

图 1-13　砖墙楼地面的竖向定位轴线　　图 1-14　屋面的竖向定位

1.6　影响建筑构造的因素及设计原则

1.6.1　影响建筑构造的因素

荷载因素的影响　作用在建筑物上的各种外力统称为荷载。荷载可分为恒荷载（如结构自重）和活荷载（如人群、家具、风雪及地震荷载）两类。荷载的大小是建筑结构设计的主要依据，也是结构选型及构造设计的重要基础，起着决定构件尺度、用料多少的重要作用。

自然因素的影响　是指自然界的风、雨、雪、霜、地下水、地震等因素给建筑物带来的影响，为了防止自然因素对建筑物的破坏和保证建筑物的正常使用，在进行构造设计时，应该针对建筑物所受影响的性质与程度，对各有关构、配件及部位采取必要的防范措施，如防潮、防水、保温、隔热、设伸缩缝、设隔蒸气层等，以防患于未然。

各种人为因素的影响　人们在生产和生活活动中，往往遇到火灾、爆炸、机械振动、化学腐蚀、噪声等人为因素的影响，故在进行建筑构造设计时，必须针对这些影响因素，采取相应的防火、防爆、防振、防腐、隔声等构造措施，以防止建筑物遭受不应有的损失。

建筑技术条件的影响　由于建筑材料技术的日新月异，建筑结构技术的不断发展，建筑施工技术的不断进步，建筑构造技术也不断翻新、丰富多彩。例如悬索、薄壳、网架等空间结构建筑，点式玻璃幕墙，彩色铝合金等新材料的吊顶，采光天窗中庭等现代建筑设施的大量涌现，可以看出，建筑构造没有一成不变的固定模式，因而在构造设计中要以构造原理为基础，在利用原有的、标准的、典型的建筑构造的同时，不断发展或创造新的构造方案。

经济条件的影响 随着建筑技术的不断发展和人们生活水平的日益提高，人们对建筑的使用要求也越来越高。建筑标准的变化带来建筑的质量标准、建筑造价等也出现较大差别。对建筑构造的要求也将随着经济条件的改变而发生着大的变化。

1.6.2 建筑构造的设计原则

在满足建筑物各项功能要求的前提下，必须综合运用有关技术知识，并遵循以下设计原则：

结构坚固、耐久 在确定构造方案时，首先必须考虑坚固、耐久、实用，保证建筑有足够的强度和刚度，并且有足够的整体性，安全可靠，经久耐用。

技术先进 在进行建筑构造设计时，应大力改进传统的建筑方式，从材料、结构、施工等方面引入先进技术，并注意因地制宜。

经济合理 各种构造设计，均要注重整体建筑物的经济、社会和环境的三个效益，即综合效益。在经济上注意节约建筑造价，降低材料的能源消耗，还必须保证工程质量，不能单纯追求效益而偷工减料，降低质量标准，应做到合理降低造价。

美观大方 建筑物的形象除了取决于建筑设计中的体型组合和立面处理外，一些建筑细部的构造设计对整体美观也有很大影响。

小结

本章对房屋建筑的构造组成、分类分级、建筑模数、变形缝及定位轴线等内容作了较为详细的阐述。

1. 建筑物主要由基础、墙和柱、楼地层，屋盖、楼梯门窗等内部分组成。
2. 不同类别的建筑物常按其耐久年限和耐火程度分级。
3. 建筑标准化包括建筑设计的标准和建筑设计的标准化两个方面。建筑模数分为基本模数、扩大模数及分模数。
4. 我国《建筑模数协调统一标准》中规定的基本模数为1M=100mm。在建筑设计和建筑模数协调中涉及标志尺寸、构造尺寸和实际尺寸等几种尺寸。
5. 定位轴线是确定建筑构配件位置及相互关系的基准线。建筑物分水平和竖向两个方向进行定位，应合理选择定位轴线。

本章的教学目标是使学生了解民用建筑的等级及类型，熟悉建筑模数协调统一标准，掌握民用建筑的构造组成和定位轴线的确定。

思考题

1. 什么是建筑模数？建筑模数分为哪几种？其中1M的值为多少？
2. 建筑物的耐火等级是根据什么确定的？建筑构件按照燃烧性能分为哪几种？
3. 建筑构造的设计原则有哪些？

4. 建筑物由哪几部分组成，各自有什么作用？其中属于非承重构件的是什么？最下部的承重构件是什么？

5. 民用建筑主要有哪几部分组成？各部分有什么作用？

6. 什么是耐火极限？

7. 什么是定位轴线？

8. 标志尺寸、构造尺寸和实际尺寸的相互关系是什么？

9. 承重墙的定位轴线如何标定划分？并画图表示。

第 2 章　基础和地下室

学习目标

通过学习基础和地下室的基本知识，掌握地基和基础的区别以及它们的作用和设计要求；掌握基础埋置深度的概念及影响因素；掌握基础的分类及构造。了解地下室的组成，掌握地下室防潮与防水要求和构造。

提示

某工程位于甘肃省兰州市，为一高层住宅，地上二十八层，地下一层为人防地下室兼库房，总建筑面积 27 765.8m^2，基础为筏板基础。下面介绍有关基础与地下室的内容。

2.1 基础和地基的概念及分类

1. 基础和地基的基本概念

在建筑工程中，建筑物与土层直接接触的部分称为基础，支承建筑物重量的土层为地基。基础是建筑物的组成部分，属于隐蔽工程。基础承受着建筑物的全部荷载，并将其传给地基。而地基则不是建筑物的组成部分，它只是承受建筑物荷载的土壤层。其中，具有一定的地耐力，直接支承基础，持有一定承载能力的土层称为持力层；持力层以下的土层称为下卧层。地基土层在荷载作用下产生的变形，随着土层深度的增加而减少，到了一定深度则可忽略不计（图 2-1）。

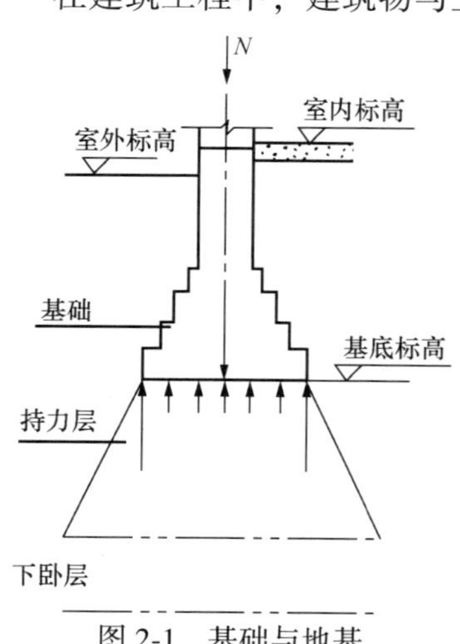

图 2-1　基础与地基

2. 地基的分类

地基按土层性质不同，分为天然地基和人工地基两大类。凡天然土层具有足够的承载能力，不需经人工改良或加固，可直接在上面建造房屋的称天然地基。当建筑物上部的荷载较大或地基土层的承载能力较弱，缺乏足够的稳

定性，须预先对土壤进行人工加固后才能在上面建造房屋的称人工地基。人工加固地基通常采用压实法、换土法、化学加固法和打桩法。

3. 地基与基础的设计要求

（1）地基应具有足够的承载力和均匀程度

建筑物的场址应尽可能选在承载能力高且分布均匀的地段。如果地基土质分层不均匀或处理不好，极易使建筑物发生不均匀沉降，引起墙身开裂、房屋倾斜甚至破坏。

（2）基础应具有足够的强度和耐久性（坚固）

基础是建筑物的重要承重构件，又是埋于地下的隐蔽工程，易受潮，且很难观察、维修、加固和更换。所以，在构造形式上必须具有足够的强度和与上部结构相适应的耐久性。

（3）经济要求

基础工程约占总造价的 10%~40%，要使工程总投资降低，首先要降低基础工程的投资。

2.2 基础的埋置深度

1. 基础的埋置深度

室外设计地面至基础底面的垂直距离称为基础的埋置深度，简称基础的埋深（图 2-2）。基础按埋置深度的大小分为深基础、浅基础和不埋基础，埋深大于或等于 4m 的称为深基础；埋深小于 4m 的称为浅基础；当基础直接做在地表面上的称不埋基础。在保证安全使用的前提下，应优先选用浅基础，可降低工程造价。但当基础埋深过小时，有可能在地基受到压力后，会把基础四周的土挤出，使基础产生滑移而失去稳定，同时易受到自然因素的侵蚀和影响，使基础破坏，故基础的埋深在一般情况下，不要小于 0.5m。

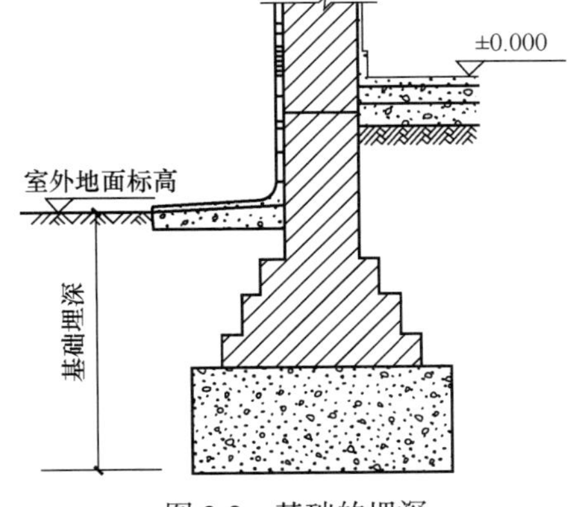

图 2-2　基础的埋深

2. 影响基础埋深的因素

（1）建筑物上部荷载的大小和性质

多层建筑一般根据地下水位及冻土深度等来确定埋深尺寸。一般高层建筑的基础埋置深度为地面以上建筑物总高度的 1/10。

（2）工程地质条件

基础底面应尽量选在常年未经扰动而且坚实平坦的土层或岩石上，俗称“老土层”。对现有土层不宜选作地基。

（3）水文地质条件

确定地下水的常年水位和最高水位，以便选择基础的埋深。一般宜将基础落在地下常年水位和最高水位之上，这样可不需进行特殊防水处理，节省造价，还可防止或减轻地基土层的冻胀。对于地下水位较高地区，应将基础底面置于最低地下水位之下 200mm 处（图 2-3）。

（4）土壤冻胀深度

土的冻结深度即冰冻线，是地面以下冻结土与不冻结土的分界线。冰冻线的深度称为冻结深度。应根据当地的气候条件，了解土层的冻结深度，一般将基础的垫层部分做在土层冻结深度以下，否则，冬天土层的冻胀力会把房屋拱起，产生变形；天气转暖，冻土解冻时又会产生陷落，在这个过程中，冻融是不均匀的，致使建筑物周期性出于不均匀的升降中，势必会导致建筑物产生变形、开裂、倾斜等一系列的冻害。

一般情况下，基础底面应置于冰冻线以下100~200mm，当冻土深度小于500mm时，基础埋深不受影响（图2-4）。

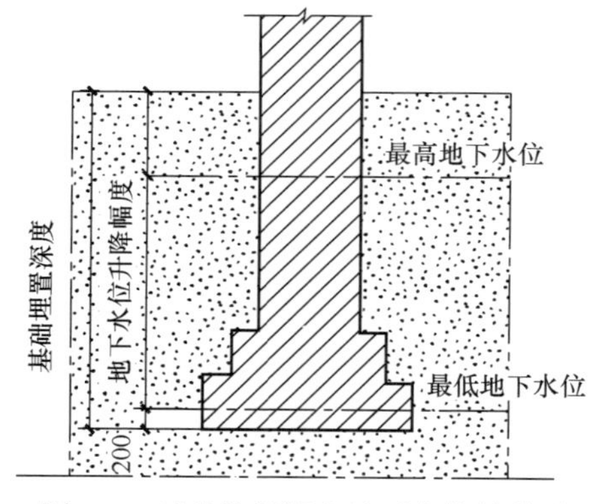

图2-3　基础的埋深和地下水位的关系

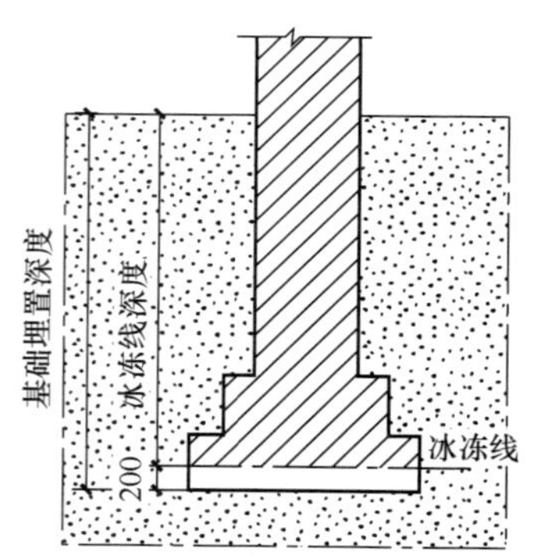

图2-4　基础的埋深和冰冻线的关系

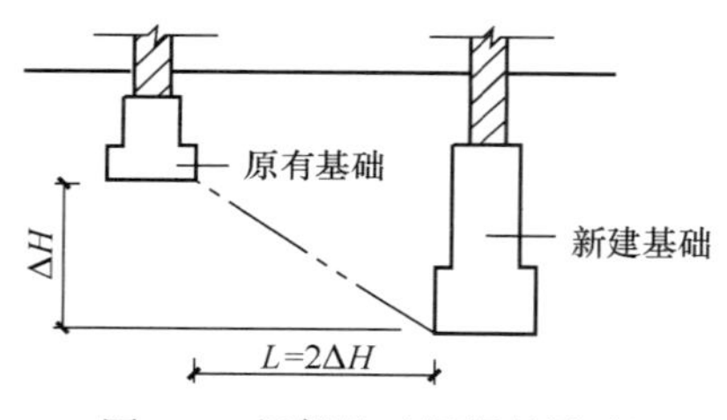

图2-5　相邻基础埋深的影响

（5）相邻建筑物基础的影响

新建建筑物的基础埋深不宜深于相邻的原有建筑物的基础；但当新建基础深于原有基础时，应使两基础间留出相邻基础底面差的1~2倍距离，以保证原有房屋的安全（图2-5），即$L=2\Delta H$（式中L为两基础间的距离，ΔH为两基础底面的高差）。若新旧建筑间不能满足此条件时，则要采用其他的措施加以处理，以保证原有建筑的安全和正常使用。

2.3　基础的类型

2.3.1　按材料及受力特点分类

1. 刚性基础

由刚性材料制作的基础称为刚性基础。一般抗压强度高，而抗拉、抗剪强度较低的材料就称为刚性材料。常用的刚性材料有砖、灰土、混凝土、三合土、毛石等。

为满足地基容许承载力的要求，基底宽B一般大于上部墙宽，为了保证基础不被拉、剪而破坏，基础必须具有相应的高度。通常按刚性材料的受力状况，基础在传力时只能在材料的允许范围内控制，这个控制范围的夹角称为刚性角，用α表示。砖、石基础的刚性角控制在（1∶1.25）~（1∶1.50）（26°~33°）以内，混凝土基础刚性角控制在1∶1（45°）以内。刚性基础在刚性角范围内传力如图2-6（a）所示，基础底面宽超过刚性角范围而破坏刚性基础的受力、传力如图2-6（b）所示。

常用的刚性基础有砖石基础、毛石基础、灰土基础、混凝土基础（图2-7）。

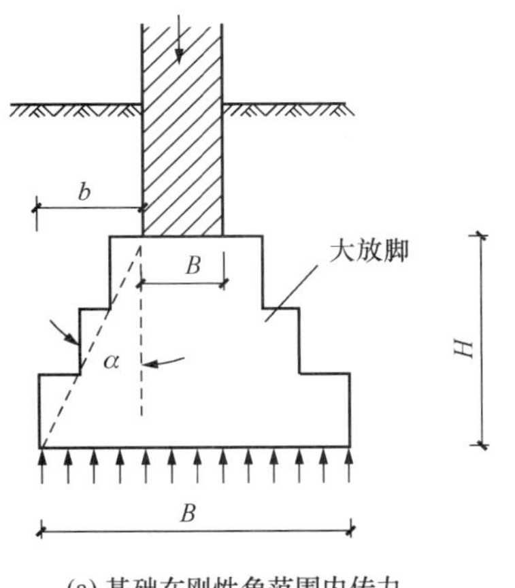

(a) 基础在刚性角范围内传力

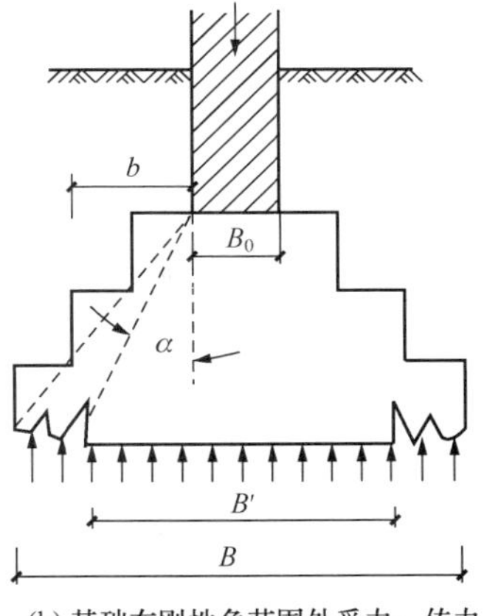

(b) 基础在刚性角范围外受力、传力

图 2-6　刚性基础的受力、传力特点

砖基础　一般由垫层、大放脚和基础墙三部分组成。大放脚的做法有间隔式和等高式两种［图 2-7（a）、（b）］。

毛石基础　是用毛石和水泥砂浆砌筑而成，其剖面形状多为阶梯形［图 2-7（c）］。用于地下水位较高，冻结深度较深的单层民用建筑。

灰土基础　用于地下水位低，冻结深度较浅的南方 4 层以下民用建筑［图 2-7（d）］。

混凝土基础　是用不低于 C15 的混凝土浇捣而成，其剖面形式有阶梯形和锥形两种［图 2-7（e）、（f）］，用于潮湿的地基或有水的基槽中。

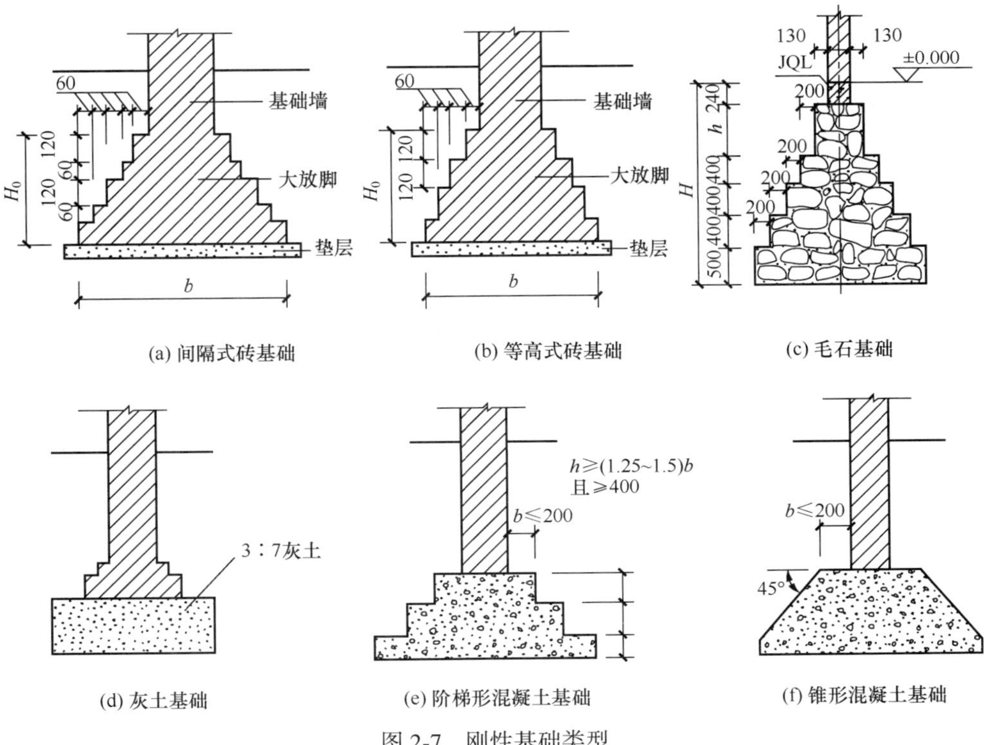

图 2-7　刚性基础类型

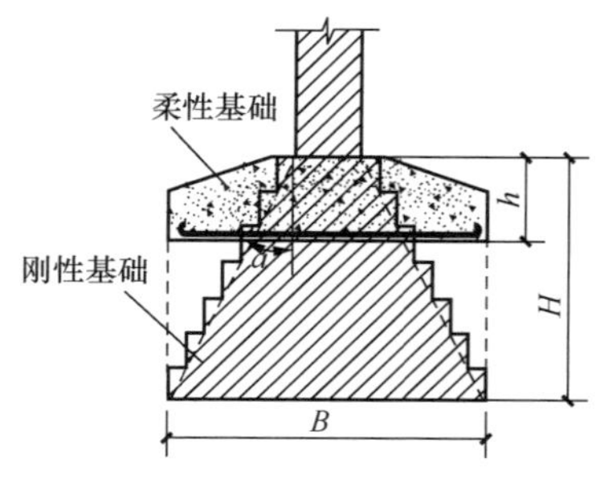

图 2-8　刚性基础与柔性基础的比较

2. 柔性基础

当建筑物的荷载较大而地基承载能力较小时，基础底面 B 必须加宽，如果仍采用混凝土材料做基础，势必加大基础的深度，这样很不经济，如图 2-8 所示。如果在混凝土基础的底部配以钢筋，利用钢筋来承受拉应力，使基础底部能够承受较大的弯矩，这时，基础宽度不受刚性角的限制，故称钢筋混凝土基础为非刚性基础或柔性基础（图 2-9）。

钢筋混凝土基础的底板是基础主要受力构件，厚度和配筋均由计算确定。但受力筋直径不得小于 8mm，间距不大于 200mm；混凝土强度等级不宜低于 C20。

另外，为保证基础钢筋和地基之间有足够的距离，以免钢筋锈蚀，可在钢筋混凝土底板之下做垫层，垫层还可以作为绑扎钢筋的工作面。当采用等级较低的混凝土作垫层时，一般采用 C10 素混凝土，厚度 70～100mm，其两边应伸出底板各 100mm，如图 2-9 所示。

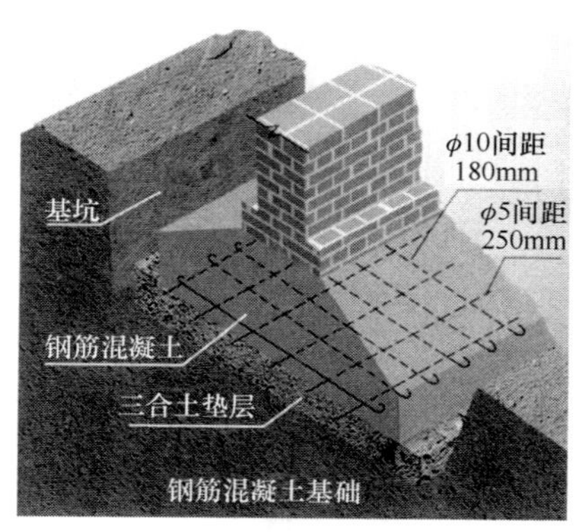

(a) 钢筋混凝土基础直观图

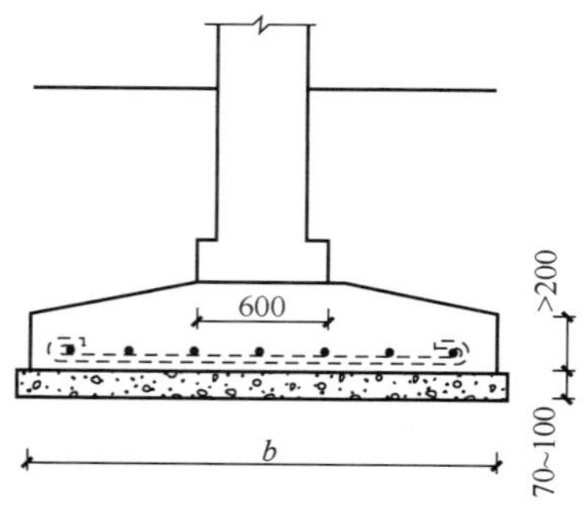

(b) 钢筋混凝土基础剖面图

图 2-9　钢筋混凝土基础

钢筋混凝土基础其剖面形式有阶梯形和锥形两种。锥形基础要求底板边缘厚度不小于 200mm，且不宜大于 500mm，如图 2-10 所示。钢筋混凝土阶梯形基础每阶厚度为 300～500mm。当基础高度在 500～900mm 时采用两阶。当基础高度超过 900mm 时采用三阶，如图2-11 所示。

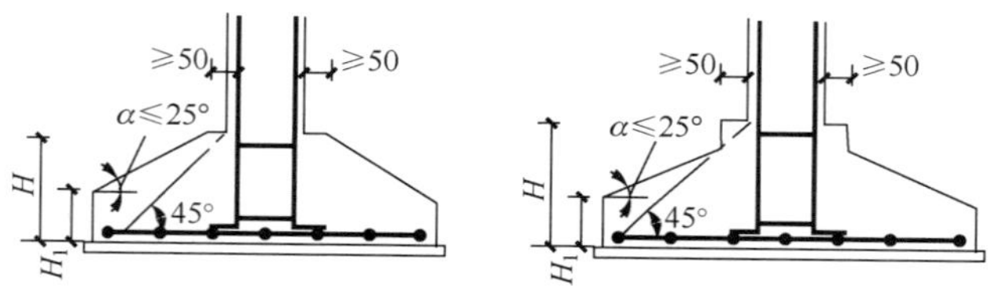

图 2-10　钢筋混凝土锥形基础

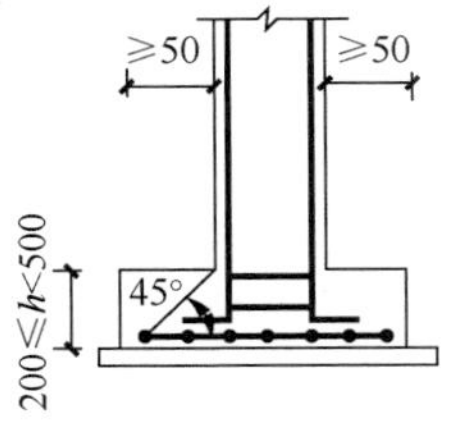

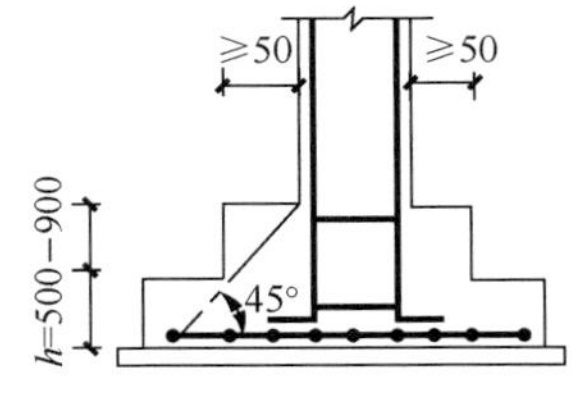

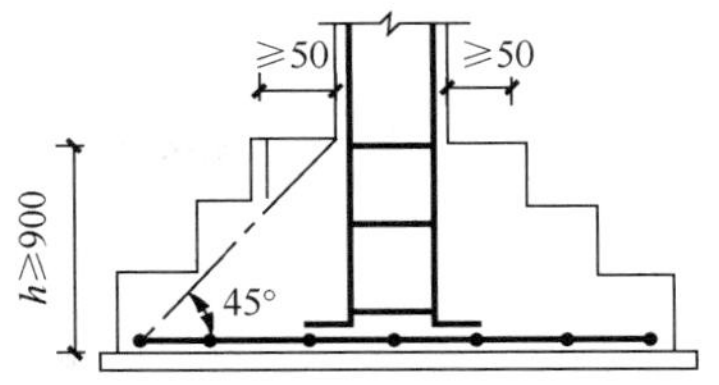

图 2-11　钢筋混凝土阶梯形基础

2.3.2　按构造型式分类

1. 条形基础

当建筑物上部结构采用墙承重时，基础沿墙身设置，多做成长条形，这类基础称为条形基础或带形基础，是墙承式建筑基础的基本形式，如图 2-12（a）所示。当房屋为骨架承重或内骨架承重，且地基条件较差时，为提高建筑物的整体性，避免各承重柱产生不均匀沉降，常将柱下基础沿纵横方向连接起来，形成柱下条形基础，如图 2-12（b）所示。

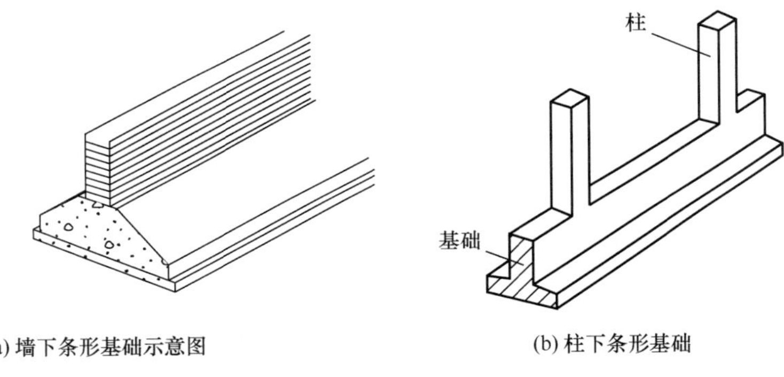

(a) 墙下条形基础示意图　　(b) 柱下条形基础

图 2-12　条形基础

2. 独立式基础

当建筑物上部结构采用框架结构或单层排架结构承重时，基础常采用方形或矩形的独立式基础，这类基础称为独立式基础或柱式基础，如图 2-13 所示。独立式基础是柱下基础的基本形式。

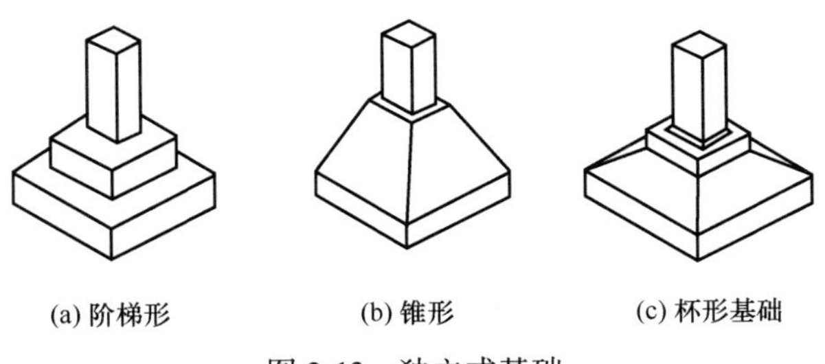

(a) 阶梯形　　(b) 锥形　　(c) 杯形基础

图 2-13　独立式基础

当柱采用预制构件时，则基础做成杯口形，然后将柱子插入并嵌固在杯口内，故称杯形基础。

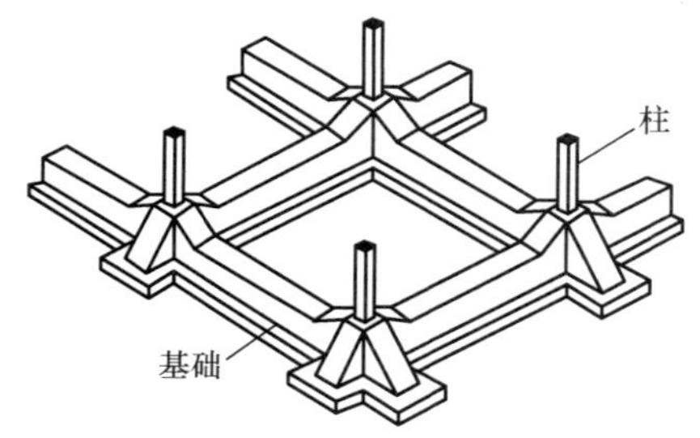

图 2-14　井格式基础

3. 井格式基础

当地基条件较差，为了提高建筑物的整体性，防止柱子之间产生不均匀沉降，常将柱下基础沿纵横两个方向扩展连接起来，做成十字交叉的井格基础（图 2-14）。

4. 片筏式基础

当建筑物上部荷载大，而地基又较弱，这时采用简单的条形基础或井格基础已不能适应地基变形的需要，通常将墙或柱下基础连成一片，使建筑物的荷载承受在一块整板上成为片筏基础。片筏基础有平板式和梁板式两种（图 2-15）。

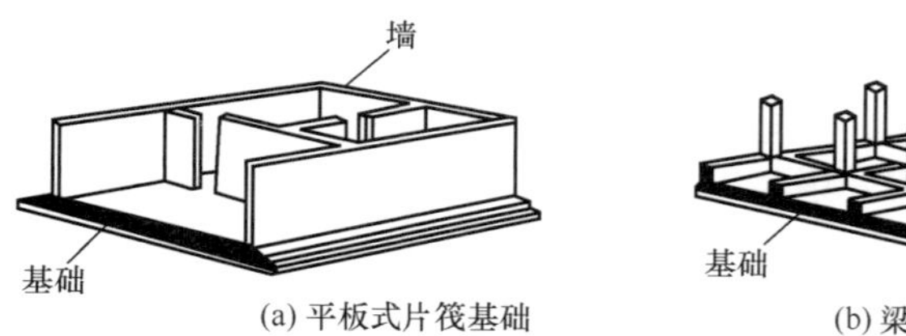

(a) 平板式片筏基础　　(b) 梁板式片筏基础

(c) 某工程片筏基础

图 2-15　筏式基础

5. 箱形基础

当板式基础做得很深时，常将基础改做成箱形基础。箱形基础是由钢筋混凝土底板、顶板和若干纵、横隔墙组成的整体结构（图 2-16），基础的中空部分可用作地下室（单层或多层）或地下停车库。箱形基础整体空间刚度大，整体性强，能抵抗地基的不均匀沉降，较适用于高层建筑或在软弱地基上建造的重型建筑物。

6. 桩基础

当建筑物的荷载较大，而地基的弱土层较厚，地基承载力不能满足要求，采取其他措施又不经济时，可采用桩基础。桩基础由承台和桩柱组成［图 2-17（a）、（b）］。

桩按受力可以分为端承桩和摩擦桩。摩擦桩是通过桩侧表面与周围土的摩擦力来承担荷载，适用于软土层较厚，坚硬土层较深，荷载较小的情况。端承桩是通过桩端传给地基

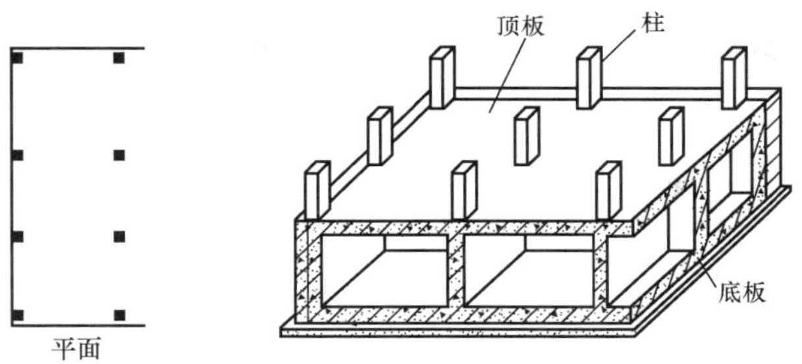

图 2-16　箱形基础

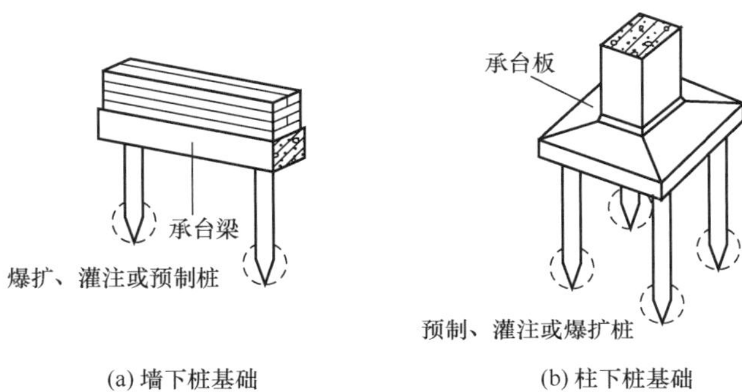

图 2-17　桩基础

深处的坚硬土层，这种桩适用于软土层较浅，荷载较大的情况（图 2-18）。

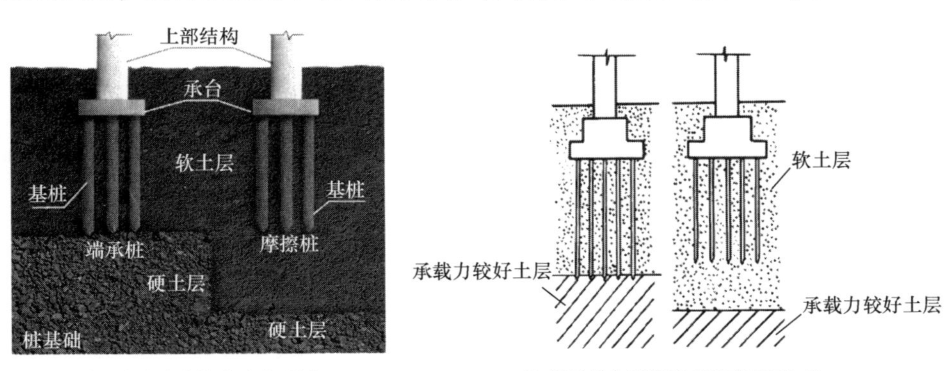

图 2-18　桩基础

2.4 地下室的构造

建筑物下部的地下使用空间称为地下室。地下室是建筑物首层平面以下的房间。利用地下空间，可节约建筑用地。地下室可用作设备间、储藏房间、商场、车库以及用作战备人防工程。高层建筑常利用深基础，如箱形基础，建造一层或多层地下室，既增加了使用面积，又省去了室内填土的费用。

2.4.1　地下室的分类

1. 按埋入地下深度分类

全地下室　全地下室是指地下室地面低于室外地坪的高度超过该房间净高的1/2。

半地下室　半地下室是指地下室地面低于室外地坪的高度为该房间净高的1/3~1/2。

2. 按使用功能分类

普通地下室　一般用作高层建筑的地下停车库、设备用房；根据用途及结构需要可做成一层或二、三层、多层地下室（图2-19）。

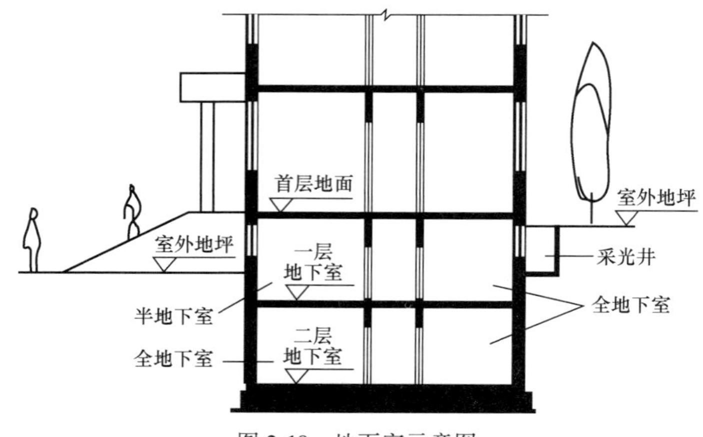

图2-19　地下室示意图

人防地下室　结合人防要求设置的地下空间，用以应付战时情况下人员的隐蔽和疏散，并有具备保障人身安全的各项技术措施。

2.4.2　地下室的构造组成

地下室一般由墙身、底板、顶板、门窗、楼梯等部分组成（图2-20）。

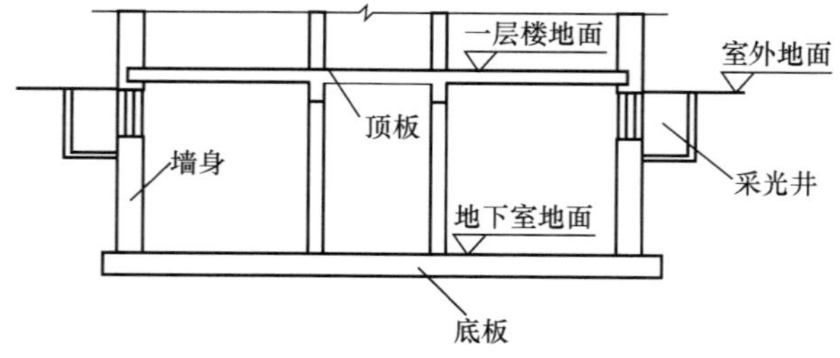

图2-20　地下室的构造组成

地下室墙体　地下室的墙体不仅要承受上部的垂直荷载，还承受土、地下水及土壤冻胀时产生的侧压力。

地下室底板　当地下水位高于地下室地面时，地下室底板不仅承受作用在它上面的垂直荷载，还承受地下水的浮力。

地下室顶板　可用预制板、现浇板、或者预制板上作现浇层（装配整体式楼板）。如为防空地下室，必须采用现浇板，并按有关规定决定厚度和混凝土强度等级。

地下室门窗　普通地下室门窗同地上部分。防空地下室应符合相应等级的防护和密闭要求，一般采用钢门或混凝土门，防空地下室一般不容许设窗。

地下室楼梯　可与地面上房间结合设置，层高小或用作辅助房间的地下室，可设置单跑楼梯。

有防空要求的地下室至少要设置两部楼梯通向地面的安全出口，并且必须有一个是独立的安全出口，且安全出口与地面以上建筑应有一定距离，一般不小于地面建筑物高度的一半。

采光井　由底板和侧墙构成：侧墙可以用砖墙或钢筋混凝土板墙制作，底板一般为钢筋混凝土浇筑。采光井底板应有 1%～3%的坡度，上部应有铸铁篦子或尼龙瓦盖，以防止人员、物品掉入采光井内。采光井底板距窗台低 250～300mm，如图 2-21 所示。

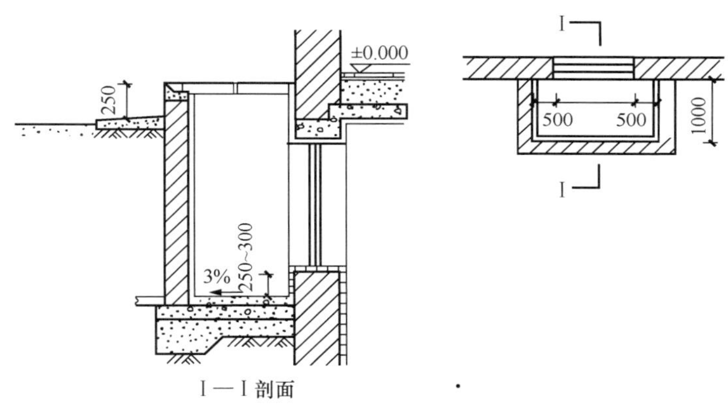

图 2-21　地下室采光井

2.4.3　地下室防潮构造

当地下水的常年水位和最高水位均在地下室地坪标高以下时，须在地下室外墙外面设垂直防潮层。其做法是在墙体外表面先抹一层 20mm 厚的 1∶2.5 水泥砂浆找平，再涂一道冷底子油和两道热沥青；然后在外侧回填低渗透性土壤，如黏土、灰土等，并逐层夯实，土层宽度为 500mm 左右，以防地面雨水或其他地表水的影响。另外，地下室的所有墙体都应设两道水平防潮层，一道设在地下室地坪附近，另一道设在室外地坪以上 150～200mm 处，使整个地下室防潮层连成整体，以防地潮沿地下墙身或勒脚处进入室内（图 2-22）。

2.4.4　地下室防水构造

当设计最高水位高于地下室地坪时，地下室的外墙和底板都浸泡在水中，应考虑进行防水处理。常采用的防水措施有三种。

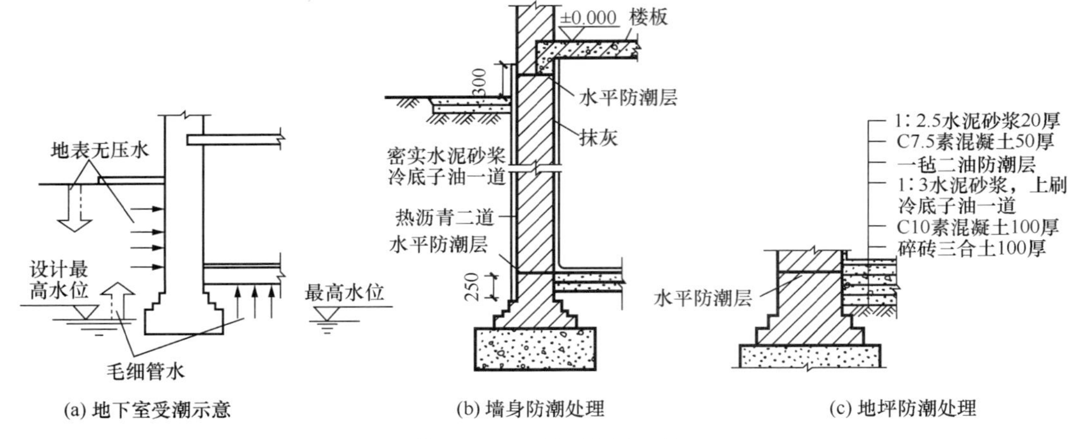

(a) 地下室受潮示意　(b) 墙身防潮处理　(c) 地坪防潮处理

图 2-22　地下室防潮处理

1. 沥青卷材防水

沥青卷材防水是以防水卷材和相应的黏结剂分层粘贴，铺设在地下室底板垫层至墙体顶端的基面上，形成封闭防水层的做法。

根据防水层铺设位置的不同分为外包防水和内包防水（图 2-23）。

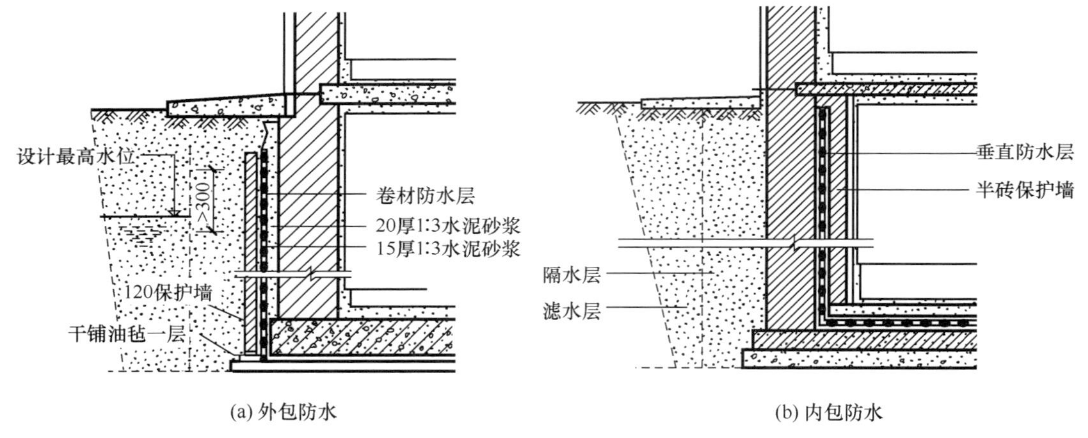

(a) 外包防水　(b) 内包防水

图 2-23　地下室卷材防水构造

（1）外防水

外防水是将防水层贴在地下室外墙的外表面，这对防水有利，但维修困难。外防水构造要点是：先在墙外侧抹 20mm 厚的 1∶3 水泥砂浆找平层，并刷冷底子油一道，然后选定油毡层数，分层粘贴防水卷材，防水层须高出最高地下水位 500～1000mm 为宜。油毡防水层以上的地下室侧墙应抹水泥砂浆涂两道热沥青，直至室外散水处。垂直防水层外侧砌半砖厚的保护墙一道。

（2）内防水

内防水是将防水层贴在地下室外墙的内表面，这样施工方便，容易维修，但对防水不利，故常用于修缮工程。

地下室地坪的防水构造是先浇混凝土垫层，厚约 100mm；再以选定的油毡层数在地坪垫层上作防水层，并在防水层上抹 20~30mm 厚的水泥砂浆保护层，以便于上面浇筑钢筋混凝土。为了保证水平防水层包向垂直墙面，地坪防水层必须留出足够的长度以便与垂直防水层搭接，同时要做好转折处油毡的保护工作，以免因转折交接处的油毡断裂而影响地下室的防水。

2. 防水混凝土防水

当地下室地坪和墙体均为钢筋混凝土结构时，应采用抗渗性能好的防水混凝土材料，常采用的防水混凝土有普通混凝土和外加剂混凝土。普通混凝土主要是采用不同粒径的骨料进行级配，并提高混凝土中水泥砂浆的含量，使砂浆充满于骨料之间，从而堵塞因骨料间不密实而出现的渗水通路，以达到防水目的。外加剂混凝土是在混凝土中渗入加气剂或密实剂，以提高混凝土的抗渗性能。构件自防水图见图 2-24。

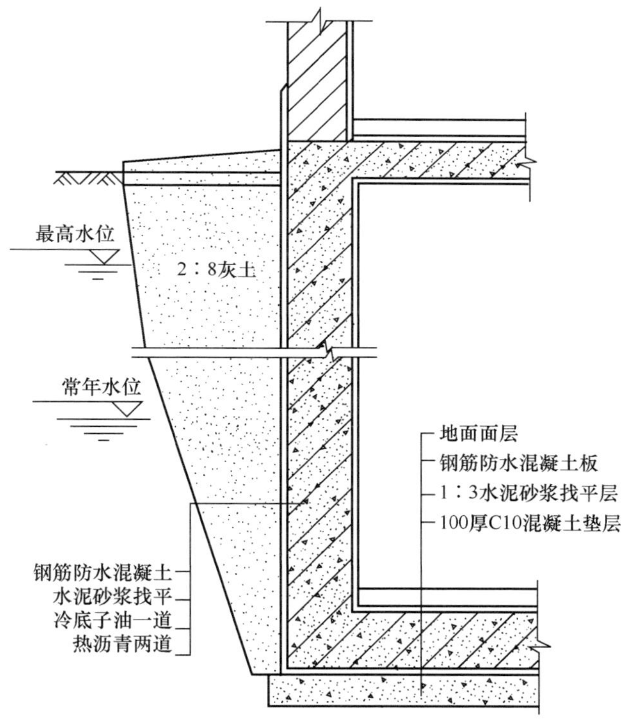

图 2-24　混凝土构件自防水

3. 弹性材料防水

随着新型高分子合成防水材料的不断涌现，地下室的防水构造也在更新，如我国目前使用的三元乙丙橡胶卷材，能充分适应防水基层的伸缩及开裂变形，拉伸强度高，拉断延伸率大，能承受一定的冲击荷载，是耐久性极好的弹性卷材；又如聚氨酯涂膜防水材料，有利于形成完整的防水涂层，对在建筑内有管道、转折和高差等特殊部位的防水处理极为有利（图 2-25）。

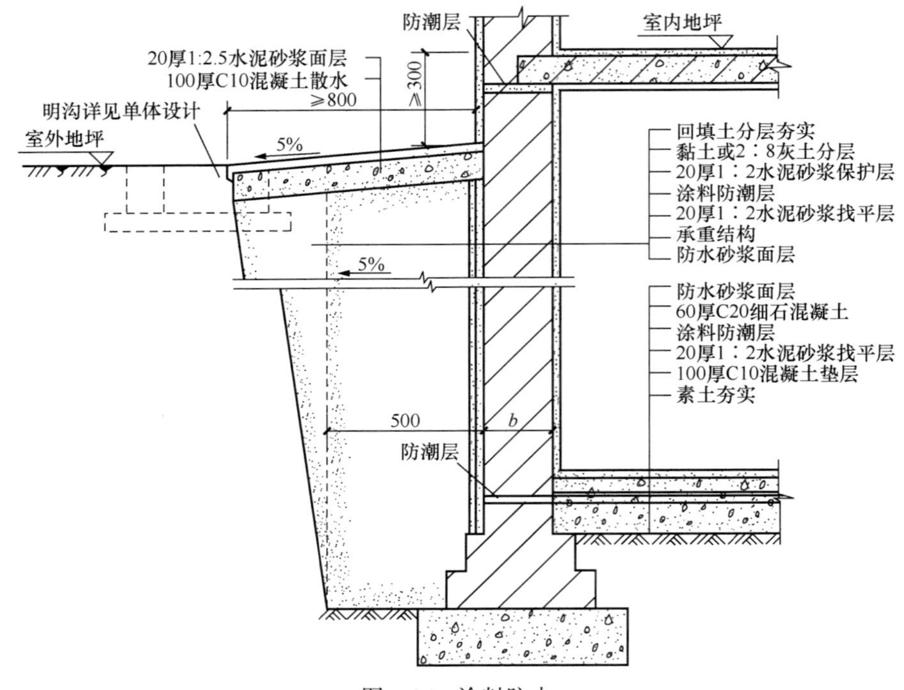

图 2-25　涂料防水

小结

1. 基础是建筑物与土壤层直接接触的结构构件，承受着建筑物的全部荷载并均匀地传给地基。而地基则是承受建筑物由基础传来荷载的土壤层。基础是建筑物的组成构件，地基则不属于建筑物的组成部分。地基有天然地基与人工地基之分。

2. 室外设计地面到基础底面的垂直距离称为基础的埋深。当大于 4m 时称为深基础；小于 4m 时称为浅基础；直接做在地表面上的称为不埋基础。

3. 基础按所用材料及受力特点分为刚性基础和柔性基础；按构造形式不同可分为条形基础、独立式基础、井格式基础、箱形基础和桩基础。

4. 地下室是建筑物下部的地下使用空间，要重视地下室的防潮和防水处理。

5. 当地下水的常年水位和最高水位均在地下室地坪标高以下时，须在地下室外墙、地坪做防潮处理。

6. 当设计最高水位高于地下室地坪时，地下室的外墙和底板都浸泡在水中，这时必须对地下室进行防水处理。防水处理有柔性防水和防水混凝土防水。当前柔性防水以卷材防水运用最多。卷材防水又有外防水和内防水之分。

思考题

1. 什么是地基？什么是基础？二者有什么区别？

2. 地基按土层性质不同，可分为哪两类？

3. 什么是天然地基？什么是人工地基？

4. 什么是基础的埋置深度？影响基础的埋置深度主要因素有哪些？
5. 基础按埋深的大小分为哪几类？基础的最小埋置深度为多少？
6. 基础按材料和受力可以分为哪几类？
7. 什么是刚性基础？什么是刚性角？它是如何影响刚性基础的？
8. 基础按构造形式分为哪几类？各自的适用范围有哪些？
9. 什么是端承桩？什么是摩擦桩？
10. 地下室由哪几部分组成？
11. 地下室什么时候做防潮处理？并画图说明其防潮构造。
12. 地下室什么时候做防水处理？并画图说明其防水构造。

第3章 墙　　体

学习目标

掌握墙体的作用、分类、构造要求和承重方案；掌握墙体细部构造并能应用；熟悉常见隔墙类型和构造；了解墙面装修的作用、分类和常见装修构造。

提示

某人购得一套砖混结构的商品房，对房间的布局不满意，要重新进行装修，将其中一堵墙拆除，改成大房间，但他知道承重墙体是不可随意改动的，怎样才能判断该墙体是不是承重墙呢？

墙体是建筑物中重要的组成部分。其工程量、施工周期、造价与自重通常是房屋所有构件中所占份额最大的，其造价一般占建筑物总造价的30%~40%，它是在基础工程完成之后，建筑物上部结构开始建造的承重构件。在一项建筑过程中，采用不同材料的墙体，不同的结构布置方案，对结构的总体自重、耗材、施工周期和造价等方面都会有不同的影响，造成对施工技术、施工设备的要求不同，也导致经济效益的优劣。因此，因地制宜地选择合适的墙体材料，尽量利用地方资源，合理利用工业废料，充分发挥机具设备和劳动力资源在建设中的作用就显得十分重要。

3.1 墙体的作用、类型及设计要求

3.1.1 墙体的作用

房屋建筑中的墙体一般有以下三个作用。

承重作用 墙体承受屋顶、楼板传给它的荷载，本身的自重荷载和风荷载等。

围护作用 墙体隔住了自然界的风、雨、雪的侵袭，防止太阳的辐射、噪声的干扰以及室内热量的散失等，起保温、隔热、隔声、防水等作用。

分隔作用 墙体把房屋划分为若干个房间和使用空间。

并不是一面墙体会同时具有这些作用。有的墙体既起承重作用，又起围护作用，比如

砌体承重的混合结构体系和钢筋混凝土墙承重体系中的外墙，有的墙体只起围护作用，比如框架结构中的外墙，又有的墙体只起分隔作用，比如骨架承重体系中的某些内墙。

3.1.2　墙体的分类

墙体的类型很多，分类方法也很多，根据墙体在建筑物中的位置及布置的方向、受力情况、材料、构造方式和施工方法的不同，可将墙体分为不同类型。

1. 按照位置及布置的方向分类

墙体按照所处平面位置的不同分为内墙和外墙，内墙是位于建筑物内部的墙，主要起分隔内部空间的作用。外墙是位于建筑物四周的墙，又称为外围护墙。墙体按照布置的方向不同可分为纵墙和横墙。沿建筑物长轴方向布置的墙体称为纵墙，外纵墙也称为檐墙；沿建筑物短轴方向布置的墙体称为横墙，外横墙也俗称为山墙。窗与窗之间和窗与门之间的墙称为窗间墙，窗台下面的墙称为窗下墙（图 3-1）。

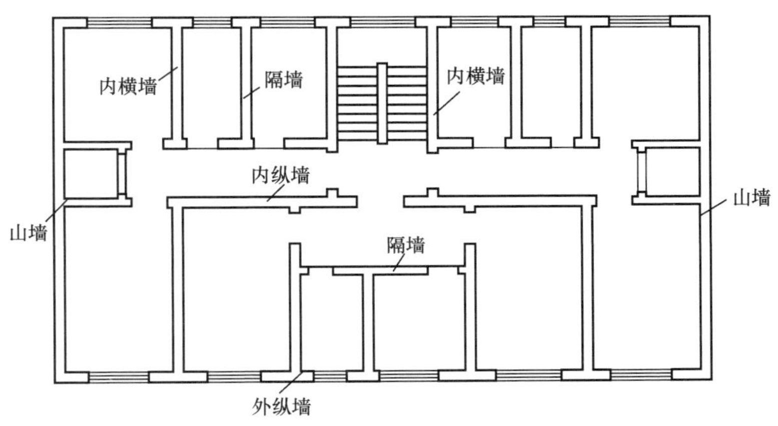

图 3-1　墙体各部分名称

2. 按墙体受力状况分类

在混合结构建筑中，按墙体受力方式分为两种：承重墙和非承重墙。非承重墙又可分为两种：一是自承重墙，不承受外来荷载，仅承受自身重量并将其传至基础；二是隔墙，起分隔房间的作用，不承受外来荷载，并把自身重量传给梁或楼板。框架结构中的墙称框架填充墙。

3. 按墙体构造和施工方式分类

1）按构造方式墙体可以分为实体墙、空体墙和组合墙三种。实体墙由单一材料组成，如砖墙、砌块墙等。空体墙也是由单一材料组成，可由单一材料砌成内部空腔，也可用具有孔洞的材料建造墙，如空斗砖墙、空心砌块墙等。组合墙由两种以上材料组合而成，例如混凝土、加气混凝土复合板材墙。其中混凝土起承重作用，加气混凝土起保温隔热作用。

2）按施工方法墙体可以分为块材墙、板筑墙及板材墙三种。块材墙是用砂浆等胶结材料将砖石块材等组砌而成，例如砖墙、石墙及各种砌块墙等。板筑墙是在现场立模板，现浇而成的墙体，例如现浇混凝土墙等。板材墙是预先制成墙板，施工时安装而成的墙，例如预制混凝土大板墙、各种轻质条板内隔墙等。

3）按墙体材料分为砖墙、石墙、夯土墙、钢筋混凝土墙、砌块墙。

4）按构造方式分为实体墙、空体墙、复合墙。

3.1.3 墙体的设计要求

1. 结构要求

对以墙体承重为主结构，常要求各层的承重墙上、下必须对齐；各层的门、窗洞孔也以上、下对齐为佳。此外，还需考虑以下两方面的要求。

（1）合理选择墙体结构布置方案

墙体结构布置方案有横墙承重、纵墙承重、纵横墙混合承重、墙与柱混合承重（图 3-2）。

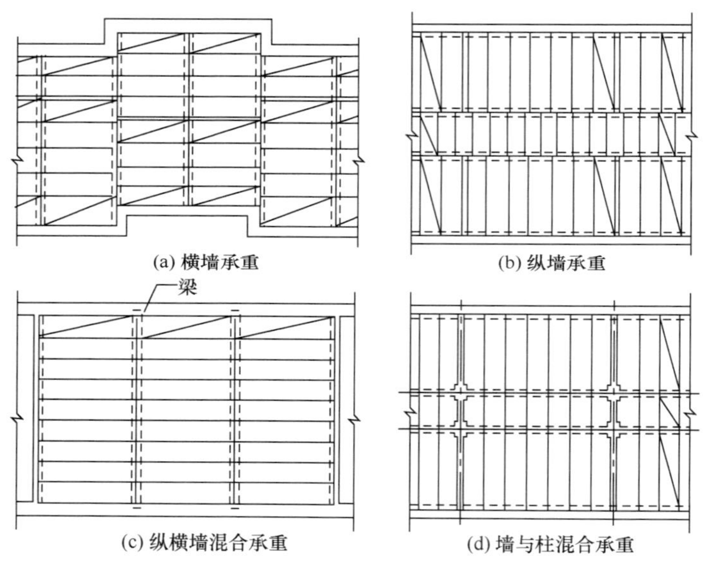

图 3-2　墙体的承重方案

横墙承重　凡以横墙承重的称横墙承重方案或横向结构系统。这时，楼板、屋顶上的荷载均由横墙承受，纵向墙只起纵向稳定和拉结的作用。它的主要特点是横墙间距密，加上纵墙的拉结，使建筑物的整体性好、横向刚度大，对抵抗地震力等水平荷载有利。但横墙承重方案的开间尺寸不够灵活，适用于房间开间尺寸不大的宿舍、住宅及病房楼等小开间建筑。

纵墙承重　凡以纵墙承重的称为纵墙承重方案或纵向结构系统。这时，楼板、屋顶上的荷载均由纵墙承受，横墙只起分隔房间的作用，有的起横向稳定作用。纵墙承重可使房间开间的划分灵活，多适用于需要较大房间的办公楼、商店、教学楼等公共建筑。

纵横墙混合承重　凡由纵向墙和横向墙共同承受楼板、屋顶荷载的结构布置称纵横墙（混合）承重方案。该方案房间布置较灵活，建筑物的刚度亦较好。混合承重方案多用于开间、进深尺寸较大且房间类型较多的建筑和平面复杂的建筑中，前者如教学楼、住宅等建筑。

墙与内柱混合承重　在结构设计中，有时采用墙体和钢筋混凝土梁、柱组成的框架共同承受楼板和屋顶的荷载，这时，梁的一端支承在柱上，而另一端则搁置在墙上，这种结构布置称部分框架结构或内部框架承重方案。它较适合于室内需要较大使用空间的建筑，如商场等。

（2）具有足够的强度和稳定性

强度是指墙体承受荷载的能力，它与所采用的材料以及同一材料的强度等级有关。作为承重墙的墙体，必须具有足够的强度，以确保结构的安全。

墙体的稳定性与墙的高度、长度和厚度有关。高而薄的墙稳定性差，矮而厚的墙稳定性好；长而薄的墙稳定性差，短而厚的墙稳定性好。

提高砌体强度有以下方法：选用适当的墙体材料，加大墙体截面积，在截面积相同的情况下，提高构成墙体的砖、砂浆的强度等级。

墙体高厚比的验算是保证砌体结构在施工阶段和使用阶段的稳定性的重要措施。

提高墙体稳定性可采取以下方法：增加墙体的厚度，但这种方法有时不够经济；提高墙体材料的强度等级；增加墙垛、壁柱、圈梁等构件。

2. 热工要求

（1）墙体的保温要求

对有保温要求的墙体，须提高其构件的热阻，通常采取以下措施。

1）增加墙体的厚度。墙体的热阻与其厚度成正比，欲提高墙身的热阻，可增加其厚度。

2）选择导热系数小的墙体材料。要增加墙体的热阻，常选用导热系数小的保温材料，如泡沫混凝土、加气混凝土、陶粒混凝土、膨胀珍珠岩、膨胀蛭石、浮石及浮石混凝土、泡沫塑料、矿棉及玻璃棉等。其保温构造有单一材料的保温结构和复合保温结构之分。

3）做复合保温墙体及热桥部位的保温处理。单纯的保温材料，一般强度较低，大多无法单独作为墙体使用。利用不同性能的材料组合就构成了既能承重又可保温的复合墙体，在这种墙体中，轻质材料如泡沫塑料砖起保温作用，强度高的材料如黏土砖等专门负责承重。

热（冷）桥　由于结构上的需要，外墙中常嵌有钢筋混凝土柱、梁、垫块、圈梁、过梁等构件，钢筋混凝土的传热系数大于砖的传热系数，热量很容易从这些部位传出去，因此它们的内表面温度比主体部分的温度低，这些保温性能低的部位通常称为冷桥或热桥。

4）采取隔蒸气措施。为防止墙体产生内部凝结，常在墙体的保温层靠高温一侧，即蒸气渗入的一侧，设置一道隔蒸气层。隔蒸气材料一般采用沥青、卷材、隔气涂料以及铝箔等防潮、防水材料。

蒸气渗透　冬季，室内空气的温度和绝对湿度都比室外高，因此在围护结构两侧存在着水蒸气压力差，水蒸气分子由压力高的一侧向压力低的一侧扩散，这种现象叫蒸气渗透。

结露 在渗透过程中，水蒸气遇到露点温度时，蒸气含量达到饱和，并立即凝结成水，称为结露。

隔气措施常在墙体保温层靠高温一侧，即蒸气渗入的一侧，设置隔气层。以防止水蒸气内部凝结。隔气层一般采用沥青、卷材、隔气涂料以及铝箔等防潮、防水材料。

（2）墙体的隔热要求

隔热措施有：

- 外墙采用浅色而平滑的外饰面，如白色外墙涂料、玻璃马赛克、浅色墙地砖、金属外墙板等，以反射太阳光，减少墙体对太阳辐射的吸收。
- 在外墙内部设通风间层，利用空气的流动带走热量，降低外墙内表面温度。
- 在窗口外侧设置遮阳设施，以遮挡太阳光直射室内。
- 在外墙外表面种植攀缘植物使之遮盖整个外墙，吸收太阳辐射热，从而起到隔热作用。

3. 建筑节能要求

为贯彻国家的节能政策，改善严寒和寒冷地区居住建筑采暖能耗大、热工效率差的状况，必须通过建筑设计和构造措施来节约能耗，如外挂保温板等。

4. 隔声要求

空气传声在墙体中的传播途径：一是通过墙体的缝隙和微孔传播，二是在声波的作用下，墙体受到振动，声音通过墙体而传播。

5. 其他要求

防火要求，防水、防潮的要求，建筑工业化的要求（建筑工业化的关键是墙体改革），采用轻质高强的墙体材料，减轻自重，降低成本，通过提高机械化程度来提高功效。

3.2 墙体构造

3.2.1 砖墙材料

砖墙是用砂浆将一块块砖按一定技术要求砌筑而成的砌体，其材料是砖和砂浆。

1. 砖

砖按材料不同，有黏土砖、页岩砖、粉煤灰砖、灰砂砖、炉渣砖等；按形状分有实心砖、多孔砖和空心砖等。其中常用的是普通黏土砖。

普通黏土砖以黏土为主要原料，经成型、干燥焙烧而成。有红砖和青砖之分。青砖比红砖强度高，耐久性好。

我国标准砖的规格为240mm×115mm×53mm，砖长：宽：厚=4：2：1（包括10mm宽灰缝），标准砖砌筑墙体时是以砖宽度的倍数，即115+10=125mm为模数。这与我国现行《建筑模数协调统一标准》中的基本模数M=100mm不协调，因此在使用中，须注意标准砖的这一特征。

砖的强度以强度等级表示，分别为MU30、MU25、MU20、MU10、MU7.5五个级别。如MU30表示砖的极限抗压强度平均值为30MPa，即每平方毫米可承受30N的压力。

烧结多孔砖：是以黏土、页岩、煤矸石为主要原料经焙烧而成，孔洞率不小于 15%，孔形为圆孔、或非圆孔，孔的尺寸小而数量多，主要适用于承重部位的砖，简称多孔砖。

蒸压砖：蒸压灰砂砖是以石灰和砂为主要原料，经坯料制备、压制成型、蒸压养护而成的实心砖简称灰砂砖。

蒸压粉煤灰砖以粉煤灰为主要原料，掺加适量石膏和集料，经坯料制备、压制成型、高压蒸气养护而成的实心砖。

2. *砂浆*

砂浆是砌块的胶结材料。常用的砂浆有水泥砂浆、混合砂浆、石灰砂浆和黏土砂浆。

1）水泥砂浆由水泥、砂加水拌和而成，属水硬性材料，强度高，但可塑性和保水性较差，适应砌筑湿环境下的砌体，如地下室、砖基础等。

2）石灰砂浆由石灰膏、砂加水拌和而成。由于石灰膏为塑性掺合料，所以石灰砂浆的可塑性很好，但它的强度较低，且属于气硬性材料，遇水强度即降低，所以适宜砌筑次要的民用建筑的地上砌体。

3）混合砂浆由水泥、石灰膏、砂加水拌和而成，既有较高的强度，也有良好的可塑性和保水性，故在民用建筑地上砌体中被广泛采用。

4）黏土砂浆是由黏土加砂加水拌和而成，强度很低，仅适于土坯墙的砌筑，多用于乡村民居。它们的配合比取决于结构要求的强度。

砂浆强度等级有 M15、M10、M7. 5、M5、M2. 5、M1、M0. 4 共七个级别。

3. 2. 2　砖墙的组砌方式

砖墙的组砌是指砌块在砌体中的排列。

丁砖　在砖墙组砌中，把砖的长方向垂直于墙面砌筑的砖叫丁砖。

顺砖　在砖墙组砌中，砖的长方向平行于墙面砌筑的砖叫顺砖。

横缝　上下皮之间的水平灰缝称横缝。

竖缝　左右两块砖之间垂直缝称竖缝（图 3-3）。

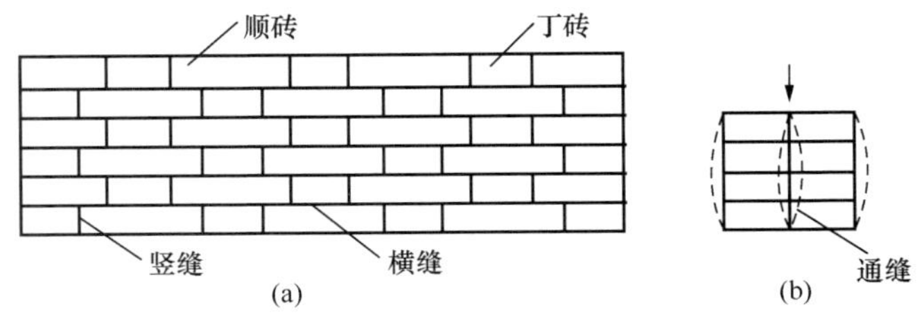

图 3-3　砖墙组砌名称及通缝

为了保证墙体的强度，砖砌体的砖缝必须横平竖直，错缝搭接，避免通缝。同时砖缝砂浆必须饱满，厚薄均匀。常用的错缝方法是将顶砖和顺砖上下皮交错砌筑。每排列一层砖称为一皮。常见的砖墙砌式有全顺式（120 墙）、一顺一丁式、三顺一丁式或多顺一丁式、每皮丁顺相间式［也叫十字式（240 墙）］，两平一侧式（180 墙）等（图 3-4）。

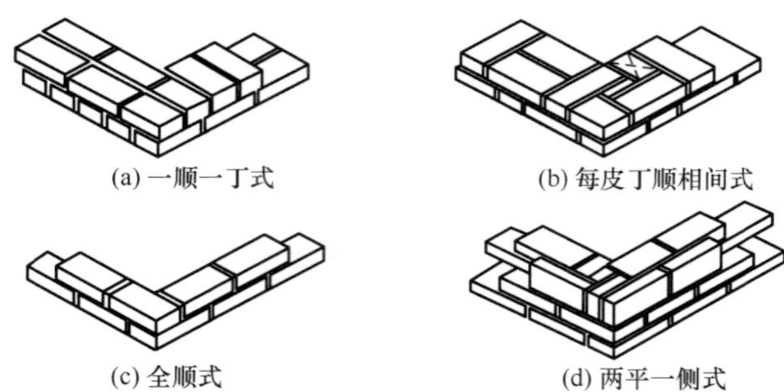

图 3-4　砖墙的组砌方式

1. 砖墙组砌方式

一顺一丁式　丁砖和顺砖隔层砌筑，这种砌筑方法整体性好，主要用于砌筑一砖以上的墙体。

每皮丁顺相间式　又称为“梅花丁”、“沙包丁”，在每皮之内，丁砖和顺砖相间砌筑而成，优点是墙面美观，常用于清水墙的砌筑。

全顺式　每皮均为顺砖，上下皮错缝 120mm，适用于砌筑 120mm 厚砖墙。

两平一侧式　每层由两皮顺砖与一皮侧砖组合相间砌筑而成，主要用来砌筑 180mm 厚砖墙。

2. 烧结多孔砖墙的组砌方式

1）P 型多孔砖宜采用一顺一丁式或梅花丁的砌筑。

2）多顺一顶式：多层顺砖、一皮丁砖相间形式，M 型多孔砖应采用全顺式的砌筑形式。

3. 空斗墙

用实心砖侧砌，或平砌与侧砌相结合砌成的空体墙。

眠砖　平砌的砖。

斗砖　侧砌的砖。

无眠空斗墙　全由斗砖砌筑成的墙。

有眠空斗墙　每隔一至三皮斗砖砌一皮眠砖的墙［图 3-5（a）］。

空斗墙加固部位示意［图 3-5（b）］。

空心砖墙　用各种空心砖砌筑的墙体，有承重和非承重两种。

砌筑承重空心砖墙一般采用竖孔的黏土多孔砖，因此也称为多孔砖墙。

砌筑方式　全顺式、一顺一丁式和丁顺相间式，DM 型多孔砖一般多采用整砖顺砌的方式，上下皮错开 1/2 砖。如出现不足一块空心砖的空隙，用实心砖填砌（图 3-5）。

4. 墙的厚度及局部尺寸

砖墙厚度：以标准砖砌筑墙体，常见的厚度为 115mm、178mm、240mm、365mm、490mm 等，简称为 12 墙（半砖墙）、18 墙（3/4 墙）、24 墙（一砖墙）、37 墙（一砖半墙）、49 墙（二砖墙）（图 3-6）。

砖墙局部尺寸见图 3-6。

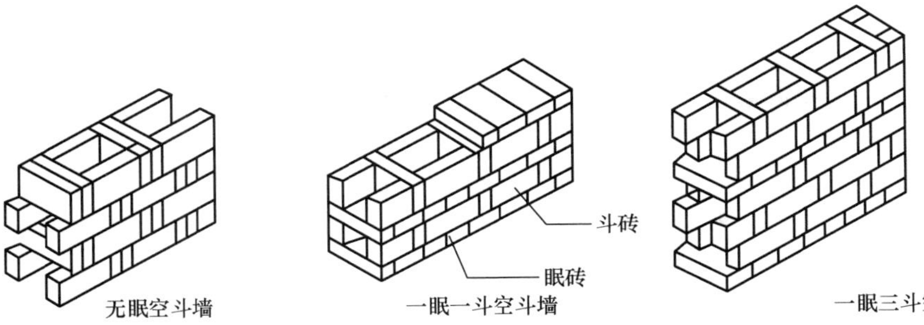

无眠空斗墙　　一眠一斗空斗墙　　一眠三斗空斗墙

(a) 空斗墙的砌式

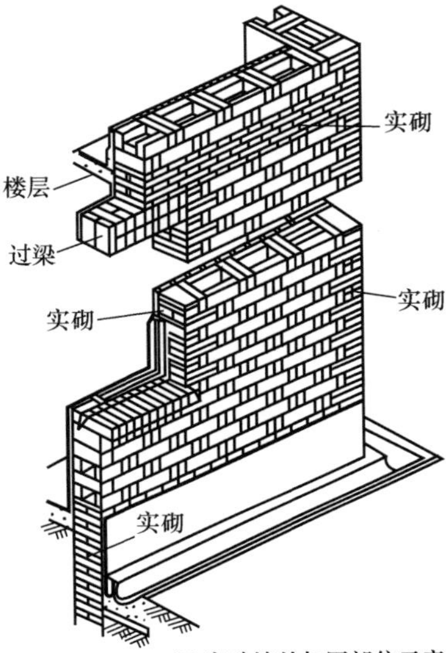

(b) 空斗墙的加固部位示意

图 3-5　空斗墙

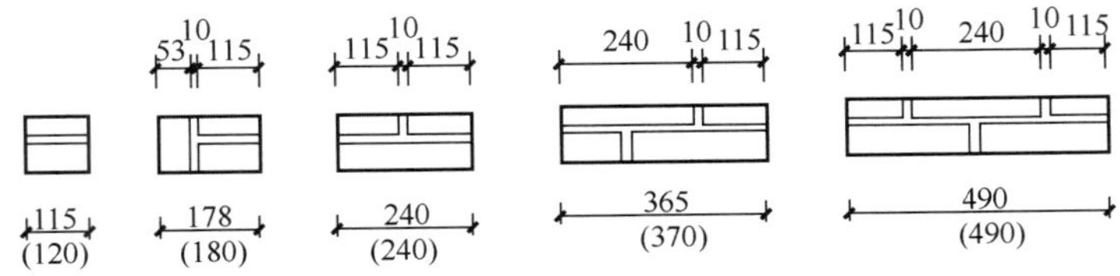

图 3-6　墙厚与砖规格的关系

砖墙砌筑模数：115mm+10mm=125mm

当墙体长度小于 1m 时，为避免砍砖过多影响砌体强度，设计、施工时应符合砖墙砌筑模数为 125mm 的倍数，在抗震设防地区，砖墙的局部设防尺寸应符合现行《建筑抗震设计规范》（GB 50011—2010）。

3.2.3　墙体细部构造

墙体的细部构造包括勒脚、散水、明沟、窗台、门窗过梁、变形缝、圈梁、构造柱和防火墙等（图 3-7）。

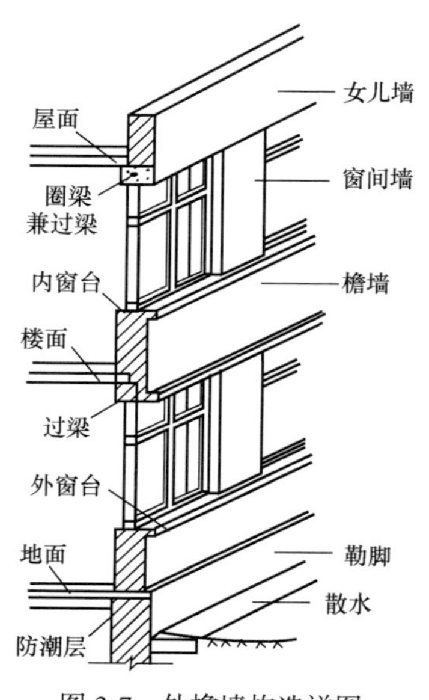

图 3-7　外檐墙构造详图

底层室内地面以下，基础以上的墙体常称为墙脚。墙脚包括勒脚、散水和明沟、墙身防潮层等（图 3-8）。

1. *勒脚*

勒脚是外墙墙身接近室外地面的部分，为防止雨水上溅墙身和机械力等的影响，要求墙脚坚固、耐久、防潮，并且美观。

勒脚的高度：当仅考虑防水和机械碰撞时，应不低于500mm，从美观的角度考虑，应结合立面处理或延至窗台下。

一般采用以下几种构造做法（图 3-9 和图 3-10）。

抹灰　可采用 20 厚 1 ∶ 3 水泥砂浆抹面，1 ∶ 2 水泥白石子浆水刷石或斩假石抹面。此法多用于一般建筑。为了保证抹灰层与砖墙粘结牢固，施工时应注意清扫墙面，浇水润湿，也可在墙面上留槽，使抹灰嵌入，称为咬口。

贴面　可采用天然石材或人工石材，如花岗石、水磨石板等。其耐久性强、装饰效果好，用于高标准建筑。

勒脚部位的墙体　可采用天然石材砌筑，如条石、或混凝土。

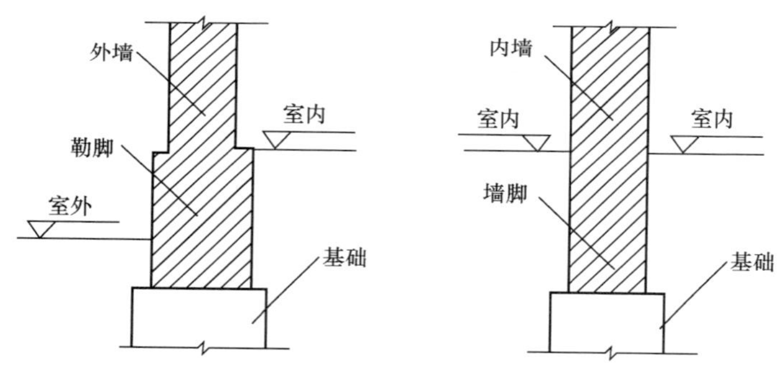

图 3-8　墙脚位置

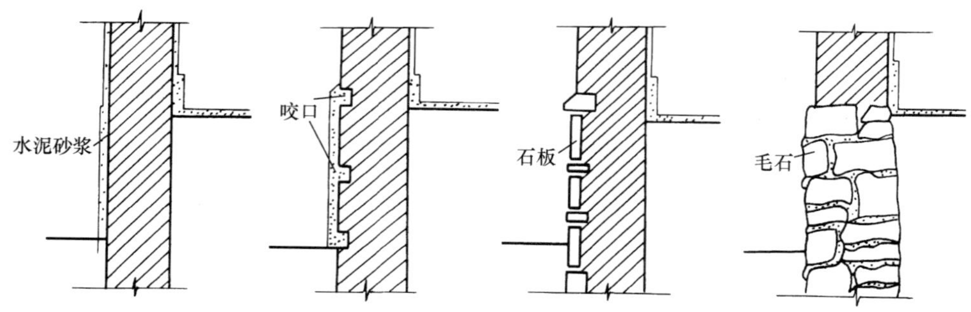

图 3-9　勒脚构造做法

图 3-10　勒脚示意图

2. 防潮层

（1）防潮层的位置（图 3-11）

当室内地面垫层为混凝土等密实材料时，内、外墙防潮层应设在垫层范围内，一般位于低于室内地坪下 60mm 处。

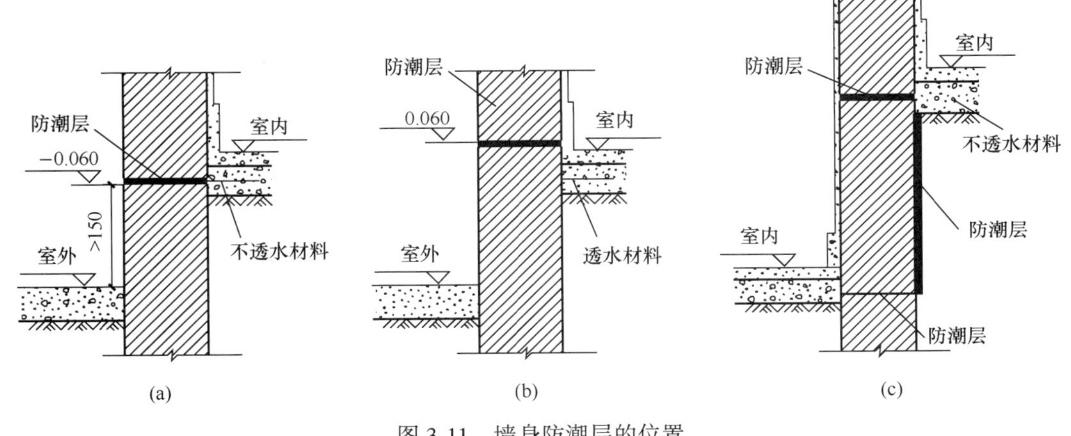

图 3-11　墙身防潮层的位置

室内地面为透水材料时（如炉渣、碎石），水平防潮层的位置应平齐或高于室内地面 60mm。

当室内地面垫层为混凝土等密实材料，且内墙面两侧地面出现高差时，高低两个墙脚处分别设一道水平防潮层。

在土壤一侧的墙面设垂直防潮层，垂直防潮层的做法为：20mm 厚 1∶2.5 水泥砂浆找平，外刷冷底子油一道，热沥青两道。或用建筑防水涂料、防水砂浆作为防潮层。

（2）墙身水平防潮层的构造做法

常用的有以下三种（图 3-12）：

1）防水砂浆防潮层，采用 1∶2 水泥砂浆加水泥用量 3%～5%防水剂，厚度为 20～25mm 或用防水砂浆砌三皮砖作防潮层。此种做法构造简单，但砂浆开裂或不饱满时影响防潮效果。

2）细石混凝土防潮层，采用 60mm 厚的细石混凝土带，内配三根 $\phi6$ 钢筋，其防潮性能好。

3）毡防潮层，先抹 20mm 厚水泥砂浆找平层，上铺一毡二油，此种做法防水效果好，但有油毡隔离，削弱了砖墙的整体性，不应在刚度要求高或地震区采用。

4）如果墙脚采用不透水的材料（如条石或混凝土等），或设有钢筋混凝土地圈梁时，可以不设防潮层，而由圈梁代替防潮层。

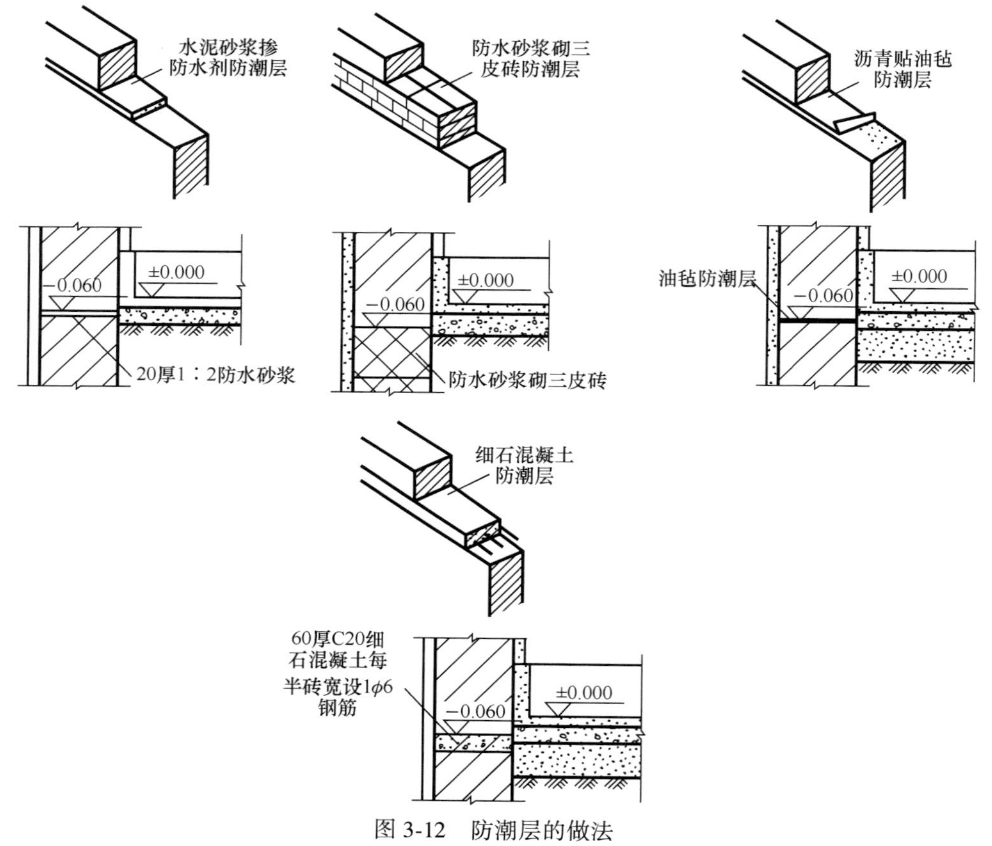

图 3-12　防潮层的做法

3. 散水与明沟

房屋四周可采取散水或明沟排除雨水。散水：是沿建筑物外墙设置的倾斜坡面，又称排水坡或护坡。当屋面为有组织排水时一般设明沟或暗沟，也可设散水。屋面为无组织排

水时一般设散水，但应加滴水砖（石）带。散水的做法通常是在素土夯实上铺三合土、混凝土等材料，厚度 60~70mm。散水应设不小于 3%的排水坡。散水宽度一般 0.6~1.0m。当屋面排水方式为自由排水时，散水应比屋面檐口宽 200mm。散水与外墙交接处应设分格缝，分格缝用弹性材料嵌缝，防止外墙下沉时将散水拉裂。散水整体面层纵向距离每隔 6~12m 做一道伸缩缝（图 3-13 和图 3-14）。

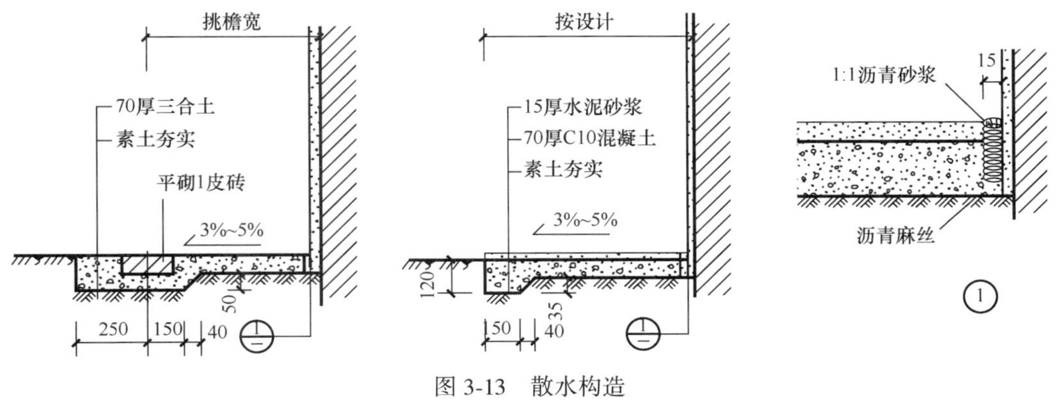

图 3-13　散水构造

图 3-14　散水示意图

明沟　在建筑物四周设排水沟，将水有组织地导向集水井，然后流入排水系统。

做法　明沟一般用混凝土浇筑而成，或用砖砌、石砌。沟底应做纵坡，坡度为 0.5%~1%，坡向集水井。外墙与明沟之间须做散水，宽度为 220~350mm（图 3-15）。

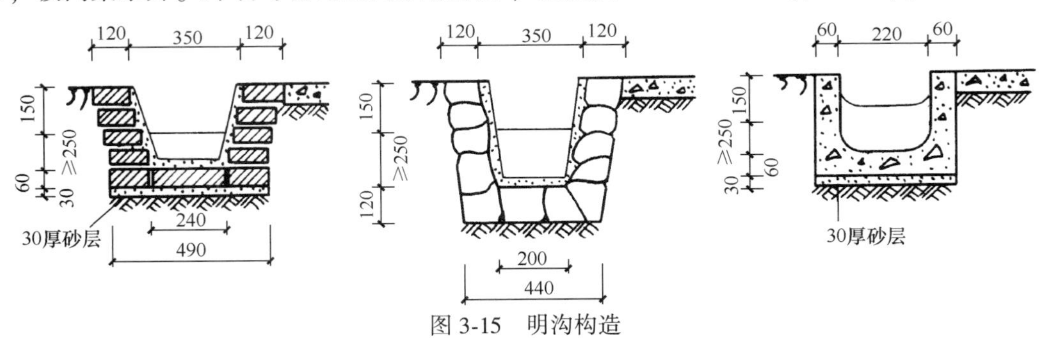

图 3-15　明沟构造

4. 窗洞口构造

（1）窗台（图 3-16）

窗台按位置和构造做法不同分为外窗台和内窗台，外窗台设于室外，内窗台设于室内。

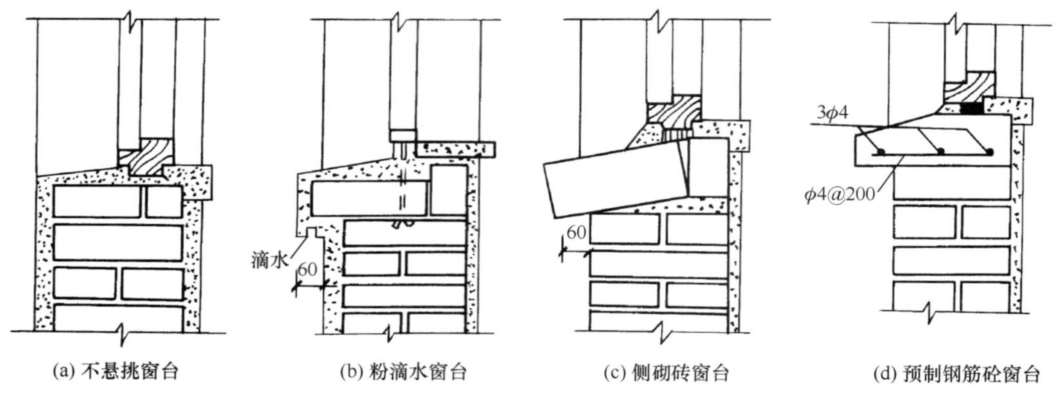

图 3-16　窗台的构造

（2）外窗台

外窗台是窗洞下部的排水构件，它排除窗外侧流下的雨水，防止雨水积聚在窗下侵入墙身和向室内渗透。

窗台分悬挑窗台和不悬挑窗台。

外窗台构造要点：

1）窗台表面应做不透水面层，如抹灰或贴面处理。

2）窗台表面应做一定的排水坡度，并应注意抹灰与窗下槛交接处的处理，防止雨水向室内渗入。

3）挑窗台下做滴水或斜抹水泥砂浆，引导雨水垂直下落，不致影响窗下墙面。

（3）内窗台

内窗台一般水平放置，通常结合室内装修做成水泥砂浆抹面、贴面砖、木窗台板、预制水磨石窗台板等形式。

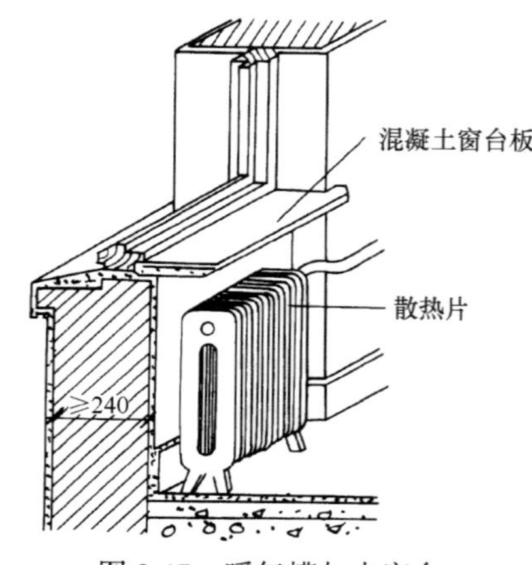

图 3-17　暖气槽与内窗台

在我国严寒地区和寒冷地区，室内为暖气采暖时，为便于安装暖气片，窗台下留凹龛，称为暖气槽。

暖气槽进墙一般 120mm，此时应采用预制水磨石窗台板或木窗台板，形成内窗台。预制窗台板支撑在窗两边的墙上，每端伸入墙内不小于 60mm。图 3-17 为暖气槽与内窗台。

（4）窗套与腰线

窗套是由带挑檐的过梁、窗台、窗边挑出立砖构成（图 3-18）。

腰线是指将带挑檐的过梁或窗台连接起来形成的水平线条。

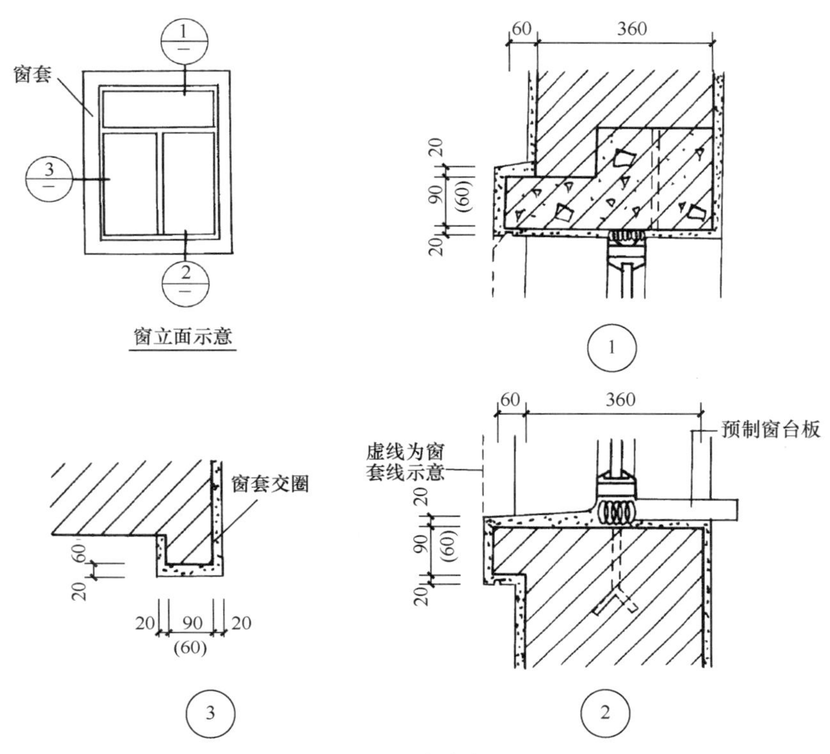

图 3-18 窗套构造

5. 门窗过梁

当墙体开设洞口时，为了承受上部砌体传来的各种荷载，并把这些荷载传给两侧的墙体，常在门窗洞口上设置横梁，即门窗过梁。

过梁的形式有砖拱过梁、钢筋砖过梁和钢筋混凝土过梁三种。

(1) 砖拱过梁

砖拱过梁分为平拱和弧拱。由竖砌的砖作拱圈，一般将砂浆灰缝做成上宽下窄，上宽不大于20mm，下宽不小于5mm。砖不低于MU7.5，砂浆不能低于M2.5，砖砌平拱过梁净跨宜小于1.2m，弧拱的跨度较大些但不应超过1.8m，中部起拱高约为1/50L。

砖拱过梁节约钢材和水泥，但施工麻烦，整体性差，不宜用于上部有集中荷载、振动较大或地基承载力不均匀以及地震区的建筑（图3-19）。

图 3-19 砖拱过梁

（2）钢筋砖过梁

钢筋砖过梁用砖不低于 MU7.5，砌筑砂浆不低于 M2.5。一般在洞口上方先支木模，砖平砌，设 3~4 根 ϕ6 钢筋要求伸入两端墙内不少于 240mm，间距不大于 120mm。并设 90°直弯埋在墙体的竖缝中。

梁高砌 5~7 皮砖或≥$L/4$，钢筋砖过梁净跨宜为 1.5~2m（图 3-20）。

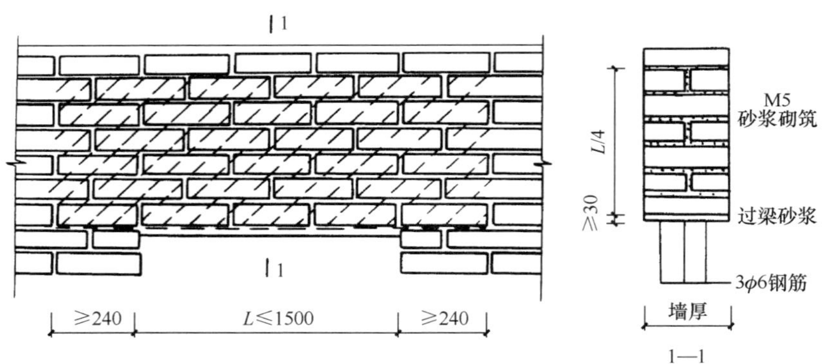

图 3-20　钢筋砖过梁构造示意

高度一般不小于 5 皮砖，且不小于门窗洞口宽度的 1/4。

（3）钢筋混凝土过梁

钢筋混凝土过梁有现浇和预制两种，梁高及配筋由计算确定。为了施工方便，梁高应与砖的皮数相适应，以方便墙体连续砌筑，故常见梁高为 60mm、120mm、180mm、240mm，即 60mm 的整倍数。梁宽一般同墙厚，梁两端支承在墙上的长度不少于 240mm，以保证足够的承压面积。

过梁断面形式有矩形和 L 形。矩形截面的过梁一般用于内墙以及部分外混水墙，L 形过梁多用于清水墙，以及有保温要求的外墙。为简化构造，节约材料，可将过梁与圈梁、悬挑雨篷、窗楣板或遮阳板等结合起来设计。如在南方炎热多雨地区，常从过梁上挑出 300~500mm 宽的窗楣板，既保护窗户不淋雨，又可遮挡部分直射太阳光。

当洞口上部有圈梁时，洞口上部的圈梁可兼做过梁，但过梁部分的钢筋应按计算用量另行增配（图 3-21 和图 3-22）。

6. 变形缝

变形缝：在某些变形敏感部位先沿整个建筑物的高度设置预留缝，将建筑物分成独立的单元，或是分为简单、规则、均一的段，以避免应力集中，并给变形留下适当的余地。这种将建筑物垂直分开的缝称为变形缝（图 3-23）。

变形缝包括伸缩缝、沉降缝、防震缝三种。

3.2.4 墙体的加固构造及抗震构造

1. 壁柱和门垛

壁柱　当墙体的高度或长度超过一定限值，如 240mm 厚砖墙长度超过 6m，影响到墙体的稳定性；或墙体受到集中荷载的作用，而墙厚较薄不足以承担其荷载时，应增设凸出

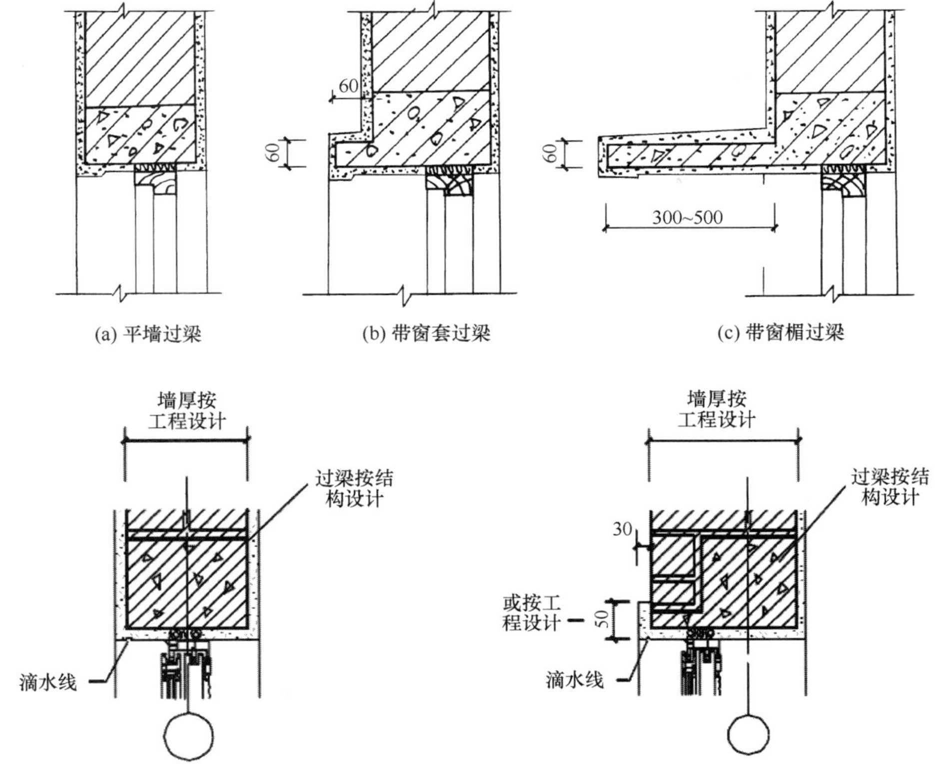

图 3-21　钢筋混凝土过梁形式

墙面的壁柱（又称扶壁柱），提高墙体的刚度和稳定性，并与墙体共同承担荷载。

壁柱突出墙面的尺寸一般为 120mm×370mm、240mm×370mm、240mm×490mm 或根据结构计算确定。

当在较薄的墙体上开设门洞时，为便于门框的安置和保证墙体的稳定，须在门靠墙转角处或丁字接头墙体的一边设置门垛，门垛凸出墙面不少于 120mm，宽度同墙厚（图 3-24）。

门垛　当墙上开设的门窗洞口处于两墙转角处或丁字墙交接处时，为保证墙体的承载能力及稳定性和便于门框的安装，应设门垛，门垛的尺寸不应小于 120mm（图 3-24）。

2. 圈梁

圈梁　是沿外墙四周及部分内墙设置在同一水平面上的连续闭合交圈的按构造配筋的梁。

作用：与楼板配合加强房屋的空间刚度和整体性，减少由于基础的不均匀沉降、振动荷载而引起的墙身开裂，在抗震设防地区，利用圈梁加固墙身更为必要。

（1）圈梁的设置位置及数量

1）装配式钢筋混凝土楼、屋盖或木楼、屋盖的砖房，横墙承重时应按表 3-3 要求设置圈梁。

2）采用多孔砖砌筑住宅、宿舍、办公楼等民用建筑，当墙厚为 190mm，且层数在四层以下时，应在底层和檐口标高处各设置一道圈梁；当层数超过四层时，除顶层必须设置圈梁外，宜层层设置。

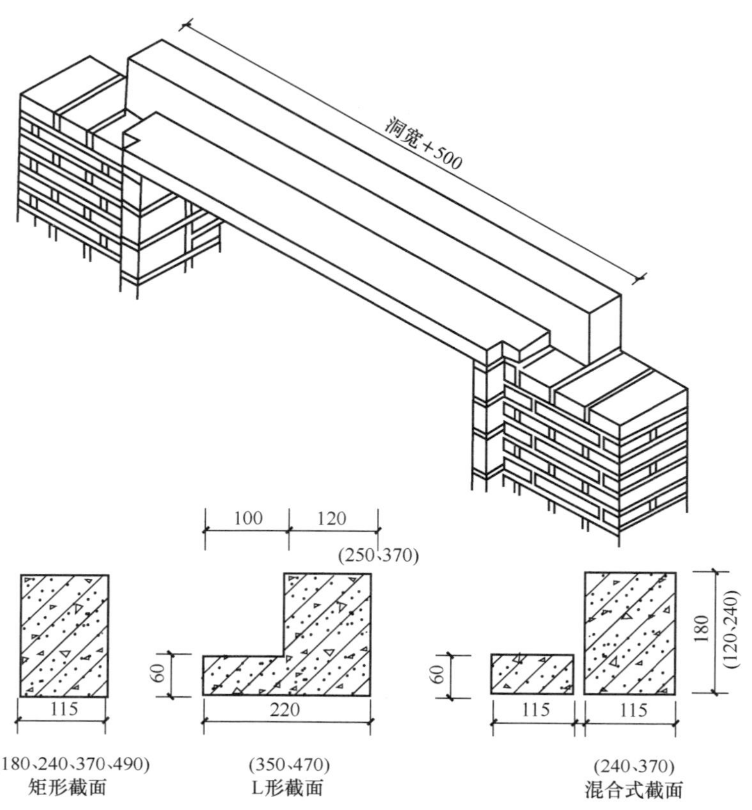

图 3-22　钢筋混凝土过梁形式

图 3-23　变形缝示意图

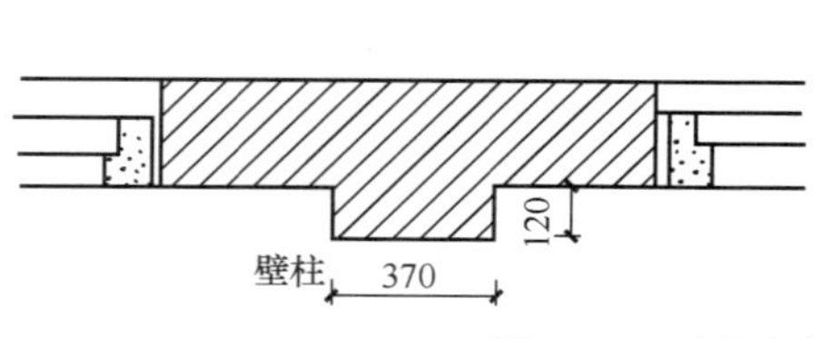

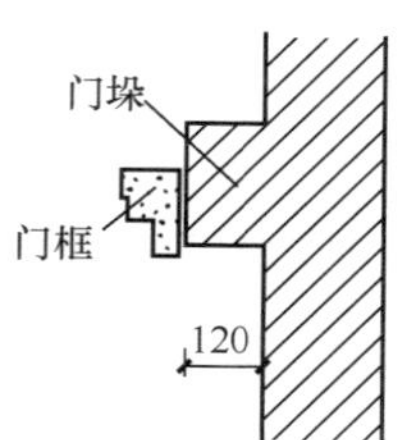

图 3-24　壁柱与门垛

3）采用现浇钢筋混凝土楼（屋）盖的多层砌体房屋，当层数超过五层，抗震设防烈度<7 度时，除在檐口标高处设置一道圈梁外，可隔层设圈梁，并与楼板现浇。当抗震设防烈度≥7 度时，宜层层设置。未设置圈梁处的楼面板嵌入墙内的长度不小于 120mm，并沿墙长配置不小于 2ϕ10 的纵向钢筋（表 3-1）。

表 3-1　现浇钢筋混凝土圈梁设置

墙　类	烈　度		
	6 度、7 度	8 度	9 度
外墙和内纵墙	屋盖处及每层楼盖处	屋盖处及每层楼盖处	屋盖处及每层楼盖处
内横墙	同上，屋盖处间距不应大于 7m，楼盖处间距不应大于 15m，构造柱对应部位	同上，屋盖处沿所有横墙，且间距不应大于 7m，楼盖处间距不应大于 7m，构造柱对应部位	同上，各层所有内横墙

圈梁宜设在基础部位、楼板部位、屋盖部位。

圈梁有钢筋砖圈梁和钢筋混凝土圈梁两种。

钢筋砖圈梁就是将前述的钢筋砖过梁沿外墙和部分内墙一周连通砌筑而成。钢筋混凝土圈梁的高度不小于 120mm，宽度与墙厚相同（图 3-25）。

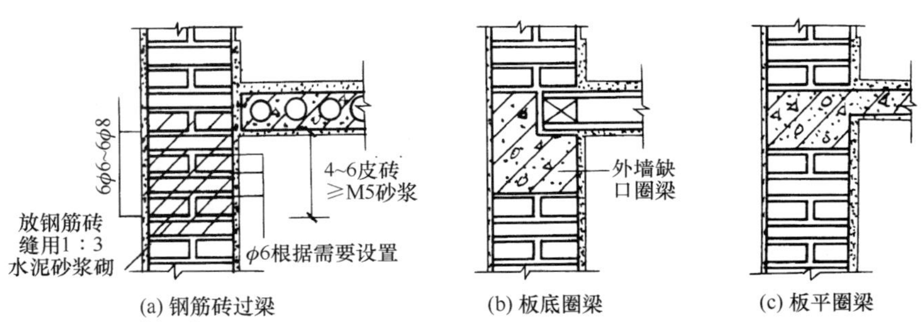

图 3-25　圈梁的构造

（2）附加圈梁

当圈梁被门窗洞口截断时，应在洞口上部增设相同截面的附加圈梁，其配筋和混凝土强度等级均不变。附加圈梁与圈梁的搭接长度不应小于两者中心线间的垂直间距的 2 倍，且不得小于 1m（图 3-26）。

图 3-26　圈梁的搭接（附加圈梁）

（3）圈梁宽度

一般同墙厚，在寒冷地区可略小于墙厚，当墙厚不小于 190mm 时，其宽度不宜小于 2/3 墙厚。圈梁的高度不宜小于 120mm，对于多孔砖墙应不小于 200mm，且应为砖厚的整倍数。配筋应符合表 3-2。

3. 构造柱

钢筋混凝土构造柱是从构造角度考虑设置的，是防止房屋倒塌的一种有效措施。构造柱必须与圈梁及墙体紧密相连，从而加强建筑物的整体刚度，提高墙体抗变形的能力。

表 3-2　现浇钢筋混凝土圈梁配筋设置

配　　筋	烈　　度		
	6 度、7 度	8 度	9 度
最小纵筋	4ϕ10	4ϕ12	4ϕ14
最大箍筋间距	ϕ6@250mm	ϕ6@200mm	ϕ6@150mm

（1）构造柱的设置要求

由于建筑物的层数和地震烈度不同，构造柱的设置要求也不相同。

构造柱设置的位置：

多层砌体构造柱一般设置在建筑物的四角；外墙的错层部位横墙与外纵墙的交接处；较大洞口的两侧；大房间内外墙的交接处；楼梯间、电梯间以及某些较长墙体的中部。

由于房屋层数和地震烈度不同，构造柱的设置要求如表 3-3 所示。

表 3-3　构造柱设置的位置

层数				设置部位	
6 度	7 度	8 度	9 度		
四、五	三、四	二、三		外墙四角，错层部位横墙外纵墙交接处，大房间内外墙交接处，较大洞口两侧	7、8 度时，楼、电梯间四角；隔 15m 或单元横墙与外纵墙交接处
六、七	五	四	二		隔开间横墙（轴线）与外纵墙交接处，山墙与内纵墙交接处；7~9 度时，楼、电梯间四角
八	六、七	五、六	三、四		内墙（轴线）与外墙交接处，内墙的局部较小墙垛处；7~9 度时，楼、电梯间四角；9 度时内纵墙与横墙（轴线）交接处

（2）构造柱的构造做法（图 3-27~图 3-29）

1）构造柱最小截面为 180mm×240mm，纵向钢筋宜用 4ϕ12，箍筋间距不大于 250mm，且在每层楼面柱的上下端宜适当加密；7 度时超过六层、8 度时超过五层和 9 度时，纵向钢

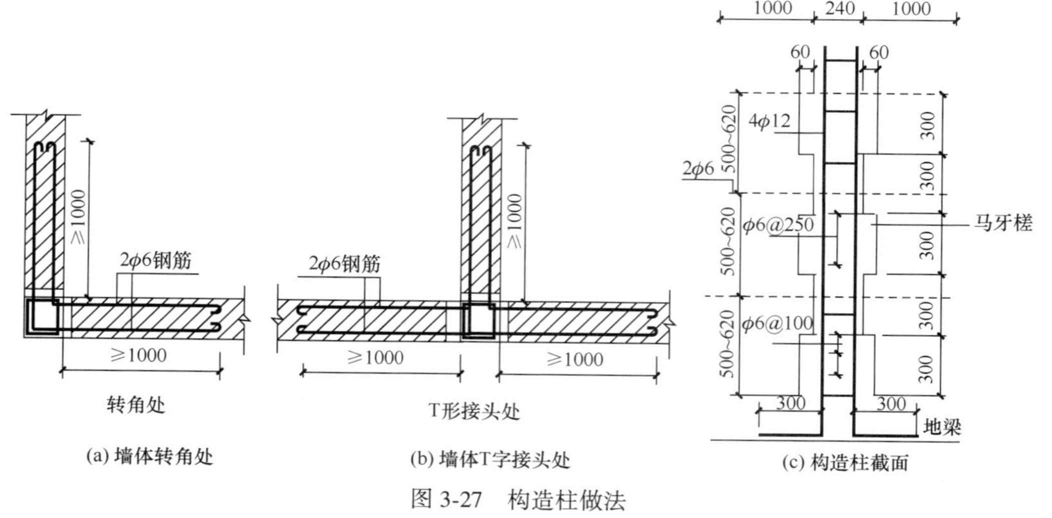

图 3-27　构造柱做法

筋宜用 4ϕ14，箍筋间距不大于 200mm；房屋角的构造柱可适当加大截面及配筋。

2）施工时，应先放构造柱的钢筋骨架，再砌砖墙，最后浇筑混凝土。构造柱与墙连接处应砌成马牙槎，即每 300mm 高伸出 60mm，每 300mm 高再缩进 60mm，沿墙高每 500mm 设 2ϕ6 拉结钢筋，每边伸入墙内不小于 1m。

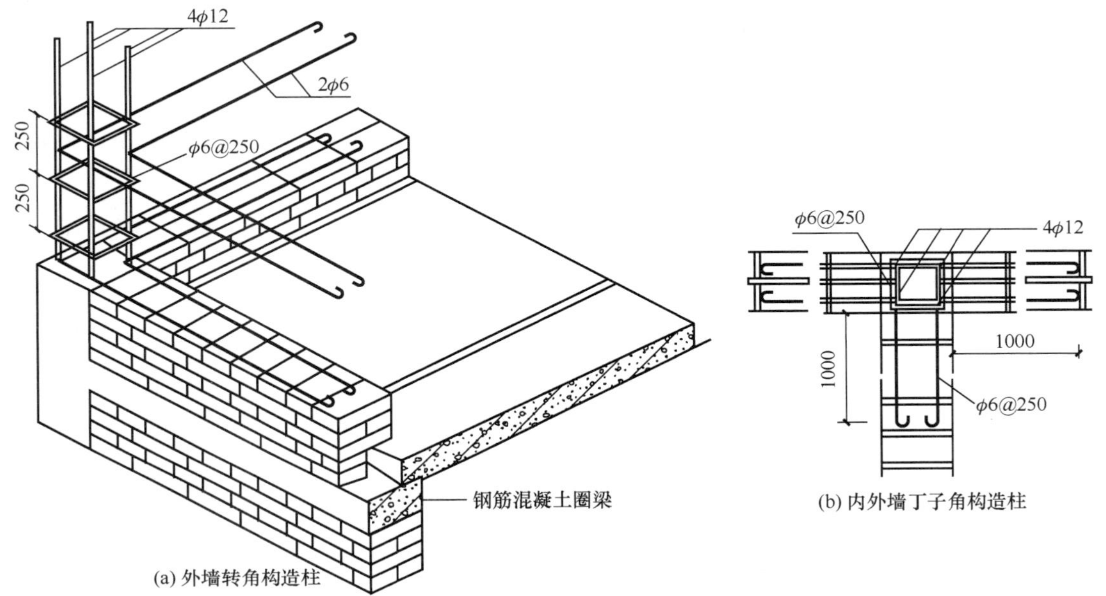

图 3-28 构造柱做法

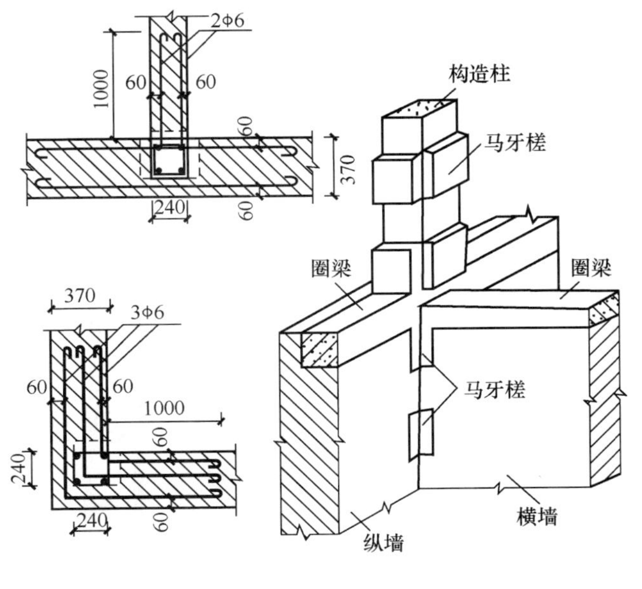

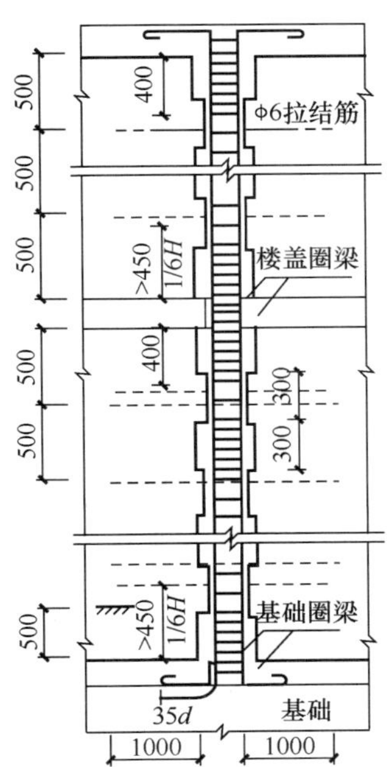

图 3-29 构造柱马牙槎构造图

3）构造柱可不单独设基础，但应伸入室外地面下 500mm，或与埋深不小于 500mm 的基础梁相连。构造柱顶部应与顶层圈梁或女儿墙压顶拉结。

3.2.5 防火墙

防火墙的作用在于截断火灾区域，防止火灾蔓延。作为防火墙，其耐火极限应不小于 4.0h。防火墙的最大间距应根据建筑物的耐火等级而定，当耐火等级为一、二级时，其间距为 150m；三级时为 100m；四级时为 75m。

防火墙应截断燃烧体或难燃烧体的屋顶，并高出非燃烧体屋顶 400mm；高出难燃烧体屋面 500mm。

3.3 骨架墙

骨架墙系指填充或悬挂于框架或排架柱间，并由框架或排架承受其荷载的墙体。它在多层、高层民用建筑和工业建筑中应用较多。

1. 框架外墙板的类型

按所使用的材料，外墙板可分为三类，即单一材料墙板、复合材料墙板、玻璃幕墙。单一材料墙板用轻质保温材料制作，如加气混凝土、陶粒混凝土等。复合板通常由三层组成，即内外壁和夹层。外壁选用耐久性和防水性均较好的材料，如石棉水泥板、钢丝网水泥、轻骨料混凝土等。内壁应选用防火性能好，又便于装修的材料，如石膏板、塑料板等。夹层宜选用容积密度小、保温隔热性能好、价廉的材料，如矿棉、玻璃棉、膨胀珍珠岩、膨胀蛭石、加气混凝土、泡沫混凝土、泡沫塑料等。

2. 外墙板的布置方式

外墙板可以布置在框架外侧，或框架之间，或安装在附加墙架上（图 3-30）。轻型墙板通常需安装在附加墙架上，以使外墙具有足够的刚度，保证在风力和地震力的作用下不会变形。

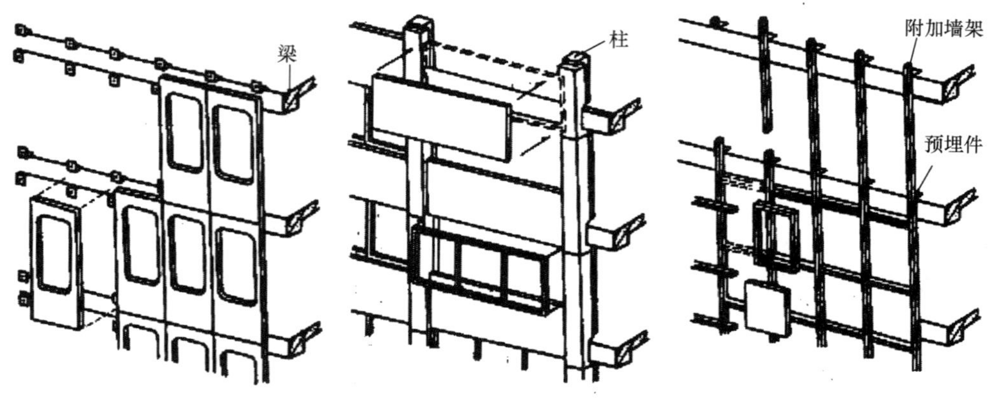

图 3-30 外墙板的布置方式

3. 外墙板与框架的连接

外墙板可以采用上挂或下承两种方式支承于框架柱、梁或楼板上。根据不同的板材类型和板材的布置方式，可采取焊接法、螺栓联结法、插筋锚固法等将外墙板固定在框架上。

无论采用何种方法，均应注意以下构造要点：

1）外墙板与框架连接应安全可靠。

2）不要出现“冷桥”现象，防止产生结露。

3）构造简单，施工方便。

3.4 隔墙构造

隔墙是分隔建筑物内部空间的非承重构件，本身重量由楼板或梁来承担。设计要求隔墙自重轻，厚度薄，有隔声和防火性能，便于拆卸，浴室、厕所的隔墙能防潮、防水。常用隔墙有块材隔墙、轻骨架隔墙和板材隔墙三大类。

块材隔墙是用普通黏土砖、空心砖、加气混凝土等块材砌筑而成，常采用普通砖隔墙和砌块隔墙两种。

隔墙应满足以下要求：

1）自重轻，有利于减轻楼板的荷载。

2）厚度薄，可增加建筑的有效空间。

3）便于拆卸，能随使用要求的改变而变化。

4）具有一定的隔声能力，使各使用房间互不干扰。

5）按使用部位不同，有不同的要求，如防潮、防水、防火。

3.4.1 块材隔墙

1. 砖砌隔墙

普通砖隔墙一般采用1/2砖（120mm）隔墙。1/2砖墙用普通黏土砖采用全顺式砌筑而成。砌筑砂浆强度等级通常不低于M5，砌筑较大面积墙体时，长度超过6m应设砖壁柱，高度超过5m时应在门过梁处设通长钢筋混凝土带。当采用M2.5级砂浆砌筑时，其高度不宜超过3.6m，长度不宜超过5m。

为了保证砖隔墙不承重，在砖墙砌到楼板底或梁底时，将立砖斜砌一皮，或将空隙塞木楔打紧，然后用砂浆填缝。8度和9度时长度大于5.1m的后砌非承重砌体隔墙的墙顶，应与楼板或梁拉接。如图3-31和图3-32砖砌隔墙构造。

2. 砌块隔墙

为减轻隔墙自重，可采用轻质砌块，墙厚一般为90~120mm。加固措施同1/2砖隔墙之做法。砌块不够整块时宜用普通黏土砖填补。因砌块墙重量轻、孔隙率大、隔热性能好，但吸水性强故在砌筑时先在墙下部实砌3~5皮实心黏土砖再砌砌块。

常采用砌块有加气混凝土砌块、矿渣空心砖、陶粒混凝土砌块等。砌块较薄，也需采取措施，加强其稳定性，其方法与普通砖隔墙相同。砌块墙构造如图3-33和图3-34所示。

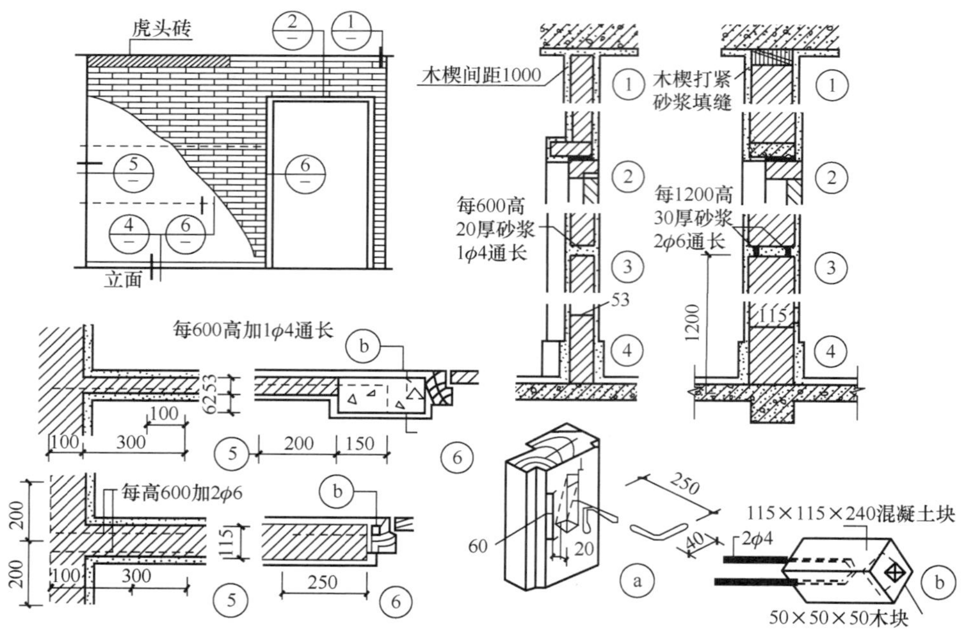

图 3-31　砖砌隔墙构造

图 3-32　普通砖隔墙构造图

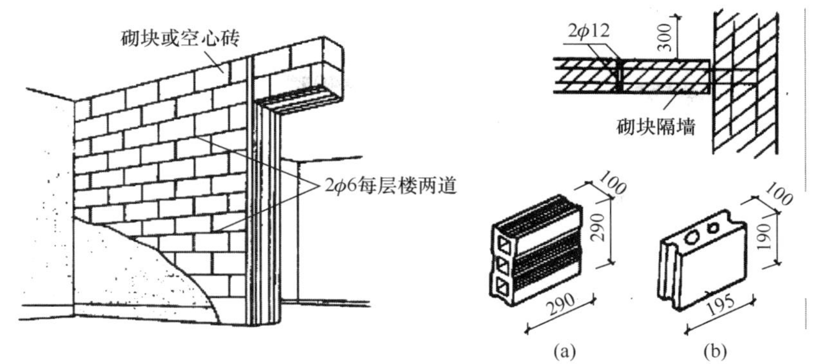

图 3-33　砌块隔墙构造图

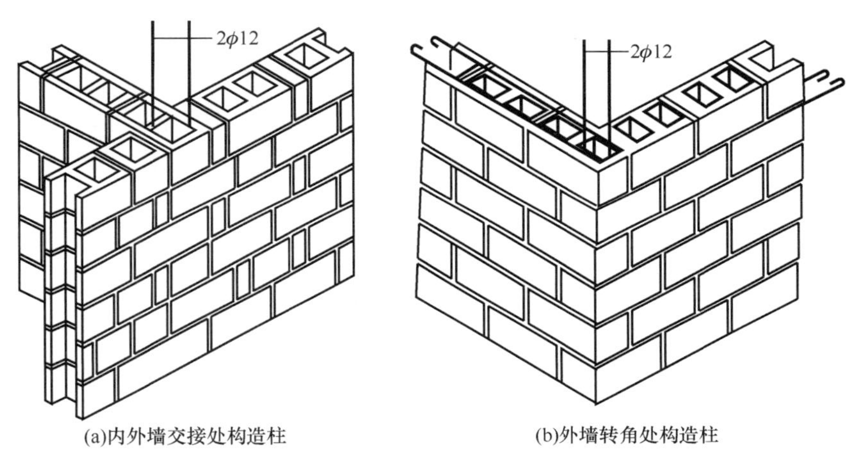

图 3-34　砌块隔墙构造图

3.4.2　轻骨架隔墙

轻骨架隔墙由骨架和面板层两部分组成，骨架有木骨架和金属骨架之分，面板有板条抹灰、钢丝网板条抹灰、胶合板、纤维板、石膏板等。由于先立墙筋（骨架），再做面层，故又称为立筋式隔墙。

1. 板条抹灰隔墙

板条抹灰隔墙是由上槛、下槛、墙筋斜撑或横档组成木骨架，其上钉以板条再抹灰而成。

2. 立筋面板隔墙

立筋面板隔墙系指面板用人造胶合板、纤维板或其他轻质薄板，骨架为木质或金属组合而成。

骨架　墙筋间距视面板规格而定。金属骨架一般采用薄型钢板、铝合金薄板或拉眼钢板网加工而成，并保证板与板的接缝在墙筋和横档上。

饰面层　常用类型有胶合板、硬质纤维板、石膏板等。

采用金属骨架时，可先钻孔，用螺栓固定，或采用膨胀铆钉将板材固定在墙筋上。立筋面板隔墙为干作业，自重轻，可直接支撑在楼板上，施工方便，灵活多变，故得到广泛应用，但隔声效果较差。

3.4.3 板材隔墙

板材隔墙是指各种轻质板材的高度相当于房间净高，不依赖骨架，可直接装配而成，目前多采用条板，如碳化石灰板、加气混凝土条板、多孔石膏条板、纸蜂窝板、水泥刨花板、复合彩色钢板等。特点具有自重轻、安装方便、施工速度快、工业化程度高等。

图 3-35 板材隔墙构造图

预制条板的厚度大多为 60～100mm，宽度为 600～1000mm。长度略小于房间净高。

安装时，条板下部选用小木楔顶紧，然后用细石混凝土堵严板缝，用胶粘剂粘接，并用胶泥刮缝，平整后再做表面装修（图 3-35）。

3.4.4 隔断

1. 屏风式隔断

隔断与顶棚保持一定距离，起到分隔空间和遮挡视线的作用。

屏风式隔断的分类：按其安装架立方式不同可分为固定式屏风隔断和活动式屏风隔断。固定式隔断又可分为立筋骨架式（图 3-36）和预制板式。

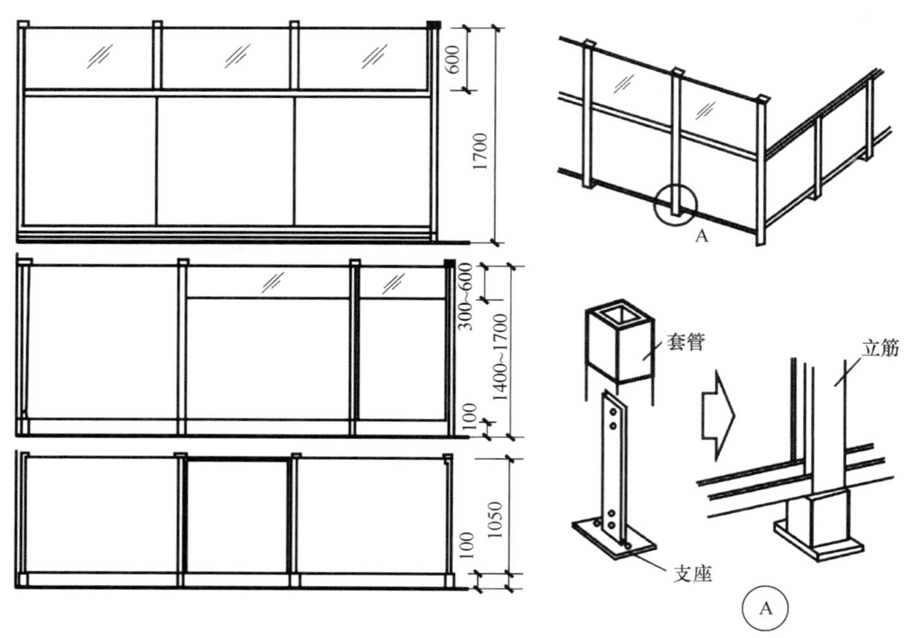

图 3-36 屏风式隔断

2. 移动式隔断

移动式隔断可以随意闭合或打开，使相邻的空间随之独立或合成一个空间。这种隔断使用灵活，在关闭时也能起到限定空间、隔声和遮挡视线的作用。有拼装式、滑动式、折叠式、悬吊式、卷帘式和起落式等多种形式。

3. 漏空式隔断

漏空花格式隔断是公共建筑门厅、客厅等处分隔空间常用的一种形式。有竹、木制的，也有混凝土预制构件的，形式多样（图 3-37）。隔断与地面、顶棚的固定也因材料不同而变化，可用钉、焊等方式连接。

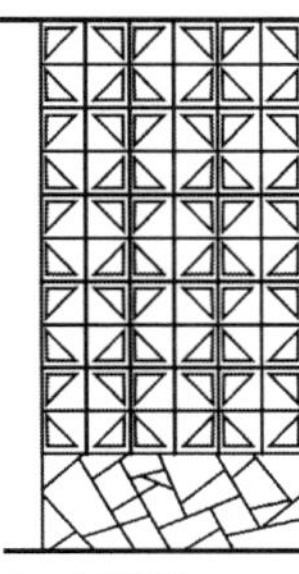
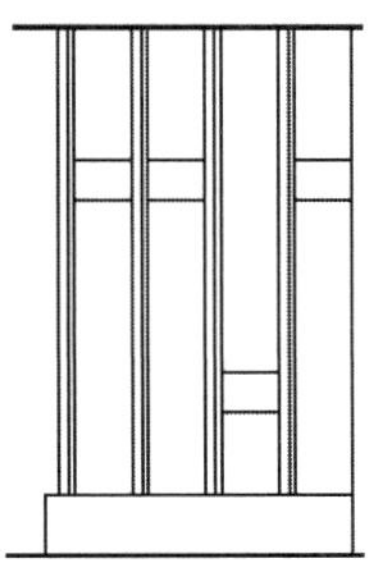

图 3-37　漏空式隔断

4. 帷幕式隔断

帷幕式隔断占使用面积小，能满足遮挡视线的功能，使用方便，便于更新。一般多用于住宅、旅馆和医院。

5. 家具式隔断

家具式隔断是巧妙地把分隔空间与贮存物品两功能结合起来，这种形式多用于住宅的室内设计以及办公室的分隔等。

3.5 墙面装修

3.5.1　墙面装修的作用

保护墙体　增强墙体的坚固性、耐久性，延长墙体的使用年限。

改善墙体的使用功能　提高墙体的保温、隔热和隔声能力。

美化和装饰作用　提高建筑的艺术效果，美化环境。

3.5.2　墙面装修的分类

1）按装修所处部位不同，有室外装修和室内装修两类。室外装修要求采用强度高、抗冻性强、耐水性好以及具有抗腐蚀性的材料。室内装修材料则因室内使用功能不同，要求有一定的强度、耐水及耐火性。

2）按饰面材料和构造不同，有清水勾缝、抹灰类、贴面类、涂刷类、裱糊类、条板类、玻璃（或金属）幕墙等，见表 3-4。

表 3-4　墙面装修分类

类别	室外装修	室内装修
抹灰类	水泥砂浆、混合砂浆、聚合物水泥砂浆、拉毛、水刷石、干粘石、斩假石、假面砖、喷涂、滚涂等	纸筋灰、麻刀灰粉面、石膏粉面、膨胀珍珠岩灰浆、混合砂浆、拉毛、拉条等
贴面类	外墙面砖、马赛克、水磨石板、天然石板等	釉面砖、人造石板、天然石板等
涂料类	石灰浆、水泥浆、溶剂型涂料、乳液涂料、彩色胶砂涂料、彩色弹涂等	大白浆、石灰浆、油漆、乳胶漆、水溶性涂料、弹涂等
裱糊类		塑料墙纸、金属面墙纸、木纹壁纸、花纹玻璃纤维布、纺织面墙纸及绵锻等
铺钉类	各种金属饰面板、石棉水泥板、玻璃	各种木夹板、木纤维板、石膏板及各种装饰面板等

3.5.3　抹灰类墙面装修

抹灰又称粉刷，是我国传统的饰面做法，是由水泥、石灰膏为胶结材料加入砂或石渣与水拌和成砂浆或石渣浆，抹到墙面上的一种操作工艺，属湿作业。抹灰分为一般抹灰和装饰抹灰两类。

1. 一般抹灰

有石灰砂浆、混合砂浆、水泥砂浆等。外墙抹灰一般为 20～25mm，内墙抹灰为15～20 mm，顶棚为 12～15mm。在构造上和施工时须分层操作，一般分为底层、中层和面层，各层的作用和要求不同。

1）底层抹灰主要起到与基层墙体粘结和初步找平的作用。

2）中层抹灰在于进一步找平以减少打底砂浆层干缩后可能出现的裂纹。

3）面层抹灰主要起装饰作用，因此要求面层表面平整、无裂痕、颜色均匀。

抹灰按质量及工序要求分为三种标准，见表 3-5。

表 3-5　抹灰类三种标准

层次 / 标准	底层/mm	中层/mm	面层/mm	总厚度/mm	适用范围
普通抹灰	1		1	≤18	简易宿舍、仓库等
中级抹灰	1	1	1	≤20	住宅、办公楼、学校、旅馆等
高级抹灰	1	若干	1	≤25	公共建筑、纪念性建筑如剧院、展览馆等

2. 装饰抹灰

装饰抹灰有水刷石、干粘石、斩假石、水泥拉毛等。装饰抹灰一般是指采用水泥、石

灰砂浆等抹灰的基本材料，除对墙面作一般抹灰之外，利用不同的施工操作方法将其直接做成饰面层。

（1）基层处理

砖石基层　做饰面前，应除去浮灰，必要时用水冲净。

混凝土及钢筋混凝土基层　除去混凝土表面的脱模剂，还必须将表面打毛，用水除去浮尘。

加气混凝土表面　抹灰前应将加气混凝土表面清扫干净，除去浮灰，浇水润湿并涂刷一遍 107 胶水溶液或其他加气混凝土界面剂。

（2）抹灰构造层次

底灰又称“刮糙”，主要起与基层的粘结及初步找平的作用。

对砖、石墙：水泥砂浆或石灰水泥混合砂浆打底。

基层为板条基层时，应采用石灰砂浆作底灰，并在砂浆中掺入麻刀或其他纤维。

轻质混凝土砌块墙：混合砂浆或聚合物砂浆。

混凝土墙或湿度大的房间或有防水、防潮要求的房间，底灰宜选用水泥砂浆。底灰厚 5~15mm。

中层抹灰主要起找平作用，厚度一般为 5~10mm。

面层抹灰主要起装修作用，要求表面平整、色彩均匀、无裂缝，可以做成光滑、粗糙等不同质感的表面（图 3-38）。

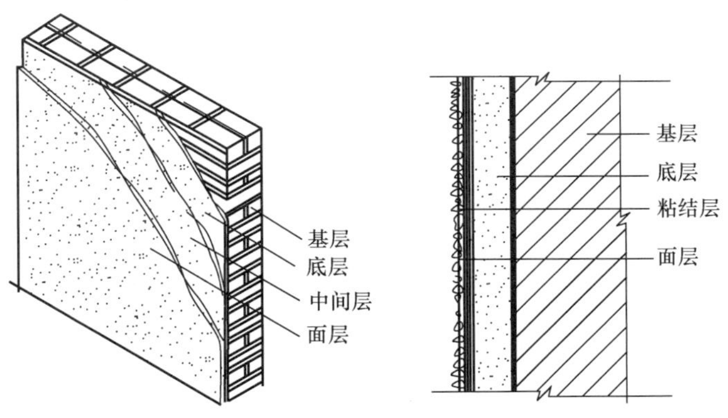

图 3-38　外墙抹灰的分层构造

3. 墙面局部处理

墙裙　在室内抹灰中，对人群活动频繁、易受碰撞的墙面，或有防水、防潮要求的墙身，如门厅、走廊、厨房、浴室、厕所等处的墙面。高：1.5m 或 1.8m。

具体做法：1∶3 水泥砂浆打底，1∶2 水泥砂浆或水磨石罩面，也可贴面砖、刷油漆、或铺钉胶合板等。

踢脚　在内墙面和楼地面的交接处，为了遮盖地面与墙面的接缝，保护墙身，以及防止擦洗地面时弄脏墙面，常做踢脚线。

H 为 120mm 或 150mm。

装饰线　为了增加室内美观，在内墙面与顶棚的交接处做成各种装饰线。

护角 对于易被碰撞的内墙阳角或门窗洞口，通常抹 1 : 2 水泥砂浆做护角，并用素水泥浆抹成圆角，高度 2m，每侧宽度不应小于 50mm。

木引条 外墙面因抹灰面积较大，由于材料干缩和温度变化，容易产生裂缝，常在抹灰面层做分格处理，称为引条线。

引条线的做法是在底灰上埋放不同形式的木引条，面层抹灰完毕后及时取下引条，再用水泥砂浆勾缝，以提高抗渗能力。

3.5.4 贴面类墙面装修

贴面类装修指在内外墙面上粘贴各种天然石板、人造石板、陶瓷面砖等。通过绑、挂或直接粘贴于基层表面的装修做法。

材料：花岗岩板和大理石板等天然石板；水磨石板、水刷石板、剁斧石板等人造石板；以及面砖、瓷砖、锦砖等陶瓷和玻璃制品。

1. 面砖饰面构造

铺贴方法 面砖应先放入水中浸泡，安装前取出晾干或擦干净，安装时先抹 15mm 1 : 3 水泥砂浆找底并划毛，再用 1 : 0.3 : 3 水泥石灰混合砂浆或用掺有 107 胶（水泥用量 5%～7%）的 1 : 2.5 水泥砂浆满刮 10mm 厚面砖背面紧粘于墙上。对贴于外墙的面砖常在面砖之间留出一定缝隙（图 3-39 和图 3-40）。

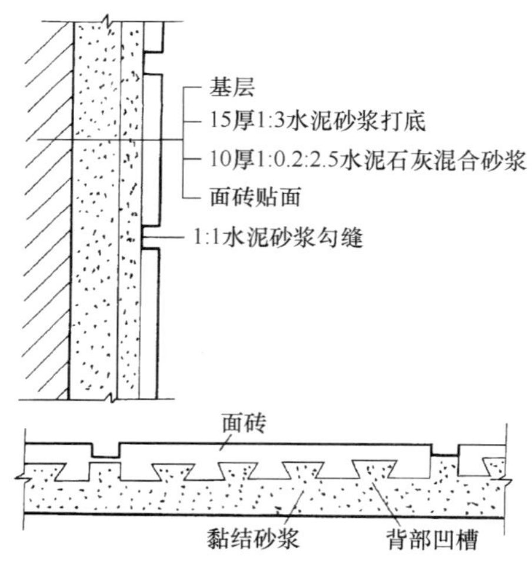

图 3-39 面砖饰面构造

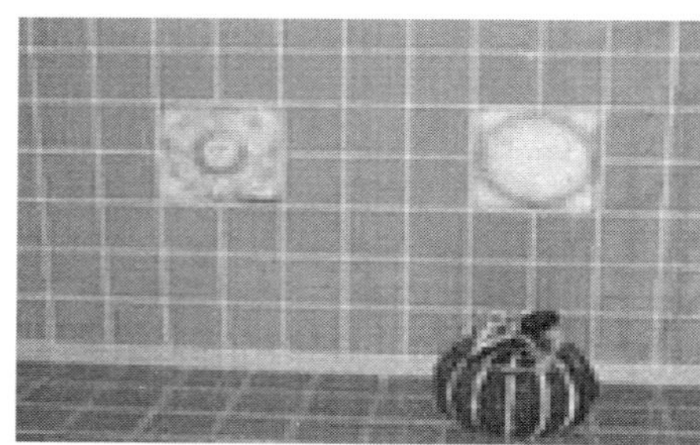

图 3-40 面砖饰面构造示意

面砖材料 釉面砖：精陶制品，内墙。墙地砖：炻器，贴外墙面砖为面砖；铺地面砖为地砖，分无釉、及釉面砖。劈离砖：以黏土为原料烧制而成。

2. 陶瓷锦砖饰面

陶瓷锦砖也称为马赛克，有陶瓷锦砖和玻璃锦砖之分。它的尺寸较小，根据其花色品种，可拼成各种花纹图案。锦砖的安装：铺贴时先按设计的图案将小块材正面向下贴在(500×500)mm 大小的牛皮纸上，然后牛皮纸面向外将马赛克整块粘贴在 1 : 1 水泥细砂砂浆上，用木板压平。

砂浆硬结后，洗去牛皮纸，修整。饰面基层上，待半凝后将纸洗掉，同时修整饰面。

玻璃马赛克：与陶瓷锦砖相似，是透明的玻璃质饰面材料，它质地坚硬、色泽柔和，具有耐热、耐蚀、不龟裂、不褪色、造价低的特点。

3. 天然石材和人造石材饰面

石材按其厚度分有两种，通常厚度为 30~40mm 为板材，厚度为 40~130mm 以上称为块材。常见天然板材饰面有花岗石、大理石和青石板等，具有强度高、耐久性好，多作高级装饰用。常见人造石板有预制水磨石板、人造大理石板等。

（1）石材拴挂法（湿法挂贴）

天然石材和人造石材的安装方法相同，先在墙内或柱内预埋 $\phi6$ 铁箍，间距依石材规格而定，而铁箍内立 $\phi6$~$\phi10$ 竖筋，在竖筋上绑扎横筋，形成钢筋网。在石板上下边钻小孔，用双股 16 号钢丝绑扎固定在钢筋网上。上下两块石板用不锈钢卡销固定。板与墙面之间预留 20~30mm 缝隙，上部用定位活动木楔做临时固定，校正无误后，在板与墙之间浇筑 1：3 水泥砂浆，待砂浆初凝后，取掉定位活动木楔，继续上层石板的安装（图 3-41）。

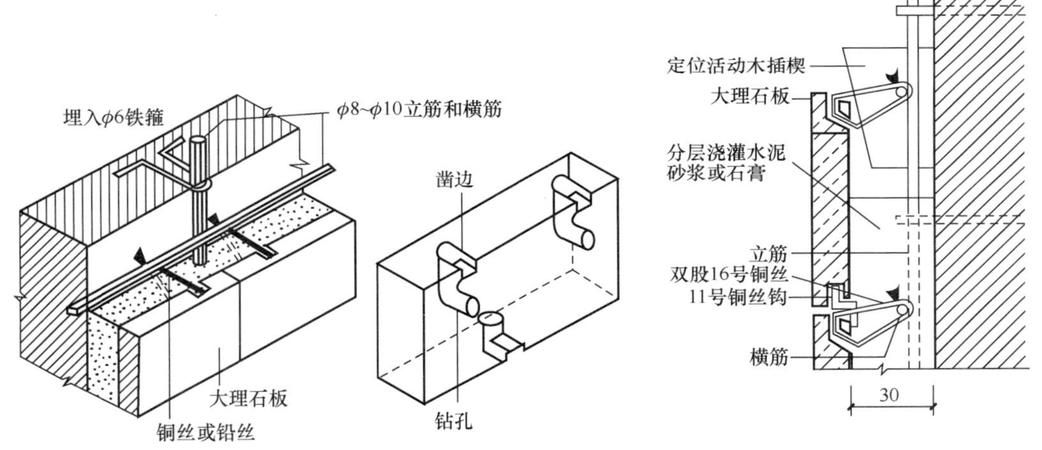

图 3-41　石材拴挂法构造（湿法挂贴）

（2）干挂石材法（连接件挂接法）

干挂石材的施工方法是用一组高强耐腐蚀的金属连接件，将饰面石材与结构可靠地连接，其间形成空气间层不作灌浆处理（图 3-42）。

干挂法的特点：

1）装饰效果好，石材在使用过程中表面不会泛碱。

2）施工不受季节限制，无湿作业，施工速度快，效率高，施工现场清洁。

3）石材背面不灌浆，减轻了建筑物自重，有利于抗震。

4）饰面石材与结构连接（或与预埋件焊接）构成有机整体，可用于地震区和大风地区。

5）采用干挂石材法造价比湿挂法高 15%~25%。

干挂法构造方案：

无龙骨体系　根据立面石材设计要求，全部采用不锈钢的连接件，与墙体直接连接（焊接或拴接），通常用于钢筋混凝土墙面［图 3-43（a）］。

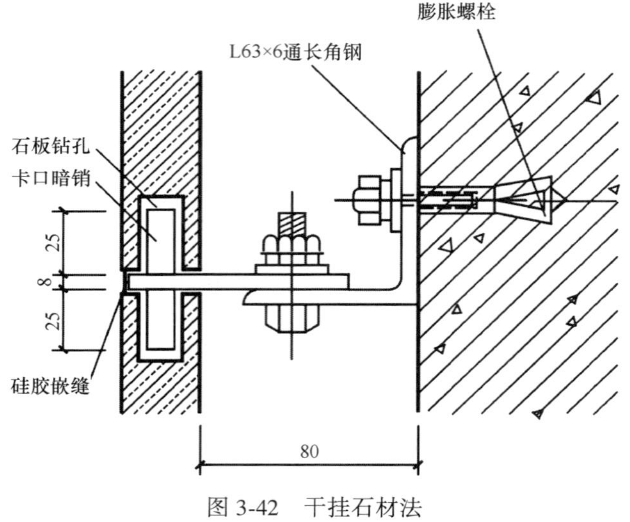

图 3-42　干挂石材法

有龙骨体系　由竖向龙骨和横向龙骨组成。主龙骨可选用镀锌方钢、槽钢、角钢，该体系适用于各种结构形式。

用于连接件的舌板、销钉、螺栓一般均采用不锈钢，其他构件视具体情况而定。

密封胶应具有耐水、耐溶剂和耐大气老化及低温弹性、低气孔率等特点，且密封胶应为中性材料，不对连接件构成腐蚀［图 3-43（b）］。

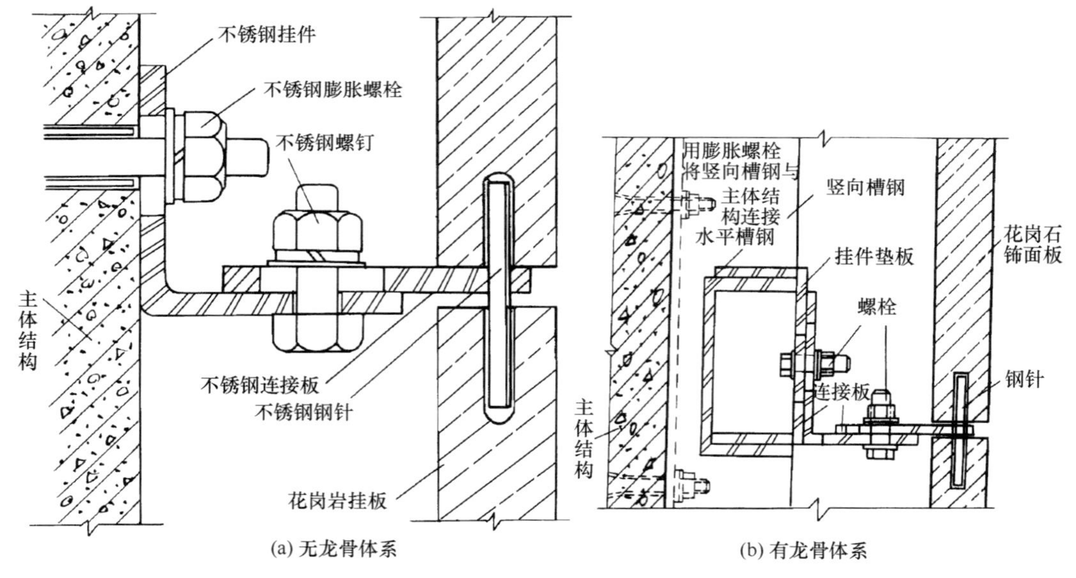

图 3-43　天然石板干挂工艺

饰面板（砖）类饰面：利用各种天然或人造板、块，通过绑、挂或直接粘贴于基层表面的装饰装修做法。主要有粘贴和挂贴两种做法。

饰面板（砖）的粘贴构造：水泥砂浆粘贴构造一般分为底层、粘结层和块材面层三个层次（图 3-44）。

建筑胶粘贴的构造做法：将胶凝剂涂在板背面的相应位置，然后将带胶的板材经就位、挤紧、找平、校正、扶直、固定等工序，粘贴在清理好的基层上（图 3-44）。

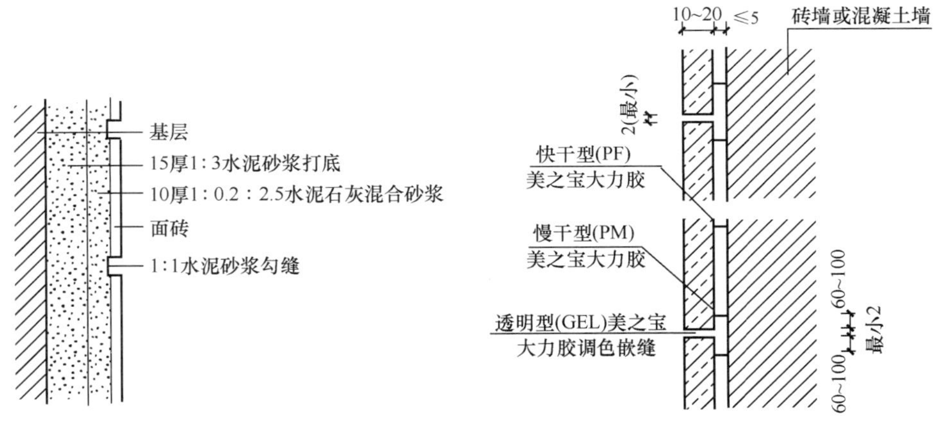

图 3-44　粘贴法构造图

3.5.5　涂料类墙面装修

涂料系指喷涂、刷于基层表面后，能与基层形成完整而牢固的保护膜的涂层饰面装修。

涂料按其主要成膜物的不同，具有造价低、装饰性好、工期短、工效高、自重轻，以及操作简单、维修方便、更新快等特点，因而在建筑上得到广泛的应用和发展。可以分为有机涂料和无机涂料两大类。

1. 无机涂料

常用的无机涂料有石灰浆、大白浆、可赛银浆、无机高分子涂料等。普通无机涂料，如石灰浆、大白浆、可赛银浆等，多用于一般标准的室内装修。无机高分子涂料有 JH80-1 型、JH80-2 型、JHN84-1 型、F832 型、LH-82 型、HT-1 型等。无机高分子涂料有耐水、耐酸碱、耐冻融、装修效果好、价格较高等特点，多用于外墙面装修和有耐擦洗要求的内墙面装修。

2. 有机涂料

有机合成涂料依其主要成膜物质和稀释剂的不同，可分为溶剂型涂料、水溶性涂料和乳液型涂料三种。

溶剂型涂料　传统的油漆涂料、苯乙烯内墙涂料、聚乙烯醇缩丁醛内（外）墙涂料、过氯乙烯内墙涂料等。

水溶性涂料　有聚乙烯醇水玻璃内墙涂料（即 106 涂料）、聚合物水泥砂浆饰面涂层、改性水玻璃内墙涂料、108 内墙涂料、ST-803 内墙涂料、JGY-821 内墙涂料等；801 内墙涂料等。

乳液涂料　又称乳胶漆，有乙丙乳胶涂料、苯丙乳胶涂料等，多用于内墙装修。

3. 构造做法

建筑涂料的施涂方法一般分刷涂、滚涂和喷涂。

施涂溶剂型涂料时，后一遍涂料必须在前一遍涂料干燥后进行，否则易发生皱皮、开裂等质量问题。

施涂水溶性涂料时，要求与作法同上。每遍涂料均应施涂均匀，各层应结合牢固。

在湿度较大，特别是遇明水部位的外墙和厨房、厕所、浴室等房间内施涂涂料时，应选用耐洗刷性较好的涂料和耐水性能好的腻子材料（如聚醋酸乙烯乳液水泥腻子等）。

用于外墙的涂料应具有良好的耐水性、耐碱性，还应具有良好的耐洗刷性、耐冻融循环性、耐久性和耐玷污性。

3.5.6 裱糊类墙面装修

裱糊类墙面装修是将各种装饰性的墙纸、墙布、织锦等材料裱糊在内墙面上的一种装修饰面。墙纸品种很多，有 PVC 塑料壁纸、复合壁纸、玻璃纤维墙布等。

裱糊类墙体饰面装饰性强、造价较经济、施工方法简捷高效、材料更换方面，并且在曲面和墙面转折处粘贴，可以顺应基层，获得连续的饰面效果。目前国内使用最多的是塑料墙纸和玻璃纤维墙布等。装修效果见图 3-45。

图 3-45　裱糊类墙面装修效果图

裱糊类墙面装修构造处理方法如下：

1）基层处理：在基层刮腻子，以使裱糊墙纸的基层表面达到平整光滑。同时为了避免基层吸水过快，还应对基层进行封闭处理，处理方法为：在基层表面满刷一遍按（1∶0.5）~（1∶1）稀释的 107 胶水。

2）墙面应采用整幅裱糊，裱糊的顺序为先上后下，先高后低。粘贴剂通常采用 107 胶水。其配合比为：107 胶∶羧甲基纤维素（2.5%）水溶液∶水 = 100∶(20~30)∶50，107 胶的含固量为 12%左右。

3.5.7 板材类墙面装修

板材类装修系指采用天然木板或各种人造薄板借助于镶钉胶等固定方式对墙面进行装饰处理。板材类墙面由骨架和面板组成，骨架有木骨架和金属骨架，面板有硬木板、胶合板、纤维板、石膏板等各种装饰面板和近年来应用日益广泛的金属面板。常见的构造方法如下：

1. 木质板墙面

木质板墙面系用各种硬木板、胶合板、纤维板以及各种装饰面板等作的装修。具有美观大方、装饰效果好，且安装方便等优点，但防火、防潮性能欠佳，一般多用作宾馆、大型公共建筑的门厅以及大厅面的装修。木质板墙面装修构造是先立墙筋，然后外钉面板（图 3-46）。

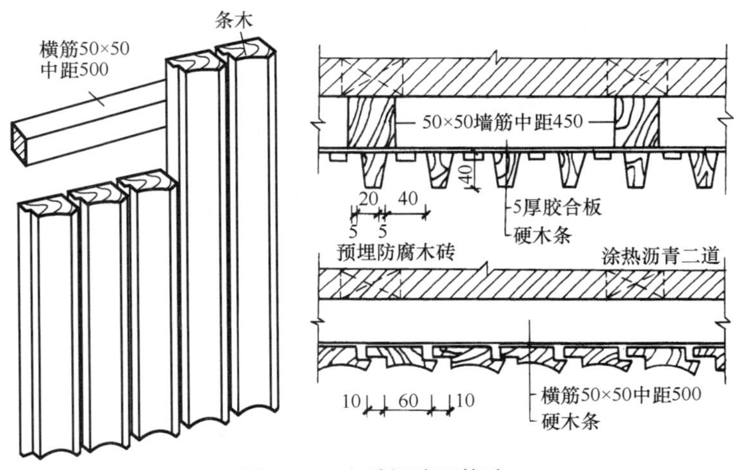

图 3-46　木质板墙面构造

2. 金属薄板墙面

金属薄板墙面系指利用薄钢板、不锈钢板、铝板或铝合金板作为墙面装修材料。以其精密、轻盈，体现着新时代的审美情趣。

金属薄板墙面装修构造，也是先立墙筋，然后外钉面板。墙筋用膨胀铆钉固定在墙上，间距为 60~90mm。金属板用自攻螺丝或膨胀铆钉固定，也可先用电钻打孔后用木螺丝固定。

3. 石膏板墙面

一般构造做法是：首先在墙体上涂刷防潮涂料，然后在墙体上铺设龙骨，将石膏板钉在龙骨上，最后进行板面修饰。

3.6 建筑幕墙

1. 幕墙类型

1）按幕面材料：有玻璃、金属、轻质混凝土挂板、天然花岗石板等幕墙。其中玻璃幕墙是当代的一种新型墙体，不仅装饰效果好，而且质量轻，安装速度快，是外墙轻型化、装配化较理想的型式。

2）按构造方式：露框、半隐框、隐框及悬挂式玻璃幕墙等。

3）按施工方式：分件式幕墙（现场组装）和板块式幕墙（预制装配）。

2. 玻璃幕墙的构造组成

玻璃幕墙由玻璃和金属框组成幕墙单元，借助于螺栓和连接铁件安装到框架上。

金属边框　有竖框、横框之分，起骨架和传递荷载作用。可用铝合金、铜合金、不锈钢等型材做成（图3-47）。

图3-47 铝合金边框的工程实例

玻璃 有单层、双层、双层中空和多层中空玻璃，起采光、通风、隔热、保温等围护作用。通常选择热工性能好，抗冲击能力强的钢化玻璃、吸热玻璃、镜面反射玻璃、中空玻璃等。接缝构造多采用密封层、密封衬垫层、空腔三层构造层。

连接固定件 有预埋件、转接件、连接件、支承用材等，在幕墙及主体结构之间以及幕墙元件与元件之间起连接固定作用。

装修件 包括后衬板（墙）、扣盖件及窗台、楼地面、踢脚、顶棚等构部件，起密闭、装修、防护等作用。

密缝材 有密封膏、密封带、压缩密封件等，起密闭、防水、保温、绝热等作用。此外，还有窗台板、压顶板、泛水、防止凝结水和变形缝等专用件。

小结

1. 墙是建筑物空间的垂直分隔构件，起着承重和围护作用。它依受力性质的不同有承重墙和非承重墙之分；依材料及构造的不同有实体墙、空体墙和组合墙；依施工方式不同有块材墙、板筑墙和装配式板材墙之分。因此，作为墙体必须满足结构、保温、隔热、节能、隔声、防火以及适应工业化生产的要求。

2. 砖墙和砌块墙都是块材墙，均以砂浆为胶结料，按一定规律将砌块进行有机组合的砌体。砖墙若用黏土砖应严加控制。为节约土地资源，国家已作出决定，在一些大城市停止使用黏土砖。

3. 墙身的细部构造重点在门窗过梁、窗台、勒脚、防潮层、明沟与散水、变形缝、墙身加固以及防火墙等。

4. 骨架墙系指填充或悬挂于框架或排架柱间的非承重墙体。有砌体填充墙、波形瓦材墙和开敞式外墙之分。

5. 隔墙一般是指分隔房间的非承重墙。常见的有块材隔墙、轻骨架隔墙和板材隔墙等。

6. 墙面装修是保护墙体、改善墙体使用功能、增加建筑物美观的一种有效措施。依部位的不同可分为外墙装修和内墙装修两类，依材料和构造不同，又可分为清水墙、抹灰类、贴面类、涂刷类、裱糊类、板材类及玻璃幕墙等。

7. 建筑幕墙的类型及一般构造组成。

思考题

1. 墙体依其所处位置不同、受力不同、材料不同、构造不同、施工方法不同可分为哪几种类型？
2. 墙体在设计上有哪些要求？
3. 标准砖自身尺度之间有何关系？
4. 常见的砖墙组砌方式有哪些？
5. 常见的过梁有几种？它们的适用范围和构造特点是什么？
6. 窗台构造中应考虑哪些问题？
7. 勒脚的处理方法有哪几种？试说出各自的构造特点。
8. 墙身水平防潮层有哪几种做法？各有何特点？水平防潮层应设在何处为好？
9. 在什么情况下设垂直防潮层？其构造做法如何？
10. 墙体的加固措施有哪些？有何设计要求？
11. 什么叫圈梁？有何作用？
12. 什么叫构造柱？有何作用？
13. 砌块的组砌要求是什么？
14. 常见隔墙有哪些？简述各种隔墙的特点及构造做法。
15. 墙面装修有哪些作用？基层处理原则是什么？
16. 墙面装修有哪几类？试举例说明每类墙面装修的 1~2 种构造做法及适用范围。
17. 什么是建筑幕墙？什么是玻璃幕墙？玻璃幕墙如何分类？其构造组成如何？

实训设计作业 1：外墙身节能构造设计

墙体构造设计任务书

一、设计题目

某建筑物外墙节能构造设计。

二、构造设计的目的及要求

通过本次设计，学生应掌握墙体中的各节点，如墙脚、窗台、窗上口、墙与楼板连接处等的设计方法，进一步理解建筑设计的基本原理，了解初步设计的步骤和方法。

三、设计条件

某教学楼的办公区层高为 3. 30m，共 6 层，耐火等级为二级。室内外地面高差为 0. 45m，窗台距室内地面 900mm 高，室内地坪从上至下分别为 20mm 厚 1∶2 水泥砂浆面层，CIO 素混凝土 80mm 厚，100mm 厚 3∶7 灰土，素土夯实。窗洞口尺寸为 1800mm×1800mm，结构为砖混结构（局部可用框架）；外墙为砖墙，厚度不小于 240mm（考虑节能要求）；楼板采用现浇板或预制钢筋混凝土空心板；设计所需的其他条件由学生自定。

四、设计内容及图纸要求

要求沿外墙窗纵剖，从楼板以下至基础以上绘制墙身剖面图，见图 3-48。

重点表示清楚以下部位：

1）窗过梁与窗。

2）窗台。

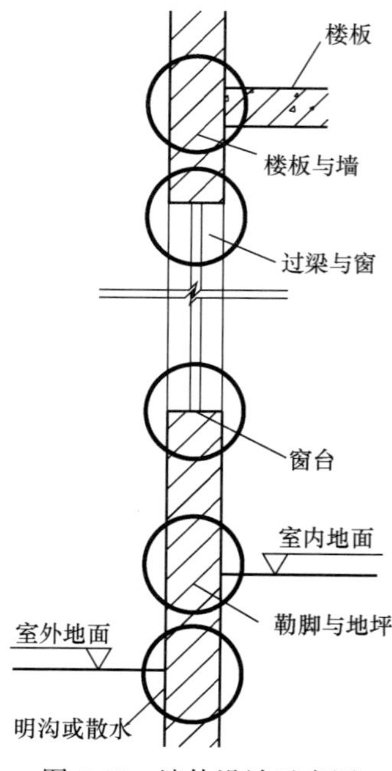

图 3-48　墙体设计示意图

3）勒脚及其防潮处理。

4）明沟或散水。

5）外墙节能构造设计。

各种节点的构造做法很多，可任选一种做法绘制。图中必须标明材料、做法、尺寸。图中线条、材料符号等，按建筑制图标准表示。字体应工整，线型粗细分明。比例为 1：10。用一张竖向 3 号图纸完成。

五、节点绘制辅导

1. 墙脚和地坪层构造的节点详图

1）画出墙身、勒脚、散水或明沟、防潮层、室内外地坪、踢脚板和内外墙面抹灰，剖切到的部分用材料图例表示。

2）标注定位轴线及编号圆圈，标注墙体厚度（在轴线两边分别标注）和室内外地面标高，注写图名和比例。

2. 窗台构造的节点详图

1）画出墙身、内外墙面抹灰、内外窗台和窗框等。用引出线注明内外窗台的饰面做法，标注细部尺寸，标注外窗台的排水方向和坡度值。

2）按开启方式和材料表示出窗框，表示清楚窗框与窗台饰面的连接，标注定位轴线，标注窗台标高（结构面标高），注写图名比例。

3. 过梁和楼板层构造的节点详图

1）画出墙身、内外墙面抹灰、过梁、窗框、楼板层和踢脚板等。表示清楚过梁的断面形式，标注有关尺寸；用多层构造引出线注明楼板层做法，表示清楚楼板的形式以及板与墙的相互关系；标注踢脚板的做法和尺寸。

2）标注定位轴线。标注过梁底面（结构面）标高和楼面标高，注写图名和比例。

第4章 楼地层

学习目标

掌握楼板层的组成、类型和设计要求；掌握常见楼板的构造特点和适用范围；熟悉常见地坪层的构造；了解顶棚、雨篷和阳台的分类并熟悉各类型的构造。

提示

楼板是在竖向将建筑物分成若干个楼层的水平承重构件。施工时先砌好四面墙，再将楼板搭在墙上，楼板分为现浇板和预制板，预制板由于抗震性能差，我们还能选用预制板吗？应该广泛推广现浇板。我国在房屋建造中已加强了建筑物的抗震设防。

4.1 楼地层的构造组成、类型及设计要求

楼地层包括楼板层与地坪层，是分隔建筑空间的水平承重构件。它一方面承受着楼板层上的全部活荷载和恒荷载，并把这些荷载合理有序地传给墙或柱；另一方面对墙体起着水平支撑作用，以减少风力和地震产生的水平力对墙体的影响，加强建筑物的整体刚度；此外，还应具备一定的隔声、防火、防水、防潮等能力。

4.1.1 楼地层的构造组成

为了满足楼板层使用功能的要求，楼地层形成了多层构造的做法，而且其总厚度取决于每一构造层的厚度。通常楼板层由以下几个基本部分组成（图 4-1）。

楼板面层 位于楼板层的最上层，起着保护楼板层、分布荷载和绝缘的作用，同时对室内起美化装饰作用。

楼板结构层 位于楼板层的中部，是承重构件（包括板和梁）。主要功能在于承受楼板层上的全部荷载并将这些荷载传给墙或柱；同时还对墙身起水平支撑作用，以加强建筑物的整体刚度。实际上就是保证楼板层的强度和刚度要求。

附加层 又称功能层，根据楼板层的具体要求而设置，主要作用是隔声、隔热、保温、

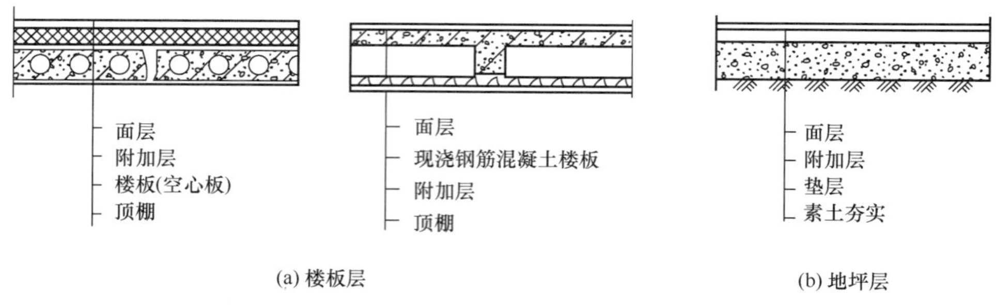

(a) 楼板层　(b) 地坪层

图 4-1　楼地层的组成

防水、防潮、防腐蚀、防静电等。根据需要，有时和面层合二为一，有时又和吊顶合为一体。

楼板顶棚层　位于楼板层最下层，主要作用是保护楼板、安装灯具、遮挡各种水平管线，改善室内光照条件，装饰美化室内空间。

4.1.2　楼板层的类型

根据所用材料不同，楼板可分为木楼板、钢筋混凝土楼板和钢衬板组合楼板等多种类型（图 4-2）。

1）木楼板是我国传统做法，是在由墙或梁支撑的木搁栅上铺钉木板，木搁栅之间有剪刀撑。下做板条抹灰顶棚。木楼板自重轻，保温隔热性能好、舒适、有弹性，只在木材产地采用较多，但耐火性和耐久性均较差，且造价偏高，为节约木材和满足防火要求，现采用较少。

2）钢筋混凝土楼板强度高、刚度好、耐火性和耐久性好，还具有良好的可塑性，在我国便于工业化生产，应用最广泛。

3）压型钢板组合楼板是在钢筋混凝土基础上发展起来的，利用钢衬板作为楼板的受弯构件和底模，既提高了楼板的强度和刚度，又加快了施工进度，是目前正大力推广的一种新型楼板。

楼板
剪刀撑
搁栅
灰板条顶棚

(a) 木楼板

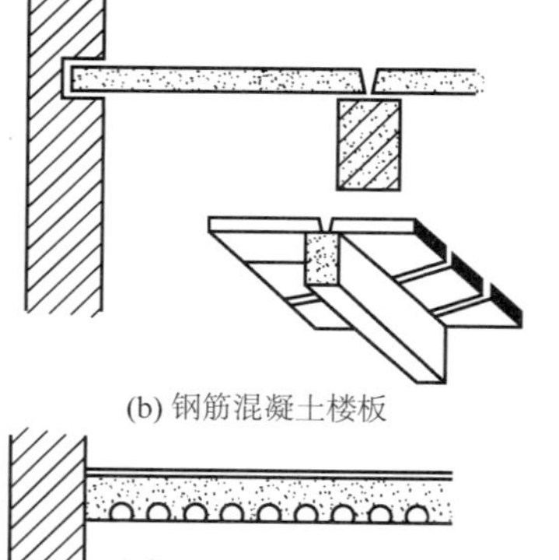

(b) 钢筋混凝土楼板

(c) 压型钢板组合楼板

图 4-2　楼板的类型

4.1.3　楼板层的设计要求

1. 具有足够的强度和刚度

强度要求是指楼板层应保证在自重和活荷载作用下安全可靠，不发生任何破坏。这主要是通过结构设计来满足要求。刚度要求是指楼板层在一定荷载作用下不发生过大变形，以保证正常使用状况。结构规范规定楼板的允许挠度不大于跨度的 1/250，

可用板的最小厚度（1/40L~1/35L，L 为板的跨度）来保证其刚度。

2. 具有一定的隔声能力

为了避免上下层房间的相互影响，要求楼板应具有一定的隔绝噪声的能力。不同使用性质的房间对隔声的要求不同，如我国对住宅楼板的隔声标准中规定：一级隔声标准为65dB，二级隔声标准为75dB 等。对一些特殊性质的房间如广播室、录音室、演播室等对隔声要求则更高。楼板主要是隔绝固体传声，如人的脚步声、拖动家具、敲击楼板等都属于固体传声，给楼下住户带来很大不便，防止固体传声可采取以下措施：

1）在楼板表面铺设地毯、橡胶、塑料毡等柔性材料，或在面层镶软木砖，从而减弱撞击楼板层的声能，减弱楼板本身的振动。隔声效果好，又便于工业化和机械化施工。

2）在楼板与面层之间加弹性垫层以降低楼板的振动，即“浮筑式楼板”。弹性垫层可做成片状、条状和块状，使楼板与面层完全隔离，起到较好的隔声效果（图 4-3），但施工麻烦，采用较少。

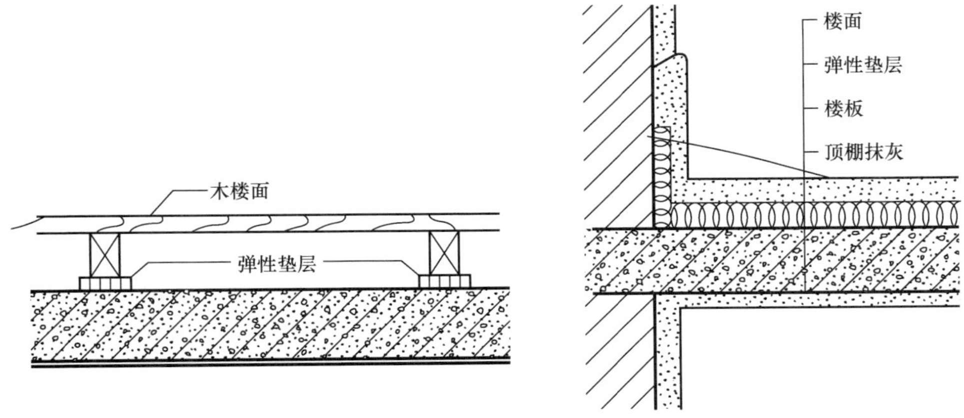

图 4-3　浮筑楼板

3）在楼板下加设吊顶，使固体噪声不直接传入下层空间，而用隔绝空气声的办法来降低固体传声。吊顶的面层应很密实，不留缝隙，以免降低隔声效果。吊顶与楼板的连接采用弹性连接其隔声效果更好（图 4-4）。

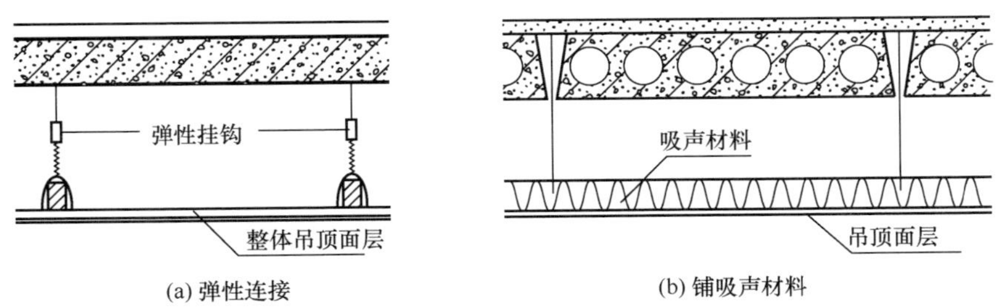

(a) 弹性连接　(b) 铺吸声材料

图 4-4　隔声吊顶

3. 符合防火设计规范中规定

一级耐火等级建筑的楼板应采用非燃烧体，耐火极限不少于 1. 5h；二级时耐火极限不少于1h；三级时耐火极限不少于0.5h；四级时耐火极限不少于0.25h。保证在火灾发生时，在一定时间内不至于因楼板塌陷而给生命和财产带来损失。

4. 具有防潮、防水能力

对有水的房间（如卫生间、盥洗室、厨房或学校的实验室、医院的检验室等），都应该进行防潮防水处理，以防水的渗漏，影响下层空间的正常使用或者渗入墙体，使结构内部产生冷凝水，破坏墙体和内外饰面。

5. 满足各种管线的设置

在现代建筑中，由于各种服务设施日趋完善，家用电器更加普及，有更多的管道、线路将借楼板层来敷设。为保证室内平面布置更加灵活，空间使用更加完整；在楼板层的设计中，必须仔细考虑各种设备管线的走向。

在多层房屋中楼板层的造价约占总造价的20%~30%；因此在进行结构选型、结构布置和确定构造方案时，应与建筑物的质量标准和房间使用要求相适应，减少材料消耗，降低工程造价，满足建筑经济的要求。

4.2 钢筋混凝土楼板构造

钢筋混凝土楼板按其施工方法不同，可分为现浇式、装配式和装配整体式三种。

4.2.1 钢筋混凝土楼板

现浇钢筋混凝土楼板是在施工现场支模、扎钢筋、浇筑混凝土而成型的楼板结构。由于楼板系现场整体浇筑成型，整体性好，特别适用于有抗震设防要求的多层房屋和对整体性要求较高的其他建筑，对有管道穿过的房间、平面形状不规整的房间、尺度不符合模数要求的房间和防水要求较高的房间，都适合采用现浇钢筋混凝土楼板。

1. 平板式楼板

在墙体承重建筑中，若房间较小，楼面荷载可直接通过楼板传给墙体，而不需要另设梁，这种厚度一致的楼板称为平板式楼板，多用于厨房、卫生间、走廊等较小空间。楼板根据受力特点和支承情况，分为单向板和双向板。为满足施工要求和经济要求，对各种板式楼板的最小厚度和最大厚度，一般规定如下：

单向板时（板的长边与短边之比大于2）：

屋面板板厚60~80mm；

民用建筑楼板厚70~100mm；

工业建筑楼板厚80~180mm；

双向板时（板的长边与短边之比小于等于2）：板厚80~160mm。

此外，板的支承长度也有具体规定：当板支承在砖石墙体上，其支承长度不小于120mm或板厚；当板支承在钢筋混凝土梁上时，其支承长度不小于60mm；当板支承在钢梁或钢屋架上时，其支承长度不小于50mm。

2. 肋梁楼板

肋梁楼板是最常见的楼板形式之一，当板为单向板时称为单向板肋梁楼板，当板为双

向板时称为双向板肋梁楼板。

（1）单向板肋梁楼板

由板、次梁和主梁组成（图 4-5）。其荷载传递路线为板—次梁—主梁—柱（或墙）。主梁的经济跨度为 5~8m，主梁高为主梁跨度的 1/14~1/8，主梁宽与高之比为 1/3~1/2；次梁的经济跨度为 4~6m，次梁高为次梁跨度的 1/18~1/12，宽度为梁高的 1/3~1/2，次梁跨度即为主梁间距；板的厚度确定同板式楼板，由于板的混凝土用量占整个肋梁楼板混凝土用量的 50%~70%，板宜取薄些，通常板跨不大于 3m，其经济跨度为 1.7~2.5m，板厚为单向板肋梁楼板主次梁的布置，不仅由房间大小、平面形式来决定，而且还应从采光效果来考虑。当次梁与窗口光线垂直时［图 4-6（a）］，光线照射在次梁上使梁在顶棚上产生较多的阴影，影响亮度和采光均匀度。当次梁和光线平行时采光效果较好［图 4-6（b）］。

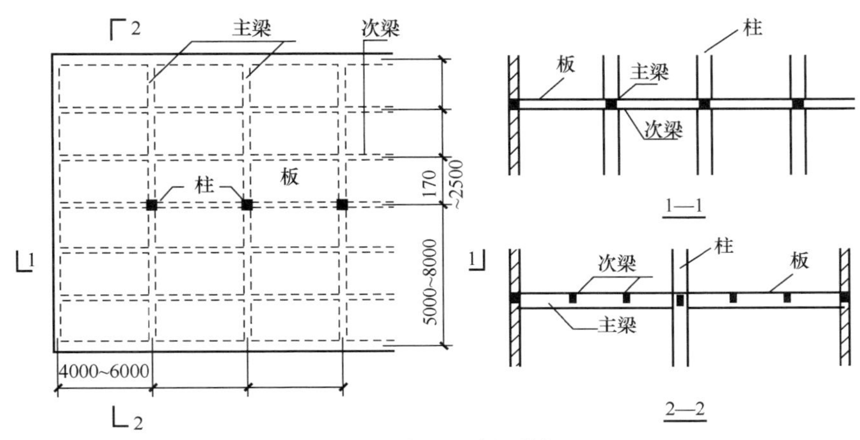

图 4-5　单向板肋梁楼板

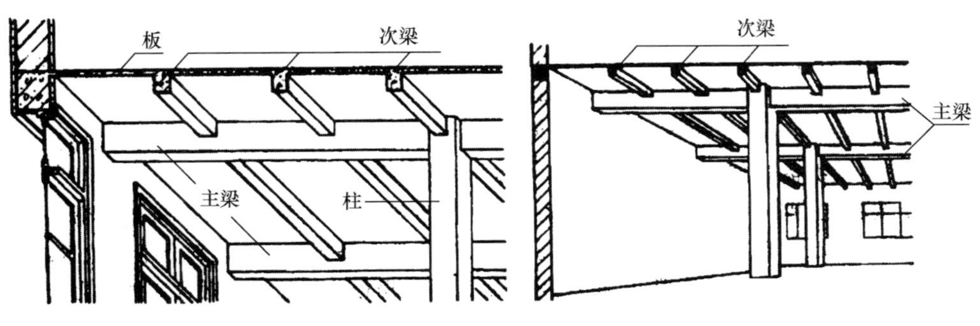

(a) 次梁与窗口光线垂直布置　　(b) 次梁与窗口光线平行布置

图 4-6　单向板肋梁楼板的布置

（2）双向板肋梁楼板（井式楼板透视图）

双向板肋梁楼板常无主次梁之分，由板和梁组成，荷载传递路线为板—梁—柱（或墙）。

当双向板肋梁楼板的板跨相同，且两个方向的梁截面也相同时，就形成了井式楼板。井式楼板适用于长宽之比不大于 1.5 的矩形平面，井式楼板中板的跨度在 3.5~6m 之间，梁的跨度可达 20~30m，梁截面高度不小于梁跨的 1/15，宽度为梁高的 1/4~1/2，且不少于 120mm。井式楼板可与墙体正交放置或斜交放置（图 4-7）。由于井式楼板可以用于较大的无柱空间，而且楼板底部的井格整齐划一，很有韵律，稍加处理就可形成艺术效果很好的顶棚，常用在门厅、大厅、会议室、餐厅、小型礼堂、歌舞厅等处。也有的将井式楼板中的板去掉，将井格设在中庭的顶棚上，采光和通风效果很好，也很美观。

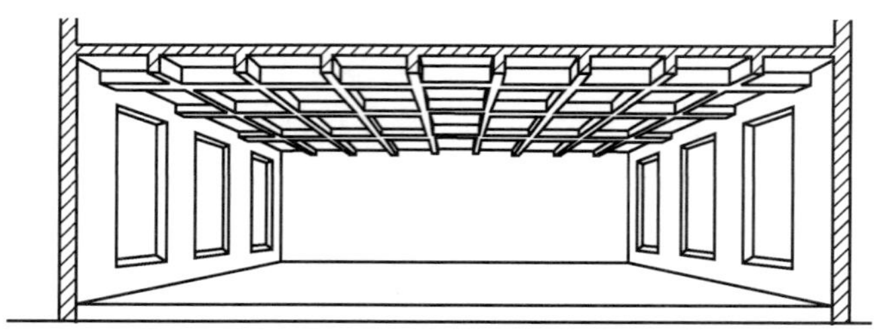

图 4-7　井式楼板透视图

3. 无梁楼板

无梁楼板为等厚的平板直接支承在柱上，分为有柱帽和无柱帽两种。当楼面荷载比较小时，可采用无柱帽楼板；当楼面荷载较大时，为提高楼板的承载能力、刚度和抗冲切能力，必须在柱顶加设柱帽。无梁楼板的柱可设计成方形、矩形、多边形和圆形；柱帽可根据室内空间要求和柱截面形式进行设计；板的最小厚度不小于 150mm 且不小于板跨的 1/35~1/32。无梁楼板的柱网一般布置为正方形或矩形，间跨一般不超过 6m。无梁楼板四周应设圈梁，梁高不小于 2.5 倍的板厚和 1/15 的板跨。

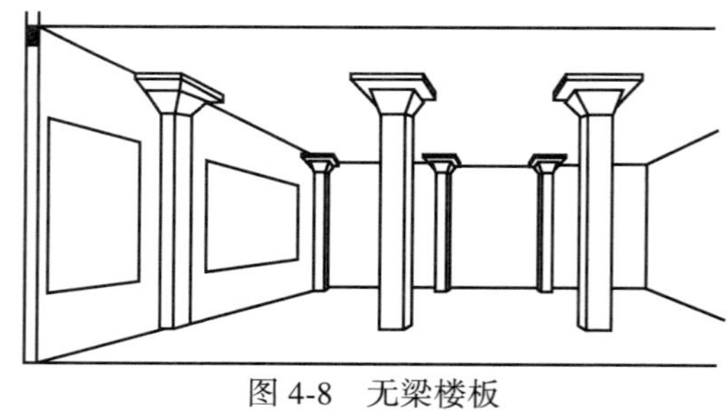

图 4-8　无梁楼板

无梁楼板具有净空高度大，顶棚平整，采光通风及卫生条件均较好，施工简便等优点，适用于商店、书库、仓库等荷载较大的建筑（图 4-8）。

4. 压型钢板组合楼板

压型钢板组合楼板是利用截面为凹凸相间的压型钢板做衬板与现浇混凝土面层浇筑在一起支承在钢梁上的板成为整体性很强的一种楼板。

钢衬板组合楼板主要由楼面层、组合板和钢梁三部分所构成，组合板包括现浇混凝土和钢衬板，此外可根据需要吊顶棚。

由于混凝土、钢衬板共同受力，即混凝土承受剪力与压力，钢衬板承受下部的压弯应力，压型钢衬板起着模板和受拉钢筋的双重作用。这样组合楼板受正弯矩部分不需放置或绑扎受力钢筋，仅需部分构造钢筋即可。此外，还可利用压型钢板肋间的空隙敷设室内电力管线；亦可在钢衬板底部焊接架设悬吊管道、通风管和吊顶棚的支柱，从而充分利用了楼板结构中的空间。在国外高层建筑中得到广泛的应用（图 4-9）。

钢衬板与钢梁之间的连接，一般采用焊接、自攻螺栓连接、膨胀铆钉固接和压边咬接等方式。

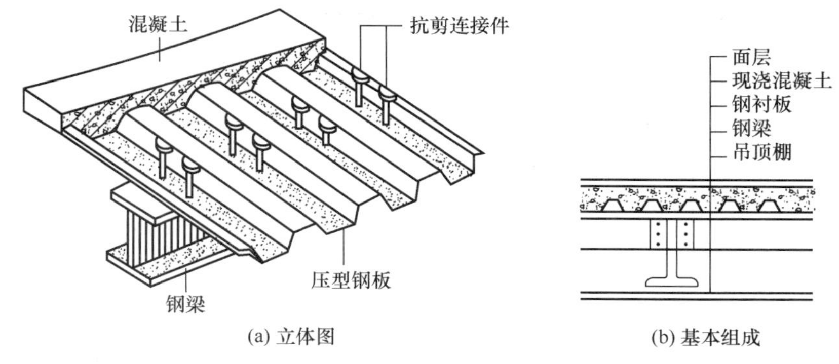

(a) 立体图　　(b) 基本组成

图 4-9　压型钢板组合楼板

4.2.2　装配式钢筋混凝土楼板

装配式钢筋混凝土楼板系指在构件预制加工厂或施工现场外预先制作，然后运到工地现场进行安装的钢筋混凝土楼板。预制板的长度一般与房屋的开间或进深一致，为 3M 的倍数；板的宽度根据制作，吊装和运输条件以及有利于板的排列组合确定，一般为 1M 的倍数；板的截面尺寸须经结构计算确定。

1. 板的类型

预制钢筋混凝土楼板有预应力和非预应力两种。

常用类型有：实心平板、槽形板、空心板三种。

（1）实心平板

实心平板规格较小，跨度一般在 1.5m 左右，板厚一般为 60mm，各地的规格不同，如中南地区标准图集中规定平板：板宽为 500mm、600mm、700mm 三种规格，板长为 1200mm、1500mm、1800mm、2100mm、2400mm 五种规格。平板支承长度：搁置在钢筋混凝土梁上时不小于 80mm，搁置在内墙时不小于 100mm，搁置在外墙时不小于 120mm。

预制实心平板由于其跨度小，板面上下平整，隔声差，常用于过道和小房间、卫生间的楼板，亦可作为架空搁板、管沟盖板、阳台板、雨篷板等处。

（2）槽形板

槽形板是一种肋板结合的预制构件，即在实心板的两侧设有边肋，作用在板上的荷载都由边肋来承担，板宽为 500~1200mm，非预应力槽形板跨长通常为 3~6m。板肋高为120~240mm，板厚仅 30mm。槽形板减轻了板的自重，具有省材料，便于在板上开洞等优点；但隔声效果差。

槽形板做楼板时，正置槽形板由于板底不平，通常做吊顶遮盖，为避免板端肋被压坏，可在板端伸入墙内部分堵砖填实。倒置槽板受力不如正置槽板合理，但可在槽内填充轻质材料，以解决楼板的隔声和保温隔热问题，还可以获得平整的顶棚。

槽形板的板面较薄，自重较轻，可以根据需要打洞穿管，而不影响板的强度和刚度，常用于管道较多的房间，如厨房、卫生间、库房等。

（3）空心板

空心板也是一种梁板结合的预制构件，其结构计算理论与槽形板相似，两者的材料消耗也相近，但空心板上下板面平整，且隔声效果优于槽形板，因此是目前广泛采用的一种形式。

空心板根据板内抽孔形状的不同，分为方孔板、椭圆孔板和圆孔板，方孔板比较经济，但脱模困难；圆孔板的刚度较好，制作也方便，节省材料，隔热较好，因此广泛采用，但板面不能任意打洞。根据板的宽度，圆孔板的孔数有单孔、双孔、三孔、多孔。目前我国预应力空心板的跨度可达到6m、6.6m、7.2m等，板的厚度为120～300mm（图4-10）。

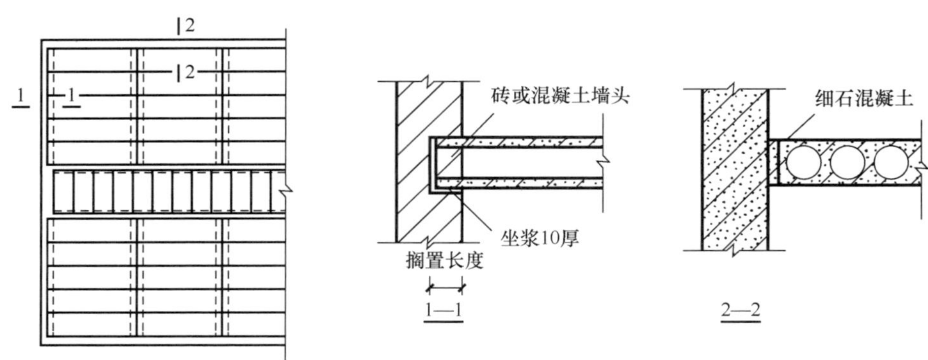

图4-10　空心楼板在墙上的搁置

2. 板的结构布置方式

板的结构布置方式应根据房间的平面尺寸及房间的使用要求进行结构布置，可采用墙承重系统和框架承重系统。

当预制板直接搁置在墙上时称为板式结构布置（图4-10）；当预制板搁置在梁上时称为梁板式结构布置（图4-11）。前者多用于横墙较密的住宅、宿舍、办公楼等建筑中，而后者多用于教学楼、实验楼等开间进深都较大的建筑中。

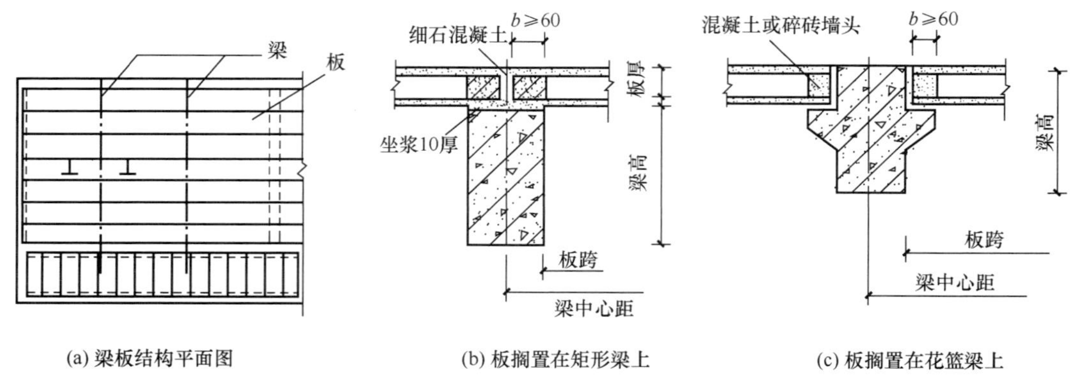

(a) 梁板结构平面图　(b) 板搁置在矩形梁上　(c) 板搁置在花篮梁上

图4-11　楼板在梁上的搁置（单位：mm）

在选择板型时，一般要求板的规格、类型愈少愈好。因为板的规格过多，不仅给板的制作增加麻烦，而且施工也较复杂，甚至容易搞错。此外，在空心板安装前，应在板端的圆孔内填塞C15混凝土短圆柱（即堵头）以避免板端被压坏。

3. 板的搁置要求

预制板直接搁置在墙上或梁上时，均应有足够的搁置长度。支承于梁上时其搁置长度应不小于80mm；支承于内墙上时其搁置长度应不小于100mm；支承于外墙上时其搁置长度应不小于120mm。铺板前，先在墙或梁上用10~20mm厚M5水泥砂浆找平（即坐浆），然后再铺板，使板与墙或梁有较好的联结，同时也使墙体受力均匀。

当采用梁板式结构时，板在梁上的搁置方式一般有两种，一种是板直接搁置在梁顶上［图4-11（a）］；另一种是板搁置在花篮梁或十字梁上，这时，板的顶面与梁顶面平齐。在梁高不变的情况下，梁底净高相应也增加了一个板厚［图4-11（b）］。

4. 板缝处理

为了便于板的安装，板的标志尺寸和构造尺寸之间有10~20mm的差值，这样就形成了板缝，为了加强其整体性，必须在板缝填入水泥砂浆或细石混凝土（即灌缝）。图4-12为三种常见的板间侧缝形式："V"形缝具有制作简单的优点，但易开裂，连接不够牢固；"U"形缝上面开口较大易于灌浆，但仍不够牢固；"凹"槽缝联结牢固，但灌浆捣实较困难。

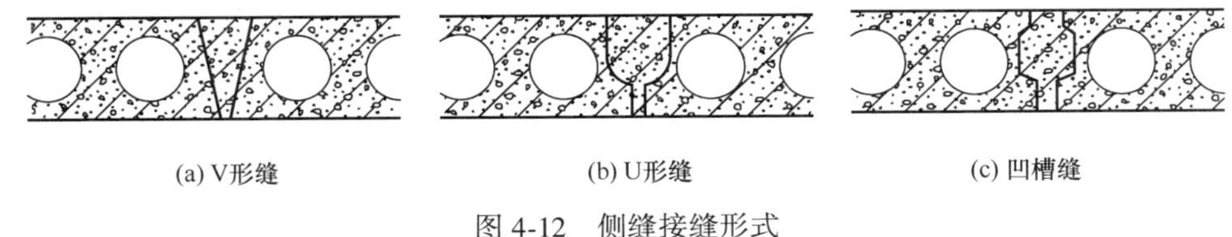

(a) V形缝　(b) U形缝　(c) 凹槽缝

图4-12　侧缝接缝形式

预制板板缝起着连接相邻两块板协同工作的作用，使楼板成为一个整体。在具体布置房间的楼板时，往往出现不足以排一块板的缝隙。当缝隙小于60mm时，可调节板缝，当缝隙在60~120mm之间时，可在灌缝的混凝土中加配2ϕ6通长钢筋；当缝隙在120~200mm之间时，设现浇钢筋混凝土板带，且将板带设在墙边或有穿管的部位；当缝隙大于200mm时，调整板的规格（图4-13）。

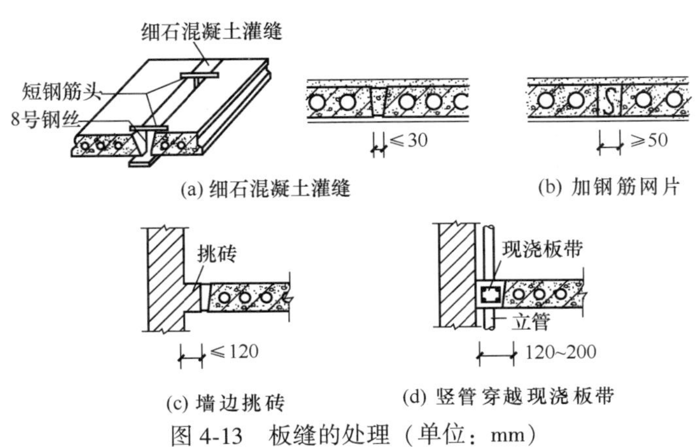

(a) 细石混凝土灌缝　(b) 加钢筋网片

(c) 墙边挑砖　(d) 竖管穿越现浇板带

图4-13　板缝的处理（单位：mm）

板的端缝处理，一般只需将板缝内填实细石混凝土，使之相互联结。为了增强建筑物抗水平力的能力，可将板端外露的钢筋交错搭接在一起，然后浇筑细石混凝土灌缝，以增强板的整体性和抗震能力。

5. 装配式钢筋混凝土楼板的抗震构造（图 4-14）

圈梁应紧贴预制楼板板底设置，外墙则应设缺口圈梁（L 型梁），将预制板箍在圈梁内。当板的跨度大于 4.8m，并与外墙平行时，靠外墙的预制板边应设拉结筋与圈梁拉接。

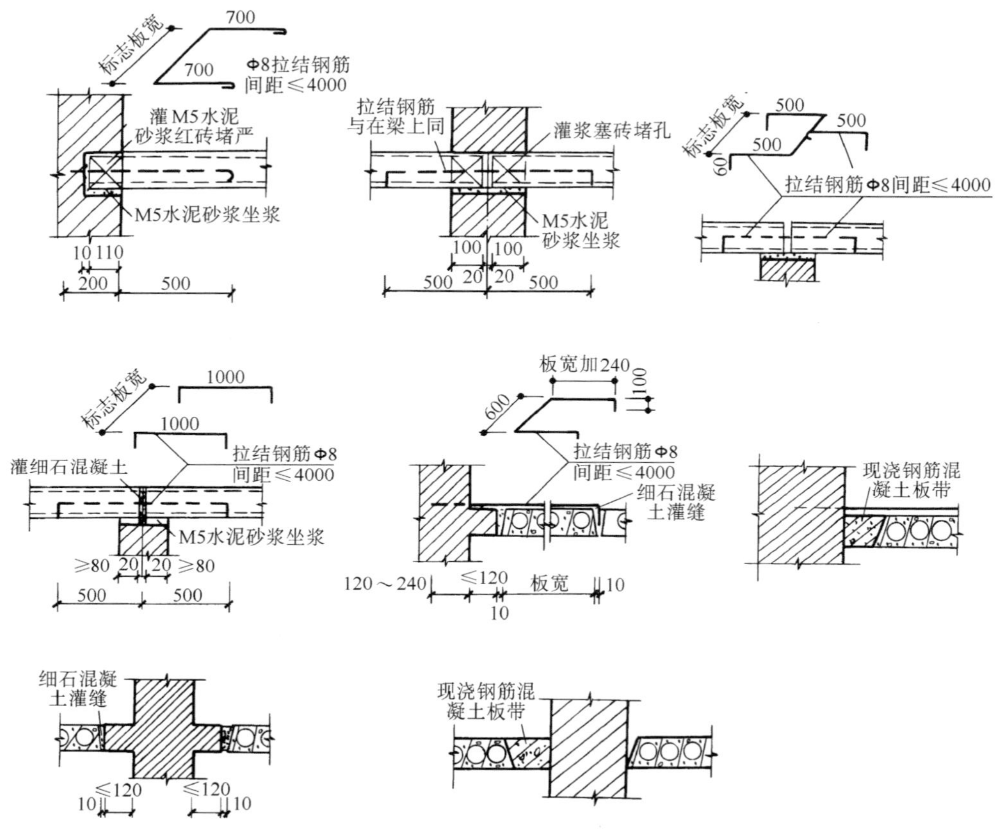

图 4-14　预制板安装节点构造

6. 楼板与隔墙

当房间内设有重质块材隔墙和砌筑隔墙且重量由楼板承受时，必须从结构上予以考虑。在确定隔墙位置时，不宜将隔墙直接搁置在楼板上，而应采取一些构造措施。如在隔墙下部设置钢筋混凝土小梁，通过梁将隔墙荷载传给墙体；当楼板结构层为预制槽形板时，可将隔墙设置在槽形板的纵肋上；当楼板结构层为空心板时，可将板缝拉开，在板缝内配置钢筋后浇筑 C20 细石混凝土形成钢筋混凝土小梁，再在其上设置隔墙（图 4-15）。

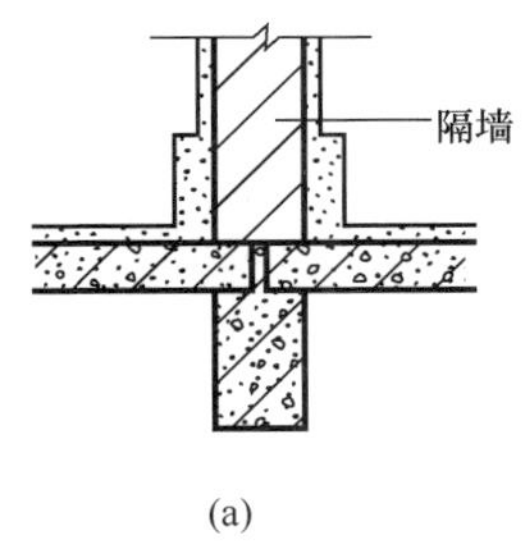

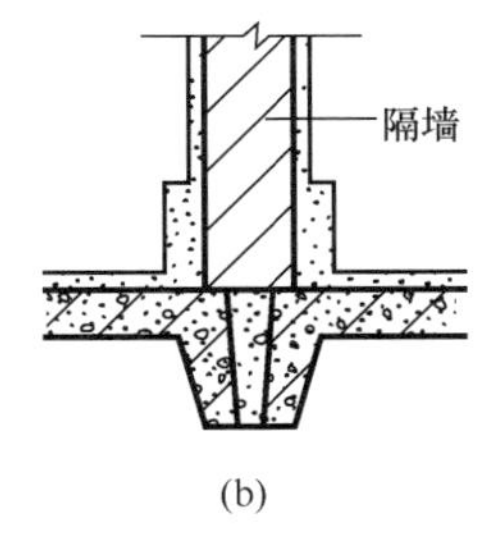

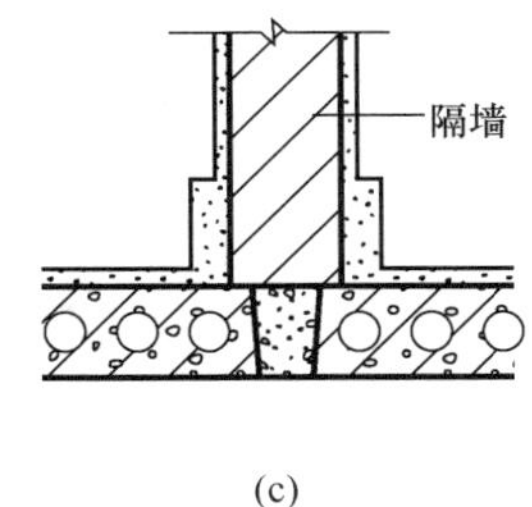

(a) (b) (c)

图 4-15 隔墙与楼板的关系

4.2.3 装配整体式钢筋混凝土楼板

1. 密肋楼板

装配整体式楼板，是在楼板中预制部分构件，然后在现场安装，再以整体浇筑的办法连接而成的楼板；或在现浇（亦可预制）密肋小梁间安放预制空心砌块并现浇面板而制成的楼板结构。

近年来，随着城市高层建筑和大开间建筑的不断涌现，而设计上又要求加强建筑物的整体性．施工中现浇楼板愈来愈多，这样会耗费大量模板，很不经济。为解决这一矛盾。于是出现了预制薄板（预应力）与现浇混凝土面层叠合而成的装配整体式楼板，又称预制薄板叠合楼板。

这种楼板以预制混凝土薄板为永久模板而承受施工荷载，板面现浇混凝土叠合层，所有楼板层中的管线等均事先埋在叠合层内，现浇层内只需配置少量支座负筋。预制薄板底面平整，不必抹灰，作为顶棚可直接喷浆或粘贴装饰墙纸。

由于预制薄板具有结构、模板、装修三方面的功能，因而叠合楼板具有良好的整体性和连续性，对结构有利。这种楼板跨度大、厚度小，结构自重可以减轻。目前已广泛应用于住宅、宾馆、学校、办公楼、医院以及仓库等建筑中。

2. 叠合楼板

预制薄板（预应力）与现浇混凝土面层叠合而成的装配整体式楼板，又称预制薄板叠合楼板。这种楼板以预制混凝土薄板为永久模板而承受施工荷载，板面现浇混凝土叠合层。

叠合楼板跨度一般为 4~6m，最大可达 9m，通常以 5.4m 以内较为经济。预应力薄板厚 50~70mm，板宽 1.1~1.8m。为了保证预制薄板与叠合层有较好的连接，薄板上表面需做处理，常见的有两种：一是在上表面作刻槽处理［图 4-16（a）］，刻槽直径 50mm，深 20mm，间距 150mm；另一种是在薄板表面露出较规则的三角形的结合钢筋图［4-16（b）］。

现浇叠合层的混凝土强度为 C20 级，厚度一般为 100~120mm。叠合楼板的总厚度取决于板的跨度，一般为 150 ~ 250mm。楼板厚度以大于或等于薄板厚度的两倍为宜［图 4-16（c）］。

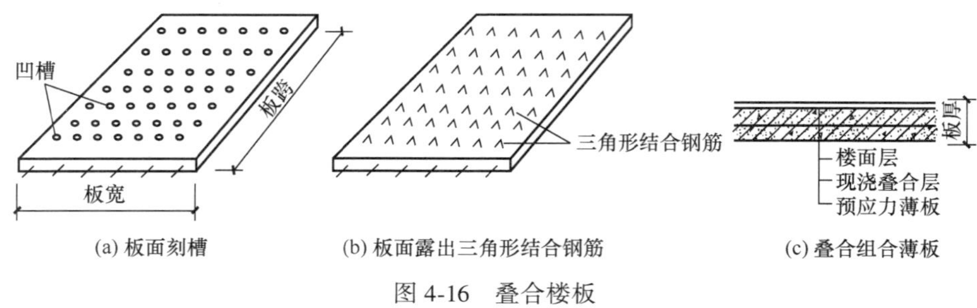

(a) 板面刻槽　(b) 板面露出三角形结合钢筋　(c) 叠合组合薄板

图 4-16　叠合楼板

4.3 顶棚构造

顶棚又称平顶或天花板，是楼板层的最下面部分，是建筑物室内主要饰面之一。作为顶棚则要求表面光洁，美观，能反射光线，改善室内照度以提高室内装饰效果；对某些有特殊要求的房间，还要求顶棚具有隔声吸音或反射声音、保温、隔热、管道敷设等方面的功能，以满足使用要求。

一般顶棚多为水平式，但根据房间用途的不同，可做成弧形、折线形等各种形状。顶棚的构造形式有两种，直接式顶棚和悬吊式顶棚。设计时应根据建筑物的使用功能、装修标准和经济条件来选择适宜的顶棚形式。

4.3.1　直接式顶棚

直接式顶棚（图 4-17）系指直接在钢筋混凝土屋面板或楼板下表面直接喷浆、抹灰或粘贴装修材料的一种构造方法。当板底平整时，可直接喷、刷大白浆或 106 涂料；当楼板结构层为钢筋混凝土预制板时，可用 1∶3 水泥砂浆填缝刮平，再喷刷涂料。这类顶棚构造简单，施工方便，具体做法和构造与内墙面的抹灰类、涂刷类、裱糊类基本相同，常用于装饰要求不高的一般建筑，如办公室、住宅、教学楼等。

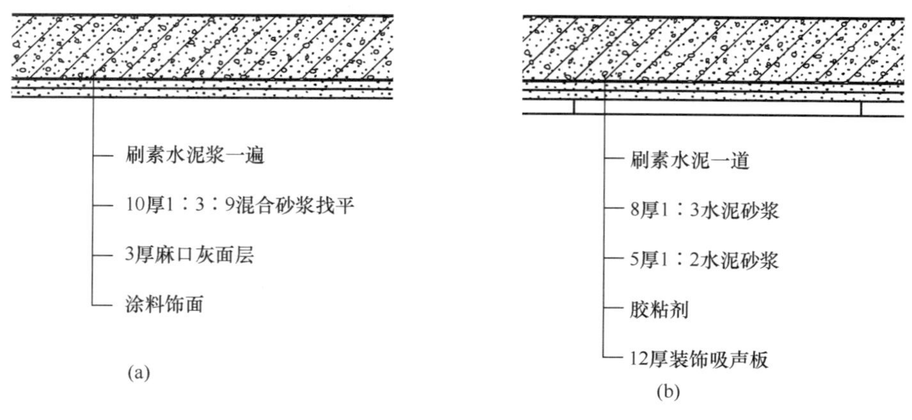

图 4-17　直接式顶棚

此外，有的是将屋盖结构暴露在外，不另做顶棚，称为“结构顶棚”。例如网架结构，构成网架的杆件本身很有规律，有结构自身的艺术表现力，能获得优美的韵律感。又如拱结构屋盖，结构自身具有优美曲面，可以形成富有韵律的拱面顶棚。结构顶棚的装饰重点，在于巧妙地组合照明、通风、防火、吸声等设备，以显示出顶棚与结构韵律的和谐，形成统一的、优美的空间景观。结构顶棚广泛用于体育建筑及展览大厅等公共建筑。

4.3.2　悬吊式顶棚

悬吊式顶棚又称“吊顶”，它离开屋顶或楼板的下表面有一定的距离，通过悬挂物与主体结构联结在一起。这类顶棚类型较多，构造复杂。

1. 吊顶的类型

1）根据结构构造形式的不同，吊顶可分为整体式吊顶、活动式装配吊顶、隐蔽式装配吊顶和开敞式吊顶等。

2）根据材料的不同，吊顶可分为板材吊顶、轻钢龙骨吊顶、金属吊顶等。

2. 吊顶的构造组成

吊顶一般由龙骨与面层两部分组成。

（1）吊顶龙骨

吊顶龙骨分为主龙骨与次龙骨，主龙骨为吊顶的承重结构，次龙骨则是吊顶的基层。主龙骨通过吊筋或吊件固定在屋顶（或楼板）结构上，次龙骨用同样的方法固定在主龙骨上（图 4-18）。龙骨可用木材、轻钢、铝合金等材料制作，其断面大小视其材料品种、是否上人（吊顶承受人的荷载）和面层构造做法等因素而定。主龙骨断面比次龙骨大，间距约为 2m。悬吊主龙骨的吊筋为 $\phi8 \sim \phi10$ 钢筋，间距也是不超过 2m。次龙骨间距视面层材料而定，间距一般不超过 600mm。

（2）吊顶面层

吊顶面层分为抹灰面层和板材面层两大类。抹灰面层为湿作业施工，费工费时，从发展眼光看，趋向采用板材面层，既可加快施工速度，又容易保证施工质量。板材吊顶有植物板材、矿物板材和金属板材等。

3. 抹灰吊顶构造

抹灰吊顶的龙骨可用木或型钢。当采用木龙骨时；主龙骨断面宽约 60～80mm，高约 120～150mm，中距约 1m。次龙骨断面一般为 40mm×60mm，中距 400～500mm，并用吊木固定于主龙骨上。当采用型钢龙骨时，主龙骨选用槽钢，次龙骨为角钢（20mm×20mm×3mm），间距同上。

抹灰面层有以下几种做法：板条抹灰、板条钢板网抹灰、钢板网抹灰。板条抹灰一般采用木龙骨，这种顶棚是传统做法，构造简单，造价低，但抹灰层由于干缩或结构变形的影响，很容易脱落，且不防火，故通常用于装修要求较低的建筑。

板条钢板网抹灰顶棚的做法是在前一种顶棚的基础上加钉一层钢板网，以防止抹灰层的开裂脱落。这种做法适用于装修质量较高的建筑。

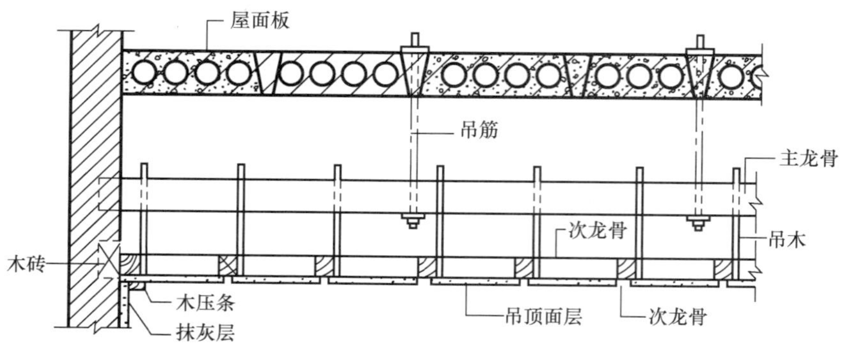

(a)吊顶构造组成

(b)吊顶构造组成示意图

图 4-18 吊顶构造组成

钢板网抹灰吊顶一般采用钢龙骨，钢板网固定在钢筋上。这种做法未使用木材，可以提高顶棚的防火性、耐久性和抗裂性，多用于公共建筑的大厅顶棚和防火要求较高的建筑。

4. 木质板材吊顶构造

木质板材的品种甚多，如胶合板、硬质纤维板、软质纤维板、装饰吸音板、木丝板、刨花板等，其中用得最多的是胶合板和纤维板。植物板材吊顶的优点是施工速度快，干作业，故比抹灰吊顶应用更广。

吊顶龙骨一般用木材制作，龙骨布置成格子状，分格大小应与板材规格相协调。例如胶合板的规格为 915mm × 1830mm，1220mm × 1830mm，硬质纤维板的规格为 915mm × 1830mm，1050mm×2200mm，1150mm×2350mm，龙骨的间距最好采用 450mm。

为了防止植物板材因吸湿而产生凹凸变形，面板宜锯成小块板铺钉在次龙骨上，密缝、斜槽缝、立缝等形式。胶合板应采用较厚的五夹板，而不宜用三夹板，以防翘曲变形，如选用纤维板则宜用硬质纤维板。为了提高植物板材抗吸湿的能力，可在面板铺钉前进行表面处理，以防止板材吸湿变形。例如铺胶合板吊顶，可事先在板材两面涂刷一遍油漆；铺纤维板吊顶时，可在板材两面先涂刷一遍猪血，待干燥后再刷一遍油漆。

5. 矿物板材吊顶构造

矿物板材吊顶常用石膏板、石棉水泥板、矿棉板等板材作面层，轻钢或铝合金型材作龙骨。这类吊顶的优点是自重轻、施工安装快、无湿作业、耐火性能优于植物板材吊顶和抹灰吊顶，故在公共建筑或高级工程中应用较广。

轻钢和铝合金龙骨的布置方式有两种：

(1) 龙骨外露的布置方式

这种布置方式的主龙骨采用槽形断面的轻钢型材，次龙骨为 T 形断面的铝合金型材。次龙骨双向布置，矿物板材置于次龙骨翼缘上，次龙骨露在顶棚表面成方格形，方格大小 500mm 左右。悬吊主龙骨的吊挂件为槽形断面，吊挂点间距为 0.9~1.2m，最大不超过 1.5m。次龙骨与主龙骨的连接采用 U 形连接吊钩是它们之间的连接关系。

(2) 不露龙骨的布置方式

这种布置方式的主龙骨仍采用槽形断面的轻钢型材，但次龙骨采用 U 形断面轻钢型材，用专门的吊挂件将次龙骨固定在主龙骨上，面板用自攻螺钉固定于次龙骨上。

6. 金属板材吊顶构造

金属板材吊顶最常用的是以铝合金条板作面层，龙骨采用轻钢型材，当吊顶无吸音要求时，条板采取密铺方式，不留间隙，当有吸音要求时，条板上面需加铺吸音材料，条板之间应留出一定的间隙，以便投射到顶棚的声能从间隙处被吸音材料所吸收。

4.4 地坪层与地面构造

4.4.1 地坪层构造

地坪层指建筑物底层房间与土层的交接处。所起作用是承受地坪上的荷载，并均匀地传给地坪以下土层。按地坪层与土层间的关系不同，可分为实铺地层和空铺地层两类。

1. 实铺地层

地坪的基本组成部分有面层、垫层和基层，对有特殊要求的地坪，常在面层和垫层之间增设一些附加层。

(1) 面层

地坪的面层又称地面，和楼面一样，是直接承受人、家具、设备等各种物理和化学作用的表面层，起着保护结构层和美化室内的作用。地面的做法和楼面相同。

(2) 垫层

垫层是基层和面层之间的填充层，其作用是找平和承重传力，一般采用 60~100mm 厚的 C10 混凝土垫层。垫层材料分为刚性和柔性两大类；刚性垫层如混凝土、碎砖三合土等，有足够的整体刚度，受力后不产生塑性变形，多用于整体地面和小块块料地面。柔性垫层如砂、碎石、炉渣等松散材料，无整体刚度，受力后产生塑性变形，多用于块料地面。

(3) 基层

基层即地基，一般为原土层或填土分层夯实。当上部荷载较大时，增设 2：8 灰土100~150mm 厚，或碎砖、道渣三合土 100~150mm 厚。

（4）附加层

附加层主要应满足某些有特殊使用要求而设置的一些构造层次，如防水层、防潮层、保温层、隔热层、隔声层和管道敷设层等。

2. 空铺地层

为防止房屋底层房间受潮或满足某些特殊使用要求（如舞台、体育训练、比赛场、幼儿园等的地层需要有较好的弹性）将地层架空形成空铺地层。其构造作法是在夯实土或混凝土垫层上砌筑地垅墙或砖墩上架梁，在地垅墙或梁上铺设钢筋混凝土预制板。若做木地层就在地垅墙或梁设垫木、钉木龙骨再铺木地板，这样利用地层与土层之间的空间进行通风，便可带走地潮（图 4-19）。

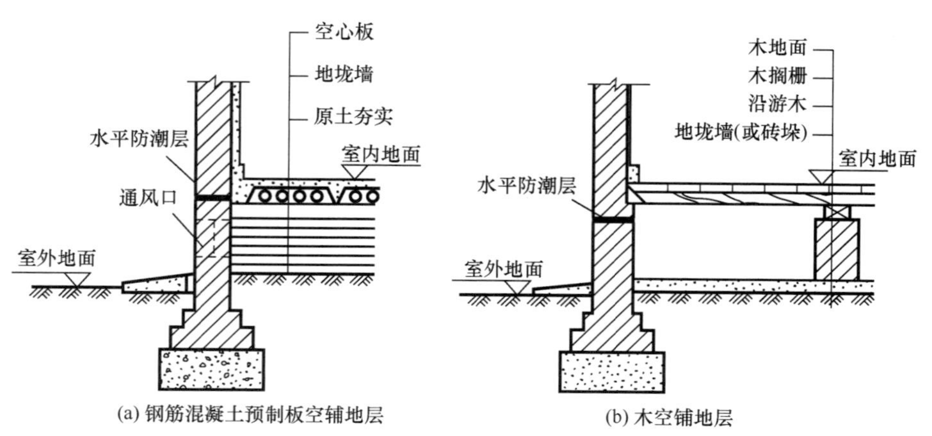

图 4-19　空铺地层构造

4.4.2 地面设计要求

地面是人们日常生活、工作和生产直接接触的部分，也是建筑中直接承受荷载，经常受到摩擦、清扫和冲洗的部分。设计地面应满足下列要求：

（1）具有足够的坚固性

家具设备等作用下不易被磨损和破坏，且表面平整、光洁、易清洁和不起灰。

（2）保温性能好

要求地面材料的导热系数小，给人以温暖舒适的感觉，冬期时走在上面不致感到寒冷。

（3）具有一定的弹性

当人们行走时不致有过硬的感觉，同时，有弹性的地面对防撞击声有利。

（4）满足某些特殊要求

对有水作用的房间，地面应防水防潮；对有火灾隐患的房间，应防火耐燃烧；对有化学物质作用的房间应耐腐蚀；对有仪器和药品的房间，地面应无毒、易清洁；对经常有油污染的房间，地面应防油渗且易清扫等，还要求地面装饰效果好，而且经济。

综上所述，即在进行地面设计或施工时，应根据房间的使用功能和装修标准，选择适宜的面层和附加层。

4.4.3　地面的类型

地面的名称是依据面层所用材料来命名的。按面层所用材料和施工方式不同，常见地面做法可分为以下几类：

（1）整体地面

有水泥砂浆地面、细石混凝土地面、水泥石屑地面、水磨石地面等。

（2）块材地面

有砖铺地面、水泥地砖等面砖地面、缸砖及陶瓷锦砖地面等。

（3）塑料地面

有聚氯乙烯塑料地面、涂料地面。

（4）木地面

常采用条木地面和拼花木地面。

4.4.4　地面构造

1. 整体地面

（1）水泥砂浆地面

水泥砂浆地面构造简单，坚固、耐磨、防水，造价低廉，但导热系数大，冬天感觉阴冷，吸水性差，易结露，易起灰，不易清洁，是一种广为采用的低档地面或进行二次装修的商品房的地面，水泥砂浆地面是在混凝土垫层或结构层上抹水泥砂浆。通常有单层和双层两种做法。单层做法只抹一层 20~25mm 厚 1∶2 或 1∶2.5 水泥砂浆；双层做法是增加一层 10~20mm 厚 1∶3 水泥砂浆找平，表面再抹 5~10mm 厚 1∶2 水泥砂浆抹平压光。虽增加了工序，但不易开裂（图 4-20）。

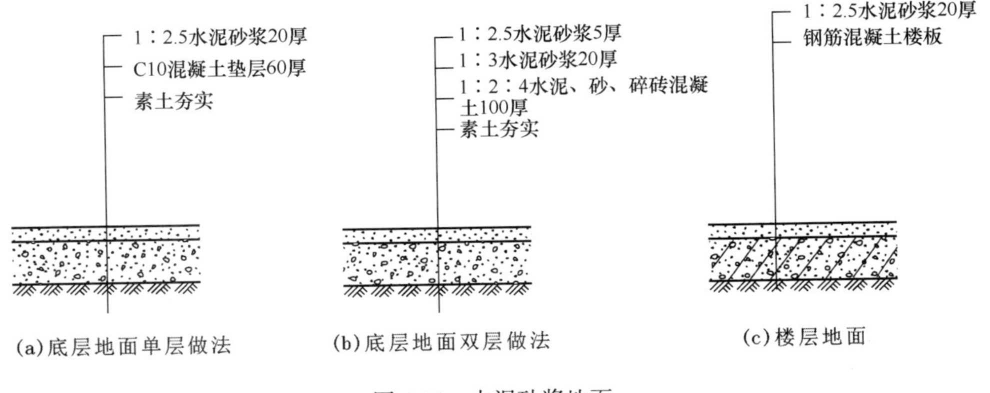

图 4-20　水泥砂浆地面

（2）水泥石屑地面

水泥石屑地面是将水泥砂浆里的中粗砂换成 3~6mm 的石屑，或称豆石或瓜米石地面。在垫层或结构层上直接做 1∶2 水泥石屑 25mm 厚，水灰比不大于 0.4，刮平拍实，碾压多遍，出浆后抹光。这种地面表面光洁，不起尘，易清洁，造价是水磨石地面的 50%，但强度高，性能近似水磨石。

防滑水泥地面是将砂浆面层做成瓦垄状、齿槽状，在砂浆面层内掺一定量的氧化铁红或其他颜料即为彩色水泥地面。

（3）水磨石地面

水磨石地面是将天然石料（大理石、方解石）的石碴做成水泥石屑面层，经磨光打蜡制成。质地美观，表面光洁，不起尘，易清洁，具有很好的耐磨性、耐久性、耐油耐碱、防火防水，通常用于公共建筑门厅、走道、主要房间地面、墙裙；住宅的浴室、厨房、厕所等处。

水磨石地面为分层构造，底层为 1∶3 水泥砂浆 18mm 厚找平，面层为(1∶1.5)~(1∶2) 水泥石碴 12mm 厚，石碴粒径为 8~10mm。施工中先将找平层做好，在找平层上按设计为 1m×1m 方格的图案嵌固玻璃塑料分格条（或铜条、铝条），分格条一般高 10mm，用 1∶1 水泥砂浆固定，将拌和好的水泥石屑铺入压实，经浇水养护后磨光，一般须粗磨、中磨、精磨，用草酸水溶液洗净，最后打蜡抛光。普通水磨石地面采用普通水泥掺白石子，玻璃条分格；美术水磨石可用白水泥加各种颜料和各色石子，用铜条分格，可形成各种优美的图案，但造价比普通水磨石约高 4 倍。还可以将破碎的大理石块铺入面层，不分格，缝隙处填补水泥石碴，磨光后即成冰裂水磨石（图 4-21）。

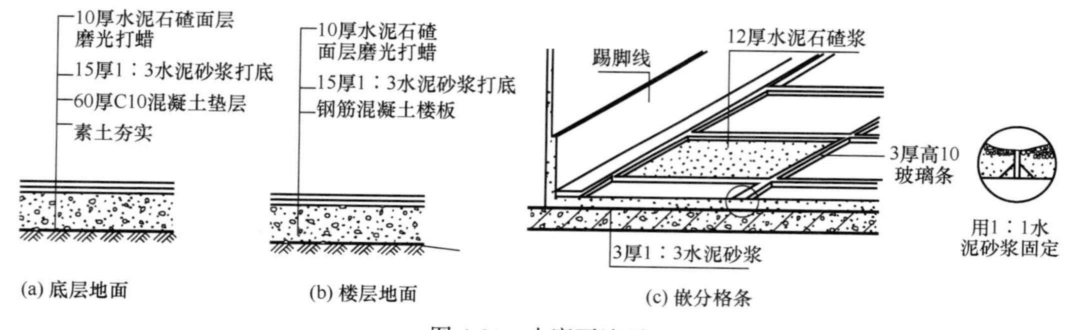

图 4-21 水磨石地面

2. 块材类地面

块材类地面是利用各种人造的和天然的预制块材、板材镶铺在基层上面。常用块材有陶瓷地砖、马赛克、水泥花砖、大理石板、花岗石板等，常用铺砌或胶结材料起胶结和找干作用，有水泥砂浆、油膏、细砂、细炉渣等做结合层。

（1）铺砖地面

铺砖地面有黏土砖地面、水泥砖地面、预制混凝土块地面等。铺设方式有两种：间用砂或砂浆填缝。这种做法施工简单，便于维修，造价低廉，但牢固性较差，不易平整。湿铺是在基层上铺 1∶3 水泥砂浆 12~20mm 厚，用 1∶1 水泥砂浆灌缝，这种做法坚实平整，但施工较复杂，造价略高于平铺砖块地面。适用于要求不高或庭园小道等处。

（2）缸砖、地面砖及陶瓷锦砖地面

缸砖是陶土加矿物颜料烧制而成的一种无釉砖块，主要有红棕色和深米黄色，厚度 10~19mm。缸砖质地细密坚硬，强度较高，耐磨、耐水、耐油、耐酸碱，易于清洁不起灰，施工简单，因此广泛应用于卫生间、盥洗室、浴室、厨房、实验室及有腐蚀性液体的房间

地面。做法为 20mm 厚 1∶3 水泥砂浆找平，3~4mm 厚水泥胶（水泥∶107 胶∶水 = 1∶0.1∶0.2）粘贴缸砖用素水泥浆擦缝［图 4-22（a）］。

地面砖的各项性能都优于缸砖，且色彩图案丰富，装饰效果好，造价也较高，多用于装修标准较高的建筑物地面，构造做法类同缸砖。

陶瓷锦砖质地坚硬；经久耐用，色泽多样，耐磨、防水、耐腐蚀、易清洁，适用于有水、有腐蚀的地面。做法为 15~20mm 厚 1∶3 水泥砂浆找平，3~4mm 厚水泥胶粘贴陶瓷锦砖（纸胎），用滚筒压平，使水泥胶挤入缝隙，用水洗去牛皮纸，用白水泥浆擦缝［图 4-22（b）］。

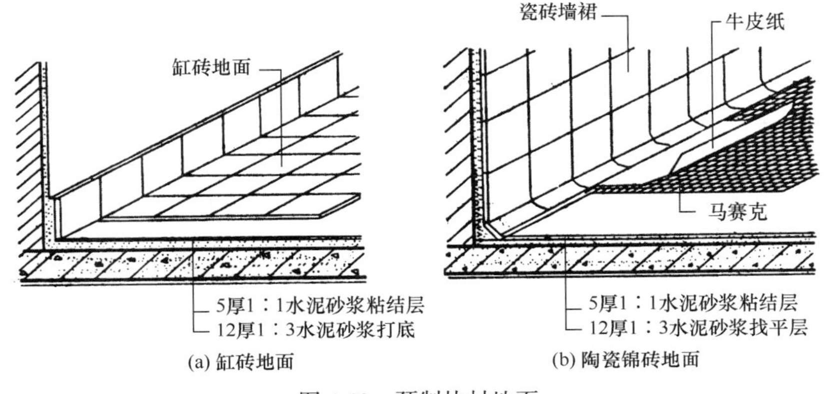

图 4-22 预制块材地面

（3）天然石板地面

常用的天然石板指大理石和花岗石板，由于它们质地坚硬，色泽丰富艳丽，属高档地面装饰材料，特别是磨光花岗石板，色泽花纹丝毫不亚于大理石板，耐磨耐腐蚀等性能均优于大理石；但造价昂贵，一般多用于高级宾馆、会堂、公共建筑的大厅、门厅等处。做法是在基层上刷素水泥浆一道，30mm 厚 1∶3 干硬性水泥砂浆找平，面上撒 2mm 厚素水泥（洒适量清水），粘贴 20mm 厚大理石板（花岗石板），素水泥浆擦缝；粗琢面的花岗、石板可用在纪念性建筑、公共建筑的室外台阶、踏步，既耐磨又防滑（图 4-23）。

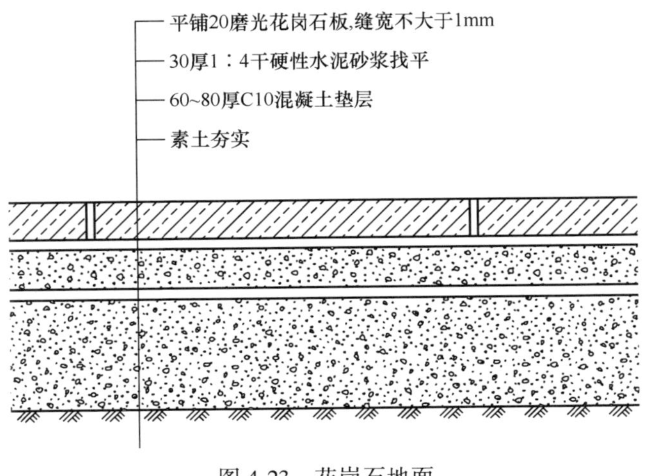

图 4-23 花岗石地面

3. 木地面

木地板的主要特点是有弹性，不起灰、不返潮、易清洁、保温性好，常用于高级住宅、宾馆、体育馆、健身房、剧院舞台等建筑中。木地面按其用材规格分为普通木地面、硬木条地面和拼花木地面三种。按构造方式有空铺、实铺和粘贴三种。

1）空铺木地面常用于底层地面，由于占用空间多，费材料，因而采用较少。

2）实铺木地面是将木地板直接钉在钢筋混凝土基层上的木搁栅上，而木搁栅绑扎后预埋在钢筋混凝土楼板内的 10 号双股镀锌铁丝上。或用 V 形铁件嵌固，木搁栅为 50mm×60mm 方木，中距 400mm，40mm×50mm 横撑中距 1000mm 与木搁栅钉牢。为了防腐，可在基层上刷冷底子油和热沥青，搁栅及地板背面满涂防腐油或煤焦油（图 4-24）。

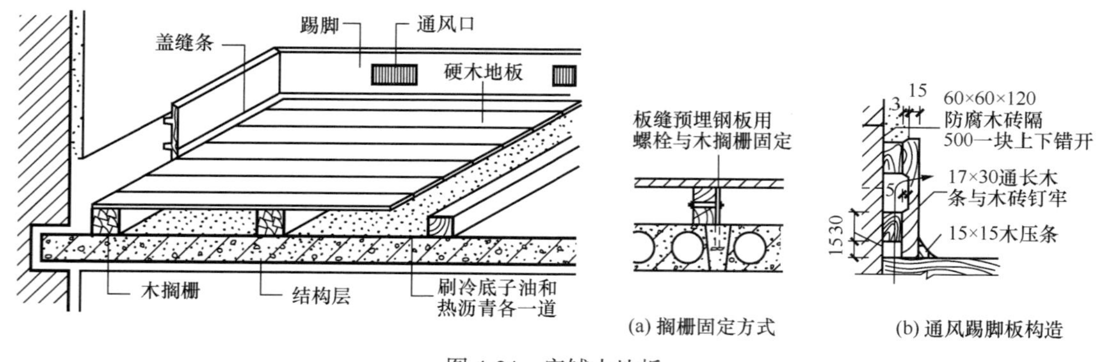

图 4-24 实铺木地板

3）粘贴木地面的做法是先在钢筋混凝土基层上采用沥青砂浆找平，然后刷冷底子油一道，热沥青一道，用 2mm 厚沥青胶环氧树脂乳胶等随涂随铺贴 20mm 厚硬木长条地板［图 4-25（a）］。

当面层为小席纹拼花木地板时，可直接用黏结剂涂刷在水泥砂浆找平层上进行粘贴。粘贴式木地面既省空间又省去木搁栅，较其他构造方式经济，但木地板容易受潮起翘，干燥时又易裂缝，因此施工时一定要保证粘贴质量［图 4-25（b）］。

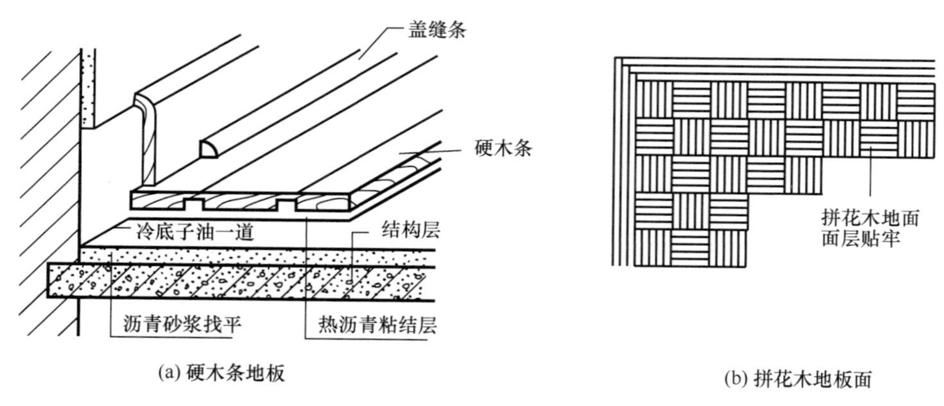

图 4-25 粘贴木地板

木地板做好后应采用油漆打蜡来保护地面。普通木地板做色漆地面、硬木条地板做清

漆地。做法是用腻子将拼缝、凹坑填实刮平，待腻子干后用 1 号木砂纸打磨平滑，清除灰屑，然后刷 2~3 遍色漆或清漆，最后打蜡上光。

4. 塑料地面

常用的塑料地毡为聚氯乙烯塑料地毡和聚氯乙烯石棉地板。

聚氯乙烯塑料地毡（又称地板胶），是软质卷材，目前市面上出售的地毡宽度多为 2m 左右，厚度 1~2mm，可直接干铺在地面上，也可用聚氨酯等黏结剂粘贴。

聚氯乙烯石棉地板是在聚氯乙烯树脂中掺入 60%~80%的石棉绒和碳酸钙填料。由于树脂少，填料多，质地较硬，常做成 300mm×300mm 的小块地板，用黏结剂拼花对缝粘贴。

塑料地面具有步感舒适、柔软而富有弹性、轻质、耐磨、防水、防潮、耐腐蚀、绝缘、隔声、阻燃、易清洁、施工方便等特点，且色泽明亮、图案多样，多用于住宅及公共建筑，以及工业厂房中要求较高清洁环境的房间。缺点是不耐高温、怕明火、易老化。

5. 涂料地面

涂料类地面耐磨性好，耐腐蚀、耐水防潮，整体性好，易清洁，不起灰，弥补了水泥砂浆和混凝土地面的缺陷，同时价格低廉，易于推广。

涂料地面常用涂料有过氯乙烯溶液涂料、苯乙烯焦油涂料、聚乙烯醇缩丁醛涂料等，这些涂料地面施工方便、造价较低，可以提高水泥地面的耐磨性、柔韧性和不透水性。但由于是溶剂型涂料，在施工中会逸散出有害气体污染环境，同时涂层较薄，磨损较快。

4.5 阳台与雨篷

阳台和雨篷都属于建筑物上的悬挑构件。

阳台悬挑于建筑物每一层的外墙上，是连接室内的室外平台，给居住在多（高）层建筑里的人们提供一个舒适的室外活动空间，让人们足不出户，就能享受到大自然的新鲜空气和明媚阳光，还可以起到观景、纳凉、晒衣、养花等多种作用，改变单元式住宅给人们造成的封闭感和压抑感，是多层住宅、高层住宅和旅馆等建筑中不可缺少的一部分。

雨篷位于建筑物出入口的上方，用来遮挡雨雪，保护外门免受侵蚀，给人们提供一个从室外到室内的过渡空间，并起到保护门和丰富建筑立面的作用。

4.5.1 阳台

1. 阳台的类型和设计要求

阳台按其与外墙面的关系分为挑阳台，凹阳台，半挑半凹阳台；按其在建筑中所处的位置可分为中间阳台和转角阳台（图 4-26）。

阳台按使用功能不同又可分为生活阳台（靠近卧室或客厅）和服务阳台（靠近厨房）。由承重梁、板和栏杆组成。设计时应满足下列要求：

安全适用　悬挑阳台的挑出长度不宜过大，应保证在荷载作用下不发生倾覆现象，以 1~1.5m 为宜，过小不便使用，过大增加结构自重。低层、多层住宅阳台栏杆净高不低于 1.05m，中高层住宅阳台栏杆净高不低于 1.1m，但也不大于 1.2m。阳台栏杆形式应防坠落

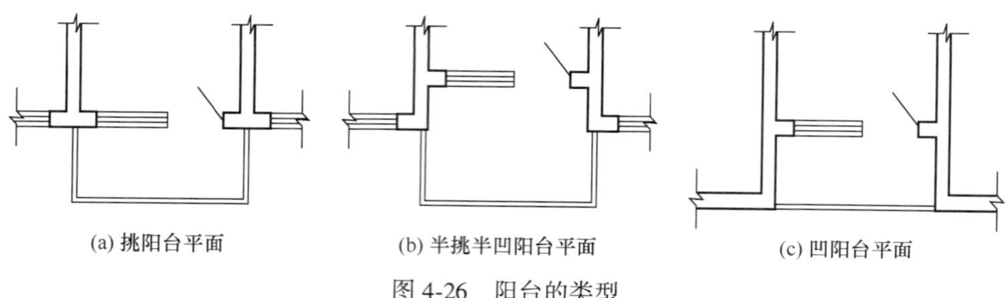

图 4-26　阳台的类型

（垂直栏杆间净距不应大于 110mm），防攀爬（不设水平栏杆），以免造成恶果。放置花盆处，也应采取防坠落措施。

坚固耐久　阳台所用材料和构造措施应经久耐用，承重结构宜采用钢筋混凝土，金属构件应做防锈处理，表面装修应注意色彩的耐久性和抗污染性。

排水顺畅　为防止阳台上的雨水流入室内，设计时要求将阳台地面标高低于室内地面标高 60mm 左右，并将地面抹出 5‰的排水坡将水导入排水孔，使雨水能顺利排出。

还应考虑地区气候特点。南方地区宜采用有助于空气流通的空透式栏杆，而北方寒冷地区和中高层住宅应采用实体栏杆，并满足立面美观的要求，为建筑物的形象增添风采。

2. 阳台的承重构件

阳台的承重构件分为：搁板式、挑板式、挑梁式。布置方式见图 4-27（a）～（c）。

搁板式　适用于凹阳台，将阳台板支撑于两侧突出的墙上，阳台板可现浇也可预制，一般与楼板施工方法一致。

挑板式　现浇板外挑做阳台板。

1）阳台板与房间内的现浇板或现浇板带整浇到一起，楼板重量构成阳台板的抗倾覆力矩。

现浇板带宽度：屋面现浇板带宽≥2.0L，楼面现浇板带宽≥1.5L。

传力途径：荷载—阳台板—墙体。

2）阳台板无法与楼板整浇到一起，增加过梁长度。过梁、过梁上墙体、过梁上楼板重量构成阳台板压重［图 4-27（d）］。

3）在过梁两边墙体上设卧梁（拖梁），卧梁与过梁整浇到一起，提高阳台板稳定性。

挑梁式

1）由横墙或纵墙向外做挑梁，阳台板支撑在挑梁上［图 4-27（e）］。

2）荷载—阳台板—挑梁—墙体。

3）挑梁伸入墙体长度：屋面处挑梁伸入墙体≥2.0L，楼面处挑梁伸入墙体≥1.5L。

梁根部截面：$h=(1/6-1/5)L$，$b=(1/3-1/2)L$

为遮挡梁头，在挑梁端部做面梁。

挑梁可以变截面也可不变截面。

4）特点：结构布置简单，传力明确，可形成通长阳台。

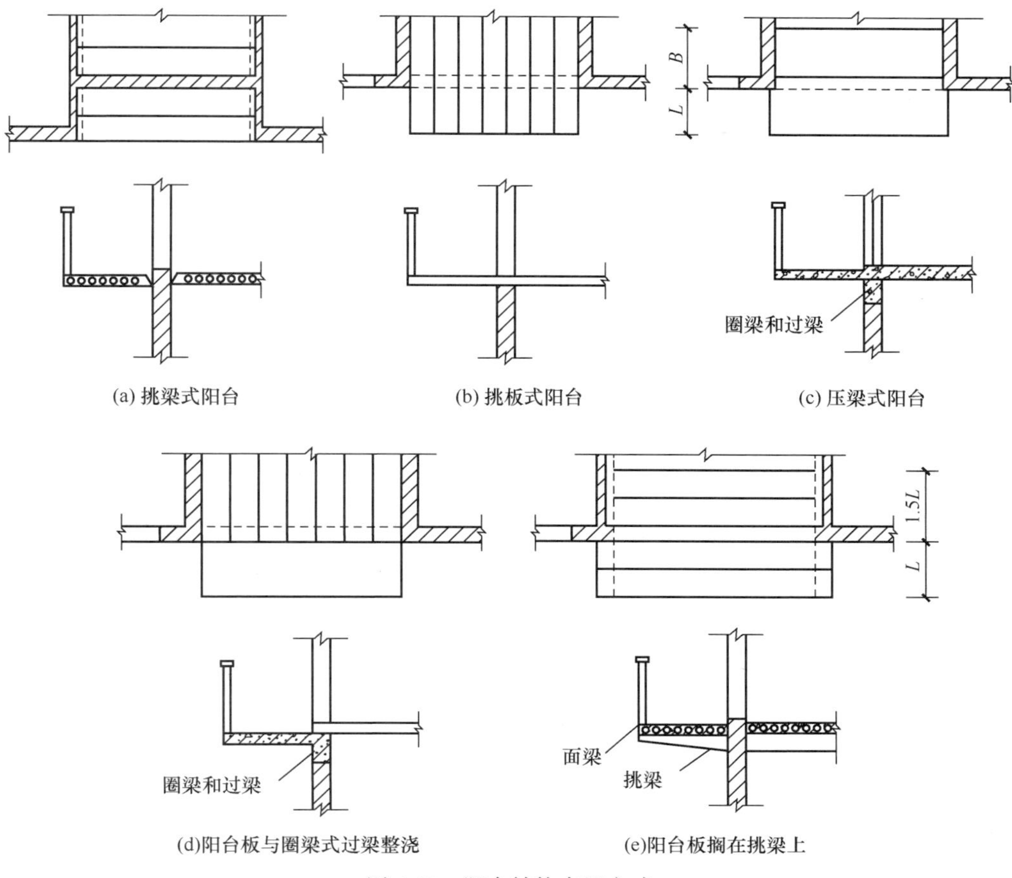

图 4-27　阳台结构布置方式

3. 栏杆和栏板

栏杆和栏板是阳台外围设置的竖向的围护构件。

作用：承受人们倚扶时的侧向推力，同时对整个房屋有一定装饰作用。

栏杆高度：栏杆和栏板的高度应大于人体重心高度，一般不小于 1.05m。

高层建筑的栏杆和栏板应加高，但不宜超过 1.2m。

栏杆和栏板按材料可分为金属栏杆，钢筋混凝土栏板与栏杆、砌体栏板。

金属栏杆

1）金属栏杆可由不锈钢钢管、铸铁花饰（铁艺），方钢和扁钢等钢材制作。

2）方钢的截面为 20mm×20mm，扁钢的截面为 4mm×50mm。

3）金属栏杆与阳台板的连接有两种方法：

- 在阳台板上预留孔槽，将栏杆立柱插入，用细石混凝土浇灌。
- 在阳台板上预埋钢板或钢筋，将栏杆与钢筋焊接。

4. 阳台细部构造

（1）阳台栏杆

阳台栏杆是设置在阳台外围的垂直构件。主要供人们扶倚之用，以保障人身安全，且对整个建筑物起装饰美化作用。栏杆的形式有实体、空花和混合式（图 4-28）。按材料可分为砖砌、钢筋混凝土和金属栏杆（图 4-28）。

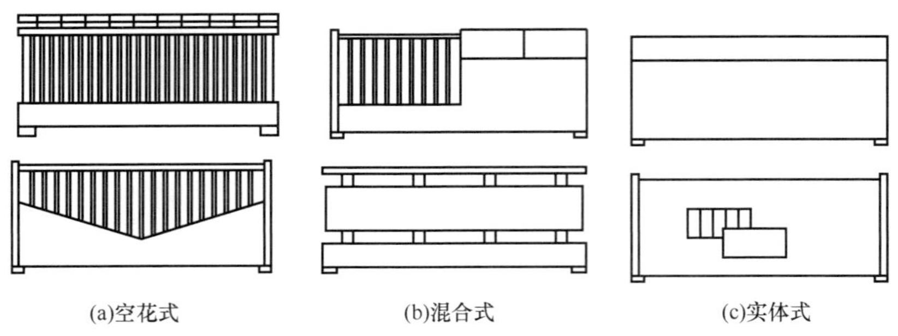

图 4-28 阳台栏杆栏板形式

砖砌栏板一般为 120mm 厚，在挑梁端部浇 120mm×120mm 钢筋混凝土小立柱，并从中向两边伸出 2ϕ6@ 500mm 的拉接筋 300mm 长与砖砌栏板拉接以保证其牢固性，钢筋混凝土栏板分为现浇和预制两种。现浇栏板厚 60～80mm，用 C20 细石混凝土现浇。预制栏杆有实体和空心两种，实体栏杆厚为 40mm，空心栏杆厚度为 60mm，下端预埋铁件，上端伸出钢筋可与面梁和扶手连接，应用较为广泛。

金属栏杆一般采用□18 方钢、ϕ18 圆钢、40×4 扁钢等焊接成各种形式的漏花。

（2）栏杆扶手

栏杆扶手有金属和钢筋混凝土两种。

钢筋混凝土扶手用途广泛，形式多样，有不带花台、带花台、带花池等。不带花台栏杆扶手直接用作栏杆压顶，宽度有 80mm、120mm、160mm；带花台的栏杆扶手，在外侧设保护栏杆，一般高 180～200mm，花台净高 240mm；花池一般设在栏杆中部，也可以设在底部和上部，用 C20 细石混凝土预制后安装，也可现浇，但施工较麻烦，花池内部净宽和净高均不小于 240mm，壁厚为 40～60mm，在池底设 0. 32 泄水管（图 4-29）。

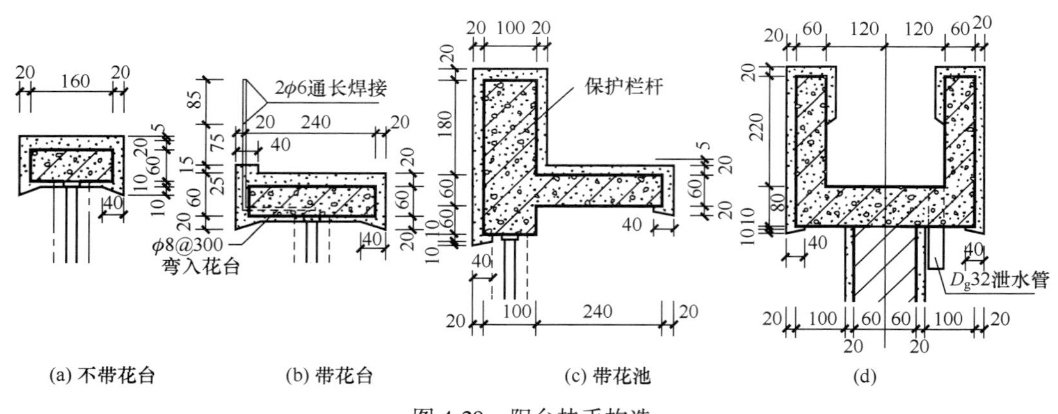

图 4-29 阳台扶手构造

（3）细部构造

阳台细部构造主要包括栏杆与扶手的连接、栏杆与面梁（或称止水带）的连接、栏杆

与墙体的连接、栏杆与花池的连接等。

1）栏杆与扶手的连接方式有焊接、现浇等方式。在扶手和栏杆上预埋铁件，安装时焊在一起［图 4-30（a）］即为焊接。这种连接方法施工简单，坚固安全；从栏杆或栏板内伸出钢筋与扶手内钢筋相连，再支模现浇扶手［图 4-30（b）］为现浇。这种做法整体性好，但施工较复杂；当栏杆与扶手均为钢筋混凝土时，适于现浇的方法［图 4-30（c）］；当栏板为砖砌时，可直接在上部现浇混凝土扶手、花台或花池［图 4-30（d）］。

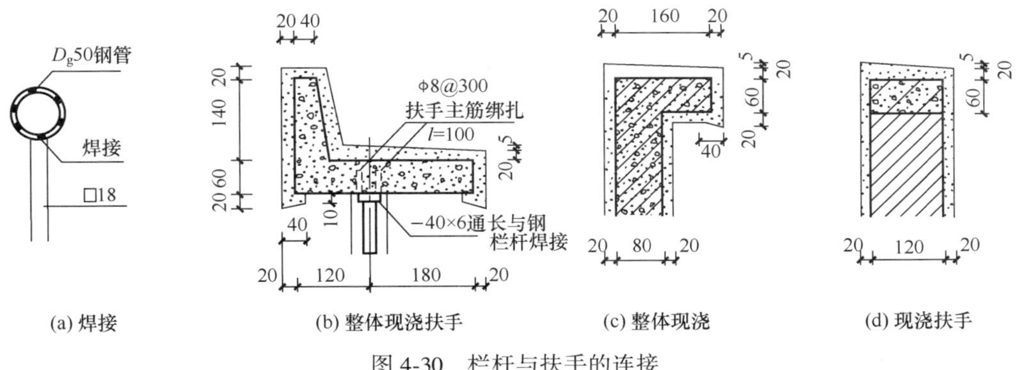

(a) 焊接　(b) 整体现浇扶手　(c) 整体现浇　(d) 现浇扶手

图 4-30　栏杆与扶手的连接

2）栏杆与面梁或阳台板的连接方式有焊接、榫接坐浆、现浇等。当阳台为现浇板时必须在板边现浇 100mm 高混凝土挡水带，当阳台板为预制板时，其面梁顶应高出阳台板面 100mm，以防积水顺板边流淌，污染表面。金属栏杆可直接与面梁上预埋件焊接；现浇钢筋混凝土栏板可直接从面梁内伸出锚固筋，然后扎筋、支模、现浇细石混凝土；砖砌栏板可直接砌筑在面梁上。预制的钢筋混凝土栏杆可与面梁中预埋件焊接，也可预留插筋插入预留孔内，然后用水泥砂浆填实固牢（图 4-31）。

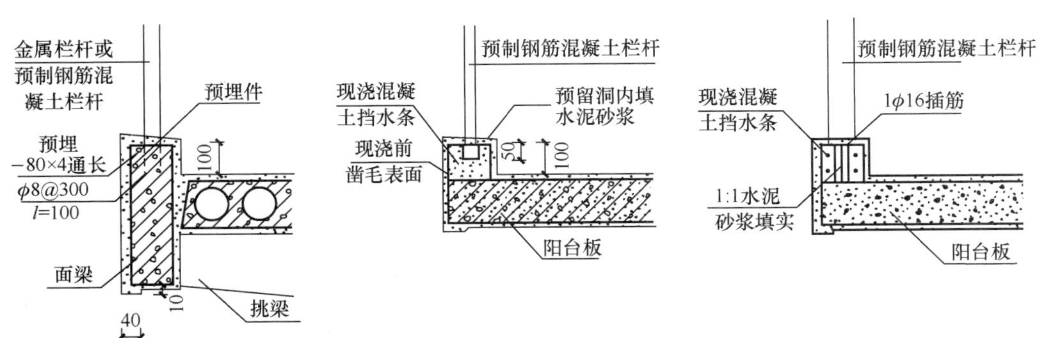

图 4-31　栏杆与面梁及阳台板的连接

3）扶手与墙的连接，应将扶手或扶手中的钢筋伸入外墙的预留洞中，用细石混凝土或水泥砂浆填实牢固；现浇钢筋混凝土栏杆与墙连接时，应在墙体内预埋 240mm×240mm×120mmC20 细石混凝土块，从中伸出 2φ6，长 300mm，与扶手中的钢筋绑扎后再进行现浇（图 4-32）。

4）花池与栏杆的连接有现浇和插筋两种。当花池较小，可先预制，在与栏板交接且在

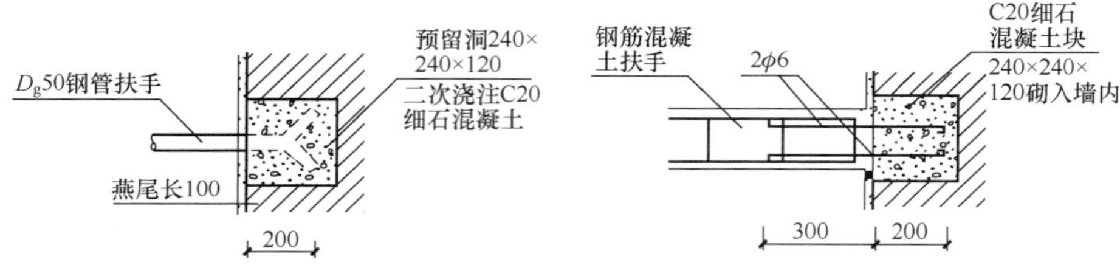

图 4-32　扶手与墙体的连接

花池两端设 120mm×120mm 钢筋混凝土立柱，立柱内伸出拉结筋与池壁相连，且深入侧壁不小于 200mm。

（4）阳台隔板

阳台隔板用于连接双阳台，有砖砌和钢筋混凝土隔板两种。砖砌隔板一般采用 60mm 和 120mm 厚两种，由于荷载较大且整体性较差，所以现多采用钢筋混凝土隔板。隔板采用 C20 细石混凝土预制 60mm 厚，下部预埋铁件于阳台预埋铁件焊接，其余各边伸出 $\phi6$ 钢筋与墙体、挑梁和阳台栏杆、扶手相连。

由于阳台为室外构件，每逢雨雪天易于积水，为保证阳台排水通畅，防止雨水倒灌室内，必须采取一些排水措施。阳台排水有外排水和内排水两种。外排水适用于低层和多层建筑，即在阳台外侧设置泄水管将水排出。泄水管可采用 $D_g40 \sim D_g50$ 镀锌铁管和塑料管。外挑长度不少于 80mm，以防雨水溅到下层阳台［图 4-33（a）］。内排水适用于高层建筑和高标准建筑，即在阳台内侧设置排水立管和地漏，将雨水直接排入地下管网，保证建筑立面美观［图 4-33（b）］。

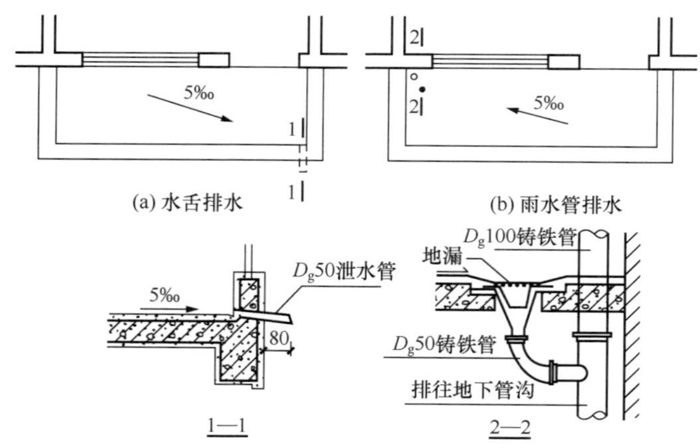

图 4-33　阳台排水构造

4.5.2　雨篷

1. 雨篷板的支承方式

由于建筑物的性质，出入口的大小和位置、地区气候差异，以及立面造型要求等因素的影响，雨篷的形式是多种多样的。根据雨篷板的支承方式不同，有悬板式和梁板式两种。

（1）悬板式

悬板式雨篷外挑长度一般为0.9~1.5m，板根部厚度不小于挑出长度的1/12，雨篷宽度比门洞每边宽250mm，雨篷排水方式可采用无组织排水和有组织排水两种。雨篷顶面距过梁顶面250mm高，板底抹灰可抹1∶2水泥砂浆内掺5%防水剂的防水砂浆15mm厚（图4-34），多用于次要出入口。

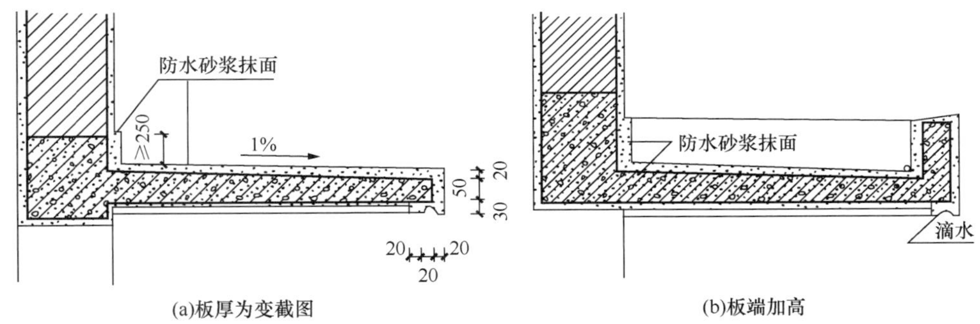

图4-34　悬板式雨篷构造

（2）梁板式

梁板式雨篷多用在宽度较大的入口处，如影剧院、商场等主要出入口处悬挑梁从建筑物的柱上挑出，为使板底平整，多做成倒梁式（图4-35）。

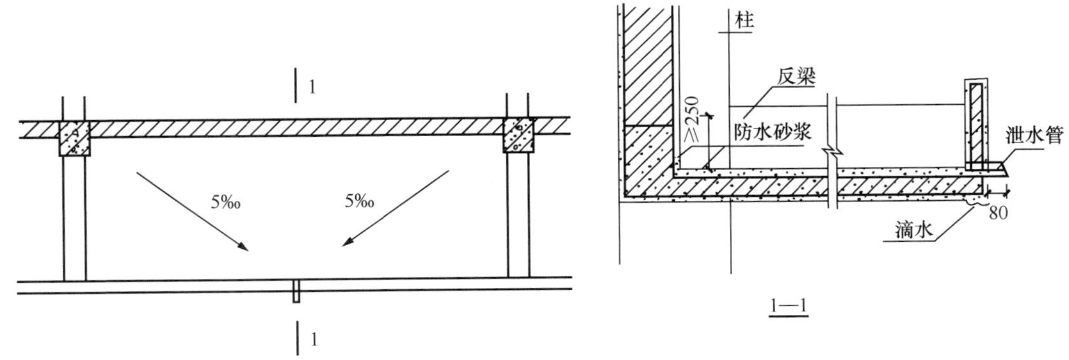

图4-35　梁板式雨篷构造

2. 雨篷的防水

采用1∶2.5水泥砂浆，掺3%防水粉，最薄处20mm，并向出水口找1%坡度，出水口可采用ϕ50硬塑料管，外露至少50mm，防水砂浆应顺墙上卷至少200mm。

当雨篷的面积较大时，雨篷的防水可采用卷材等防水材料，防水材料应顺墙上卷至少200mm，需做好排水方向、雨水口位置。

雨篷抹面厚度超过30mm时，须在混凝土内预留50mm长镀锌铁钉，打弯后缠绕24号镀锌铁丝，或挂钢板网分层抹灰。

雨篷板底一般抹混合砂浆刷白色涂料。

雨篷的装饰：雨篷可设计成各类造型。雨篷底面可将照明、吊顶、设备统一考虑进行设置。陶瓦雨篷构造见图 4-36。

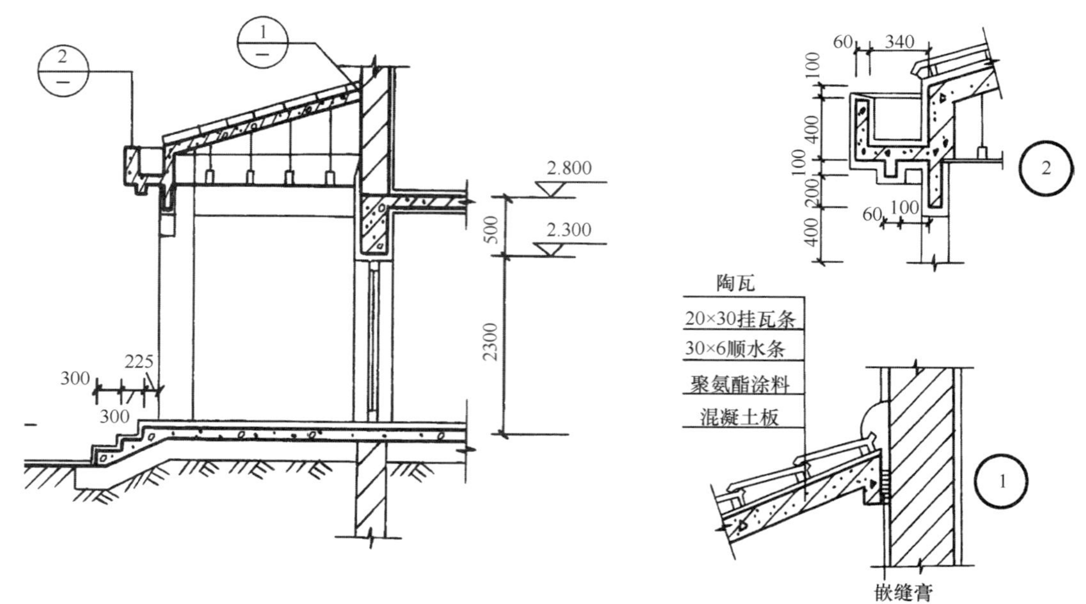

图 4-36　陶瓦雨篷构造

小结

1. 楼板层是多层建筑中分隔楼层的水平构件。它承受并传递楼板上的荷载，同时对墙体起着水平支撑的作用。它由楼面、楼板和顶棚等部分组成。

2. 楼板按所用材料分，有木楼板、钢楼板、钢筋混凝土楼板等，其中钢筋混凝土楼板得到了广泛的应用。

3. 钢筋混凝土楼板按施工方式分，有现浇钢筋混凝土楼板、预制装配式钢筋混凝土楼板和装配整体式钢筋混凝土楼板。

4. 现浇钢筋混凝土楼板有板式楼板、肋梁式楼板、井式楼板、无梁楼板和压型钢板组合楼板。

预制钢筋混凝土楼板有预制实心板、槽形板、空心板等几种类型。板的布置有板式结构和梁板式结构两种。在铺设预制板时，要求板的规格、类型愈少愈好，并应避免三面支承的板。当出现板缝差时，一般采用调整板缝、挑砖或现浇板带的办法解决。为了增加建筑的整体刚度，应对楼板的支座部分用钢筋予以锚固，并对板的端缝与侧缝进行处理。

5. 装配整体式钢筋混凝土楼板兼有现浇与预制的共同优点。近年来发展的叠合楼板具有良好的整体性和连续性，对结构有利，楼板跨度大、厚度小，结构自重亦可减轻。

6. 楼板层构造主要包括面层处理、隔墙的搁置、顶棚以及楼板的隔声处理。

隔墙在楼板上的搁置应以对楼板受力有利的方式处理为佳。

7. 顶棚有直接式顶棚和悬吊式顶棚之分，直接式顶棚又有直接喷、刷涂料或作抹灰粉面或粘贴饰面材料等多种方式。吊顶按材料的不同分为板材吊顶、轻钢龙骨吊顶和金属吊顶等。

8. 楼板层的隔声应以对撞击声的隔绝为重点，其处理方式有在楼面上铺设富有弹性的材料、作浮筑

楼板和作吊顶棚等三种。

9. 地坪是建筑物底层房间与土壤相接触的水平结构部分，它将房间内的荷载传给地基。地坪由面层、垫层和基层所组成。

10. 地面是楼板层和地坪的面层部分。作为地面应具有坚固、耐磨、不起灰、易清洁、有弹性、防火、保温、防潮、防水、防腐蚀等性能。

地面依所采用材料和施工方式的不同，可分为整体类地面、块材类地面、卷材类地面和涂料类地面。

11. 阳台有挑阳台、凹阳台、半挑半凹以及转角阳台等几种形式。阳台栏杆有漏空栏杆和实心栏板之分。其构造主要包括栏杆、栏板、扶手以及阳台的排水等部分的细部处理。

12. 雨篷有悬板式和梁板式之分。构造重点在板面和雨篷板与墙体的防水处理。

思考题

1. 楼板层的主要功能是什么？楼板层与地层有什么不同之处？
2. 楼板层由哪些部分组成？各起什么作用？
3. 对楼板层的设计要求有哪些？
4. 现浇钢筋混凝土肋梁楼板具有哪些特点？布置原则如何？
5. 装配式钢筋混凝土楼板具有哪些特点？常用的预制板有哪几种？
6. 楼板隔绝固体传声的方法有哪些？绘图说明。
7. 预制板的接缝形式有几种？如何处理较大的板缝？
8. 井式楼板和无梁楼板的特点及适用范围。
9. 楼板顶棚的构造形式有几类？举出每一类顶棚的一种构造做法。
10. 地坪由哪几部分组成？各有什么作用？
11. 地面应满足哪些设计要求？
12. 常用地面做法可分为几类？举出每一类地面的 1~2 种构造做法。
13. 常用块料地面的种类、特点及适用范围。
14. 常用阳台有哪几种类型？绘图说明中间挑阳台的结构布置和钢筋混凝土栏杆与阳台板的连接构造。
15. 绘图表示雨篷构造。

第 5 章 楼 梯

学习目标

通过本章的学习，要求学生掌握楼梯的组成、类型、尺度及构造；熟悉楼梯踏步、栏杆、扶手等的细部构造及连接方式、尺寸和构造要求；了解电梯和自动扶梯的基本知识；了解楼梯的设计要求。

提示

建筑空间的竖向组合交通联系，依靠楼梯、电梯、自动扶梯、台阶、坡道以及爬梯等竖向交通设施。其中，楼梯作为竖向交通和人员紧急疏散的主要交通设施，使用最为广泛；垂直升降电梯则用于七层以上的多层建筑和高层建筑，在一些标准较高的宾馆等低层建筑中也有使用；自动扶梯用于人流量大且使用要求高的公共建筑，如商场、候车楼等；台阶用于室内外高差之间和室内局部高差之间的联系；坡道则用于建筑中有无障碍交通要求的高差之间的联系，也用于多层车库中通行汽车和医疗建筑中通行担架车等；爬梯专用于检修等。

5.1 楼梯的组成、类型及尺度

5.1.1 楼梯的组成

建筑中，凡布置楼梯的房间称楼梯间。楼梯一般由楼梯段、平台及栏杆（或栏板）三部分组成（图 5-1）。

（1）楼梯段

楼梯段又称楼梯跑，是楼梯的主要使用和承重部分。它由若干个踏步组成。为减少人们上下楼梯时的疲劳和适应人行的习惯，一个楼梯段的踏步数要求最多不超过 18 级，最少不少于 3 级。

楼梯段和平台之间的空间称楼梯井。当公共建筑楼梯井净宽大于 200mm，住宅楼梯井净宽大于 110mm 时，必须采取措施来保证安全。

(2) 平台

平台是指两楼梯段之间的水平板，有楼层平台、中间平台之分。其主要作用在于缓解疲劳，让人们在连续上楼时可在平台上稍加休息，故又称休息平台。同时，平台还是梯段之间转换方向的连接处。

(3) 栏杆

栏杆是楼梯段的安全设施，一般设置在梯段的边缘和平台临空的一边，要求它必须坚固可靠，并保证有足够的安全高度。栏杆有实心栏杆和漏空栏杆之分。实心栏杆又称栏板。栏杆上部供人们倚扶的配件称扶手。

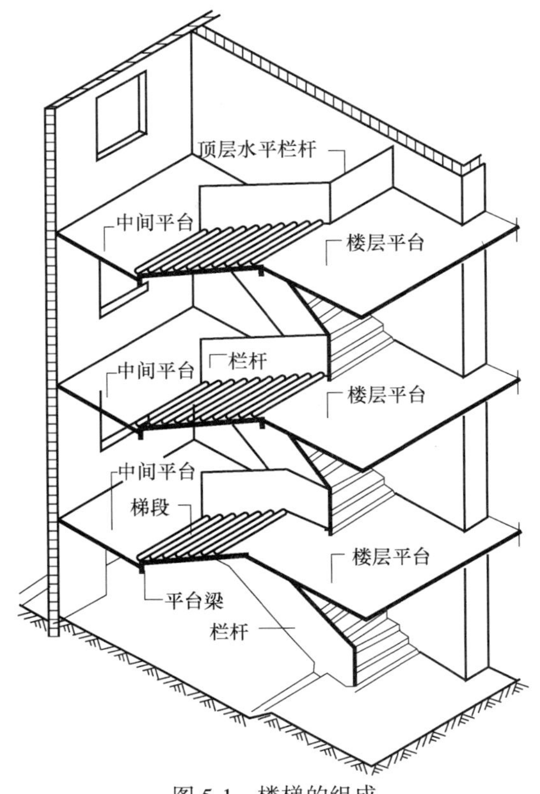

图 5-1　楼梯的组成

5.1.2　楼梯的类型

按位置不同分，楼梯有室内与室外两种。按使用性质分，室内有主要楼梯、辅助楼梯；室外有安全楼梯、防火楼梯。按材料分有木质、钢筋混凝土、钢质、混合式及金属楼梯。按楼梯的平面形式不同，可分为如下几种（图 5-2）。

1. 单跑直楼梯

单跑直楼梯是无楼梯平台、直达上一层楼面标高的楼梯。一般梯段平面呈直线状，在使用中不改变行进方向。构造很简单，适合于层高较低的建筑［图 5-2（a）］。

2. 双跑楼梯

双跑楼梯由两跑梯段及一楼梯平台组成。通过梯段与楼梯平台的不同组合可有双跑直楼梯（图 5-2）、曲尺楼梯（图 5-2）、双跑平行楼梯（图 5-2）等多种变化：

双跑直楼梯　在使用中不改变行进方向，两梯段间设一楼梯平台，适用于楼层较高或人流量大的公共活动场所，如影剧院、体育建筑、百货商场等。

曲尺楼梯　楼梯平面呈“L”状，一般设在少数楼层之间，且通常不设楼梯间，可沿一两片墙面开敞布置。

双跑平行楼梯　在使用中改变行进方向，是最为常见的适用面广的一种楼梯形式。在建筑中起主要垂直交通或疏散作用。通常设楼梯间。

3. 三跑（或多跑）楼梯

三跑楼梯由三跑楼段、一或两个楼梯平台组成。梯段和楼梯平台的组合方式不同，可产生双分转角楼梯（图 5-2）、合上双分或分上双合楼梯（图 5-2）和 Π 形楼梯（图 5-2）等多种变化。双分转角和合上双分式楼梯相当于两个双跑楼梯并联在一起，其均衡对称的形式，典雅庄重，常用于对称式门厅内，底层楼梯平台下常设门，作为门厅通道。Π 形楼梯又称三跑楼梯，每上一梯段，折 90°改变行进方向，楼梯间近方形，一般适用于层高较高的公共建筑，也可连接层高不同的楼层或夹层，但不宜用于有儿童经常使用的住宅或小学校。常利用围成的空间作电梯井道。

4. 圆形楼梯

圆形楼梯是投影平面呈圆形的楼梯（图 5-2），由曲梁或曲板支承荷载，踏步呈扇形，可增加建筑空间的轻松活泼气氛，富于装饰性，适用于公共建筑中。

5. 螺旋楼梯

螺旋楼梯是梯段绕一根主轴旋转而上的楼梯（图 5-2），分为中柱式和无中柱式两类。中柱式的扇形踏步悬挑支承在中立柱上，不设中间楼梯平台，占地少，结构简单，施工方便，但受层高限制，坡高较陡，适用于人流少、使用不频繁的场所。无中柱式的内半径较中柱式为大，结构形式分扭板和扭梁两种。扭梁又有单梁、双梁之分。结构和施工较复杂，常用于公共建筑大厅中。螺旋楼梯的踏步呈扇形，一般要求离内侧扶手 0. 25m 处的踏步宽度不应小于 0. 22m。多采用钢筋混凝土制作。螺旋楼梯旋律明快、活泼，有一种强烈的动感，富于装饰性，并有助于从竖向扩大空间，使室内景观得到变化。

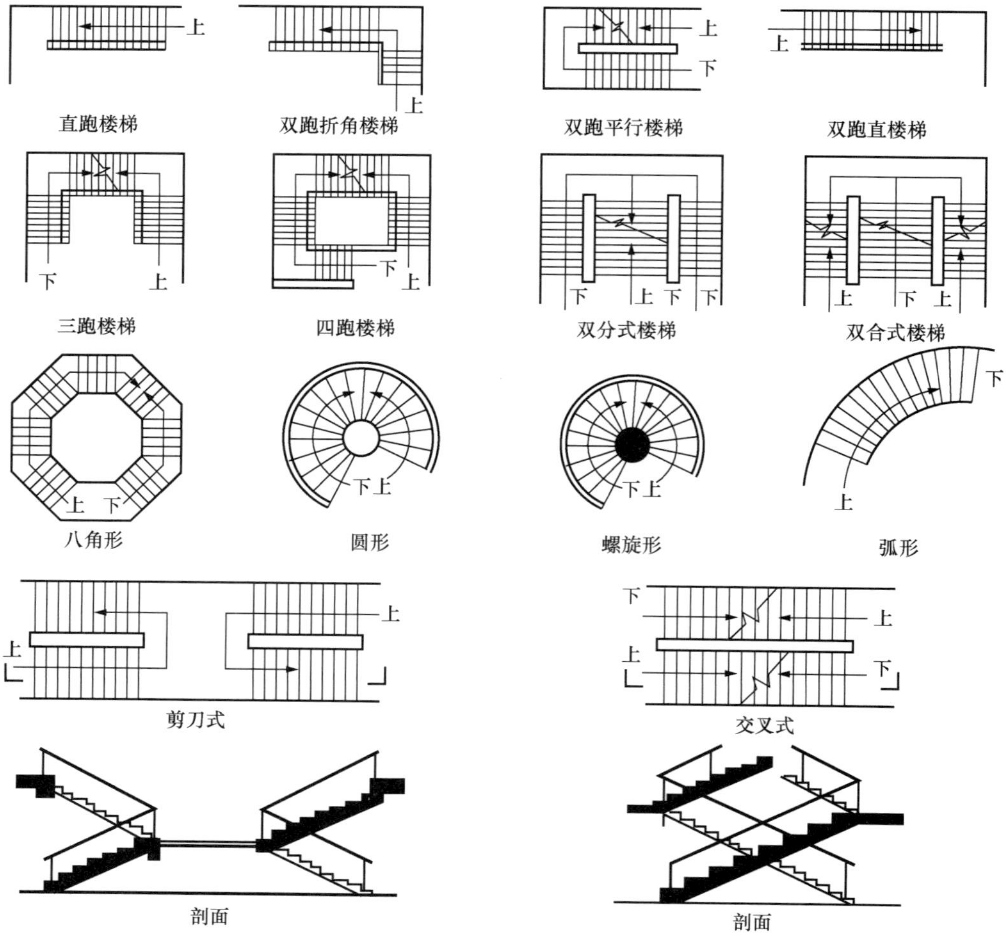

直跑楼梯　双跑折角楼梯　双跑平行楼梯　双跑直楼梯

三跑楼梯　四跑楼梯　双分式楼梯　双合式楼梯

八角形　圆形　螺旋形　弧形

剪刀式　交叉式

剖面　剖面

图 5-2　楼梯平、剖面形式

楼梯间平面形式见图 5-3。

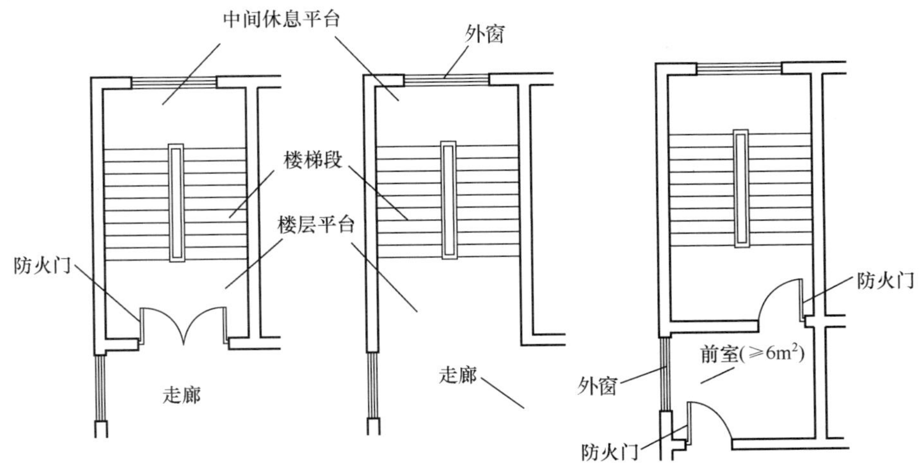

图 5-3 楼梯间平面形式

6. 弧形楼梯

弧形楼梯是投影平面呈弧形的楼梯（图 5-4）。由曲梁或曲板支承，踏步略呈扇形，造型活泼，富于装饰性。单跑和双跑弧形楼梯均适用于公共建筑门厅内。

7. 交叉式楼梯

交叉式楼梯又称为叠合式楼梯（图 5-2），是在同一楼梯间内，由一对互相重叠而又不连通的单跑直上或双跑直上梯段构成的楼梯。能通过较多人流并节省建筑面积。

8. 剪刀式楼梯

剪刀式楼梯又称桥式楼梯（图 5-2）。由一对方向相反、楼梯平台共用的双跑平行梯段组成。能同时通过较多人流，并能有效利用建筑空间。用于人流量大的公共建筑中。

5.1.3 楼梯的设计要求

楼梯既是楼房建筑中的垂直交通枢纽，也是进行安全疏散的主要工具，为确保使用安全，楼梯的设计必须满足如下要求：

1）作为主要楼梯，应与主要出入口邻近，且位置明显；同时还应避免垂直交通与水平交通在交接处拥挤、堵塞。

2）必须满足防火要求，楼梯间除允许直接对外开窗采光外，不得向室内任何房间开窗；楼梯间四周墙壁必须为防火墙；对防火要求高的建筑物特别是高层建筑，应设计成封闭式楼梯或防烟楼梯。

3）楼梯间必须有良好的自然采光。

5.1.4 楼梯的尺度

1. 楼梯段的宽度

楼梯的宽度必须满足上下人流及搬运物品的需要。从确保安全角度出发，楼梯段宽度

(a) 双分转角楼梯

(b) 曲尺楼梯

(c) 剪刀楼梯

(d) 弧形楼梯

(e) 中柱螺旋楼梯

(f) 无中柱螺旋楼梯

图 5-4　楼梯实例

是由通过该梯段的人流数确定的。通常，梯段净宽除应符合防火规范的规定外，供日常主要交通用的楼梯的梯段净宽应根据建筑物使用特征，按每股人流宽为 0.55m+(0~0.15)m

的人流股数确定，且不少于两股人流。这里的0~0.15m是人流在行进中人体的摆幅，人流较多的公共建筑应取上限值。

为确保通过楼梯段的人流和货物也能顺利地在楼梯平台上通过，楼梯平台的净宽不得小于梯段宽度。

2. 楼梯的坡度与踏步尺寸

楼梯的坡度系指梯段的斜率。一般用斜面与水平面的夹角表示，亦可用斜面在垂直面上的投影高和在水平面上的投影宽之比来表示。楼梯梯段的最大坡度不宜超过38°。坡度小时，行走舒适，但占地面积大；反之可节约面积，但行走较吃力。当坡度小于20°时，采用坡道；大于45°时，则采用爬梯。

楼梯坡度应根据建筑物的使用性质和层高来确定。对使用频繁、人流密集的公共建筑，其坡度宜平缓些；对使用人数较少的居住建筑或某些辅助性楼梯，其坡度可适当陡些。

楼梯坡度实质上与楼梯踏步密切相关，踏步高与宽之比即可构成楼梯坡度。踏步高常以 h 表示，踏步宽常以 b 表示（图 5-5）。

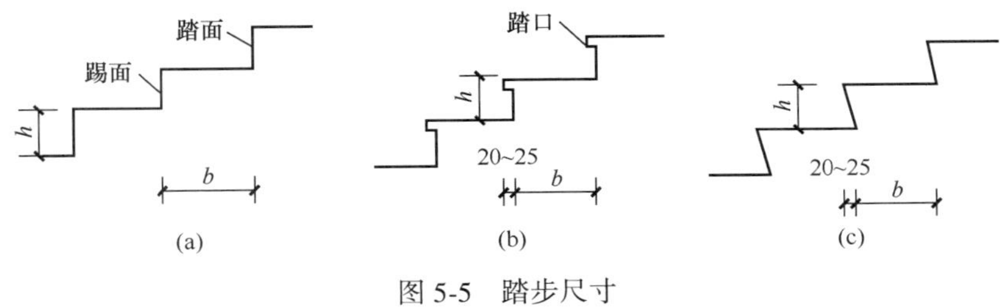

图 5-5　踏步尺寸

踏步尺寸与人行步距有关。通常用下列经验公式表示

$$2h + b = 600 \sim 620\text{mm} \quad 或 \quad h + b \approx 450\text{mm}$$

式中：h——踏步高度（mm）；

b——踏步宽度（mm）；

600~620mm——一般人的平均步距。

民用建筑中，楼梯踏步的最小宽度与最大高度的限制值见表 5-1。

表 5-1　楼梯踏步最小宽度和最大高度（mm）

楼梯类别	最小宽度 b	最大高度 h
住宅公用楼梯	250（260~300）	180（150~175）
幼儿园楼梯	260（260~280）	150（120~150）
医院、疗养院等楼梯	280（300~350）	160（120~150）
学校、办公楼等楼梯	260（280~340）	170（140~160）
剧院、会堂等楼梯	220（300~350）	200（120~150）

注：1. 无中柱螺旋楼梯和弧形楼梯离内侧扶手250mm处的踏步宽度不应小于220mm；

2. 本表摘自《民用建筑设计通则》JGJ37—1987（试行）；

3. 括弧内为常用踏步尺寸。

在设计踏步宽度时，当楼梯间深度受到限制，致使踏面宽不足最低尺寸，为保证踏面宽有足够尺寸而又不增加总进深起见，可以采用出挑踏口或将踢面向外倾斜的办法，使踏面实际宽度增加。一般踏口的出挑长为 20~25mm［图 5-5（b）、（c）］。

3. 楼梯栏杆扶手的高度

楼梯栏杆扶手的高度，指踏面前缘至扶手顶面的垂直距离。楼梯扶手的高度与楼梯的坡度、楼梯的使用要求有关，很陡的楼梯，扶手的高度矮些，坡度平缓时高度可稍大。在 30°左右的坡度下常采用 900mm；儿童使用的楼梯一般为 600mm（图 5-6）。对一般室内楼梯≥900mm，靠梯井一侧水平栏杆长度>500mm 时，其高度≥1000mm，室外楼梯栏杆高度≥1050mm。

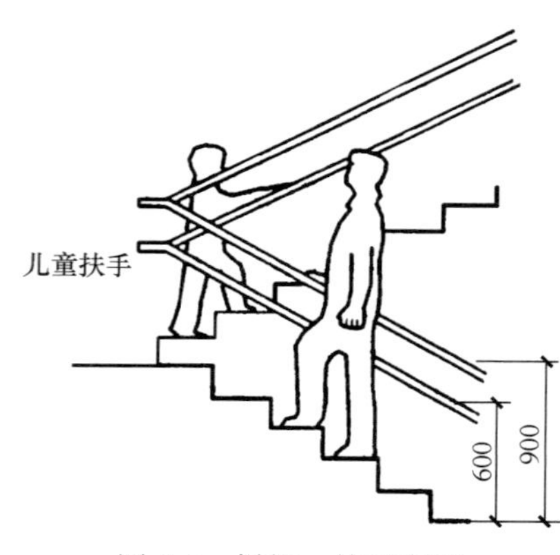

图 5-6　栏杆、扶手高度

4. 楼梯梯段尺寸的确定

设计楼梯主要是解决楼梯梯段的设计，而梯段的尺寸与楼梯间的开间、进深与建筑物的层高有关。当楼梯间的开间、进深初步确定之后，根据建筑物的层高即可进行楼梯有关尺度的计算。

（1）梯段宽度与平台宽的计算

在楼梯间的尺寸已定的前提下，梯段宽应按开间确定。对双跑梯，当楼梯间开间净宽为 A 时，则梯段宽 B 为：

$$B = \frac{A - C}{2}$$

式中：C——两梯段之间的缝隙宽，考虑消防、安全和施工的要求，应≥150mm，一般为 160~200mm。

有儿童经常使用的梯井净宽>200mm 时，必须采取安全措施。楼梯井：四周为梯段和楼梯平台内侧面围绕的空间，以 60~200mm 为宜。

因平台宽应大于或等于梯段宽，所以 $D \geqslant B$（式中 D 为平台宽）。

（2）踏步的尺寸与数量的确定

当层高 H 已知，根据建筑的使用性质，从表 5-1 中选定踏步高 h 和踏步宽 b，于是踏步数 N 为

$$N = \frac{H}{h}$$

（3）梯段长度计算

梯段长度取决于踏步数量。当 N 已知后，对两段等跑的楼梯梯段长 L 为

$$L = \left(\frac{N}{2} - 1\right) b$$

式中的 $\left(\frac{N}{2} - 1\right)$ 系指梯段踏步宽在平面上的数量。由于平面上平台内已包含了一级踏步宽，故计算踏步的数量时需减去一个踏步宽。

根据计算所确定的尺寸即可绘制平面图和剖面图（图 5-7）。

5. 楼梯的净空高度

楼梯的净空高度系指梯段的任何一级踏步至上一层平台梁底的垂直高度；或底层地面至底层平台（或平台梁）底的垂直距离；或下层梯段与上层梯段间的高度。为保证在这些部位通行或搬运物件时不受影响，其净高在平台处应大于 2m；在梯段处应大于 2. 2m（图 5-8）。

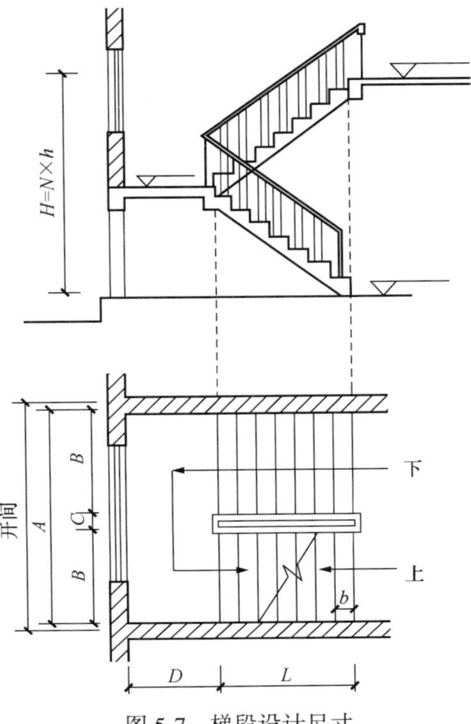

图 5-7　梯段设计尺寸

A—楼梯开间净宽；B—梯段宽度；C—梯井宽度（60~200mm）；D—楼梯平台宽度；H—层高；L—楼梯段水平投影长度；N—踏步级数；h—踏步高；b—踏步宽

在大多数居住建筑中，常利用楼梯间作为出入口，加之居住建筑的层高较低，因此应特别重视平台下通行时的净高设计问题。

当楼梯底层中间平台下做通道时，为求得下面空间净高≥2000mm，常采用以下几种处理方法：

1）将楼梯底层设计成“长短跑”，让第一跑的踏步数目多些，第二跑踏步少些，利用踏步的多少来调节下部净空的高度，如图 5-9（a）所示。

2）降低底层中间平台下的地面标高，即将部分室外台阶移至室内，如图 5-9（b）所示。但应注意两点：其一，降低后的室内地面标高至少应比室外地面高出一级台阶的高度，为 150mm 左右；其二，移至室内的台阶前缘线与顶部平台梁的内缘线之间的水平距离不应小于 500mm。

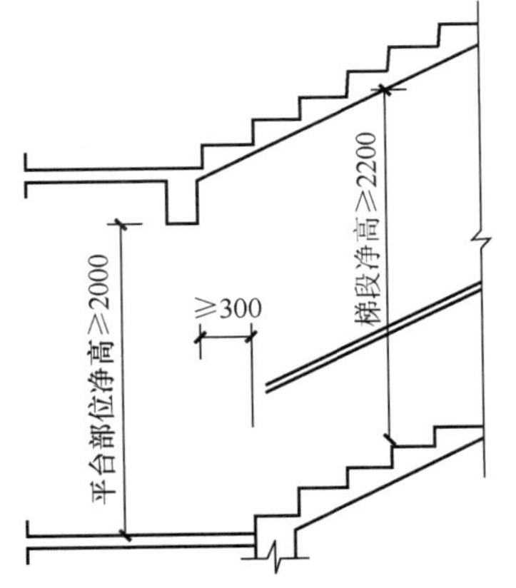

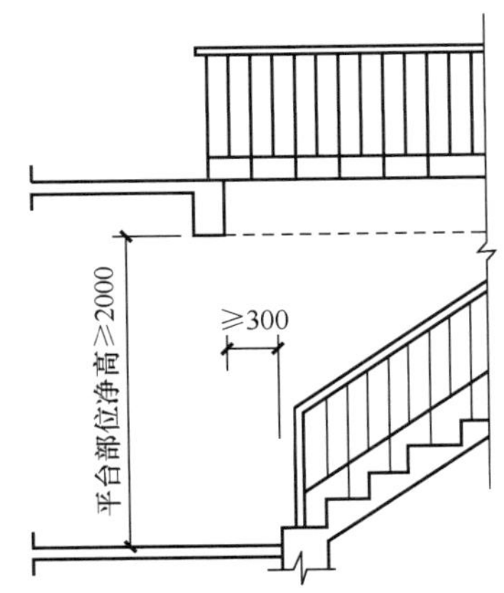

图 5-8　梯段及平台部位净高要求

3）将上述两种方法结合，即降低底层中间平台下的地面标高，同时增加楼梯底层第一个梯段的踏步数量，如图 5-9（c）所示。

4）将底层采用直跑楼梯，如图 5-9（d）所示。这种方式多用于少雨地区的住宅建筑，但要注意入口处雨篷底面标高的位置，保证通行净空高度的要求。

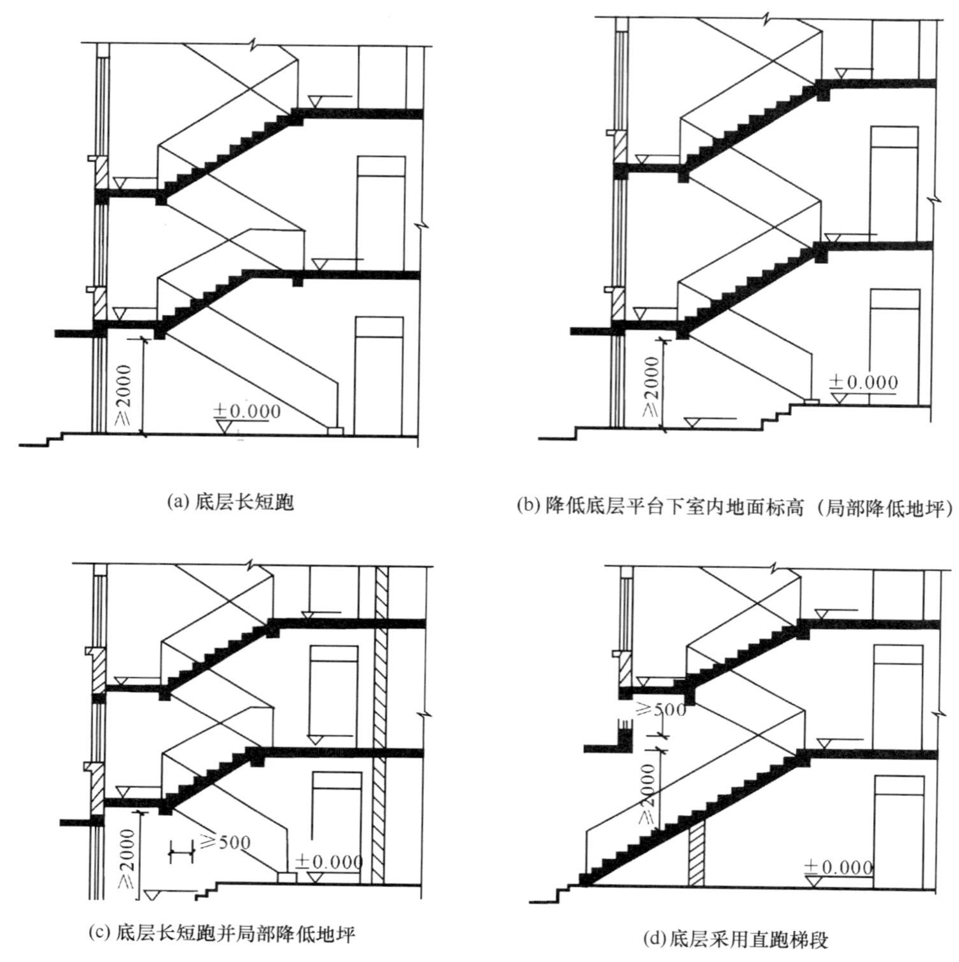

(a) 底层长短跑　(b) 降低底层平台下室内地面标高（局部降低地坪）

(c) 底层长短跑并局部降低地坪　(d) 底层采用直跑梯段

图 5-9　平台下作出入口时楼梯净高设计的几种方式

5.2 现浇钢筋混凝土楼梯

钢筋混凝土楼梯按施工方式可分为现浇式和预制装配式两类。

现浇钢筋混凝土楼梯是指楼梯段、楼梯平台等整浇在一起的楼梯。它整体性好，刚度大，对抗震较为有利。但由于模板耗费较多，且施工速度缓慢，因而较适合于工程比较小且抗震设防要求较高的建筑中，对螺旋梯、弧形梯由于形状复杂，亦以采用现浇有利。

现浇楼梯按梯段的传力特点，有板式梯段和梁板式梯段之分。

5.2.1 板式梯段

板式梯段是指楼梯段作为一块整板，斜搁在楼梯的平台梁上。平台梁之间的距离便是

这块板的跨度。也有带平台板的板式楼梯，即把两个或一个平台板和一个梯段组合成一块折形板；这时，平台下的净空扩大了，且形式简洁。

近年来各地较多地采用了悬臂板式楼梯，其特点是梯段和平台均无支承，完全靠上、下梯段与平台组成的空间板式结构与上、下层楼板结构共同来受力，因而造型新颖，空间感好，多用作公共建筑和庭园建筑的外部楼梯。

5.2.2　梁板式楼梯段

当梯段较宽或楼梯负载较大时，采用板式梯段往往不经济，须增加梯段斜梁（简称梯梁）以承受板的荷载，并将荷载传给平台梁，这种梯段称梁板式梯段。梁板式梯段在结构布置上有双梁布置和单梁布置之分。双梁式梯段系将梯段斜梁布置在梯段踏步的两端，这时踏步板的跨度便是梯段的宽度。这样板跨小，对受力有利。这种梯梁在板下部的称正梁式梯段。有时为了让梯段底表面平整或避免洗刷楼梯时污水沿踏步端头下淌，弄脏楼梯，常将梯梁反向上面称反梁式梯段。

在梁板式结构中，单梁式楼梯是近年来公共建筑中采用较多的一种结构形式。这种楼梯的每个梯段由一根梯梁支承踏步。梯梁布置有两种方式，一种是单梁悬臂式楼梯，系将梯段斜梁布置在踏步的一端，而将踏步的另一端向外悬臂挑出；另一种是将梯段斜梁布置在梯段踏步的中间，让踏步从梁的两侧悬挑，称为单梁挑板式楼梯。单梁楼梯受力复杂，梯梁不仅受弯，而且受扭，特别是单梁悬臂式楼梯，更为明显。但这种楼梯外形轻巧、美观，常为建筑空间造型所采用。

单梁挑板式楼梯受力较单梁悬臂式楼梯合理。其梯梁的支承方式有两种，一是将双跑梯的两根梯梁组合成一刚架，支承在与楼层同高的平台或立柱上，而中间平台部分与梯梁刚接；另一种则在中间平台处设平台梁，由平台梁支承梯梁，并将荷载传到平台梁下的立柱上。

5.3　预制装配式钢筋混凝土楼梯构造

钢筋混凝土楼梯具有坚固耐久、节约木材、防火性能好、可塑性强等优点，得到广泛应用。按其施工方式可分为预制装配式和现浇整体式。预制装配式有利于节约模板、提高施工速度，使用较为普遍。

预制装配式钢筋混凝土楼梯按其构造方式可分为梁承式、墙承式和墙悬臂式等类型。本节以常用的平行双跑楼梯为例，阐述预制装配式钢筋混凝土楼梯的一般构造原理和做法。

5.3.1　预制装配梁承式钢筋混凝土楼梯

预制装配梁承式钢筋混凝土楼梯、系指梯段由平台梁支承的楼梯构造方式。由于在楼梯平台与斜向梯段交汇处设置了平台梁，避免了构件转折处受力不合理和节点处理的困难，在一般大量性民用建筑中较为常用。预制构件可按梯段（板式或梁板式梯段）、平台梁、平台板三部分进行划分。

1. 梯段

（1）梁板式梯段

梁板式梯段由楼梯斜梁和踏步板组成。一般在踏步板两端各设一根楼梯斜梁，踏步板支承在楼梯斜梁上。由于构件小型化，不需要大型起重设备即可安装，施工简便（图 5-10）。

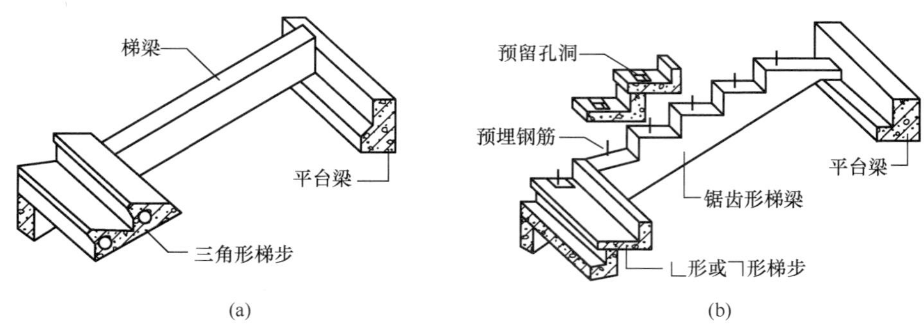

图 5-10　预制梯段斜梁的形式

（2）板式梯段

板式梯段为整块或数块带踏步条板，其上下端直接支承在平台梁上。由于没有梯斜梁，梯段底面平整，结构厚度小，其有效断面厚度可按 $L/20\sim L/30$ 估算，由于梯段板厚度小，且无梯斜梁，使平台梁位置相应抬高，增大了平台下净空高度。

2. 平台梁

为了便于支承梯斜梁或梯段板，平衡梯段水平分力并减少平台梁所占结构空间，一般将平台梁做成 L 形断面，如图 5-11 所示。其构造高度按 $L/12$ 估算（L 为平台梁跨度）。

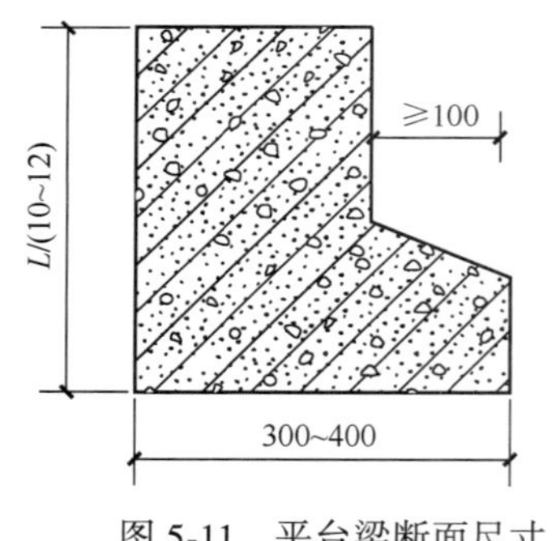

图 5-11　平台梁断面尺寸

3. 平台板

平台板可根据需要采用钢筋混凝土空心板、槽板或平板。需要注意的是，在平台上有管道井处，不宜布置空心板。平台板一般平行于平台梁布置，以利于加强楼梯间整体刚度。当垂直于平台梁布置时，常用小平板。

4. 构件连接构造

由于楼梯是主要交通部件，对其坚固耐久、安全可靠的要求较高，特别是在地震、区建筑中更需引起重视。并且梯段为倾斜构件，故需加强各构件之间的连接，提高其整体性。

（1）踏步板与楼梯斜梁连接

如图 5-12（a）所示，一般在楼梯斜梁支承踏步板处用水泥砂浆坐浆连接。如需加强可在楼梯斜梁上预埋插筋，与踏步板支承端预留孔插接，用高标号水泥砂浆填实。

（2）楼梯斜梁或梯段板与平台梁连接

如图 5-12（b）所示，在支座处除了用水泥砂浆坐浆外，应在连接端预埋钢板进行焊接。

(3) 楼梯斜梁或梯段板与梯基连接

如图 5-12 (c)、(d) 所示，在楼梯底层起步处，梯斜梁或梯段板下应作梯基，梯基常用砖或混凝土，也可用平台梁代替梯基。但需注意该平台梁无梯段处与地坪的关系。

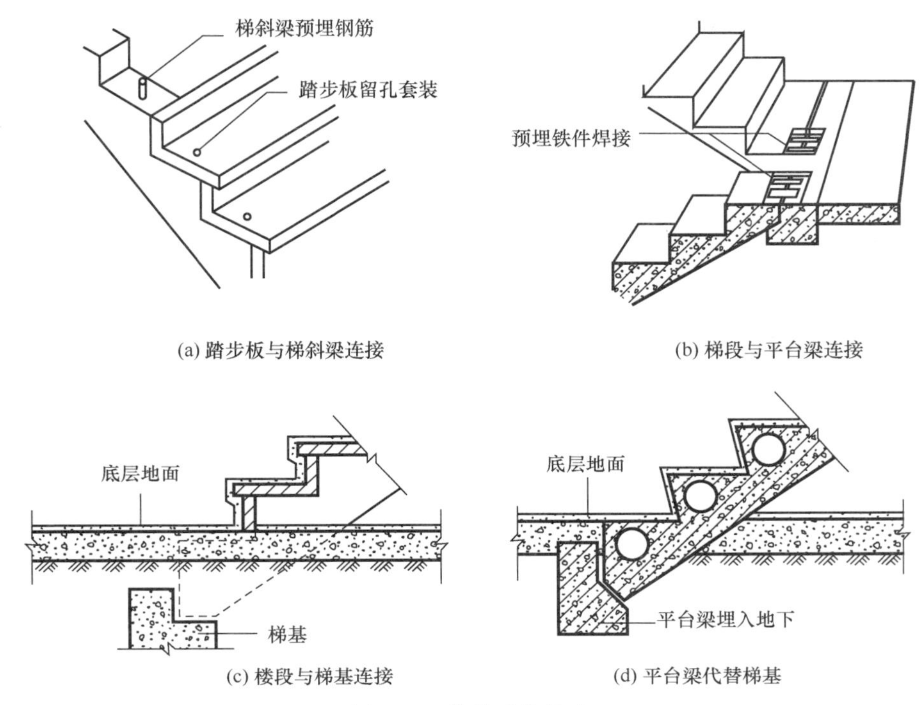

图 5-12　构件连接构造

5.3.2　预制装配墙承式钢筋混凝土楼梯

预制装配墙承式钢筋混凝土楼梯系指预制钢筋混凝土踏步板直接搁置在墙上的一种楼梯形式。其踏步板一般采用一字形、L 形或┐形断面。

预制装配墙承式钢筋混凝土楼梯由于踏步两端均有墙体支承，不需设平台梁和梯斜梁，也不必设栏杆，需要时设靠墙扶手，可节约钢材和混凝土。但由于每块踏步板直接安装入墙体，对墙体砌筑和施工速度影响较大。同时，踏步板入墙端形状、尺寸与墙体砌块模数不容易吻合，砌筑质量不易保证，影响砌体强度。

这种楼梯由于在梯段之间有墙，搬运家具不方便，也阻挡视线，上下人流易相撞。通常在中间墙上开设观察口，以使上下人流视线流通。也可将中间墙两端靠平台部分局部收进，以使空间通透，有利于改善视线和搬运家具物品。但这种方式对抗震不利，施工也较麻烦。

5.3.3　预制装配墙悬臂式钢筋混凝土楼梯

预制装配墙悬臂式钢筋混凝土楼梯系指预制钢筋混凝土踏步板一端嵌固于楼梯间侧墙

上，另一端凌空悬挑的楼梯形式。

预制装配墙悬臂式钢筋混凝土楼梯无平台梁和梯斜梁，也无中间墙，楼梯间空间轻巧空透，结构占空间少，在住宅建筑中使用较多。但其楼梯间整体刚度极差，不能用于有抗震设防要求的地区。由于需随墙体砌筑安装踏步板，并需设临时支撑，施工比较麻烦。

预制装配墙悬臂式钢筋混凝土楼梯用于嵌固踏步板的墙体厚度不应小于240mm，踏步板悬挑长度一般≤1800mm，以保证嵌固端牢固。

踏步板一般采用L形或┑形带肋断面形式，其入墙嵌固端一般做成矩形断面，嵌入深度≥240mm，砌墙砖的标号≥MU10，砌筑砂浆标号≥M5。

为了加强踏步板之间的整体性，在构造上需将单块踏步板互相连接起来。可在踏步板悬臂端留孔，用插筋套接，并用高标号水泥砂浆嵌固。在梯段起步或末步处，根据所采用的踏步断面是L形或┑形，需填砖处理。

在楼层平台与梯段交接处，由于楼梯间侧墙另一面常有楼板支承在该墙上，其入墙位置与踏步板入墙位置冲突，需对此块踏步板作特殊处理。

5.4 楼梯的细部构造

5.4.1 踏步的踏面

楼梯踏步的踏面应光洁、耐磨，易于清扫。面层常采用水泥砂浆、水磨石等，亦可采用铺缸砖、贴油地毡或铺大理石板。前两种多用于一般工业与民用建筑中，后几种多用于有特殊要求或较高级的公共建筑中。

为防止行人在上下楼梯时滑跌，特别是水磨石面层以及其他表面光滑的面层，常在踏步近踏口处，用不同于面层的材料做出略高于踏面的防滑条；或用带有槽口的陶土块或金属板包住踏口（图5-13和图5-14）。如果面层系采用水泥砂浆抹面，由于表面粗糙，可不做防滑条。

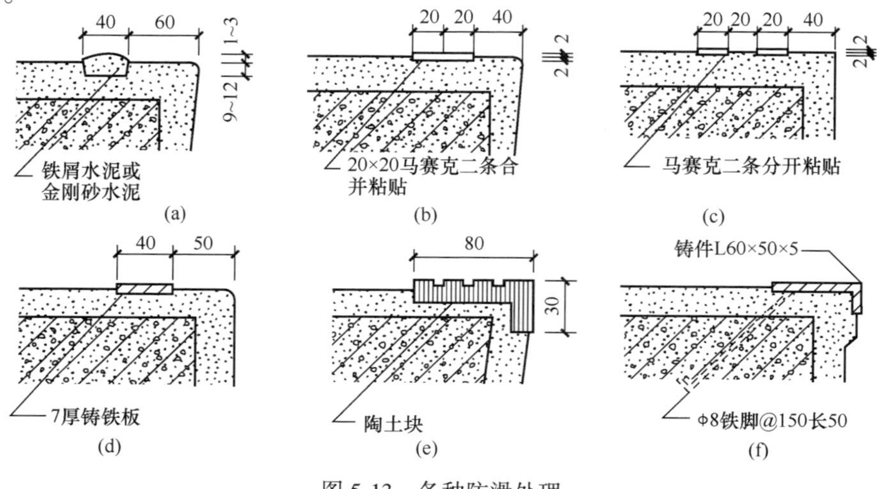

图5-13 各种防滑处理

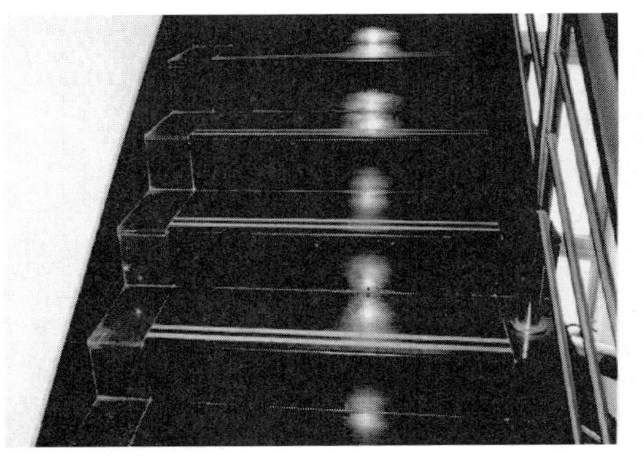

图 5-14　防滑处理实例

5.4.2　栏杆、栏板与扶手

（1）栏杆

栏杆多采用方钢、圆钢、钢管或扁钢等材料，并可焊接或铆接成各种图案，既起防护作用，又起装饰作用。方钢截面的边长与圆钢的直径一般为 20mm，扁钢截面不大于 6×40（mm）。栏杆钢条花格的间隙，对居住建筑或儿童使用的楼梯，均不宜超过 120mm，为防止儿童攀爬，亦不宜设水平横杆，常见栏杆的形式见图 5-15。

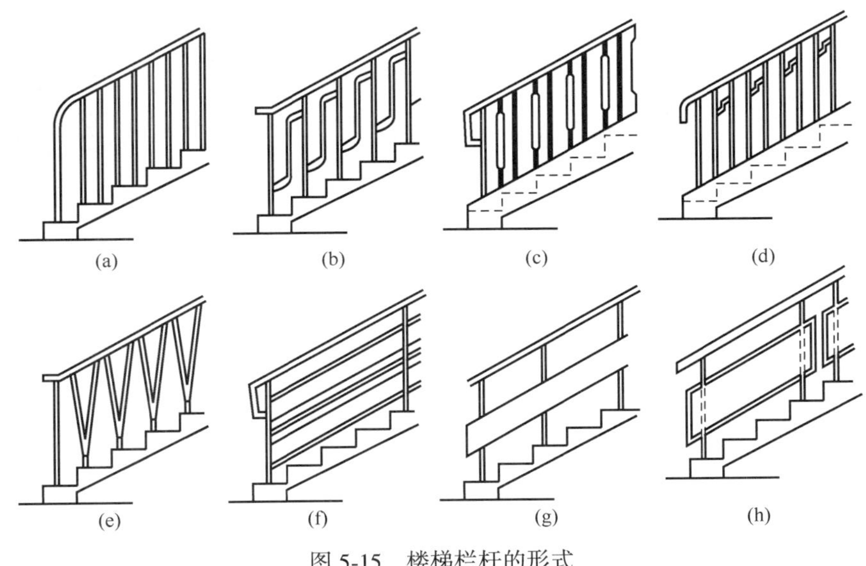

图 5-15　楼梯栏杆的形式

栏杆与踏步的连接方式有锚接、焊接和拴接三种（图 5-16）。所谓锚接是在踏步上预留孔洞，然后将钢条插入孔内，预留孔一般为 50mm×50mm。插入洞内至少 80mm。洞内浇注水泥砂浆或细石混凝土嵌固［图 5-16（a）］。焊接则是在浇注楼梯踏步时，在需要设置栏杆的部位，沿踏面预埋钢板或在踏步内埋套管，然后将钢条焊接在预埋钢板或套管上［图 5-16（b）］。拴接系指利用螺栓将栏杆固定在踏步上，方式可有多种［图 5-16（c）］。栏杆实例见图 5-17。

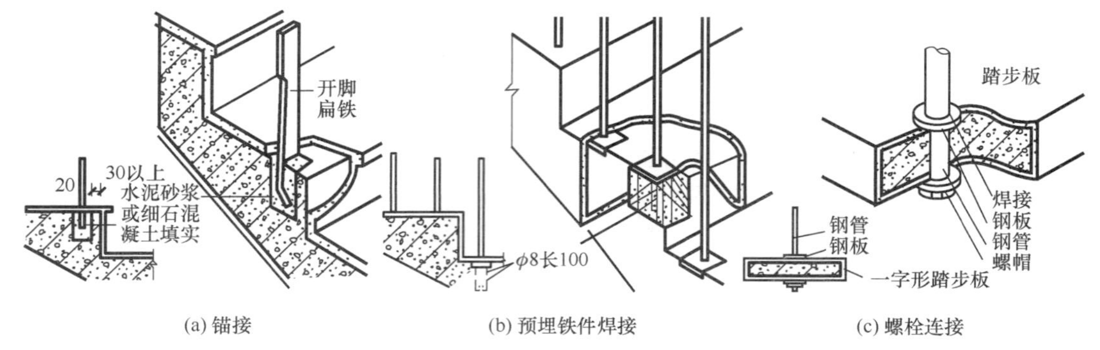

(a) 锚接　　(b) 预埋铁件焊接　　(c) 螺栓连接

图 5-16　楼梯栏杆与踏步的连接方式

图 5-17　栏杆实例

（2）栏板

栏板多用钢筋混凝土或加筋砖砌体制作，也有用钢丝网水泥板的。钢筋混凝土栏板有预制和现浇两种。

砖砌栏板系用普通砖侧砌，60mm 厚，外侧用钢筋网加固，再用钢筋混凝土扶手与栏板连成整体。

钢筋混凝土栏板与钢丝网水泥栏板类似，多采用现浇处理，比砖砌栏板牢固、安全、耐久，但栏板厚度以及造价和自重增大。

（3）混合式

混合式是指空花式和栏板式两种栏杆形式的组合，栏杆竖杆作为主要抗侧力构件，栏板则作为防护和美观装饰构件，其栏杆竖杆常采用钢材或不锈钢等材料，其栏板部分常采用轻质美观材料制作，如木板、塑料贴面板、铝板、有机玻璃板和钢化玻璃板等。图 5-18 为几种常见做法。见图 5-19 栏板实例。

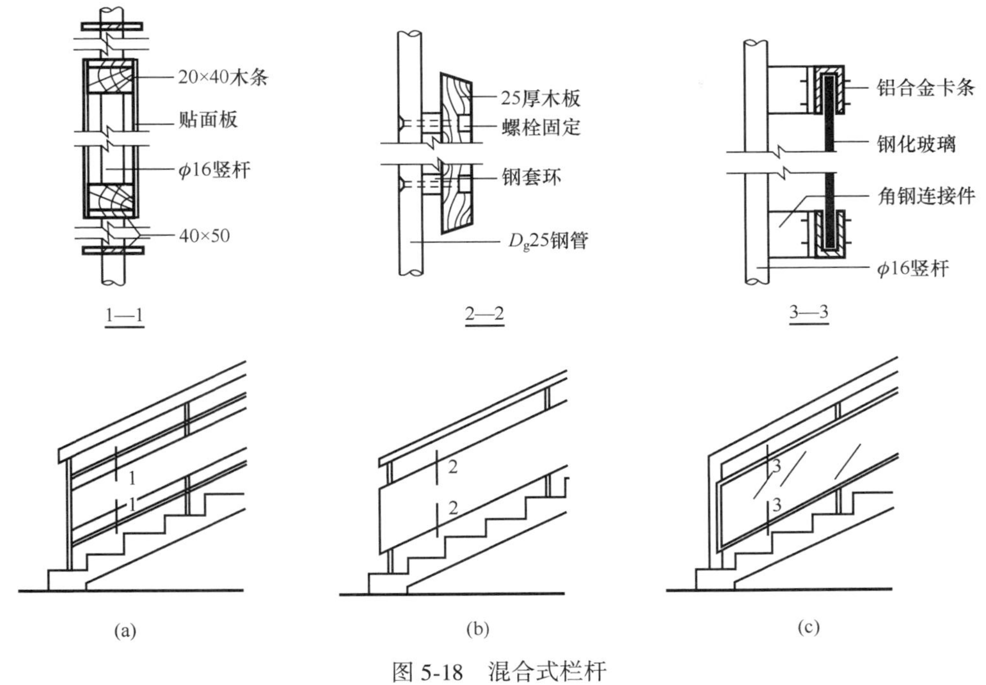

图 5-18　混合式栏杆

5.4.3　扶手

楼梯扶手按材料分有木扶手、金属扶手、塑料扶手等，以构造分有漏空栏杆扶手，栏板扶手和靠墙扶手等。

木扶手藉木螺丝通过扁铁与漏空栏杆连接［图 5-20（a）］；塑料扶手［图 5-20（b）］；金属扶手则通过焊接或螺钉连接［图 5-20（c）］；栏板上的扶手多采用抹水泥砂浆或水磨石粉面的处理方式［图 5-20（d）］；靠墙扶手则由预埋铁脚的扁钢藉木螺丝来固定［图 5-20（e）］。混合式栏杆实例见图 5-21。

图 5-19　栏板实例

5.4.4　楼梯的基础

楼梯的基础简称为梯基。靠底层地面的梯段需设梯基，梯基的做法有两种：一种是楼梯直接设砖、石材或混凝土基础；另一种是楼梯支承在钢筋混凝土地基梁上。当持力层埋深较浅时采用第一种较经济，但地基的不均匀沉降对楼梯有影响。图 5-22 是预制梯段的两种梯基构造示意。

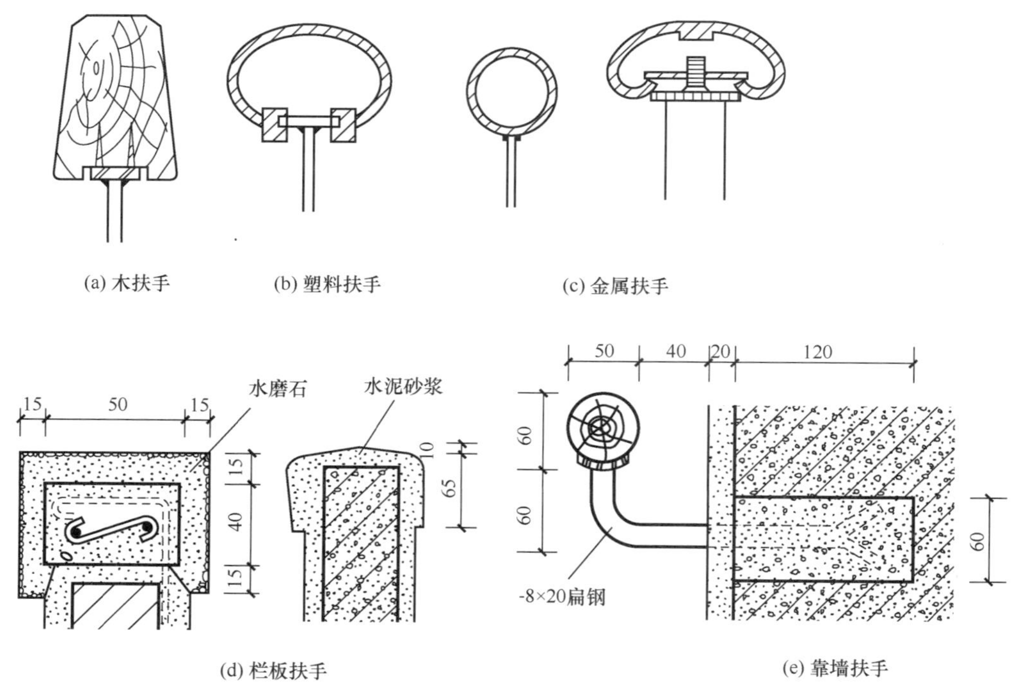

图 5-20　栏杆及栏板的扶手构造

图 5-21　混合式栏杆实例

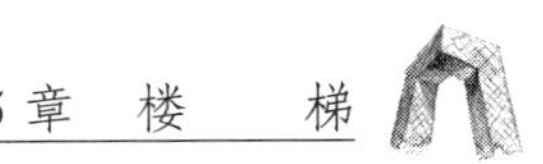

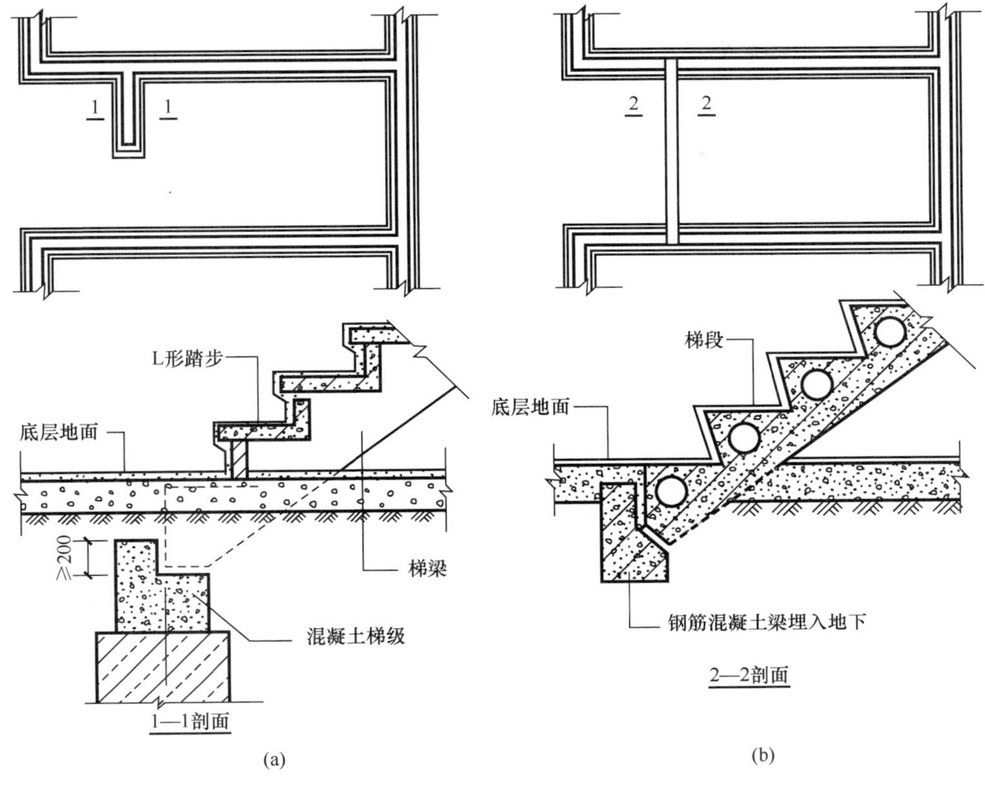

图 5-22　梯基构造示意

5.5 室外台阶与坡道

台阶与坡道都是设置在建筑物出入口处的辅助配件，根据使用要求的不同，在形式上有所区别。在一般民用建筑中，大多设置台阶，只有在车辆通行及特殊的情况下，才设置坡道，如医院、宾馆、幼儿园、行政办公大楼以及工业建筑的车间大门等处。

台阶和坡道在入口处对建筑物的立面还具有一定装饰作用，因而设计时既要考虑实用，还要注意美观。

5.5.1　台阶与坡道的形式

台阶由踏步和平台组成。其形式有单面踏步式、三面踏步式等［图 5-23（a）、（b）］。台阶坡度较楼梯平缓，每级踏步高为 100~150mm，踏面宽为 300~400mm。当台阶高度超过 1m 时，宜有护栏设施。

坡道多为单面坡形式，极少三面坡的，坡道坡度应以有利推车通行为佳，一般为 1/10~1/8，也有 1/30 的［图 5-23（c）］。还有些大型公共建筑，为考虑汽车能在大门入口处通行，常采用台阶与坡道相结合的形式［图 5-23（d）］。台阶实例见图 5-24。

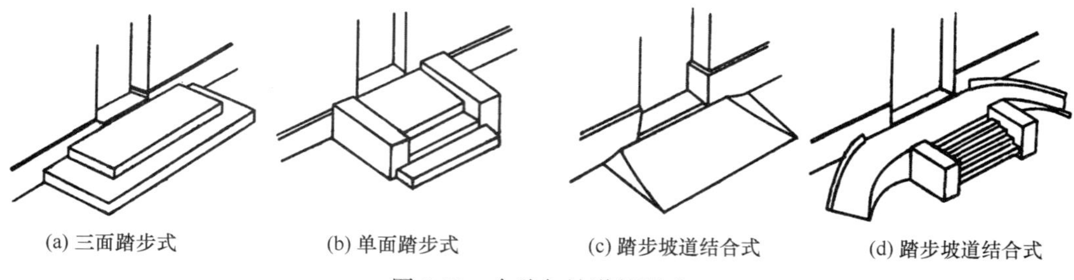

图 5-23 台阶与坡道的形式

图 5-24 台阶实例

5.5.2 台阶构造

室外台阶的平台应与室内地坪有一定高差，一般为 40～50mm，而且表面需向外倾斜，以免雨水流向室内。

台阶构造与地坪构造相似，由面层和结构层构成。结构层材料应采用抗冻、抗水性能好且质地坚实的材料，常见的台阶基础有就地砌造、勒脚挑出、桥式三种。台阶踏步有砖砌踏步、混凝土踏步、钢筋混凝土踏步、石踏步四种。高度在 1m 以上的台阶需考虑设栏杆或栏板（图 5-25）。

面层应采用耐磨、抗冻材料。常见的有水泥砂浆，水磨石、缸砖以及天然石板等。水磨石在冰冻地区容易造成滑跌，故应慎用。若使用时必须采取防滑措施。缸砖、天然石板等多用于大型公共建筑大门入口处。

为预防建筑物主体结构下沉时拉裂台阶，应待主体结构有一定沉降后，再做台阶。

5.5.3 坡道构造

坡道材料常见的有混凝土或石块等，面层亦以水泥砂浆居多，对经常处于潮湿、坡度较陡或采用水磨石作面层的，在其表面必须作防滑处理，其构造见图 5-26（c）、（d）。坡道实例见图 5-27。

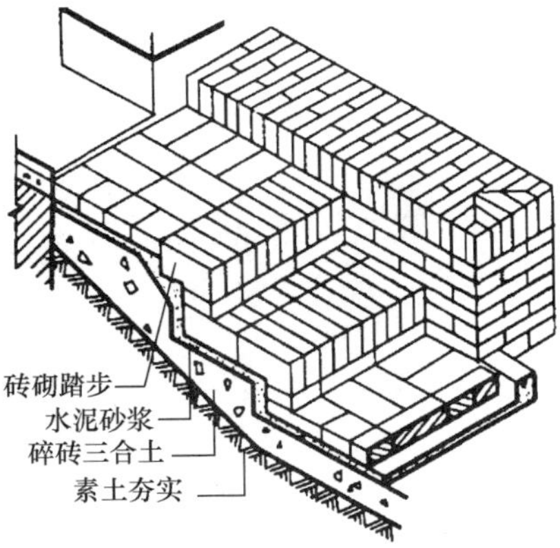

砖砌踏步
水泥砂浆
碎砖三合土
素土夯实

(a) 砖台阶

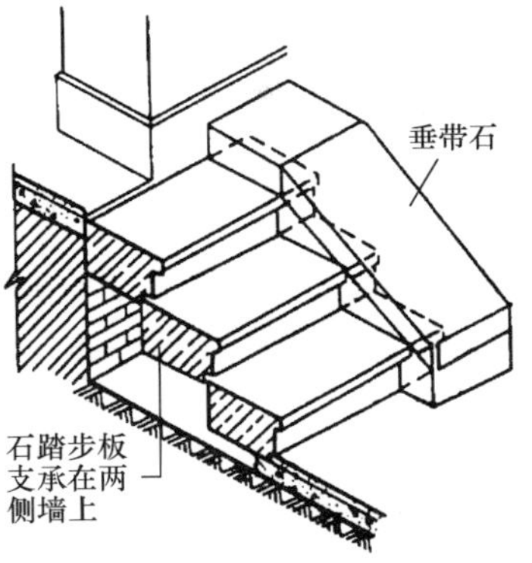

垂带石
石踏步板
支承在两
侧墙上

(b) 石台阶

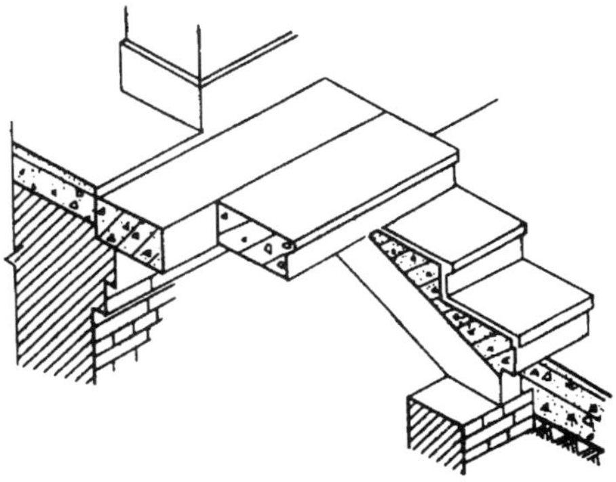

(c) 桥式台阶

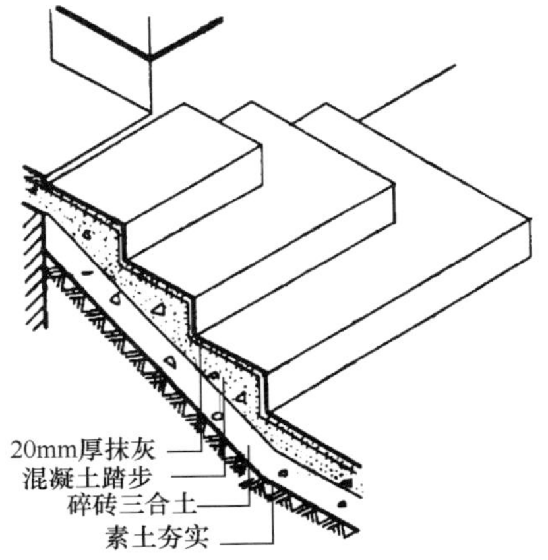

20mm厚抹灰
混凝土踏步
碎砖三合土
素土夯实

(d) 混凝土台阶

图 5-25　各式台阶构造示意

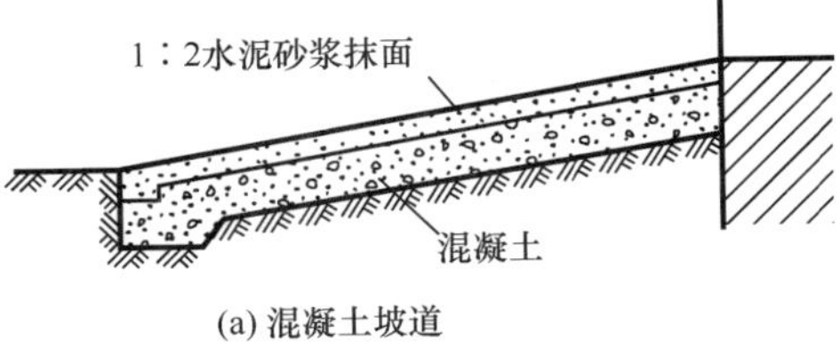

1∶2水泥砂浆抹面
混凝土

(a) 混凝土坡道

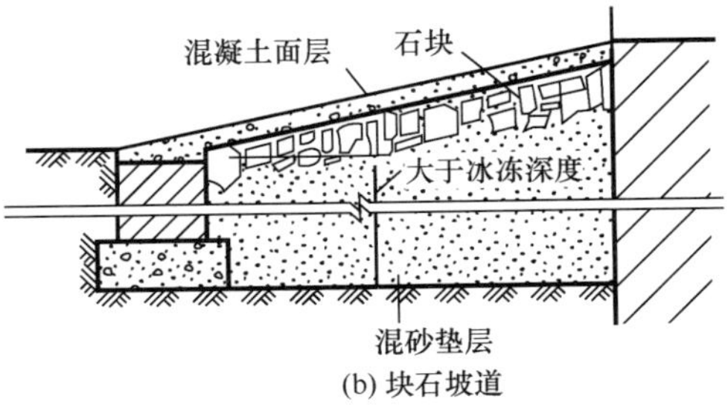

混凝土面层
石块
大于冰冻深度
混砂垫层

(b) 块石坡道

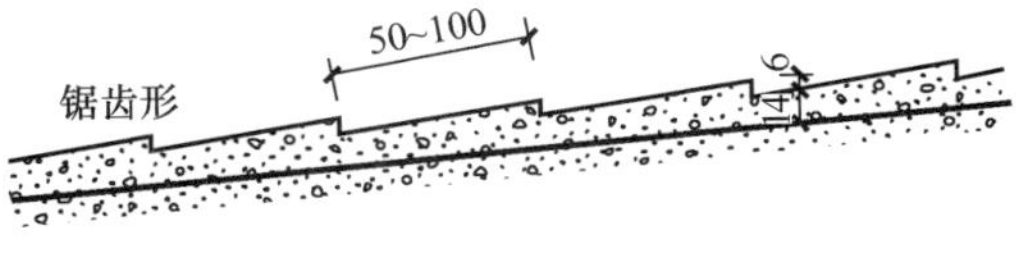

锯齿形
50~100

(c) 防滑锯齿槽坡面

金刚砂防滑条
水磨石
50~80

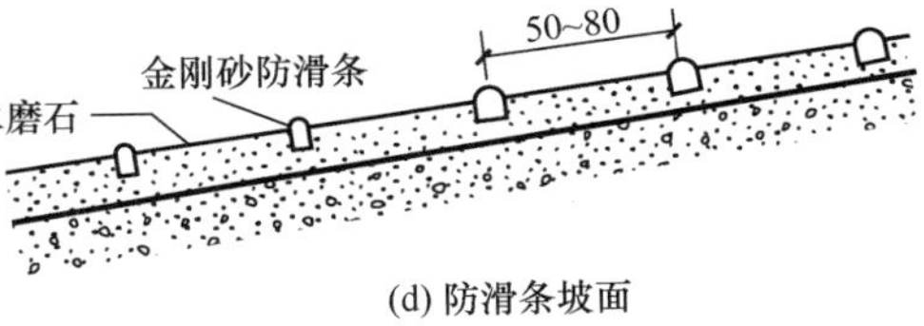

(d) 防滑条坡面

图 5-26　坡道构造

图 5-27　坡道实例

5.6 电梯与自动扶梯

5.6.1　电梯

电梯是高层住宅与公共建筑，工厂等不可缺少的重要垂直运载设备。

1. 电梯的类型

（1）按使用性质分

客梯　主要用于人们在建筑物中的垂直联系。

货梯　主要用于运送货物及设备。

消防电梯　用于发生火灾、爆炸等紧急情况下作安全疏散人员和消防人员紧急救援使用。

（2）按电梯行驶速度分

为缩短电梯等候时间，提高运送能力，需确定恰当速度。根据不同层数的不同使用要求可分为：

高速电梯　速度大于 2m/s，梯速随层数增加而提高，消防电梯常用高速。

中速电梯　速度在 2m/s 之内，一般货梯，按中速考虑。

低速电梯　运送食物电梯常用低速，速度在 1.5m/s 以内。

（3）其他分类

有按单台、双台分；按交流电梯、直流电梯分；按轿厢容量分；按电梯门开启方向分等。

（4）观光电梯

观光电梯是把竖向交通工具和登高流动观景相结合的电梯。透明的轿厢使电梯内外景观相互沟通。

2. 电梯的组成

（1）电梯井道

电梯井道是电梯运行的通道，井道内包括出入口、电梯轿厢、导轨、导轨撑架、平衡锤及缓冲器等。不同用途的电梯，井道的平面形式是不同的，图 5-28 是客梯、货梯、病床梯和小型杂物梯的井道平面形式。

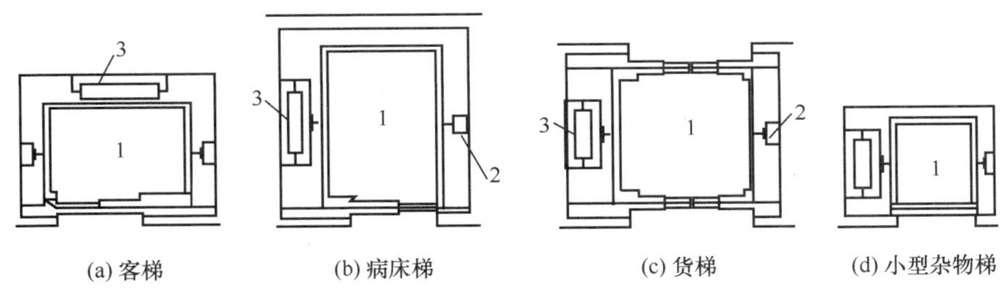

图 5-28　电梯分类和井道平面

1—电梯轿厢；2—导轨、导轨撑架；3—平衡锤及缓冲器

（2）电梯机房

电梯机房一般设在井道的顶部。机房和并道的平面相对位置允许机房任意向一个或两个相邻方向伸出，并满足机房有关设备安装的要求。机房楼板应按机器设备要求的部位预留孔洞。

（3）井道地坑

井道地坑在最底层平面标高下≥1.4m，考虑电梯停靠时的冲力，作为轿厢下降时所需的缓冲器的安装空间。

（4）组成电梯的有关部件

轿厢　是直接载人、运货的厢体。电梯轿厢应造型美观，经久耐用，当今轿厢采用金属框架结构，内部用光洁有色钢板壁面或有色有孔钢板壁面，花格钢板地面，荧光灯局部照明以及不锈钢操纵板等。入口处则采用钢材或坚硬铝材制成的电梯门槛。

井壁导轨和导轨支架　是支承、固定厢上下升降的轨道。

牵引轮及其钢支架、钢丝绳、平衡锤、轿厢开关门、检修起重吊钩等。

有关电器部件　交流电动机、直流电动机、控制柜、继电器、选层器、动力、照明、电源开关、厅外层数指示灯和厅外上下召唤盒开关等。

3. 电梯与建筑物相关部位的构造

（1）井道、机房建筑的一般要求

1）通向机房的通道和楼梯宽度不小于 1.2m，楼梯坡度不大于 45°。

2）机房楼板应平坦整洁，能承受 6kPa 的均布荷载。

3）井道壁多为钢筋混凝土井壁或框架填充墙井壁。井道壁为钢筋混凝土时，应预留 150mm 见方、150mm 深孔洞、垂直中距 2m，以便安装支架。

4）框架（圈梁）上应预埋铁板，铁板后面的焊件与梁中钢筋焊牢。每层中间加圈梁一道，并需设置预埋铁板。

5）电梯为两台并列时，中间可不用隔墙而按一定的间隔放置钢筋混凝土梁或型钢过梁，以便安装支架。

（2）电梯导轨支架的安装

安装导轨支架分预留孔插入式和预埋铁件焊接式，电梯构造如图 5-29 所示。

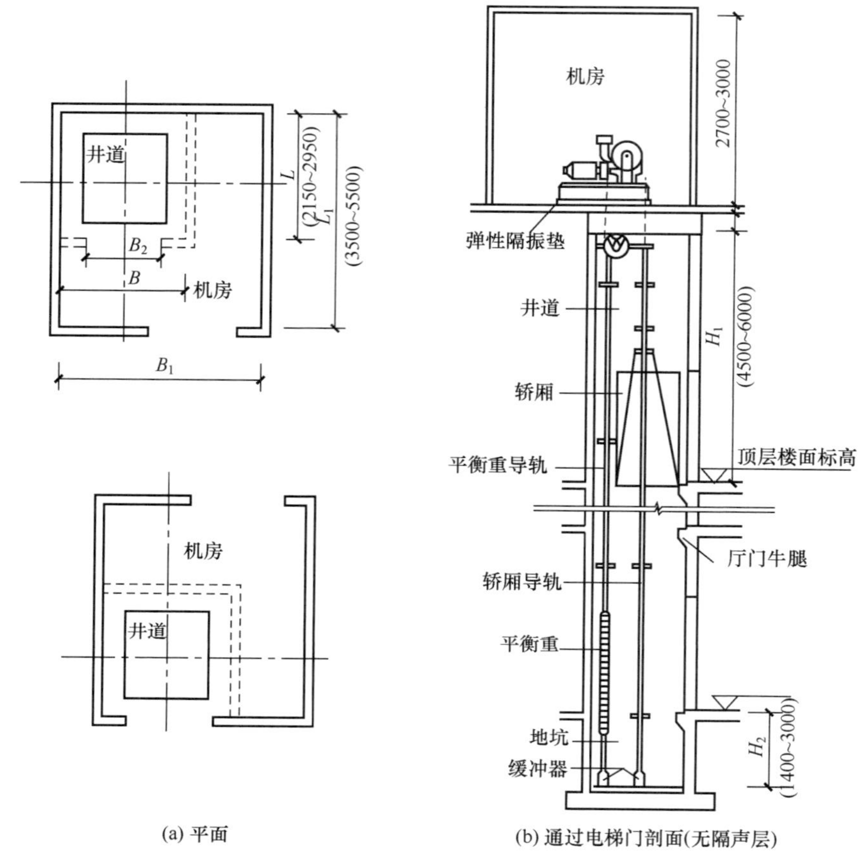

图 5-29　电梯组成示意

4. 电梯井道构造

（1）电梯井道的设计要求

井道的防火　井道是建筑中的垂直通道，极易引起火灾的蔓延，因此井道四周应为防火结构。井道壁一般采用现浇钢筋混凝土或框架填充墙井壁。同时当井道内超过两部电梯时，需用防火围护结构予以隔开。

井道的隔振与隔声　电梯运行时产生振动和噪声。一般在机房机座下设弹性垫层隔振；在机房与井道间设高 1.5m 左右的隔声层（图 5-30）。

井道的通风　为使井道内空气流通，火警时能迅速排除烟和热气，应在井道底部和中部适当位置（高层时）及地坑等处设置不小于 300mm×600mm 的通风口，上部可以和排烟口结合，排烟口面积不少于井道面积的 3.5%。通风口总面积的 1/3 应经常开启。通风管道可在井道顶板上或井道壁上直接通往室外。

其他 地坑要注意防水、防潮处理，坑壁应设爬梯和检修灯槽。

（2）电梯井道细部构造

电梯井道的细部构造包括厅门门套装修及门的牛腿处理，导轨撑架与井壁的固结处理等。

电梯井道可用砖砌加钢筋混凝土圈梁，但大多数为钢筋混凝土结构。井道各层的出入口即为电梯间的厅门，在出入口处的地面应向井道内挑出一牛腿。

由于厅门系人流或货流频繁经过的地方，因此不仅要求坚固适用，而且还要满足一定的美观要求。具体的措施是在厅门洞口上部和两侧安装门套。门套装修可采用多种做法，如水泥砂浆抹面、粘贴水磨石板、大理石板以及硬木板或金属板贴面。金属板为电梯厂家定型制造，其他材料均可现场制作或预制。各种门套的构造处理见图 5-31。

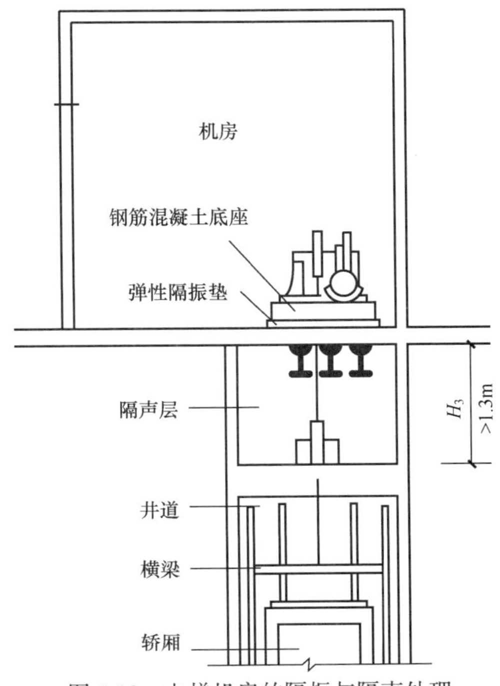

图 5-30 电梯机房的隔振与隔声处理

电梯厅门外视图

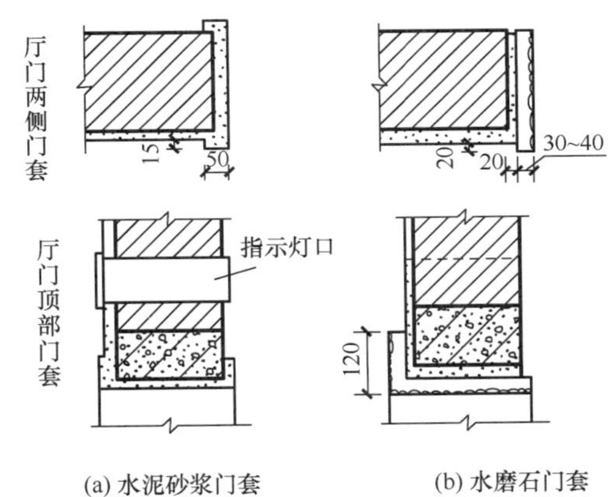

(a) 水泥砂浆门套

(b) 水磨石门套

图 5-31 电梯厅门门套装修构造

厅门牛腿位于电梯门洞下缘，亦即乘客进入轿厢的踏板处，牛腿出挑长度随电梯规格而变，通常由电梯厂提供数据。牛腿一般为钢筋混凝土现浇或预制构件，其构造见图 5-32。

5.6.2 自动扶梯

自动扶梯适用于有大量人流上下的公共场所，如车站、超市、商场、地铁车站等。自动扶梯可正、逆两个方向运行，可作提升及下降使用，机器停转时可作普通楼梯使用。自动扶梯是电动机械牵动梯段踏步连同栏杆扶手带一起运转。机房悬挂在楼板下面。

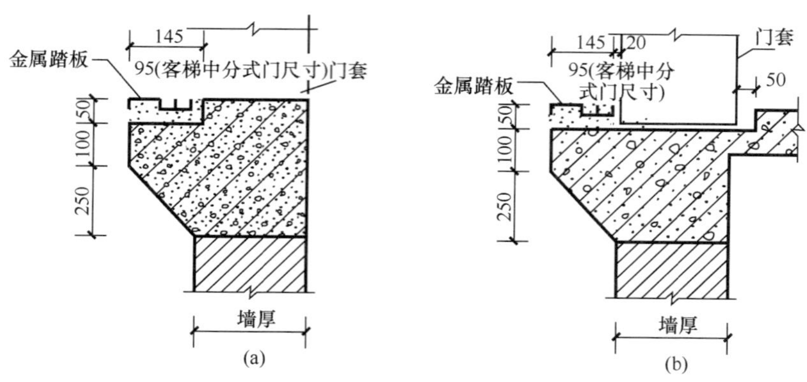

图 5-32　厅门牛腿部位构造

小结

本章着重讲述了楼梯、室外台阶与坡道、电梯与自动扶梯三部分内容。楼梯部分除有关设计内容外，重点讲了钢筋混凝土楼梯的构造。

1. 楼梯是建筑物中重要的结构构件。它布置在楼梯间内，由楼梯段、平台和栏杆所构成。常见的楼梯平面形式有直跑梯、双跑梯、多跑梯、交叉梯、剪刀梯等。楼梯的位置应明显易找，光线充足，避免交通拥挤、堵塞，同时必须满足防火要求。

2. 楼梯段和平台的宽度应按人流股数确定，且应保证人流和货物的顺利通行。

楼梯段应根据建筑物的使用性质和层高确定其坡度，一般最大坡度不超过38°。梯段坡度与楼梯踏步密切相关，而踏步尺寸又与人行步距紧密相连。

3. 楼梯的净高在平台部位应大于2m，在梯段部位应大于2.2m。在平台下设出入口时，当净高不足2m，可采用长短跑或利用室内外地面高差将室外的踏步移到室内等办法予以解决。

4. 钢筋混凝土楼梯有现浇式和预制装配式之分，现浇式楼梯可分为板式梯段和梁板式梯段两种结构形式，而梁板式梯段又有双梁布置和单梁布置之分。

5. 中、小型预制构件楼梯可分为预制踏步和预制楼梯斜梁两种。预制踏步有实心三角形、空心三角形、L形和一字形踏步板等形式。预制梯梁有矩形梯梁和锯齿形梯梁，其构造方式有墙承式和梁承式两种。

6. 楼梯的细部构造包括踏步面层处理、栏杆与踏步的连接方式以及扶手与栏杆的连接等。

7. 室外台阶与坡道是建筑物入口处解决室内外地面高差、方便人们进出的辅助构件，其平面布置形式有单面踏步式、三面踏步式、坡道式和踏步、坡道结合式之分。构造方式又依其所采用材料而异。

8. 电梯是高层建筑的主要交通工具。由轿厢、电梯井道及运载设备等三部分构成，其细部构造包括厅门的门套装修、厅门牛腿的处理、导轨撑架与井壁的固结处理等。

自动扶梯适用于有大量人流上下的公共场所。机器停转时可作普通楼梯使用。

对有关楼梯、台阶与坡道等部分的构造应着重将各种细部大样图搞清楚。

思考题

1. 楼梯是由哪些部分所组成的？各组成部分的作用及要求如何？
2. 常见的楼梯有哪几种形式？

3. 楼梯设计的要求如何？
4. 确定楼梯段宽度应以什么为依据？
5. 为什么平台宽不得小于楼梯段宽度？
6. 楼梯坡度如何确定？踏步高与踏步宽和行人步距的关系如何？
7. 一般民用建筑的踏步高与宽的尺寸是如何限制的？当踏面宽不足最小尺寸时怎么办？
8. 楼梯为什么要设栏杆，栏杆扶手的高度一般是多少？
9. 楼梯间的开间、进深应如何确定？
10. 楼梯的净高一般指什么？为保证人流和货物的顺利通行，要求楼梯净高一般是多少？
11. 当建筑物底层平台下作出入口时，为增加净高，常采取哪些措施？
12. 钢筋混凝土楼梯常见的结构形式是哪几种？各有何特点？
13. 预制装配式楼梯的预制踏步形式有哪几种？
14. 预制装配式楼梯的构造形式有哪些？
15. 楼梯踏面的做法如何？水磨石面层的防滑措施有哪些？并看懂构造图。
16. 栏杆与踏步的构造如何？并看懂构造图。
17. 扶手与栏杆的构造如何？并看懂构造图。
18. 实体栏板构造如何？并看懂构造图。
19. 台阶与坡道的形式有哪些？
20. 台阶的构造要求如何？并看懂构造图。
21. 看懂坡道的构造图。
22. 常用电梯有哪几种？
23. 电梯由哪几部分组成？电梯井道的设计应满足什么要求？
24. 什么条件下适宜采用自动扶梯？

实训设计作业 2：楼梯构造设计

依下列条件和要求，设计某住宅的钢筋混凝土平行双跑楼梯。

1. 设计条件

该住宅为三层，层高为 2.9m，楼梯间平面与剖面见示意图（图 5-33）。底层设有住宅出入口，楼梯间四壁系承重结构并具防火能力。室内外高差 450mm。

2. 设计要求

1）根据以上条件，设计楼梯段宽度，长度、踏步数及其高、宽尺寸。

2）确定休息平台宽度。

3）经济合理地选择结构支承方式。

4）设计栏杆形式及尺寸。

3. 图纸要求

1）用一张 2 号图纸绘制楼梯间顶层、二层、底层平面图和剖面图，比例 1∶50。

2）绘制 2~3 个节点大样图，比例 1∶10，反映楼梯各细部构造（包括踏步、栏杆、扶手等）。

3）简要说明所设计方案及其构造作法特点。

4）采用铅笔完成，要求字迹工整。布图匀称，所有线条、材料图例等均应符合制图统一规定要求。

4. 提示

1）楼梯选现浇。楼梯段结构形式可选板式，亦可选梁板式。

2）栏杆可选漏空，亦可选实体栏板。

3）底层出入口处地坪亦与室外有高差，门上须设雨篷。

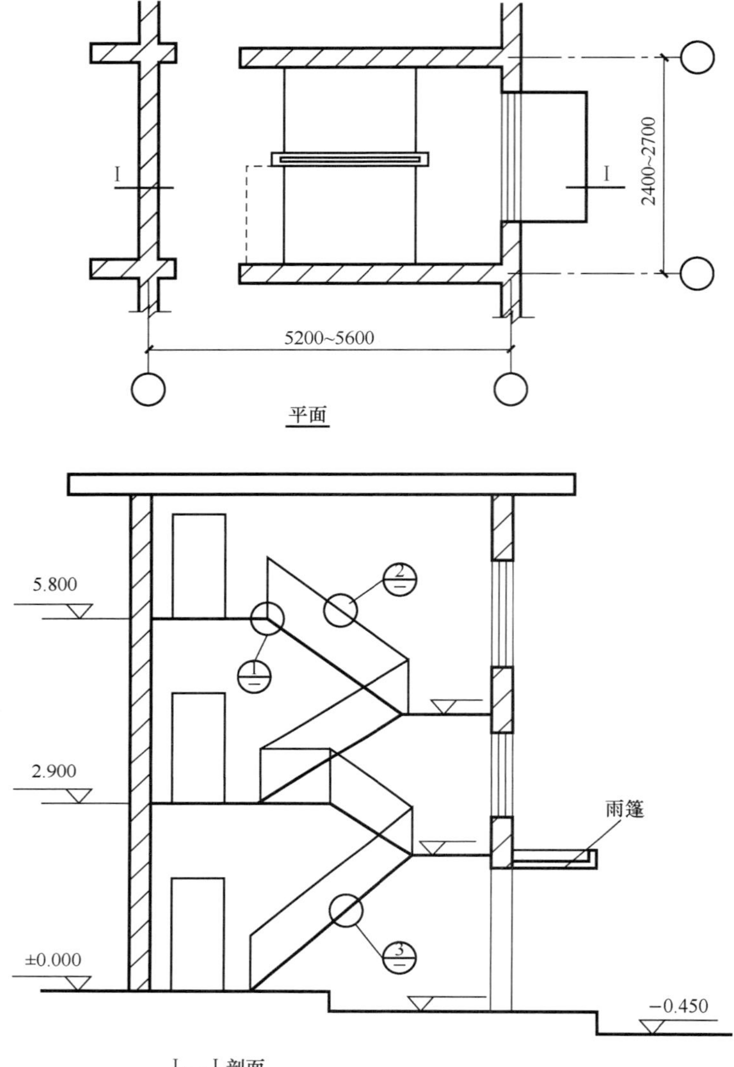

图 5-33　楼梯结构设计作业

4）楼梯间外墙可开窗，亦可作预制花格。

5）平面图中均以各层地面为准表示楼梯上、下，并于上楼梯一边绘剖切线。

6）所有未提到部分均由学生自定。

5. 主要参考资料

1）建筑设计资料集（第 3 集），1994 年中国建筑工业出版社（第二版）。

2）建筑楼梯模数协调标准（GBJ 101—1987），中国计划出版社。

3）各地区统一标准图集。

第6章 门与窗

学习目标

通过本章的学习要求学生熟悉门窗的分类及作用；熟悉平开木门窗的组成及各部分的构造；掌握门窗按施工方法不同所分的两种安装方式；掌握铝合金和塑钢门窗的构造及安装；了解门的宽度、数量、位置和开启方式，了解窗的大小、位置和宽度；熟悉构造遮阳的类型、作用及适用范围。

提示

在现代建筑中，门窗多作为成品在市场供销与安装，但是我们应该掌握门窗安装的两种施工方式（立口和塞口）以及门窗与墙体牢固连接的几种方法。

6.1 门窗的形式与尺度

6.1.1 门窗的作用、形式与尺度

1. 门窗的作用

门在房屋建筑中的作用主要是交通联系，并兼采光和通风；窗的作用主要是采光、通风及眺望。在不同情况下，门和窗还有分隔、保温、隔声、防火、防辐射、防风沙等要求。

门窗在建筑立面构图中的影响也较大，它的尺度、比例、形状、组合、透光材料的类型等，都影响着建筑的艺术效果。

2. 门的形式与尺度

(1) 门的形式

门按其开启方式通常有：平开门、弹簧门、推拉门、折叠门、转门等（图6-1）。

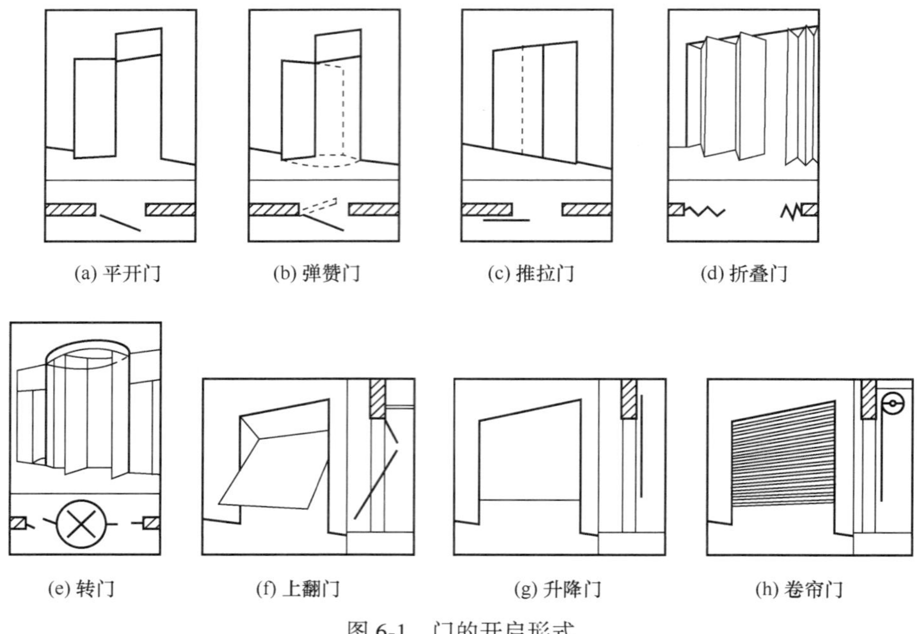

图 6-1　门的开启形式

（2）门的尺度

门的尺度通常是指门洞的高宽尺寸。门作为交通疏散通道，其尺度取决于人的通行要求，家具器械的搬运及与建筑物的比例关系等，并要符合现行《建筑模数协调统一标准》的规定。

门的高度　不宜小于 2100mm。如门设有亮子时，亮子高度一般为 300～600mm，则门洞高度为 2400～3000mm。公共建筑大门高度可视需要适当提高。

门的宽度　单扇门为 700～1000mm，双扇门为 1200～1800mm。宽度在 2100mm 以上时，则做成三扇、四扇门或双扇带固定扇的门，因为门扇过宽易产生翘曲变形，同时也不利于开启。辅助房间（如浴厕、贮藏室等）门的宽度可窄些，一般为 700～800mm。

6.1.2　窗的形式与尺度

1. 窗的形式

窗的形式一般按开启方式定。而窗的开启方式主要取决于窗扇铰链安装的位置和转动方式。通常窗的开启方式有以下几种（图 6-2）。

2. 窗的开启方式

固定窗　无窗扇、不能开启的窗为固定窗。固定窗的玻璃直接嵌固在窗框上，可供采光和眺望之用。

平开窗　铰链安装在窗扇一侧与窗框相连，向外或向内水平开启。有单扇、双扇、多扇，有向内开与向外开之分。其构造简单，开启灵活，制作维修均方便，是民用建筑中采用最广泛的窗。

悬窗　因铰链和转轴的位置不同，可分为上悬窗、中悬窗和下悬窗。

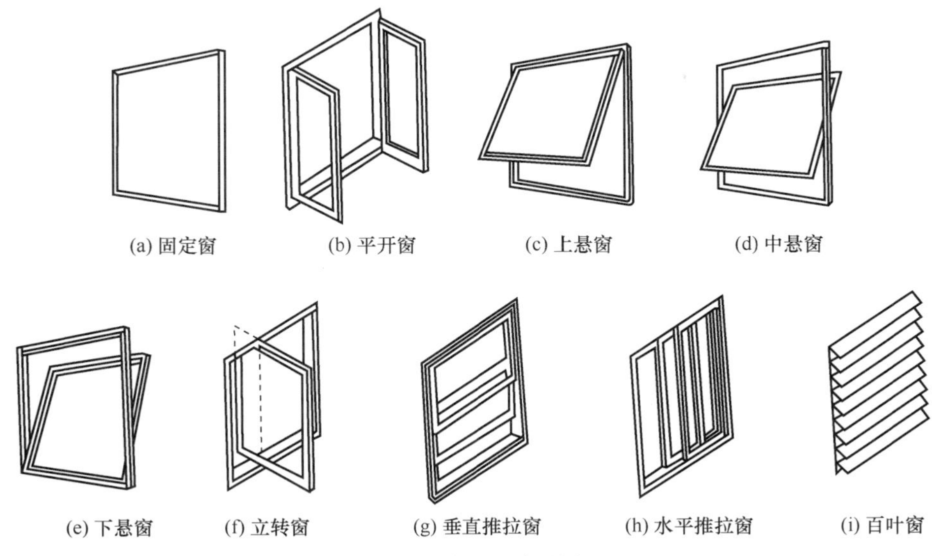

图 6-2 窗的开启形式

立转窗 引导风进入室内效果较好，防雨及密封性较差，多用于单层厂房的低侧窗。因密闭性较差，不宜用于寒冷和多风沙的地区。

推拉窗 分垂直推拉窗和水平推拉窗两种。它们不多占使用空间，窗扇受力状态较好，适宜安装较大玻璃，但通风面积受到限制。

百叶窗 主要用于遮阳、防雨及通风，但采光差。百叶窗可用金属、木材、钢筋混凝土等制作，有固定式和活动式两种形式。

3. 窗的尺度

窗的尺度主要取决于房间的采光、通风、构造做法和建筑造型等要求，并要符合现行《建筑模数协调统一标准》的规定。为使窗坚固耐久，一般平开木窗的窗扇高度为 800~1200mm，宽度不宜大于 500mm；上下悬窗的窗扇高度为 300~600mm；中悬窗窗扇高不宜大于 1200mm，宽度不宜大于 1000mm；推拉窗高宽均不宜大于 1500mm。对一般民用建筑用窗，各地均有通用图，各类窗的高度与宽度尺寸通常采用扩大模数 3M 数列作为洞口的标志尺寸，需要时只要按所需类型及尺度大小直接选用。

6.2 木门窗构造

6.2.1 平开木门的构造

1. 平开门的组成

门一般由门框、门扇、亮子、五金零件及其附件组成。

门扇按其构造方式不同，有镶板门、夹板门、拼板门、玻璃门和纱门等类型。亮子又称腰头窗，在门上方，为辅助采光和通风之用，有平开、固定及上、中、下悬几种。门框是门扇、亮子与墙的联系构件。五金零件一般有铰链、插销、门锁、拉手、门碰头等。附件有贴脸板、筒子板等（图 6-3）。

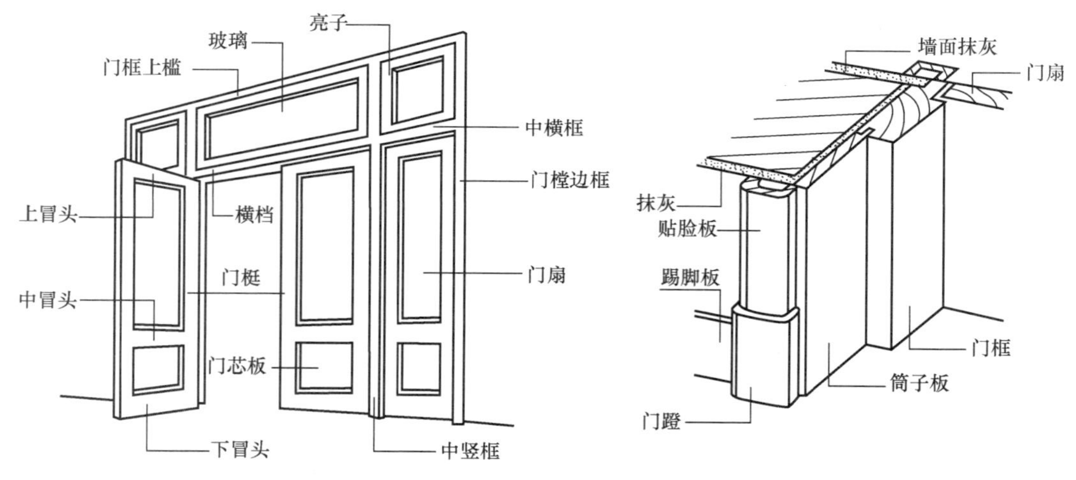

图 6-3　木门的组成

2. 门框

一般由两根竖直的边框和上框组成。当门带有亮子时，还有中横框，多扇门则还有中竖框。

（1）门框断面

门框的断面形式与门的类型、层数有关，同时应利于门的安装，并应具有一定的密闭性。

（2）门框安装

门框的安装根据施工方式分后塞口和先立口两种（图 6-4）。

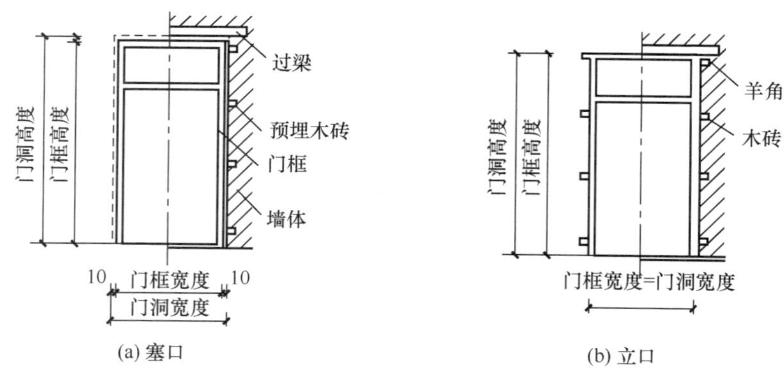

图 6-4　门框的安装方式

（3）门框在墙中的位置

门框在墙中的位置，可在墙的中间或与墙的一边平。一般多与开启方向一侧平齐，尽可能使门扇开启时贴近墙面。门框位置、门贴脸板及筒子板见图 6-5。

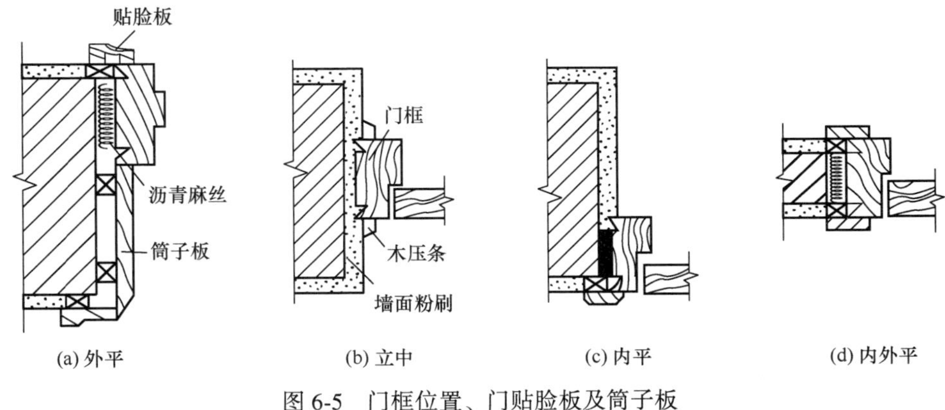

图6-5 门框位置、门贴脸板及筒子板

3. 门扇

常用的木门门扇有镶板门（包括玻璃门、纱门）、夹板门和拼板门等。

镶板门 是广泛使用的一种门，门扇由边挺、上冒头、中冒头（可作数根）和下冒头组成骨架，内装门芯板而构成。构造简单，加工制作方便，适于一般民用建筑作内门和外门。

夹板门 是用断面较小的方木做成骨架，两面粘贴面板而成。门扇面板可用胶合板、塑料面板和硬质纤维板，面板不再是骨架的负担，而是和骨架形成一个整体，共同抵抗变形。夹板门的形式可以是全夹板门、带玻璃或带百叶夹板门。

由于夹板门构造简单，可利用小料、短料，自重轻，外形简洁，便于工业化生产，故在一般民用建筑中广泛应用。

拼板门 拼板门的门扇由骨架和条板组成。有骨架的拼板门称为拼板门，而无骨架的拼板门称为实拼门；有骨架的拼板门又分为单面直拼门、单面横拼门和双面保温拼板门三种。

6.2.2 推拉门的构造

推拉门由门扇、门轨、地槽、滑轮及门框组成。门扇可采用钢木门、钢板门、空腹薄壁钢门等，每个门扇宽度不大于1.8m。推拉门的支承方式分为上挂式和下滑式两种，当门扇高度小于4m时，用上挂式，即门扇通过滑轮挂在门洞上方的导轨上。当门扇高度大于4m时，多用下滑式，在门洞上下均设导轨，门扇沿上下导轨推拉，下面的导轨承受门扇的重量。推拉门位于墙外时，门上方需设雨篷。

6.2.3 平开木窗的构造

窗是由窗框、窗扇、五金及附件等组成（图6-6）。

1. 窗框安装

窗框与门框一样，在构造上应有裁口及背槽处理，裁口亦有单裁口与双裁口之分。窗框的安装与门框一样，分后塞口与先立口两种。塞口时洞口的高、宽尺寸应比窗框尺寸大10~20mm。

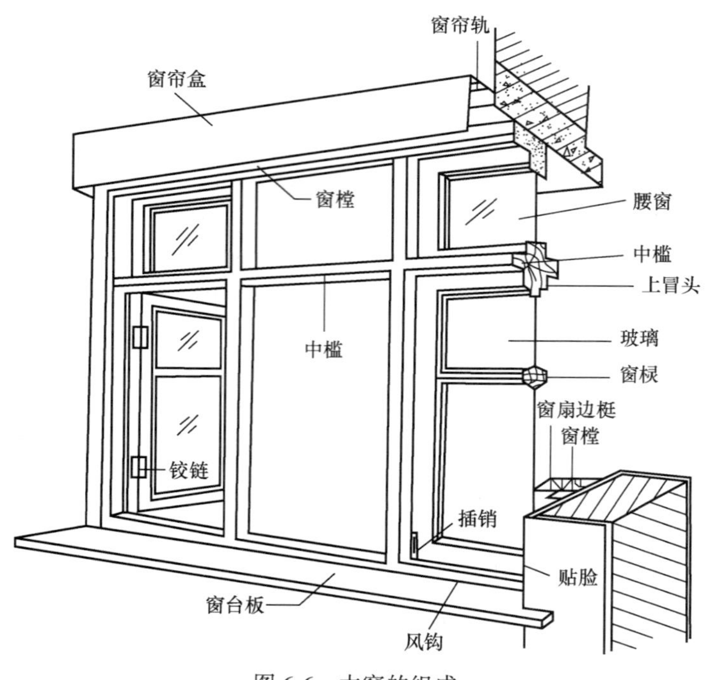

图 6-6　木窗的组成

2. 窗框在墙中的位置

窗框在墙中的位置，一般是与墙内表面平，安装时窗框突出砖面 20mm，以便墙面粉刷后与抹灰面平。框与抹灰面交接处，应用贴脸板搭盖，以阻止由于抹灰干缩形成缝隙后风透入室内，同时可增加美观。贴脸板的形状及尺寸与门的贴脸板相同。

当窗框立于墙中时，应内设窗台板，外设窗台。窗框外平时，靠室内一面设窗台板。

3. 五金零件及附件

平开木窗常用五金附件有合页（铰链）、插销、拉手铁三角、门锁、门碰头等。

附件如下：

贴脸板　美观要求，用 20mm×45mm 木板条内侧开槽，可刨成各种断面的线脚以掩盖门与墙体的缝隙。

筒子板　室内装修标准较高时，往往在门洞口的上面和两侧墙面均用木板镶嵌，与窗台板结合使用。

6.3 金属门窗构造

6.3.1 钢门窗

钢门窗是用型钢或薄壁空腹型钢在工厂制作而成。它符合工业化、定型化与标准化的要求。在强度、刚度、防火、密闭等性能方面，均优于木门窗，但在潮湿环境下易锈蚀，耐久性差。

1. 钢门窗材料

实腹式钢门窗料　是最常用的一种，有各种断面形状和规格。一般门可选用 32 及 40 料，窗可选用 25 及 32 料（25、32、40 等表示断面高为 25mm，32mm，40mm）。

空腹式钢门窗　与实腹式窗料比较，具有更大的刚度，外形美观，自重轻，可节约钢材 40%左右。但由于壁薄，耐腐蚀性差，不宜用于湿度大、腐蚀性强的环境。

2. 基本钢门窗

为了使用、运输方便，通常将钢门窗在工厂制作成标准化的门窗单元。这些标准化的单元，即是组成一樘门或窗的最小基本单元。设计者可根据需要，直接选用基本钢门窗，或用这些基本钢门窗组合出所需大小和形式的门窗。

钢门窗框的安装方法常采用塞框法。门窗框与洞口四周的连接方法主要有两种：①在砖墙洞口两侧预留孔洞，将钢门窗的燕尾形铁脚埋入洞中，用砂浆窝牢；②在钢筋混凝土过梁或混凝土墙体内则先预埋铁件，将钢窗的 Z 形铁脚焊在预埋钢板上。钢门窗与墙的连接见图 6-7。

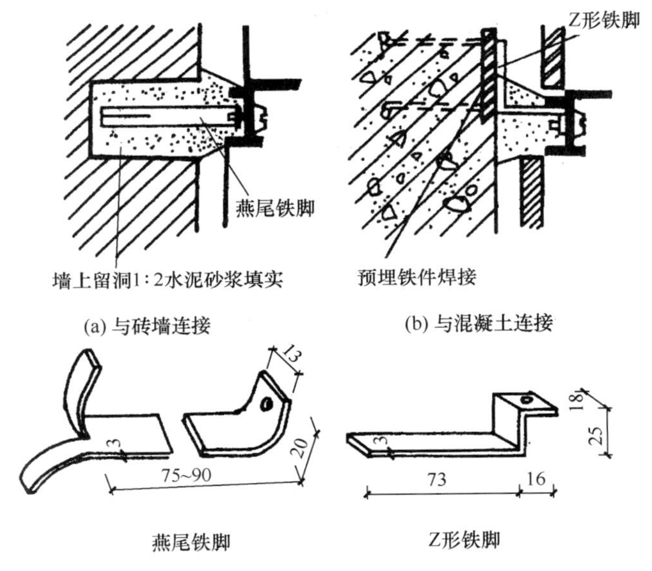

图 6-7　钢门窗与墙的连接

3. 组合式钢门窗

当钢门窗的高、宽超过基本钢门窗尺寸时，就要用拼料将门窗进行组合。拼料起横梁与立柱的作用，承受门窗的水平荷载。

拼料与基本门窗之间一般用螺栓或焊接相连。当钢门窗很大时，特别是水平方向很长时，为避免大的伸缩变形引起门窗损坏，必须预留伸缩缝，一般是用两根 L 56×36×4 的角钢用螺栓组成拼件，角钢上穿螺栓的孔为椭圆形，使螺栓有伸缩余地。

6.3.2　卷帘门

卷帘门主要由帘板、导轨及传动装置组成。工业建筑中的帘板常用页板式，页板可用镀锌钢板或合金铝板轧制而成，页板之间用铆钉连接。页板的下部采用钢板和角钢，用以增强卷帘门的刚度，并便于安设门钮。页板的上部与卷筒连接，开启时，页板沿着门洞两侧的导轨上升，卷在卷筒上。门洞的上部安设传动装置，传动装置分手动和电动两种。

6.3.3 彩板门窗

彩板钢门窗是以彩色镀锌钢板经机械加工而成的门窗。它具有自重轻、硬度高、采光面积大、防尘、隔声、保温密封性好、造型美观、色彩绚丽、耐腐蚀等特点。

彩板平开窗目前有两种类型，即带副框和不带副框的两种。当外墙面为花岗石、大理石等贴面材料时，常采用带副框的门窗。当外墙装修为普通粉刷时，常用不带副框的做法。

6.3.4 铝合金门窗

1. 铝合金门窗的特点

自重轻 铝合金门窗用料省、自重轻，较钢门窗轻50%左右。

性能好 密封性好，气密性、水密性、隔声性、隔热性都较钢、木门窗有显著的提高。

耐腐蚀、坚固耐用 铝合金门窗不需要涂涂料，氧化层不褪色、不脱落，表面不需要维修。铝合金门窗强度高，刚性好，坚固耐用，开闭轻便灵活，无噪声，安装速度快。

色泽美观 铝合金门窗框料型材表面经过氧化着色处理后，既可保持铝材的银白色，又可以制成各种柔和的颜色或带色的花纹，如古铜色、暗红色、黑色等。

2. 铝合金门窗的设计要求

1）应根据使用和安全要求确定铝合金门窗的风压强度性能、雨水渗漏性能、空气渗透性能综合指标。

2）组合门窗设计宜采用定型产品门窗作为组合单元。非定型产品的设计应考虑洞口最大尺寸和开启扇最大尺寸的选择和控制。

3）外墙门窗的安装高度应有限制。

3. 铝合金门窗框料系列

系列名称是以铝合金门窗框的厚度构造尺寸来区别各种铝合金门窗的称谓，如平开门门框厚度构造尺寸为50mm宽，即称为50系列铝合金平开门，推拉窗窗框厚度构造尺寸90mm宽，即称为90系列铝合金推拉窗等。实际工程中，通常根据不同地区、不同性质的建筑物的使用要求选用相适应的门窗框。

4. 铝合金门窗安装

铝合金门窗是表面处理过的铝材经下料、打孔、铣槽、攻丝等加工，制作成门窗框料的构件，然后与连接件、密封件、开闭五金件一起组合装配成门窗。

门窗安装时，将门、窗框在抹灰前立于门窗洞处，与墙内预埋件对正，然后用木楔将三边固定。经检验确定门、窗框水平、垂直、无翘曲后，用连接件将铝合金框固定在墙（柱、梁）上，连接件固定可采用焊接、膨胀螺栓或射钉等方法。

门窗框与墙体等的连接固定点，每边不得少于二点，且间距不得大于0.7m。在基本风压大于等于0.7kPa的地区，不得大于0.5m；边框端部的第一固定点距端部的距离不得大于0.2m。

6.4 塑钢门窗

塑钢门窗是以改性硬质聚氯乙烯（简称UPVC）为主要原料，加上一定比例的稳定剂、着色剂、填充剂、紫外线吸收剂等辅助剂，经挤出机挤出成型为各种断面的中空异型材。经切割后，在其内腔衬以型钢加强筋，用热熔焊接机焊接成型为门窗框扇，配装上橡胶密封条、压条、五金件等附件而制成的门窗即所谓的塑钢门窗。具有如下优点：

1）强度好、耐冲击；

2）保温隔热、节约能源；

3）隔音好；

4）气密性、水密性好；

5）耐腐蚀性强；

6）防火；

7）耐老化、使用寿命长；

8）外观精美、清洗容易。

6.5 特殊门窗

1. 特殊门

防火门 防火门用于加工易燃品的车间或仓库。根据车间对防火门耐火等级的要求，门扇可以采用钢板、木板外贴石棉板再包以镀锌铁皮或木板外直接包镀锌铁皮等构造措施。考虑到木材受高温会炭化而放出大量气体，应在门扇上设泄气孔。防火门常采用自重下滑关闭门，它是将门上导轨做成5%~8%的坡度，火灾发生时，易熔合金片熔断后，重锤落地，门扇依靠自重下滑关闭。当洞口尺寸较大时，可做成两个门扇相对下滑。

保温门、隔声门 保温门要求门扇具有一定热阻值和门缝密闭处理，故常在门扇两层面板间填以轻质、疏松的材料（如玻璃棉、矿棉等）。隔声门的隔声效果与门扇的材料及门缝的密闭有关，隔声门常采用多层复合结构，即在两层面板之间填吸声材料，如玻璃棉、玻璃纤维板等。

一般保温门和隔声门的面板常采用整体板材（如五层胶合板、硬质木纤维板等），不易发生变形。门缝密闭处理对门的隔声、保温以及防尘有很大影响，通常采用的措施是在门缝内粘贴填缝材料，如橡胶管、海绵橡胶条、泡沫塑料条等。还应注意裁口形式，斜面裁口比较容易关闭紧密，可避免由于门扇胀缩而引起的缝隙不密合。

2. 特殊窗

（1）固定式通风高侧窗

在我国南方地区，结合气候特点，创造出多种形式的通风高侧窗。它们的特点是：能采光，能防雨，能常年进行通风，不需设开关器，构造较简单，管理和维修方便，多在工业建筑中采用。

（2）防火窗

防火窗必须采用钢窗或塑钢窗，镶嵌铅丝玻璃以免破裂后掉下，防止火焰窜入室内或窗外。

（3）保温窗、隔声窗

保温窗常采用双层窗及双层玻璃的单层窗两种。双层窗可内外开或内开、外开。双层玻璃单层窗又分为：

1）双层中空玻璃窗，双层玻璃之间的距离为 5~5mm，窗扇的上下冒头应设透气孔；

2）双层密闭玻璃窗，两层玻璃之间为封闭式空气间层，其厚度一般为 4~12mm，充以干燥空气或惰性气体，玻璃四周密封。这样可增大热阻、减少空气渗透，避免空气间层内产生凝结水。

若采用双层窗隔声，应采用不同厚度的玻璃，以减少吻合效应的影响。厚玻璃应位于声源一侧，玻璃间的距离一般为 80~100mm。

6.6 遮阳设施

遮阳的作用：为了防止阳光直接射入室内，避免夏季室内温度过高和产生眩光而采取的构造措施。

建筑遮阳措施：一是绿化遮阳；二是调整建筑物的构配件；三是在窗洞口周围设置专门的遮阳设施来遮阳。遮阳设施有活动遮阳（图 6-8）和固定遮阳板两种类型。

(a) 苇席遮阳

(b) 篷布遮阳

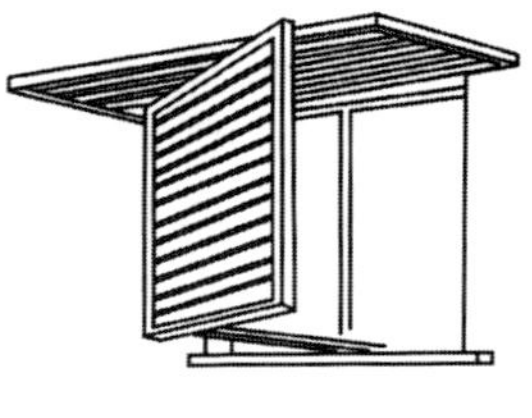

(c) 木百叶遮阳

图 6-8 活动遮阳的形式

水平遮阳 设于窗洞口上方或中部，能遮挡从窗口上方射来、高度角较大的阳光，适于南向或接近南向的建筑。

垂直遮阳 设于窗洞口两侧或中部，能遮挡从窗口两侧斜射来、高度角较小的阳光，适于东西朝向的建筑物。

综合遮阳 设于窗洞口上方、两侧的综合遮阳，适于东南、西南朝向的建筑。

挡板式遮阳 能遮挡高度角较小、正射窗口的阳光，适于东西朝向建筑。

旋转式遮阳 可以遮挡任意角度的阳光，在窗外侧一定距离，设置排列有序的竖向旋转的遮阳挡板，通过旋转角度达到不同的遮阳要求（图 6-9）。

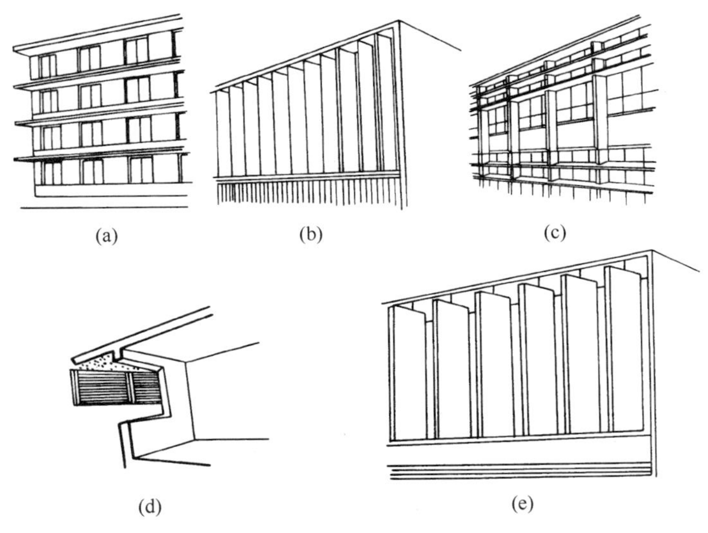

(a) (b) (c)

(d) (e)

图6-9 遮阳的基本形式

小结

1. 门按其开启方式通常有平开门、弹簧门、推拉门、折叠门、转门等。平开门是最常见的门，门洞的高宽尺寸应符合现行《建筑模数协调统一标准》。

2. 窗的开启方式有平开窗、固定窗、悬窗、推拉窗等。窗洞尺寸通常采用3M数列作为标志尺寸。

3. 平开门由门框、门扇等组成。木门扇有镶板门和夹板门两种构造。

4. 铝合金门窗和塑钢门窗以其优良的性能得到广泛运用。

5. 遮阳是为了防止阳光直接射入室内，避免夏季室内温度过高和产生眩光而采取的构造措施。建筑遮阳措施：一是绿化遮阳；二是调整建筑物的构配件；三是在窗洞口周围设置专门的遮阳设施来遮阳。

6. 遮阳种类有水平遮阳、垂直遮阳、综合遮阳、挡板遮阳和旋转遮阳。

思考题

1. 门和窗的作用是什么？
2. 门的形式有哪几种？各自的特点和适用范围？
3. 窗的形式有哪几种？各自的特点和适用范围？
4. 平开门的组成和门框的安装方式是什么？
5. 常见木门有几种？夹板门和镶板门各有什么特点？
6. 铝合金门窗有哪些特点？简述铝合金门窗的安装要点。
7. 简述塑钢门窗的优点。
8. 遮阳的作用及遮阳的种类？

第7章　屋　　顶

学习目标

通过本章的学习，要求学生了解屋顶的类型和设计要求；掌握屋顶排水方式和平屋顶柔性防水和刚性防水的构造做法；熟悉瓦屋面的做法；了解坡屋顶防水、保温隔热要求及做法。

引例

屋顶是建筑的重要组成部分，要满足承重、围护和建筑艺术的需求。且要重点处理屋顶的排水、防水及保温、隔热。由此便会引出一些问题，屋顶是什么形式的屋顶，怎么满足排水、防水及保温或者隔热？屋顶的具体构造是怎么样的？

7.1 屋顶的类型及设计要求

7.1.1 屋顶的作用及设计要求

承重作用　屋顶是房屋顶部的承重构件，能够承受风、雨、雪、施工、上人等荷载，地震区还要考虑地震荷载对它的影响。因此在设计时，应保证屋顶有足够的强度、刚度和稳定性，并力求做到自重轻、构造层次简单；就地取材、施工方便；造价经济、便于维修。地震区还应满足抗震的要求。

围护作用　屋顶是房屋最上层覆盖的外围护结构，能够抵御自然界的风霜雨雪、太阳辐射、气温变化和其他外界的不利因素。在构造设计时屋顶应具有防水、保温和隔热等性能。其中防止雨水渗漏是屋顶的基本功能要求，也是屋顶设计的核心。

美观装饰建筑立面　屋顶是建筑造型的重要组成部分，中国古建筑的重要特征之一就是有变化多样的屋顶外形和装修精美的屋顶细部，现代建筑也应注重屋顶形式及其细部设计。

7.1.2 屋顶的类型

1. 按功能划分

保温屋顶、隔热屋顶、采光屋顶、蓄水屋顶、种植屋顶等。

2. 按结构类型划分

平面结构，常见的有梁板结构、屋架结构；空间结构，包括折板、壳体、网架、悬索、薄膜等结构。

3. 屋顶按外观形式划分

（1）平屋顶

平屋顶通常是指排水坡度小于 5%的屋顶，常用坡度为 2%～3%。图 7-1 为平屋顶常见的几种形式。

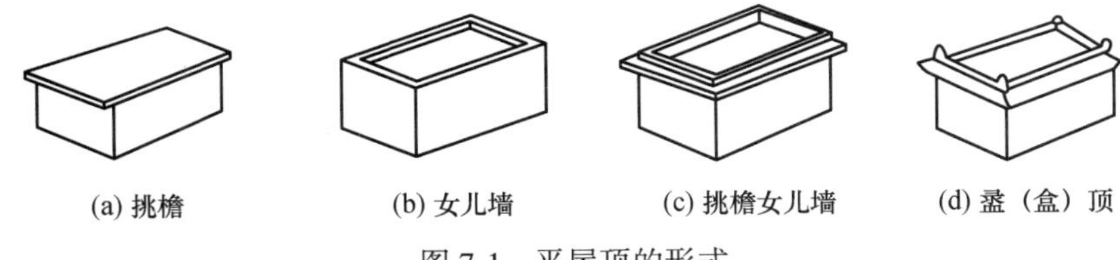

图 7-1 平屋顶的形式

（2）坡屋顶

坡屋顶通常是指屋面坡度大于 10%。坡屋顶常见的几种形式见图 7-2。

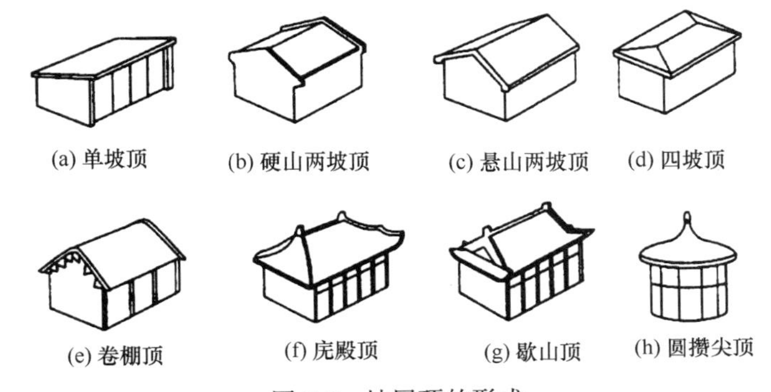

图 7-2 坡屋顶的形式

（3）其他形式的屋顶

随着科学技术的发展，出现了许多新型的屋顶结构形式，如拱结构、薄壳结构、悬索结构、网架结构屋顶等。这类屋顶多用于较大跨度的公共建筑。其他形式的屋顶见图 7-3。

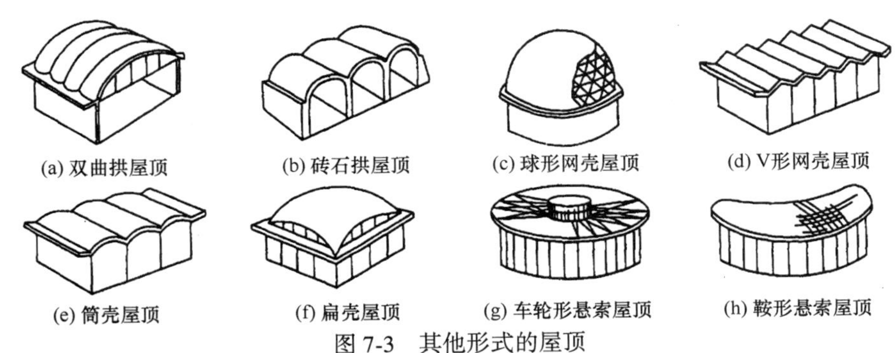

图 7-3 其他形式的屋顶

7.1.3 屋顶的组成

屋顶主要由屋顶支承结构和屋面围护构件两大部分组成。屋顶支承结构有屋面板、屋架、屋面梁、拱肋、刚架、网架、薄壳、悬索等；屋面围护构件有防水层、保温层、隔热层等满足基本功能要求的层次，还有为这些功能层起连接作用的构造层。

7.1.4 屋顶的防水原理及防水等级

1. 防水原理

屋面防水功能主要是依靠选用合理的屋面防水盖料和与之相适应的排水坡度，经过构造设计和精心施工而达到的。屋面的防水盖料和排水坡度的处理方法，可以从“导”与“堵”两个方面来概括。它们之间是既相互依赖又相互补充的辩证关系。

导 按照屋面防水盖料的不同要求，设置合理的排水坡度，使得降于屋面的雨水，因势利导地排离屋面，以达到防水的目的。

堵 利用屋面防水盖料在上下左右的相互搭接，形成一个封闭的防水覆盖层，以达到防水的目的。

在屋面防水的构造设计中，“导”和“堵”总是相辅相成和相互关联的。由于各种盖料的特点和铺设的条件不同，处理方式也随之不同。例如，瓦屋面和波形瓦屋面，瓦本身的密实性和瓦的相互搭接体现了“堵”的概念，而屋面的排水坡度体现了“导”的概念。一块一块面积不大的瓦，只依靠相互搭接，不可能防水，只有采取了合理的排水坡度，才能达到屋面防水的目的。这种以“导”为主，以“堵”为辅的处理方式，是以“导”来弥补“堵”的不足。而平金属皮屋面、卷材屋面以及刚性屋面等，是以大面积的覆盖来达到“堵”的要求，但是为了屋面雨水的迅速排除，还是需要有一定的排水坡度，也就是采取了以“堵”为主，以“导”为辅的处理方式。

2. 防水等级

屋面工程防水设计应遵循“合理设防、防排结合、因地制宜、综合治理”的原则。根据建筑物的性质、重要程度、使用功能及防水层合理使用年限，结合工程特点等，按不同等级进行设防（表 7-1）。

表 7-1 平屋面防水等级和设防要求

防水等级	建筑类别	设防要求	防水做法
Ⅰ级	重要建筑和高层建筑	两道防水设防	卷材防水层和卷材防水层、卷材防水层和涂膜防水层、复合防水层
Ⅱ级	一般建筑	一道防水设防	卷材防水层、涂膜防水层、复合防水层

7.2 屋顶排水设计

为了迅速排除屋面雨水，需进行周密的排水设计，其内容包括：选择屋顶排水坡度，确定排水方式，进行屋顶排水组织设计。

7.2.1 屋顶坡度选择

1. 屋顶排水坡度的表示方法

常用的坡度表示方法有角度法、斜率法和百分比法（图 7-4）。坡屋顶多采用斜率法，平屋顶多采用百分比法，角度法应用较少。

角度法　高度尺寸与水平尺寸所形成的斜线与水平尺寸之间的夹角，常用“α”作标记，如 $\alpha=26°34''$或 45°等。

斜率法　高度尺寸与跨度的比值。如高跨比为 1∶4 等。

百分比法　高度尺寸与水平尺寸的比值，常用“i”作标记，如 i 为 5%、25%等。屋顶坡度只选择一种方式进行表达即可（图 7-4）。

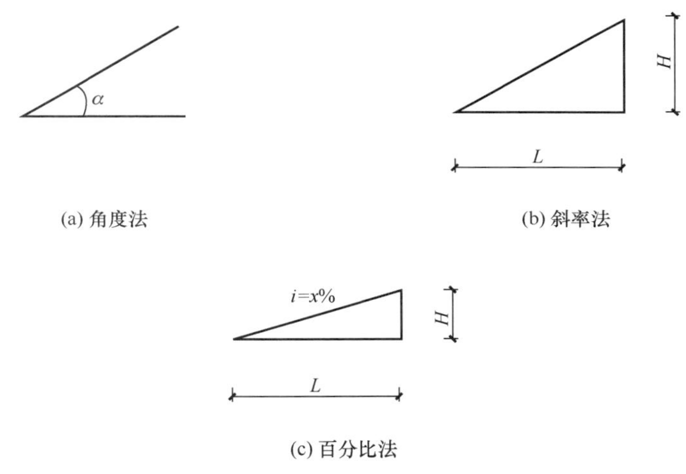

图 7-4　屋顶排水坡度的表示方法

2. 影响屋顶坡度的因素

屋顶坡度是为排水而设的，恰当的坡度既能满足排水要求，又可做到经济节约。要使屋面坡度恰当，须考虑以下方面的因素。

（1）屋面防水材料与排水坡度的关系

防水材料如尺寸较小，接缝必然就较多，容易产生缝隙渗漏，因而屋面应有较大的排水坡度，以便将屋面积水迅速排除。如果屋面的防水材料覆盖面积大，接缝少而且严密，屋面的排水坡度就可以小一些。

（2）降雨量大小与坡度的关系

降雨量大的地区，屋面渗漏的可能性较大，屋顶的排水坡度应适当加大；反之，屋顶排水坡度则宜小一些。

（3）屋面排水路线的长短

屋面排水路线长，要求排水坡度大一些；反之，屋顶排水坡度则宜小一些。

（4）建筑造型与坡度的关系

使用功能决定建筑的外形，结构形式的不同也体现在建筑的造型上，最终主要体现在建筑屋顶的形式上。如当屋面有上人要求时，为了上人方便，则排水坡度宜小一些，否则使用不方便，上人平屋面坡度一般为1%~2%。结构选型的不同，可决定造型的不同，如拱结构建筑常有较大的屋顶坡度。

3. 屋顶坡度的形成方法

（1）材料找坡

材料找坡亦称建筑找坡或垫置找坡，是指屋顶坡度由垫坡材料形成，一般用于坡向长度较小的屋面。为了减轻屋面荷载，应选用轻质材料找坡，如水泥炉渣、石灰炉渣等。找坡层的厚度最薄处不小于20mm。平屋顶材料找坡的坡度宜为2%。

材料找坡的优点是屋面板可以水平放置，天棚面平整，空间完整，便于直接利用，缺点是材料找坡增加了屋面荷载，材料和人工消耗较多。如果屋面有保温要求时，可利用屋面保温层兼做找坡层，目前这种方法被广泛应用。

（2）结构找坡

结构找坡亦称搁置找坡，是屋顶结构自身带有排水坡度，可将屋面板放置在有一定斜度的屋架或屋面梁上，从而形成一定的屋面坡度。平屋顶结构找坡的坡度宜为3%。

结构找坡无需在屋面上另加找坡材料，构造简单，不增加屋面荷载，但天棚顶倾斜，室内空间不够规整。故常用于室内设有吊顶或是室内美观要求不高的建筑工程中。

7.2.2 屋顶排水方式

1. 排水方式

无组织排水 是指屋面雨水直接从檐口滴落至地面的一种排水方式，因为不用天沟、雨水管等导流雨水，故又称自由落水。这种排水方式构造简单、经济，但屋面雨水自由落下时会溅湿勒脚及墙面，影响外墙的耐久性，因此主要适用于少雨地区或一般低层建筑，相邻屋面高差小于4m；不宜用于临街建筑和较高的建筑。

有组织排水 是指屋面雨水经由天沟、雨水管等排水装置被引导至地面或地下管沟的一种排水方式。这种方式具有不溅湿墙面、不妨碍行人交通等优点，因而在建筑工程中应用广泛。有组织排水设置条件见表7-2。

表7-2 有组织排水设置条件

年降雨量	檐口离地高度/m	相邻屋面高差/m
≤900	>10	>4 的高处檐口
>900	≥4	≥3 的高处檐口

2. 有组织排水方案

在工程实践中，由于具体条件的千变万化，可能出现各式各样的有组织排水方案。现按外排水、内排水、内外排水三种情况归纳成 9 种不同的排水方案（图 7-5）。

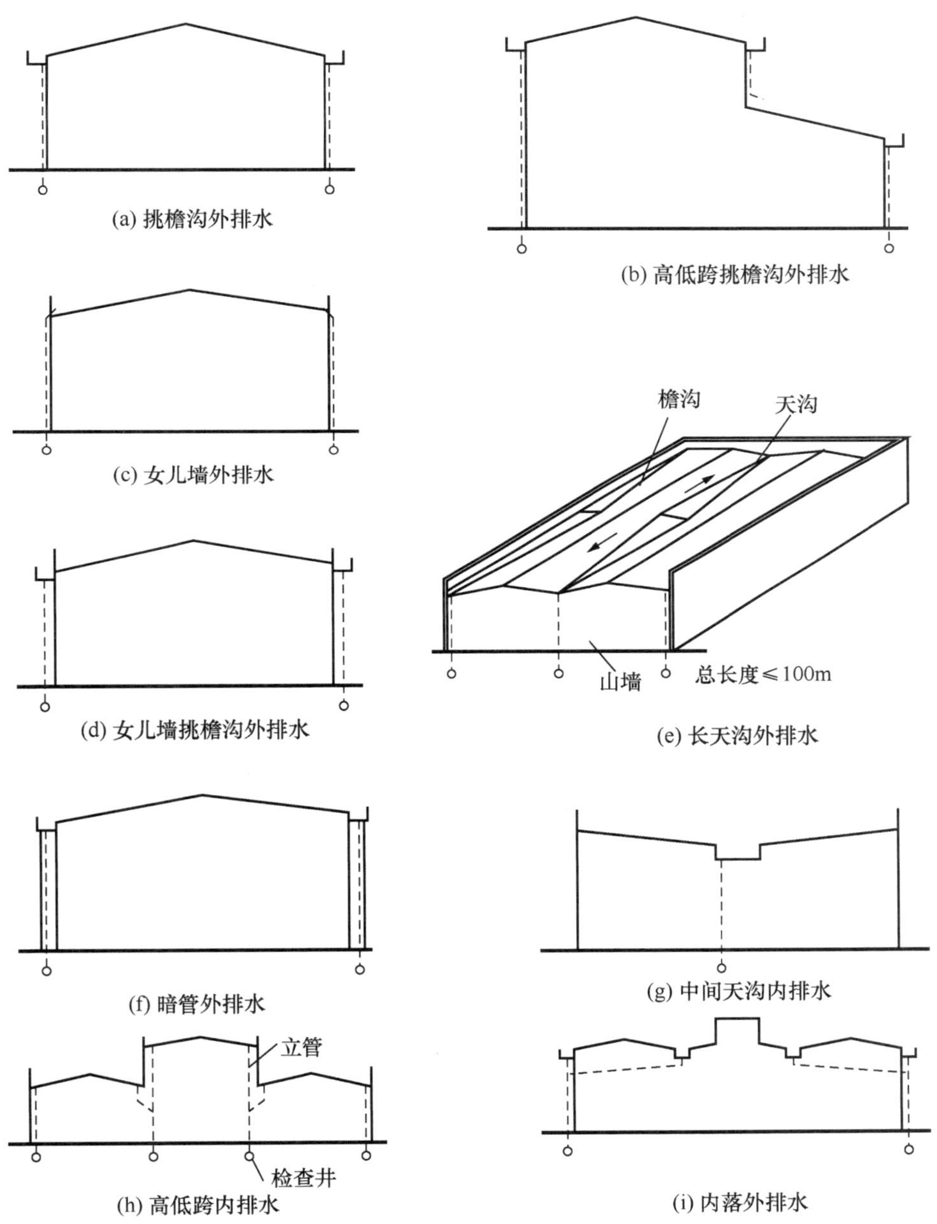

图 7-5　有组织排水方案

（1）外排水

外排水是指雨水管装设在室外的一种排水方案，其优点是雨水管不妨碍室内空间使用和美观，构造简单，因而被广泛采用。外排水方案有：挑檐沟外排水、女儿墙外排水、女儿墙挑檐沟外排水、长天沟外排水和暗管外排水。

明装的雨水管有损建筑立面，故在一些重要的公共建筑中，雨水管常采取暗装的方式，把雨水管隐藏在假柱或空心墙中。假柱可以处理成建筑立面上的竖线条。

（2）内排水

外排水构造简单，雨水管不占用室内空间，故在南方应优先采用。但在有些情况下采用外排水并不恰当。例如在高层建筑中就是如此，因维修室外雨水管既不方便，更不安全。又如在严寒地区也不适宜用外排水，因室外的雨水管有可能使雨水结冻，而处于室内的雨水管则不会发生这种情况。

中间天沟内排水 当房屋宽度较大时，可在房屋中间设一纵向天沟形成内排水，这种方案特别适用于内廊式多层或高层建筑。雨水管可布置在走廊内，不影响走廊两旁的房间。

高低跨内排水 高低跨双坡屋顶在两跨交界处也常常需要设置内天沟来汇集低跨屋面的雨水，高低跨可共用一根雨水管。

7.2.3 屋顶排水组织设计

屋顶排水组织设计的主要任务是将屋面划分成若干排水区，分别将雨水引向雨水管，做到排水线路简捷、雨水口负荷均匀、排水顺畅、避免屋顶积水而引起渗漏。一般按下列步骤进行：

1. 确定排水坡面的数目（分坡）

排水区域划分主要根据屋顶的平面形状确定，尽量使每个排水区域坡长一致，这样可以使找坡层厚度一致，坡度一致，坡面连接顺滑。当房屋宽度≤12m时可采用单坡排水，临街建筑为了立面的完整，也可采用单坡排水。当房屋宽度>12m时宜采用双排排水，以减少水流路线过长的问题。当屋顶面积太大，可将屋面划分成几个大小均等的区域，每个区域内设置相同的坡面、坡度，坡长控制在12m以内，采用内排水方法将雨水排出。坡屋顶应结合建筑造型要求选择单坡、双坡或四坡排水。

2. 确定排水方式

确定屋顶排水方式应根据气候条件、建筑物的高度、质量等级、使用性质、屋顶面积大小等因素加以综合考虑。

3. 划分排水区

划分排水区的目的在于合理地布置水落管。排水区的面积是指屋面水平投影的面积，每一根水落管的屋面最大汇水面积不宜大于200m^2。也可参考下述经验公式来进行计算：

$$F = 438D^2/h$$

式中：F——容许的排水面积；

D——雨水管的直径，mm；

h——每小时计算的降水量，mm。

4. 确定天沟所用材料和断面形式及尺寸

天沟即屋面上的排水沟，位于檐口部位时又称檐沟。设置天沟的目的是汇集屋面雨水，并将屋面雨水有组织地迅速排除。天沟根据屋顶类型的不同有多种做法。如坡屋顶中可用钢筋混凝土、镀锌铁皮、石棉水泥等材料做成槽形或三角形天沟。平屋顶的天沟一般用钢筋混凝土制作，当采用女儿墙外排水方案时，可利用倾斜的屋面与垂直的墙面构成三角形天沟，见图 7-6 平屋顶女儿墙外排水三角形天沟图。当采用檐沟外排水方案时，通常用专用的槽形板做成矩形天沟。见图 7-7 平屋顶檐沟外排水矩形天沟图。

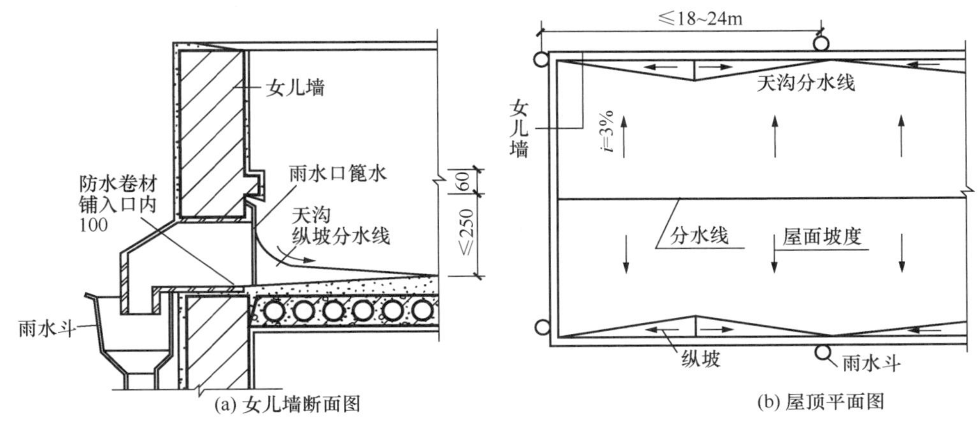

图 7-6　平屋顶女儿墙外排水三角形天沟

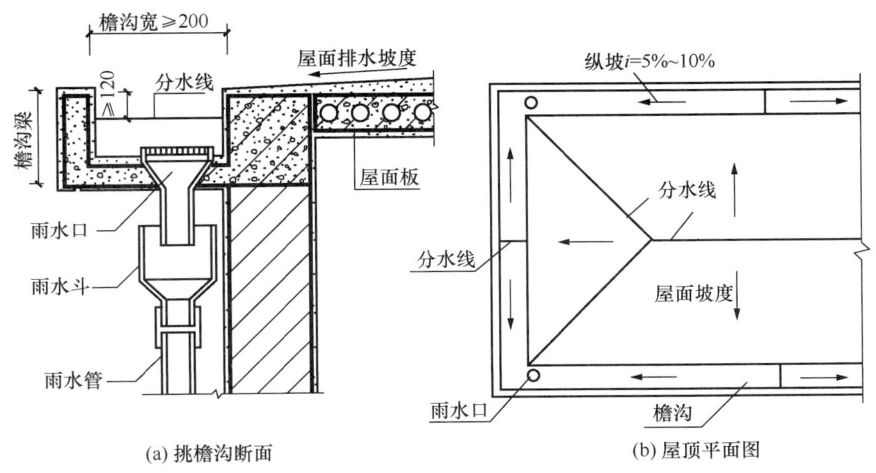

图 7-7　平屋顶檐沟外排水矩形天沟

5. 确定雨水管所用材料、规格及间距

水落管按材料的不同有铸铁、镀锌铁皮、塑料、石棉水泥和陶土等，目前多采用铸铁和塑料水落管，其直径有 50mm、75mm、100mm、125mm、150mm、200mm 几种规格，一般民用建筑最常用的水落管直径为100mm，面积较小的露台或阳台可采用50mm或75mm的水落管。水落管的位置应在实墙面处，其间距一般在18m以内，最大间距宜不超过24m，因为间距过大，则沟底纵坡面越长，会使沟内的垫坡材料增厚，减少了天沟的容水量，造成雨水溢向屋面引起渗漏或从檐沟外侧涌出。

6. 绘出屋顶平面排水图及各节点详图（图7-8）

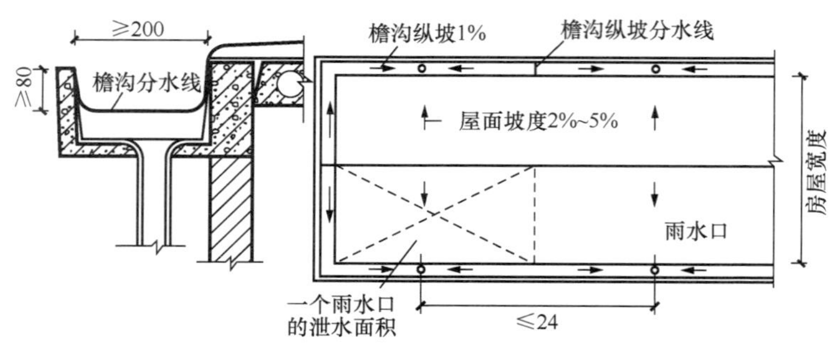

图7-8　屋顶排水组织示例

7.3 平屋顶构造

平屋顶按屋面防水层的不同有卷材防水、刚性防水、涂料防水及粉剂防水屋面等多种做法。

7.3.1 卷材防水屋面

卷材防水屋面是指将防水卷材用黏结剂分层粘贴在屋面上，形成一个大面积的封闭防水覆盖层。这种防水层有一定的延伸性，有的适应直接暴露在大气层的屋面和结构的温度变形，故又称为柔性防水屋面。卷材防水屋面所用卷材有沥青类卷材、高分子类卷材、高聚物改性沥青类卷材等。适用于防水等级为Ⅰ~Ⅳ级的屋面防水。

过去，我国许多地区一直沿用沥青油毡作为屋面防水的主要材料。这种材料造价低，防水性能较好，但需热施工，污染环境，使用寿命较短。为了改变这种落后的状况，现已出现一些新的卷材防水材料，主要包括：高聚物改性沥青卷材SBS，APP改性沥青的防水卷材，这些卷材将高聚物加入沥青中，改善了沥青的高温流淌，低温冷脆的弱点，并采用不同胎体增强材料，成为我国目前防水卷材发展最快的品种。这些卷材大部分是采用胶粘剂冷粘施工和热熔施工。另一种新型卷材防水材料为合成高分子产品，例如：三元乙丙橡胶卷材、氯化聚乙烯橡胶卷材、聚氯乙烯卷材、再生橡胶卷材等。合成高分子卷材抗拉强度高，延伸率大，但接缝不好处理，价格偏高。这些新型卷材已在一些工程中逐步推广应用。

1. 卷材防水屋面的构造层次和做法

卷材防水屋面由多层材料叠合而成，其基本构造层次按构造要求由结构层、找坡层、找平层、结合层、防水层和保护层组成。（卷材防水屋面的构造组成见图7-9）。

(1) 结构层

通常为预制或现浇钢筋混凝土屋面板，要求具有足够的强度和刚度。

(2) 找坡层（结构找坡和材料找坡）

只有当屋面为材料找坡时才设置。

材料找坡应选用轻质材料形成所需要的排水坡度，通常是在结构层上铺 1：(6~8) 的水泥焦渣或水泥膨胀蛭石等。

(3) 找平层

卷材防水层要求铺贴在坚固而平整的基层上，以防止卷材凹陷和断裂，因此必须在结构层或找坡层上设置找平层。找平层一般用 20~30mm 厚 1：2.5~1：3 水泥砂浆。

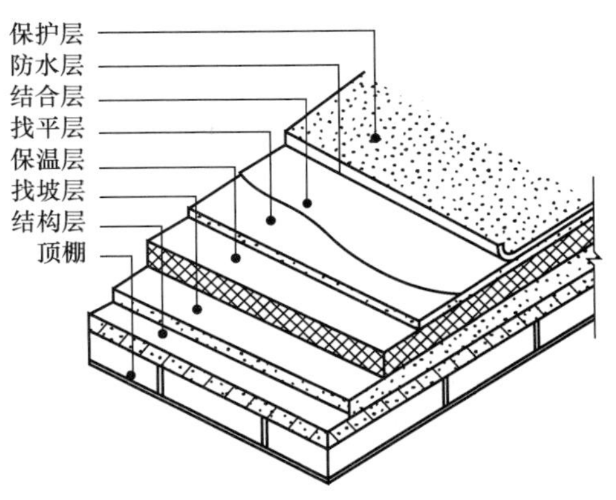

图 7-9　卷材防水屋面的基本构造

值得注意的是用来找坡和找平的轻混凝土和水泥砂浆都是刚性材料，在变形应力的作用下，如果不经处理，不可避免地都会出现裂缝，尤其是会出现在变形的敏感部位。这样容易造成粘贴在上面的防水卷材破裂。所以应当在变形敏感的部位，预先将用刚性材料所做的构造层次作人为的分割，即预留分仓（格）缝，缝宽宜为 20mm 并嵌填密封材料，做法详见后继刚性防水屋面分格缝构造。

(4) 结合层

结合层的作用是使卷材防水层与基层粘结牢固。结合层所用材料应根据卷材防水层材料的不同来选择。如油毡卷材、聚氯乙烯卷材用冷底子油在水泥砂浆找平层上喷涂一至二道，冷底子油是用沥青加入汽油或煤油等溶剂稀释而成，喷涂时不用加热，在常温下进行，故称冷底子油。结合层选择详见表 7-3。

表 7-3　防水卷材

卷材分类	卷材名称举例	卷材黏结剂
沥青类卷材	石油沥青油毡	石油沥青玛王帝脂
	焦油沥青油毡	焦油沥青玛王帝脂
高聚物改性沥青防水卷材	SBS 改性沥青防水卷材	热熔、自粘、粘贴均有
	APP 改性沥青防水卷材	
合成高分子防水卷材	三元乙丙丁基橡胶防水卷材	丁基橡胶为主体的双组分 A 与 B 液 1：1 配比搅拌均匀
	三元乙丙橡胶防水卷材	
	氯磺化聚乙烯防水卷材	CX-401 胶
	再生胶防水卷材	氯丁胶黏结剂
	氯丁橡胶防水卷材	CY-409 液
	氯丁聚乙烯-橡胶共混防水卷材	BX-12 及 BX-12 乙组分
	聚氯乙烯防水卷材	黏结剂配套供应

（5）防水层

防水层是由胶结材料与卷材黏合而成，卷材连续搭接，形成屋面防水的主要部分。卷材防水层的防水卷材包括沥青类卷材、高聚物改性沥青防水卷材和合成高分子防水卷材三类。

1）沥青卷材当屋面坡度小于3%时，卷材宜平行屋脊铺贴；当屋面坡度在3%~15%时，卷材可平行或垂直屋脊铺贴；当屋面坡度大于15%时，卷材垂直屋脊铺贴。高聚物改性沥青防水卷材和合成高分子防水卷材不受此限制，但上下层卷材不得相互垂直铺贴。

2）卷材的铺贴顺序：从檐口到屋脊向上铺贴，形成顺水流搭接；屋面纵向逆风向铺贴，形成顺风向搭接。分层铺贴。

3）卷材的搭接长度：沥青油毡长边搭接不小于70mm，短边搭接不小于100mm；高聚物改性沥青防水卷材的长短边搭接长度均不小于80mm；上下层及相邻两幅卷材的搭接应错开。

另外，当室内水蒸气透过结构层渗入到卷材防水层内或因做防水层前找平层未干透，在太阳的辐射作用下汽化，聚集在防水层内，致使防水层膨胀而形成鼓泡，导致油毡皱折或破裂，造成漏水，为此就在防水层与基层之间设有蒸气扩散的通道，在工程实际中，通常采用空铺法（卷材与基层间若仅在四周一定宽度内粘接）或将第一层热沥青涂成点状（俗成花油法）或成条状，然后铺贴首层油毡。

卷材铺贴示意见图7-10。

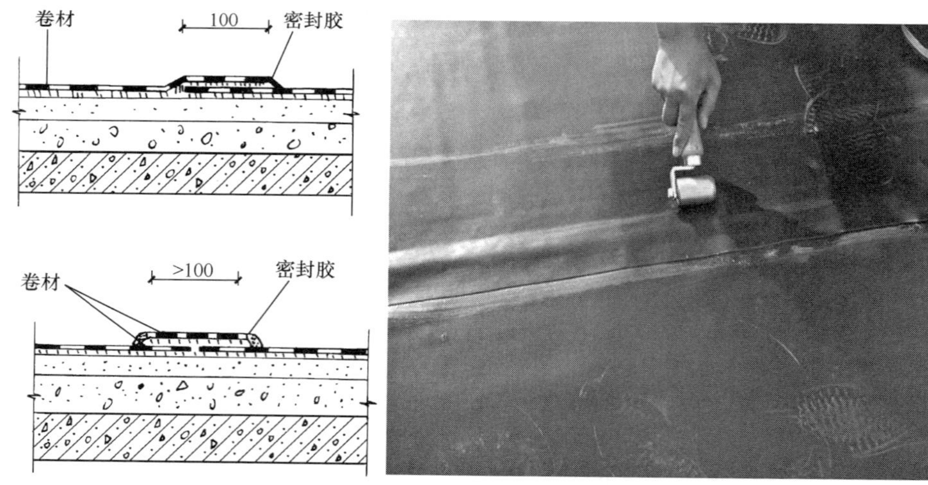

图7-10　卷材铺贴示意图

（6）保护层

不上人屋面保护层的做法：当采用沥青类卷材防水层时为粒径3~6mm的小石子，称为绿豆砂保护层。绿豆砂要求耐风化、颗粒均匀、色浅；当采用高聚物改性沥青防水卷材或合成高分子卷材防水层用铝箔面层、彩砂及涂料等不需另加保护层［图7-11（a）］。

上人屋面的保护层构造做法：通常可采用水泥砂浆或沥青砂浆铺贴缸砖、大阶砖、混凝土板等；也可现浇 40mm 厚 C20 细石混凝土［图 7-11（b）］。

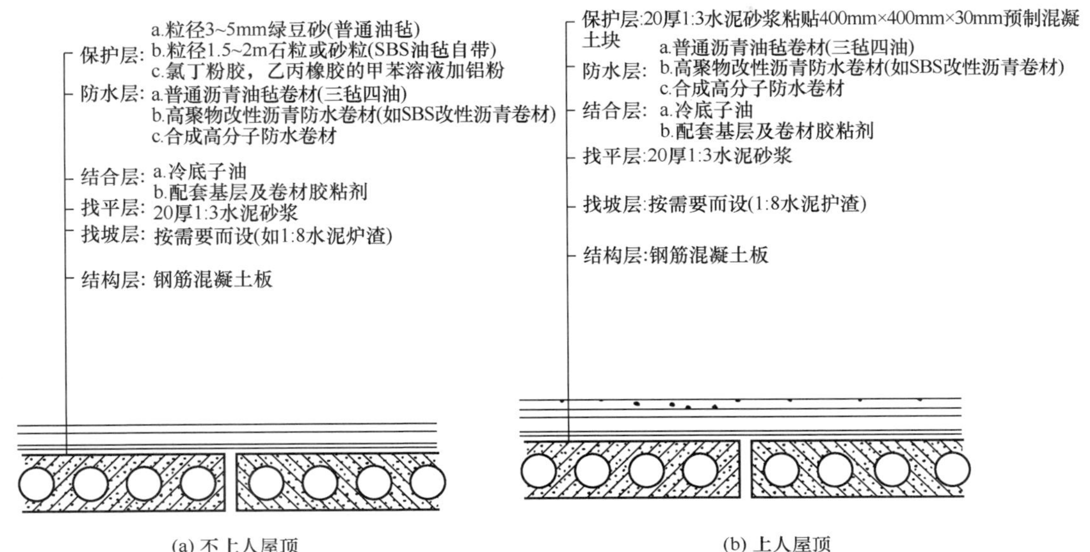

(a) 不上人屋顶　　(b) 上人屋顶

图 7-11　卷材防水屋面

2. 卷材防水屋面细部构造

屋顶细部是指屋面上的泛水、雨水口、檐口、变形缝及屋面上人孔等部位。

（1）泛水构造

泛水　指屋面防水层与垂直墙面或出屋面竖向构件相交处的防水处理。突出于屋面之上的女儿墙、烟囱、楼梯间、变形缝、检修孔、立管等的壁面与屋顶的交接处是最容易漏水的地方。必须将屋面防水层延伸到这些垂直面上，形成立铺的防水层（卷材防水屋面泛水构造如图 7-12 所示）。

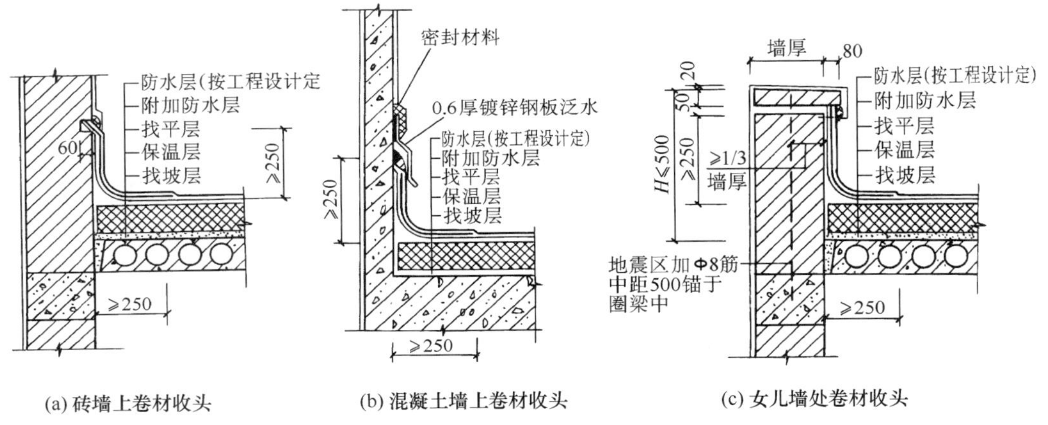

(a) 砖墙上卷材收头　　(b) 混凝土墙上卷材收头　　(c) 女儿墙处卷材收头

图 7-12　卷材防水屋面泛水及收头构造

卷材防水屋面的泛水处理：

1）将屋面的卷材防水层继续铺至垂直面上，形成卷材泛水，并加铺一层卷材，泛水高度≥250mm。

2）屋面与垂直面交接处应将卷材下的砂浆找平层抹成半径 R = 50 ~ 100mm 的圆弧形或45°斜面（又称八字角）防止卷材被折断。

3）卷材收头处理。

（2）女儿墙

女儿墙是外墙在屋顶以上的延续，也称压檐墙。女儿墙在建筑立面起到装饰作用，对不上人屋面，可固定油毡，上人屋面可保护人员安全。

女儿墙一般墙厚 240mm，也可上下部墙身同厚，高度不宜超过 500mm。如屋顶上人或造型要求女儿墙较高时，需加构造柱与下部圈梁或柱相连，地震区应设锚固筋。女儿墙上部构造称为压顶，用钢筋混凝土沿墙长交圈设置压顶板可用 C20 细石混凝土预制板，每块长740mm。地震区采用整体现浇压顶。女儿墙檐口构造的关键是泛水的构造处理［图 7-12（c）］。其顶部通常做混凝土压顶，压顶表面抹水泥砂浆防止水渗入女儿墙且做好滴水，并设有坡度坡向屋面。

（3）檐口构造

柔性防水屋面的檐口构造有无组织排水挑檐和有组织排水挑檐沟及女儿墙檐口等。挑檐和挑檐沟构造都应注意处理好卷材的收头固定、檐口饰面并做好滴水。女儿墙檐口构造的关键是泛水的构造处理，其顶部通常做混凝土压顶，并设有坡度坡向屋面。檐口构造见图 7-13 和图 7-14。

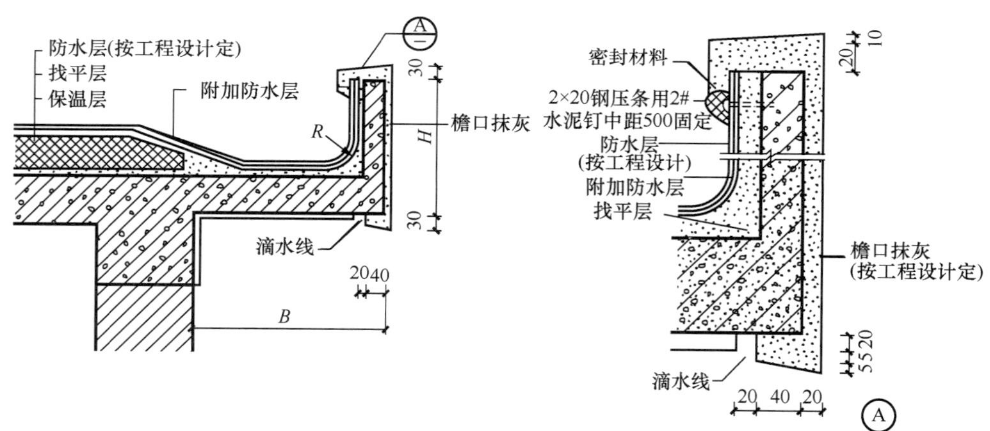

图 7-13　挑檐沟檐口

（4）雨水口构造

雨水口的类型有用于檐沟排水的直管式雨水口和女儿墙外排水的弯管式雨水口两种。雨水口在构造上要求排水通畅、止渗漏水堵塞。直管式雨水口为防止其周边漏水，应加铺一层卷材并贴入连接管内 100mm，雨水口上用定型铸铁罩或铅丝球盖住，用油膏嵌缝。弯管式雨水口穿过女儿墙预留孔洞内，屋面防水层应铺入雨水口内壁四周不小于 100mm，并安装铸铁篦子以防杂物流入造成堵塞。雨水口构造见图 7-15。

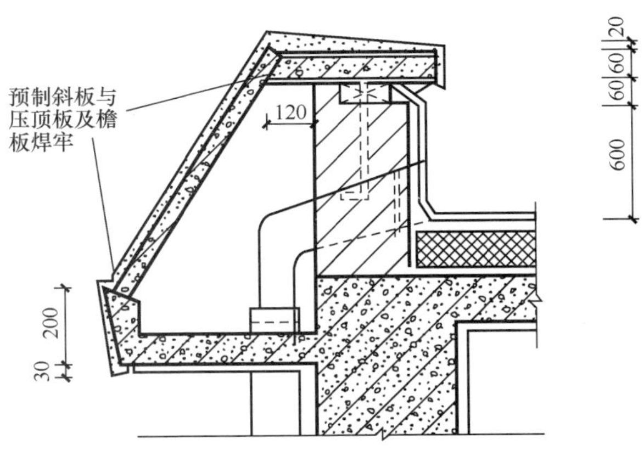

图 7-14　斜板挑檐檐口构造

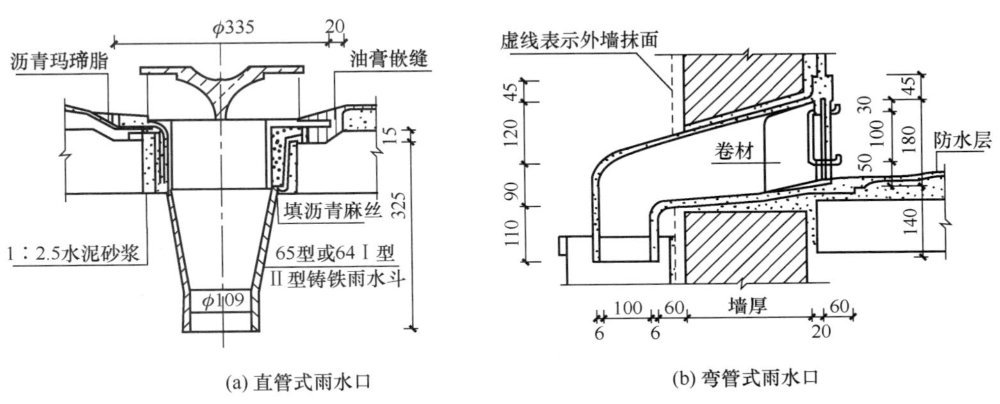

图 7-15　雨水口构造

(5) 屋面变形缝构造

屋面变形缝的构造处理原则：既不能影响屋面的变形，又要防止雨水从变形缝渗入室内。

屋面变形缝按建筑设计可设于同层等高屋面上，也可设在高低屋面的交接处。

1) 采用平缝做法，即缝内填沥青麻丝或泡沫塑料，上部填放衬垫材料，用镀锌钢板盖缝，然后做防水层［图 7-16（a）］。

2) 在缝两侧砌矮墙，将两侧防水层采用泛水式收头在墙顶，用卷材封盖后，顶部加混凝土盖板［图 7-16（b）］或镀锌盖板［图 7-16（c）］。

3) 高低屋面的交接处变形缝见图 7-16（d）。

(6) 出屋面管道构造（图 7-17）

凡烟囱、通风管道、透气管等必须开孔的出屋面构件，为了防止漏水，应将油毡向上翻起，即应做泛水处理。

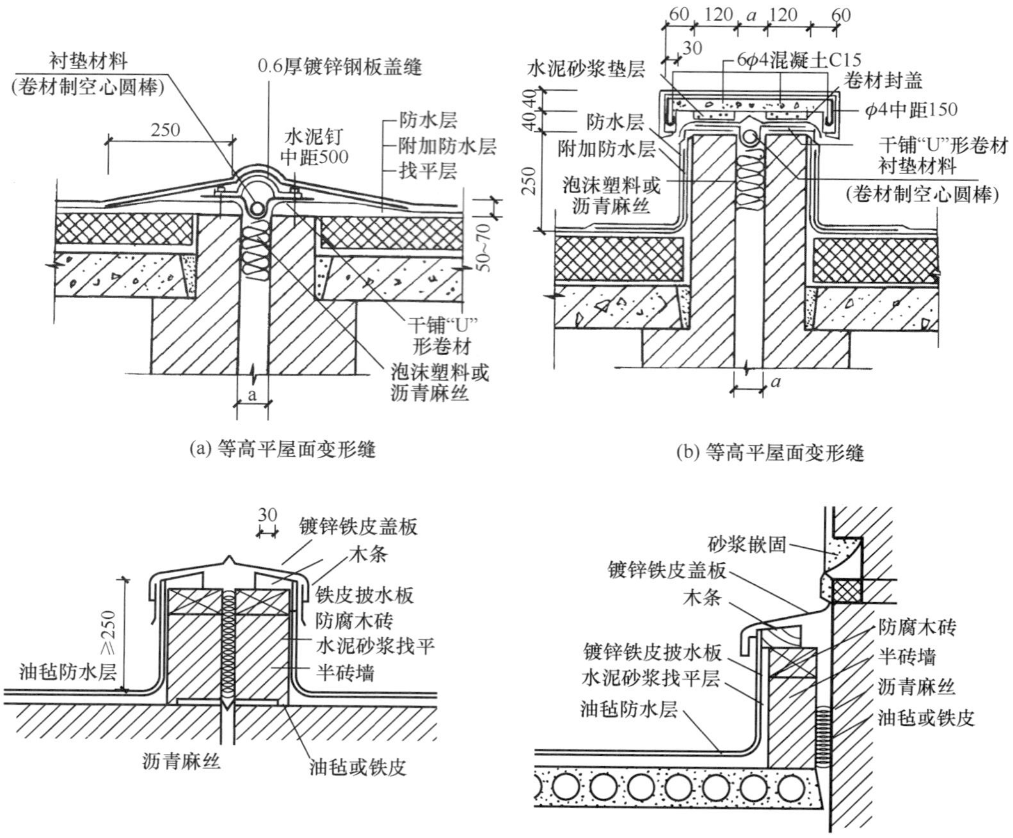

(a) 等高平屋面变形缝

(b) 等高平屋面变形缝

(c) 等高平屋面变形缝

(d) 高低屋面处变形缝

图 7-16　屋面变形缝构造

（7）屋面出入口（图 7-18）

水平出入口　从楼梯间或阁楼到达上人屋面的出入口，除要做好屋面防水层的收头以外，还要防止屋面积水从入口进入室内，出入口要高出屋面两级踏步。

垂直上人口　为屋面检修时上人使用而设。开洞尺寸应该大于等于 700mm×700mm。若屋顶结构为现浇钢筋混凝土，可直接在上人口四周浇出孔壁，其高度一般为 300mm，将防水层收头压在混凝土或角钢压顶下，上人口孔壁也可用砖砌筑，其上做混凝土压顶。上人口应加盖钢制或木制包镀锌铁皮孔盖。

7.3.2　刚性防水屋面

刚性防水屋面是指以刚性材料作为防水层的屋面，如防水砂浆、细石混凝土、配筋细石混凝土防水屋面等。这种屋面具有构造简单、施工方便、造价低廉的优点，但对温度变化和结构变形较敏感，容易产生裂缝而渗水。适用于防水等级为Ⅲ级的屋面防水，Ⅰ、Ⅱ级防水中的一道防水层。不适用于设有松散材料保温层及受较大振动或冲击荷载的建筑屋面。刚性防水屋面坡度宜为 2%～3%，并应采用结构找坡。故多用于我国南方

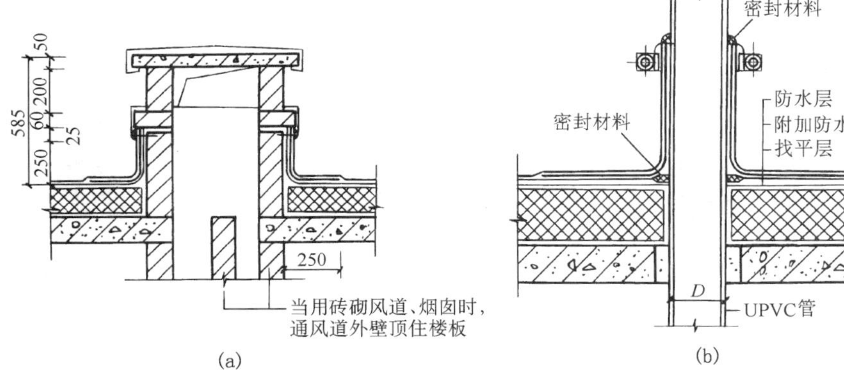

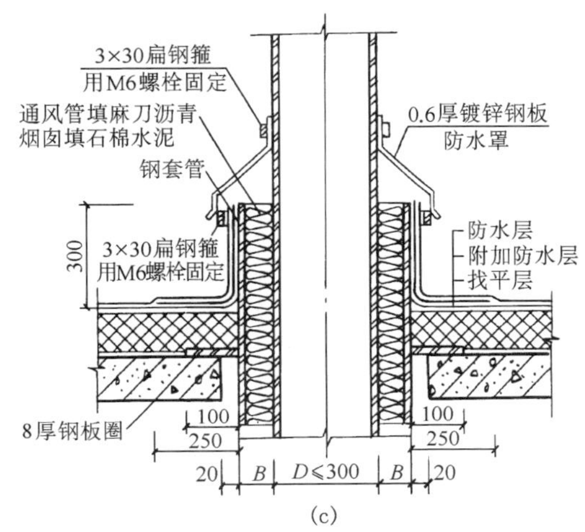

图 7-17 出屋面烟囱、管道构造

地区的建筑。

1. *刚性防水屋面存在的问题*

混凝土中有多余水，混凝土在硬化过程中其内部会形成毛细通道，必然使混凝土收水干缩时表面开裂而失去防水作用，因此，普通混凝土是不能作为刚性屋面防水层的。解决的办法是：

1）添加防水剂，利用生成不溶性物质，堵塞毛细孔道，提高密实度；

2）采用微膨胀水泥，如加入适量矾土水泥等，利用结硬时产生微膨胀效应，提高抗裂性；

3）提高自身密实度。采用控制水灰比，改善骨料级配，加强浇注时的振捣和养护，提高密实性，避免表面龟裂。

除自身原因外，还受到外力作用影响。气温变化使其热胀冷缩，屋面板受力后产生翘曲变形，地基不均匀沉陷，屋面板徐变，材料收缩等均直接对刚性防水层产生较大影响，其中最常见的是温差所造成的影响。

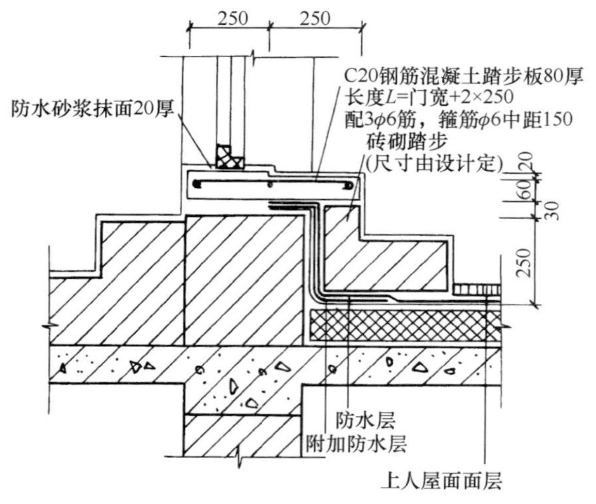

(a) 水平出入口

(b) 垂直上人口

图 7-18　屋面出入口构造

2. 预防刚性防水屋面变形开裂的措施

（1）配筋

一般采用不低于 C25 的细石混凝土整体现浇，其厚度不宜小于 40mm。为提高其抗裂和应变能力，常配置 φ4～φ6 钢筋，间距为 100～200mm 的双向钢筋网片。由于裂缝常易于面层出现，所以钢筋宜置于混凝土防水层的中偏上位置，其上部有 10～15mm 厚的保护层即可。

（2）设置分格缝

屋面分格缝也称分仓缝，是为了减少裂缝，在刚性防水层上预先留设的缝。实质上是在屋面防水层上设置的变形缝。其目的在于：防止温度变化引起防水层开裂；防止结构变形将防水层拉坏。因此屋面分格缝的位置应设置在温度变形允许的范围以内和结构变形敏感的部位。结构变形敏感的部位主要是指装配式屋面板的支承端、屋面转折处、现浇屋面板与预制屋面板的交接处、泛水与立墙交接处、双坡屋面的屋脊处等部位。

（3）设置隔离层

为减少结构层变形及温度变化对防水层的不利影响，宜在防水层下设置隔离层。其作用是将防水层和结构层两者分离，以适应各自的变形，从而避免由于变形的相互制约造成防水层或结构部分破坏。隔离层一般铺设在找平层上。隔离层可采用纸筋灰、低强度等级砂浆或薄砂层上干铺一层油毡等。当防水层中加有膨胀剂类材料时，其抗裂性有所改善，也可不做隔离层。

（4）设置滑动支座

为了适应刚性防水屋面的变形，在装配结构中，屋面板的支承处最好做成滑动支座。其构造做法为：在准备搁置楼板的墙或梁上，先用水泥砂浆找平，找平后干铺两层油毡，中间夹滑石粉，再搁置预制板即可。

3. 刚性防水屋面的构造层次及做法

通过前面的分析，对刚性防水屋面的材料做法特点已经有了一定认识，进而可以总结出刚性防水屋面的构造层次（图 7-19）。

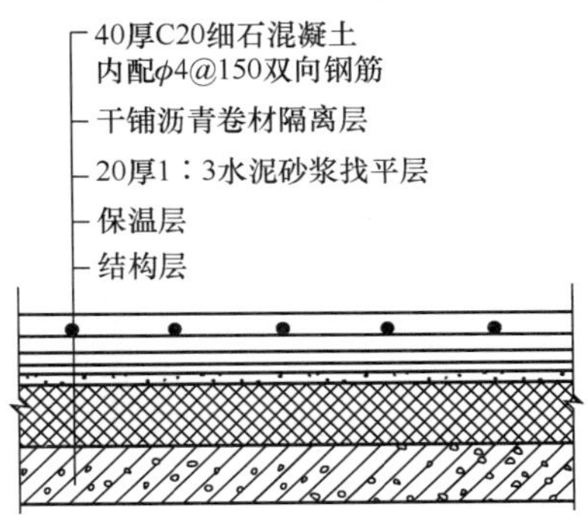

图 7-19　刚性防水屋面构造层次

结构层　刚性防水屋面的结构层要求具有足够的强度和刚度，一般应采用现浇或预制装配的钢筋混凝土屋面板，并在结构层现浇或铺板时形成屋面的排水坡度。

找平层　为保证防水层厚薄均匀，通常应在结构层上用 20mm 厚 1∶3 水泥砂浆找平。若采用现浇钢筋混凝土屋面板或设有纸筋灰等材料时，也可不设找平层。

隔离层　当防水层中加有膨胀剂类时，其抗裂性有所改善，也可不做隔离层。

防水层　可采用防水砂浆、细石混凝土，配筋细石混凝土防水屋面等。

4. 刚性防水屋面细部构造

刚性防水屋面的细部构造包括屋面防水层的分格缝、泛水、檐口、雨水口等部位的构造处理。

（1）屋面分格缝

分格缝构造（图 7-20）：

1）纵横间距不大于 6m；

2）分格缝应贯穿屋面找平层及刚性保护层，防水层内的钢筋在分格缝处应断开；

3）缝宽宜为 20~40mm，缝中应嵌填柔性材料及建筑密封膏，上部铺贴防水卷材盖缝，卷材的宽度为 200~300mm。

（2）泛水构造

刚性防水屋面的泛水构造要点与卷材屋面基本相同。不同的地方是：刚性防水层与屋面突出物（女儿墙、烟囱等）间须留分格缝，另铺贴附加卷材盖缝形成泛水。

（3）檐口构造

刚性防水屋面檐口的形式一般有自由落水挑檐口、挑檐沟外排水檐口和女儿墙外排水檐口、坡檐口等。

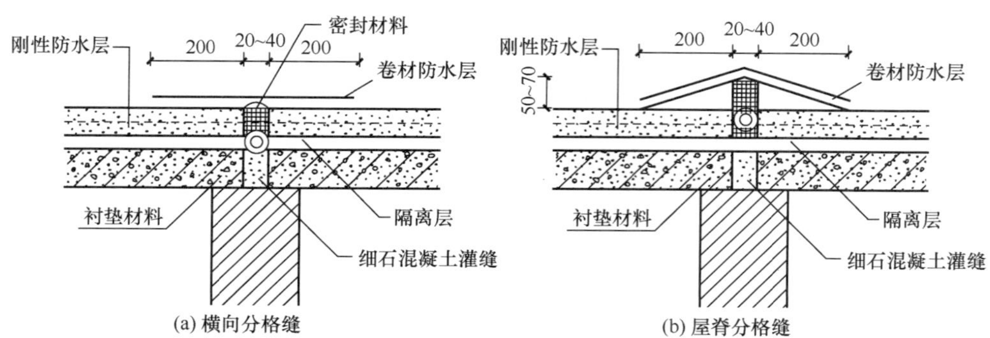

图 7-20　分格缝构造

自由落水挑檐口（图 7-21）　根据挑檐挑出的长度，有直接利用混凝土防水层悬挑和在增设的现浇或预制钢筋混凝土挑檐板上做防水层等做法。无论采用哪种做法，都应注意做好滴水。

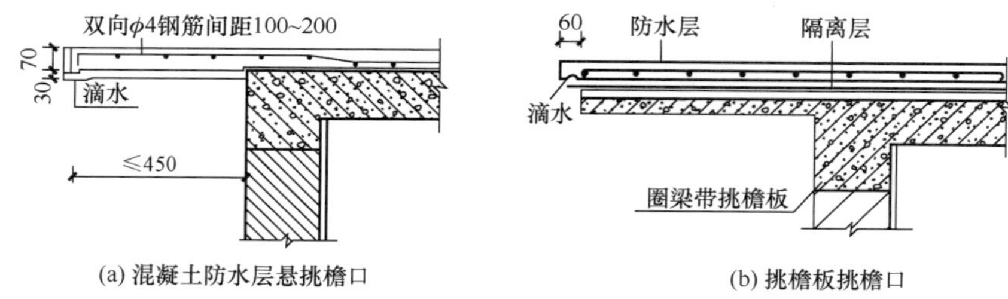

图 7-21　自由落水挑檐口构造

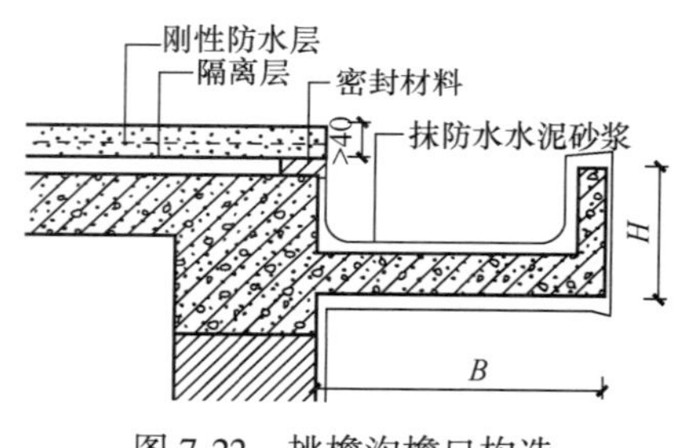

图 7-22　挑檐沟檐口构造

挑檐沟外排水檐口（图 7-22）　檐沟构件一般采用现浇或预制的钢筋混凝土槽形天沟板，在沟底用低强度等级的混凝土或水泥炉渣等材料垫置成纵向排水坡度，铺好隔离层后再浇筑防水层，防水层应挑出屋面并做好滴水。

（4）雨水口构造

刚性防水屋面的雨水口有直管式和弯管式两种做法，直管式一般用于挑檐沟外排水的雨水口，弯管式用于女儿墙外排水的雨水口。

直管式雨水口　为防止雨水从雨水口套管与沟底接缝处渗漏，应在雨水口周边加铺柔性防水层并铺至套管内壁，檐口处浇筑的混凝土防水层应覆盖于附加的柔性防水层之上，并于防水层与雨水口之间用油膏嵌实。直管式雨水口构造见图 7-23。

弯管式雨水口　一般用铸铁做成弯头。雨水口安装时，在雨水口处的屋面应加铺附加卷材与弯头搭接，其搭接长度不小于 100mm，然后浇筑混凝土防水层，防水层与弯头交接处需用油膏嵌缝。弯管式雨水口构造（图 7-24）。

（5）刚性防水屋面变形缝构造（图 7-25）

在变形缝两侧加砌矮墙按泛水处理，并将上部的缝用盖缝板盖住，盖缝板要能自由变形并不造成渗漏。

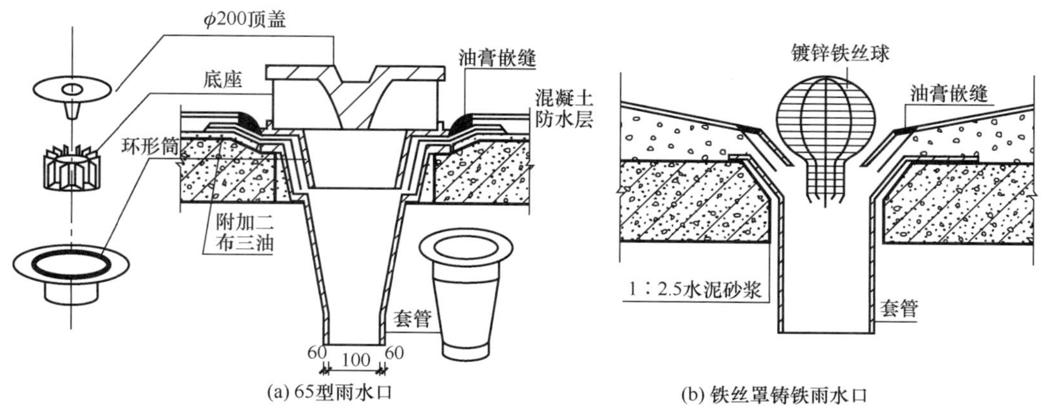

(a) 65型雨水口　　(b) 铁丝罩铸铁雨水口

图 7-23　直管式雨水口构造

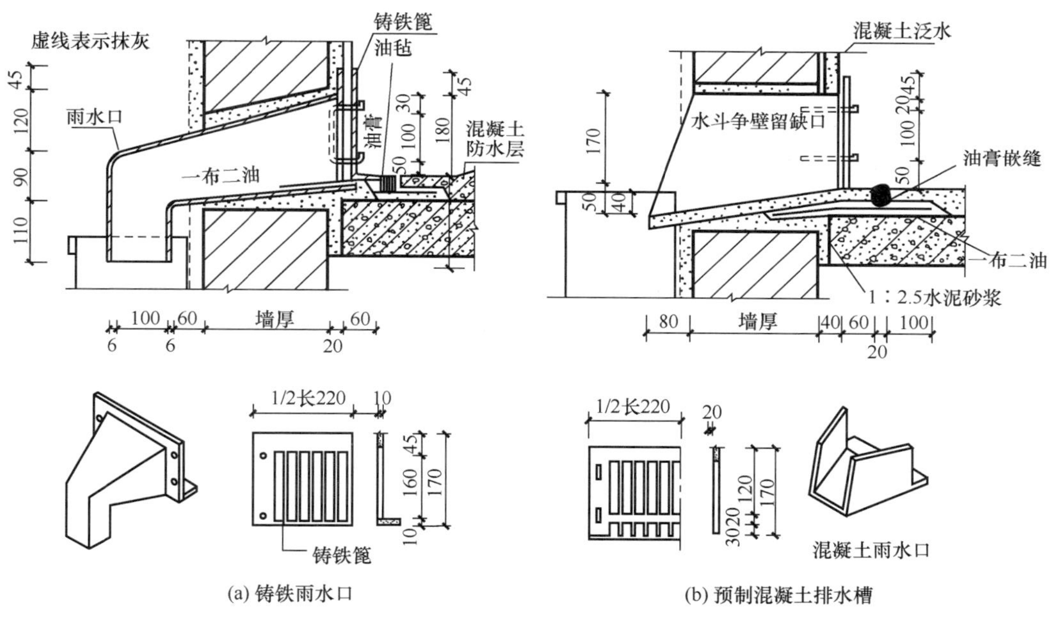

(a) 铸铁雨水口　　(b) 预制混凝土排水槽

图 7-24　弯管式雨水口构造

7.3.3　涂膜防水屋面

涂膜防水屋面又称涂料防水屋面，是指用可塑性和黏结力较强的高分子防水涂料，直接涂刷在屋面基层上形成一层不透水的薄膜层以达到防水目的的一种屋面做法。防水涂料有塑料、橡胶和改性沥青三大类，常用的有塑料油膏、氯丁胶乳沥青涂料和焦油聚氨酯防水涂膜等。这些材料多数具有防水性好、黏结力强、延伸性大、耐腐蚀、不易老化、施工方便、容易维修等优点。近年来应用较为广泛。这种屋面通常适用于不设保温层的预制屋面板结构，如单层工业厂房的屋面。在有较大震动的建筑物或寒冷地区则不宜采用。

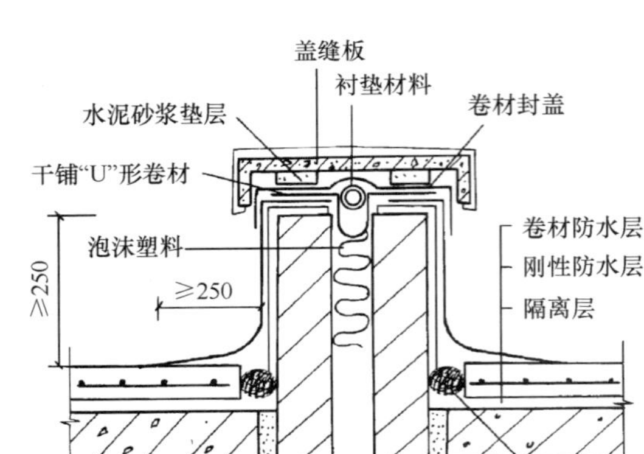

图 7-25　刚性防水屋面变形缝构造

1. 涂膜防水屋面的构造层次和做法

涂膜防水屋面的构造层次与柔性防水屋面相同，由结构层、找坡层、找平层、结合层、防水层和保护层组成。

涂膜防水屋面的常见做法，结构层和找坡层材料做法与柔性防水屋面相同。找平层通常为 25mm 厚 1∶2.5 水泥砂浆。为保证防水层与基层粘结牢固，结合层应选用与防水涂料相同的材料经稀释后满刷在找平层上。当屋面不上人时保护层的做法根据防水层材料的不同，可用蛭石或细砂撒面、银粉涂料涂刷等做法；当屋面为上人屋面时，保护层做法与柔性防水上人屋面做法相同。

2. 涂膜防水屋面细部构造

（1）分格缝构造

涂膜防水只能提高表面的防水能力，由于温度变形和结构变形会导致基层开裂而使得屋面渗漏，因此对屋面面积较大和结构变形敏感的部位，需设置分格缝（图 7-26）。

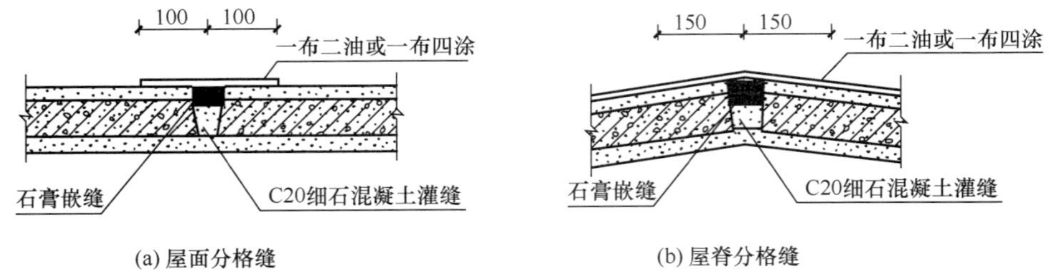

图 7-26　涂膜防水屋面分格缝构造

（2）泛水构造

涂膜防水屋面泛水构造要点与柔性防水屋面基本相同，即泛水高度不小于 250mm；屋面与立墙交接处应做成弧形；泛水上端应有挡雨措施，以防渗漏（图 7-27）。不同的是在屋面容易渗漏的地方，需根据屋面涂膜防水层的不同再用二布三油、二布六涂等措施加强其防水能力。

7.3.4　平屋顶的保温与隔热

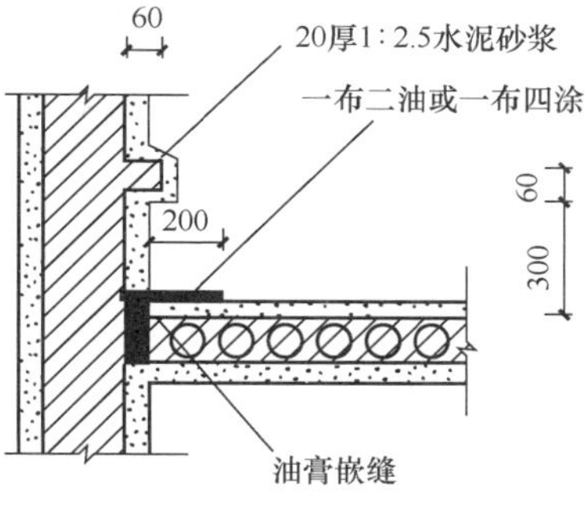

图 7-27　涂膜防水屋面泛水构造

屋顶作为建筑物的外围护结构，设计时应根据当地气候条件和使用的要求，妥善解决建筑物的保温和隔热问题。

1. 平屋顶的保温

我国北方地区，室内必须采暖。为了使室内热量不至于散失太快，保证房屋的正常使用并尽量减少能源消耗，屋顶应满足基本的保温要求，在构造处理时通常在屋顶中增设保温层。

（1）保温材料类型

保温材料多为轻质多孔材料，一般可分为以下三种类型：

散料类　常用炉渣、矿渣、膨胀蛭石、膨胀珍珠岩等。

整体类　以散料作骨料，掺入一定量的胶结材料，现场浇筑而成。如水泥炉渣、水泥膨胀蛭石、水泥膨胀珍珠岩及沥青膨胀蛭石和沥青膨胀珍珠岩等。

板块类　利用骨料和胶结材料由工厂制作而成的板块状材料，如加气混凝土、泡沫混凝土、膨胀蛭石、膨胀珍珠岩、泡沫塑料等块材或板材等。

保温材料的选择应根据建筑物的使用性质、构造方案、材料来源、经济指标等因素综合考虑确定。

（2）保温层的设置

根据保温层与防水层的相对位置不同，可归纳为两种保温类型，即正铺法和倒铺法，如图 7-28 所示。

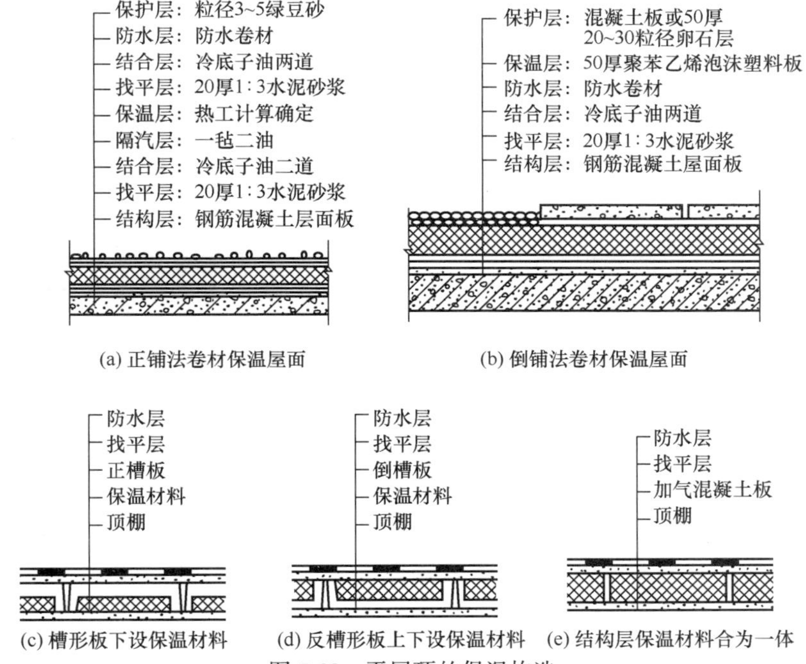

(a) 正铺法卷材保温屋面　(b) 倒铺法卷材保温屋面

(c) 槽形板下设保温材料　(d) 反槽形板上下设保温材料　(e) 结构层保温材料合为一体

图 7-28　平屋顶的保温构造

正铺法 保温层设在结构层之上、防水层之下，从而形成封闭式保温层。由于室内水蒸气会上升而进入保温层，为防止保温材料受潮，通常要在保温层之下做一道隔气层。设置隔气层的目的是防止室内水蒸气渗入保温层，使保温层受潮而降低保温效果。隔气层的一般做法是在20mm厚1∶3水泥砂浆找平层上刷冷底子油两道作为结合层，结合层上做一布二油或两道热沥青隔气层。构造需要相应增加了找平层、结合层和隔气层，见图7-28（a）。

为了防止室内水蒸气渗入到保温层中以及施工过程中保温层和找平层中残留的水在保温层中影响保温层的保温效果，可设置排气道和排气孔。排气道内用大粒径炉渣或粗质纤维填塞。找平层在相应位置应留槽作排气道，并在整个屋面纵横贯通。

排气道间距宜为6m，屋面面积每$36m^2$宜设一个排气孔。排气道上口干铺油毡一层，用玛蹄脂单边点贴覆盖。保温层设透气层后，一般要在檐口或屋脊处留通风口。

倒铺法 保温层设置在防水层之上，从而形成敞露式保温层。优点是防水层不受太阳辐射和剧烈气候变化的直接影响，不受外来作用力的破坏。缺点是选择保温材料时受限制，只能选用吸湿性低、耐气候性强的保温材料。聚氨酯和聚苯乙烯泡沫塑料板可作为倒铺屋面的保温层，但上面要用较重的覆盖物作保护层，见图7-28（b）。

保温层与结构层结合 有三种做法，一种是保温层设在槽形板的下面［图7-28（c）］；一种是保温层放在槽形板朝上的槽口内［图7-28（d）］；还有一种是将保温层与结构层融为一体［图7-28（e）］。

（3）保温层的保护

为了防止室内水蒸气渗入到保温层中以及施工过程中保温层和找平层中残留的水在保温层中影响保温层的保温效果，可设置排气道和排气孔。排气道内用大粒径炉渣或粗质纤维填塞。找平层在相应位置应留槽作排气道，并在整个屋面纵横贯通。排气道间距宜为6m，屋面面积每$36m^2$宜设一个排气孔。排气道上口干铺油毡一层，用玛蹄脂单边点贴覆盖。保温层设透气层后，一般要在檐口或屋脊处留通风口（图7-29）。

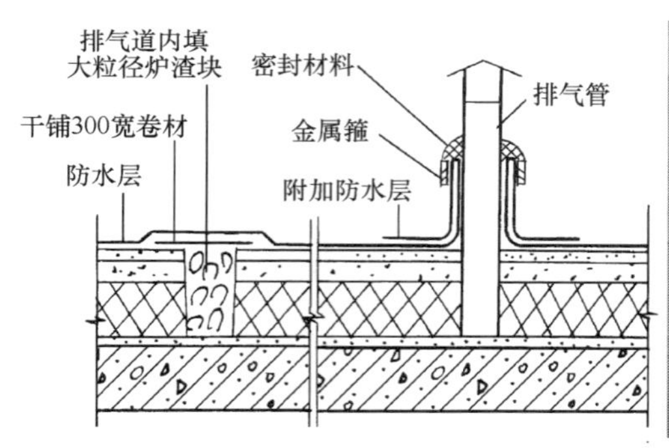

图7-29 保温层排气道与排气口构造

2. 平屋顶的隔热

在气候炎热地区，夏季强烈的太阳辐射会使屋顶的温度上升，为减少传进室内的热量和降低室内的温度，屋顶应采取隔热降温措施。

屋顶的隔热降温措施主要有以下几种方式：

（1）通风隔热屋面

通风隔热屋面是指在屋顶中设置通风间层，使上层表面起着遮挡阳光的作用，利用风压和热压作用把间层中的热空气不断带走，以减少传到室内的热量，从而达到隔热降温的目的。通风隔热屋面一般有架空通风隔热屋面和顶棚通风隔热屋面两种做法。

架空通风隔热屋面 通风层设在防水层之上，其做法很多，图7-30为架空通风隔热屋面构造，其中以架空预制板或大阶砖最为常见。架空通风隔热层设计应满足以下要求：架空层应有适当的净高，一般以180~240mm为宜；距女儿墙500mm范围内不铺架空板；隔热板的支点可做成砖垄墙或砖墩，间距视隔热板的尺寸而定。架空通风隔热屋面构造见图7-30。

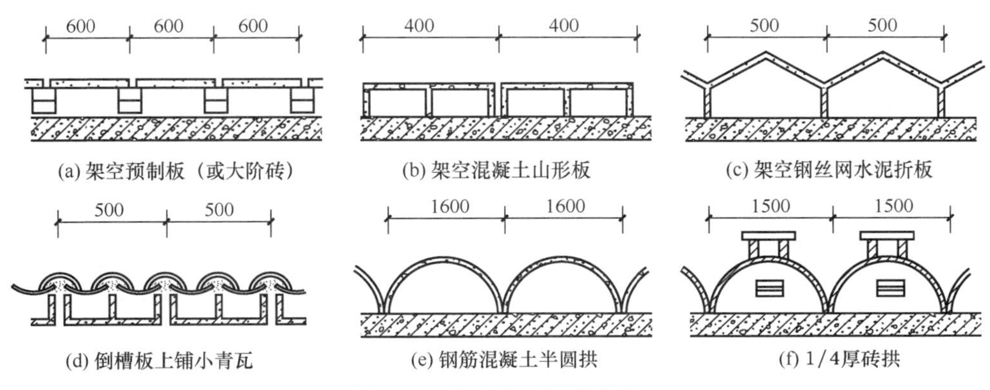

图7-30 架空通风隔热构造

顶棚通风隔热屋面 这种做法是利用顶棚与屋顶之间的空间作隔热层，顶棚通风隔热层设计应满足以下要求：顶棚通风层应有足够的净空高度，一般为500mm左右；需设置一定数量的通风孔，以利空气对流；通风孔应考虑防飘雨措施。顶棚通风隔热屋面构造见图7-31。

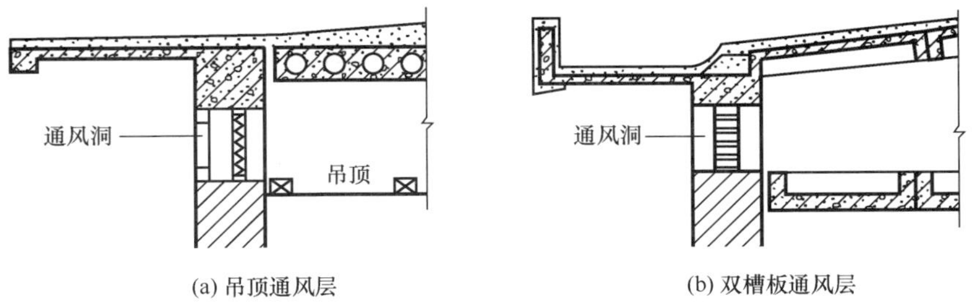

图7-31 顶棚通风隔热屋面构造

（2）蓄水隔热屋面

蓄水屋面是指在屋顶蓄积一层水，利用水蒸发时需要大量的汽化热，从而大量消耗晒到屋面的太阳辐射热，以减少屋顶吸收的热能，从而达到降温隔热的目的。蓄水屋面构造与刚性防水屋面基本相同，主要区别是增加了一壁三孔，即蓄水分仓壁、溢水孔、泄水孔和过水孔。蓄水隔热屋面构造应注意以下几点：合适的蓄水深度，一般为150~200mm；根据屋面面积划分成若干蓄水区，每区的边长一般不大于10m；足够的泛水高度，至少高出水面100mm；合理设置溢水孔和泄水孔，并应与排水檐沟或水落管连通，以保证多雨季节不超过蓄水深度和检修屋面时能将蓄水排除；注意做好管道的防水处理（图 7-32）。

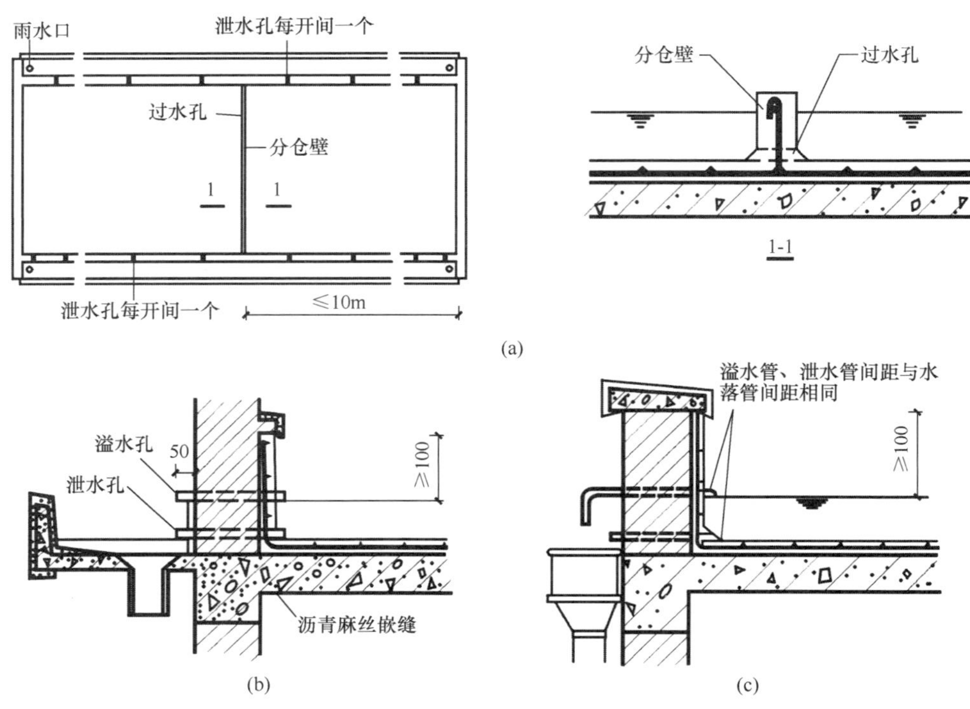

图 7-32　蓄水隔热屋面

（3）种植隔热屋面

种植屋面是在屋顶上种植植物，利用植被的蒸腾和光合作用，吸收太阳辐射热，从而达到降温隔热的目的。种植隔热屋面构造见图 7-33。

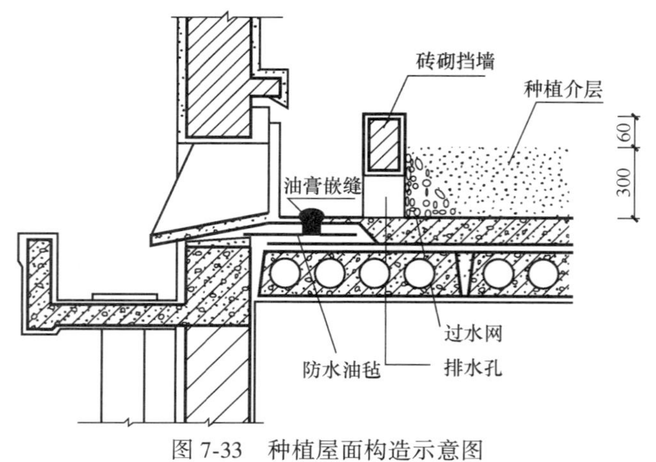

图 7-33　种植屋面构造示意图

（4）反射降温屋面

在屋顶，用浅颜色的砾石、混凝土做面层，或在屋面刷白色涂料等，可将大部分太阳辐射热反射出去，达到降低屋顶温度的目的。

7.4 坡屋顶构造

7.4.1 坡屋顶的承重结构

（1）承重结构类型

坡屋顶中常用的承重结构有横墙承重、屋架承重和梁架承重（图 7-34）。

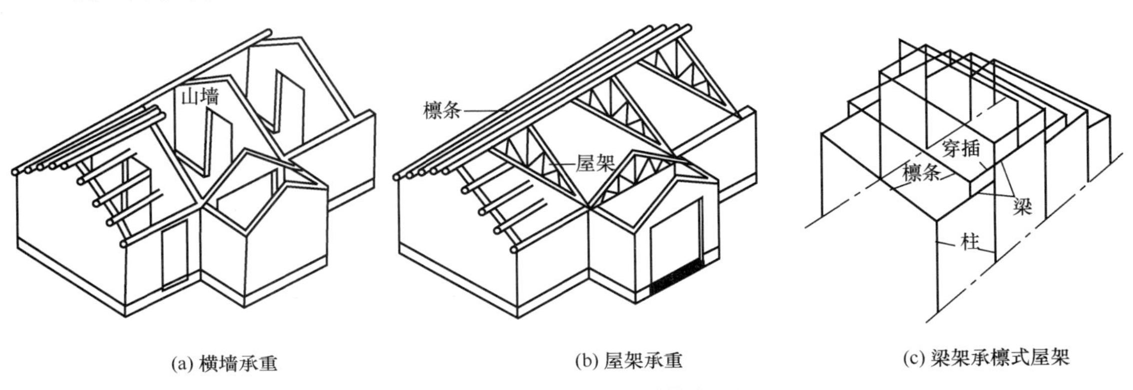

(a) 横墙承重　(b) 屋架承重　(c) 梁架承檩式屋架

图 7-34　坡屋顶的承重结构类型

（2）承重结构构件

屋架　形式常为三角形，由上弦、下弦及腹杆组成，所用材料有木材、钢材及钢筋混凝土等。木屋架一般用于跨度不超过 12m 的建筑；将木屋架中受拉力的下弦及直腹杆件用钢筋或型钢代替，这种屋架称为钢木屋架。钢木组合屋架一般用于跨度不超过 18m 的建筑；当跨度更大时需采用预应力钢筋混凝土屋架或钢屋架。

檩条　所用材料可为木材、钢材及钢筋混凝土，檩条材料的选用一般与屋架所用材料相同，使两者的耐久性接近。

坡屋顶承重结构布置　主要是指屋架和檩条的布置，其布置方式视屋顶形式而定。

7.4.2 平瓦屋面做法

坡屋顶屋面一般是利用各种瓦材，如平瓦、波形瓦、小青瓦等作为屋面防水材料。近些年来还有不少采用金属瓦屋面、彩色压型钢板屋面等。

平瓦屋面根据基层的不同有冷摊瓦屋面、木望板平瓦屋面和钢筋混凝土板瓦屋面三种做法。

冷摊瓦屋面　是在檩条上钉固椽条，然后在椽条上钉挂瓦条并直接挂瓦。这种做法构造简单，但雨雪易从瓦缝中飘入室内，通常用于南方地区质量要求不高的建筑。

木望板瓦屋面　是在檩条上铺钉 15~20mm 厚的木望板（亦称屋面板），望板可采取密铺法（不留缝）或稀铺法（望板间留 20mm 左右宽的缝），在望板上平行于屋脊方向干铺一层油毡，在油毡上顺着屋面水流方向钉 10mm×30mm、中距 500mm 的顺水条，然后在顺水条上面平行于屋脊方向钉挂瓦条并挂瓦，挂瓦条的断面和间距与冷摊瓦屋面相同。这种做法比冷摊瓦屋面的防水、保温隔热效果要好，但耗用木材多、造价高，多用于质量要求较高的建筑物中。冷摊瓦屋面、木望板瓦屋面构造见图 7-35。

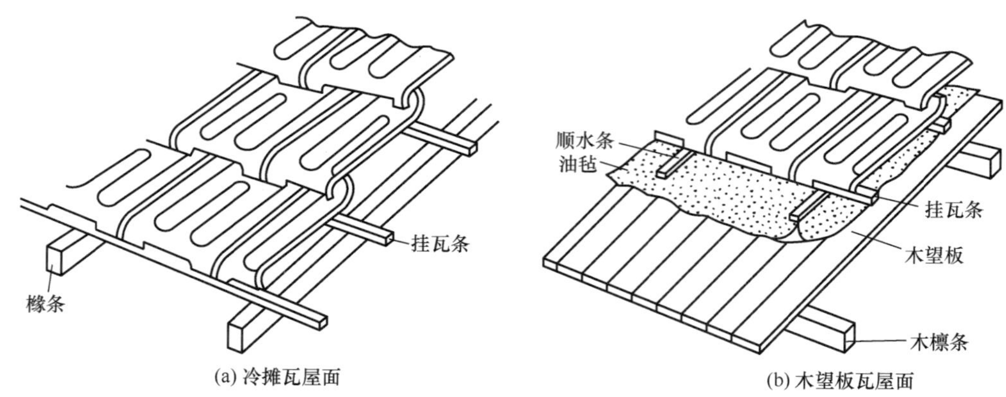

图 7-35　冷摊瓦屋面、木望板瓦屋面构造

钢筋混凝土板瓦屋面　瓦屋面由于有保温、防火或造型等需要，可将钢筋混凝土板作为瓦屋面的基层盖瓦。盖瓦的方式有两种：一种是在找平层上铺油毡一层，用压毡条钉在板缝内的木楔上，再钉挂瓦条挂瓦；另一种是在屋面板上直接粉刷防水水泥砂浆并贴瓦或陶瓷面砖或平瓦。在仿古建筑中也常常采用钢筋混凝土板瓦屋面。钢筋混凝土板瓦屋面构造见图 7-36。

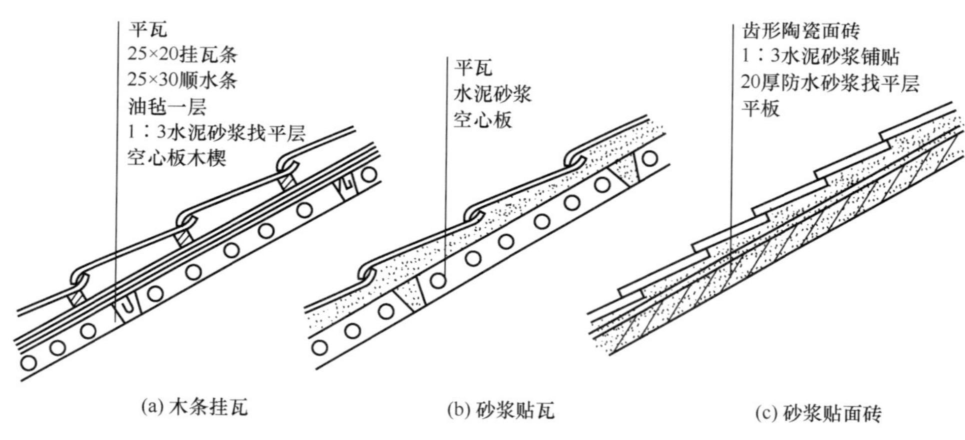

图 7-36　钢筋混凝土板瓦屋面构造

7.4.3　平瓦屋面细部构造

平瓦屋面应做好檐口、天沟、屋脊等部位的细部处理。

1. 檐口构造

檐口分为纵墙檐口和山墙檐口。

(1) 纵墙檐口（图 7-37）

纵墙檐口根据造型要求做成挑檐或封檐。

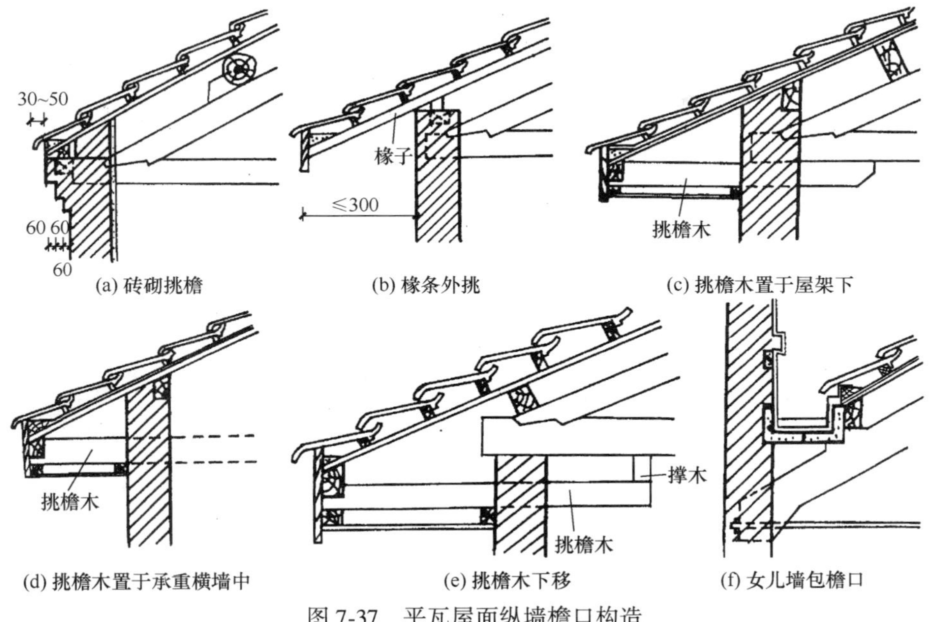

图 7-37　平瓦屋面纵墙檐口构造

（2）山墙檐口

山墙檐口按屋顶形式分为硬山与悬山两种。硬山檐口构造（图 7-38），将山墙升起包住檐口，女儿墙与屋面交接处应作泛水处理。女儿墙顶应作压顶板，以保护泛水。

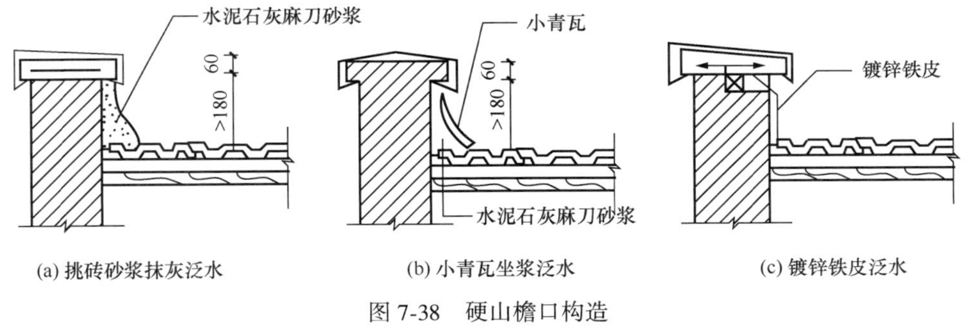

图 7-38　硬山檐口构造

悬山屋顶的山墙檐口构造（图 7-39），先将檩条外挑形成悬山，檩条端部钉木封檐板，沿山墙挑檐的一行瓦，应用 1∶2.5 的水泥砂浆做出披水线，将瓦封固。

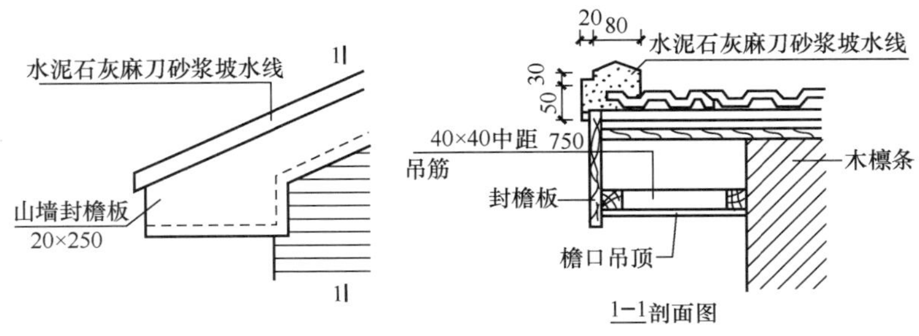

图 7-39　悬山檐口构造

2. 天沟和斜沟构造（图 7-40）

在等高跨或高低跨相交处，常常出现天沟，而两个相互垂直的屋面相交处则形成斜沟。沟应有足够的断面积，上口宽度不宜小于 300~500mm，一般用镀锌铁皮铺于木基层上，镀锌铁皮伸入瓦片下面至少 150mm。高低跨和包檐天沟若采用镀锌铁皮防水层时，应从天沟内延伸至立墙（女儿墙）上形成泛水。

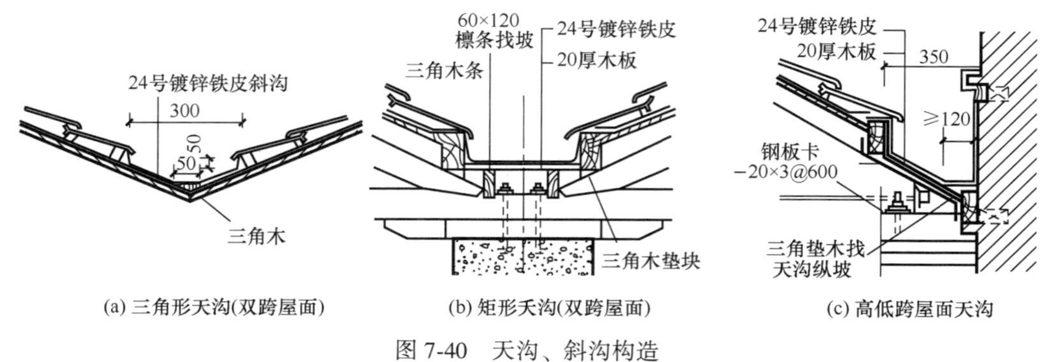

图 7-40　天沟、斜沟构造

7.4.4　坡屋顶的保温与隔热

坡屋顶保温构造　坡屋顶的保温层一般布置在瓦材与檩条之间或吊顶棚上面。保温材料可根据工程具体要求选用松散材料、块体材料或板状材料。

坡屋顶隔热构造　炎热地区在坡屋顶中设进气口和排气口，利用屋顶内外的热压差和迎风面的压力差，组织空气对流，形成屋顶内的自然通风，以减少由屋顶传入室内的辐射热，从而达到隔热降温的目的。进气口一般设在檐墙上、屋檐部位或室内顶棚上；出气口最好设在屋脊处，以增大高差，有利加速空气流通。坡屋顶隔热构造见图 7-41。

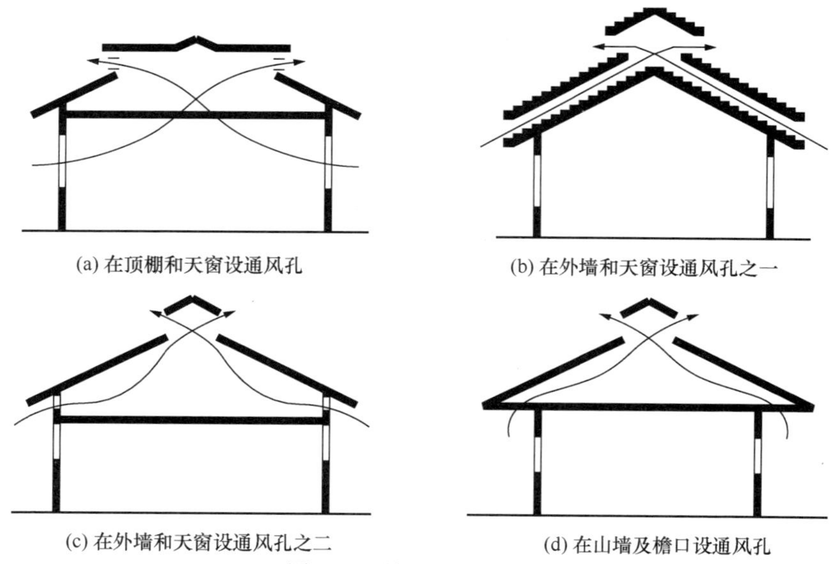

图 7-41　坡屋顶通风示意

小结

1. 屋顶按外形主要类型分为平屋顶、坡屋顶和其他形式的屋顶。

2. 屋顶的设计要求主要任务是解决好防水、排水及保温隔热，坚固耐久、造型美观等问题。

3. 屋顶的坡度主要与防水材料、降雨量和结构形式等有关。屋顶排水坡度的形成方式有材料找坡和结构找坡两种形式。屋面排水方式分为有组织排水和无组织排水两种。无组织排水方式主要适用于少雨地区或一般低层建筑，不宜用于临街建筑和高度较高的建筑。有组织排水方案可分为外排水和内排水两种基本形式。常用的外排水方式有女儿墙外排水，檐沟外排水、女儿墙檐沟外排水三种。

4. 屋顶排水设计的主要内容是：确定屋面坡度大小和坡度形成的方法；选择排水方式；绘制屋顶排水平面图。单坡排水的屋面宽度控制在 12~15m 以内。每根雨水管可排除约 $200m^2$ 的屋面雨水。矩形天沟净宽不应小于 200mm，天沟纵坡最高处离天沟上口的距离不小于 120mm，天沟纵向坡度取0.5%~1%。

5. 钢筋混凝土平屋顶的应用较普遍，屋面分为卷材防水屋面、刚性防水屋面和涂膜防水屋面三种常用的防水屋面。

6. 卷材防水屋面是用胶结材料将防水卷材黏结形成防水层，柔性防水屋面的基本构造层次为保护层、防水层、结合层、找平层、结构层；细部构造中重点处理好泛水、挑檐口、水落口、屋面变形缝、屋面检修口、出入口等处。

7. 刚性防水屋面是以细石混凝土作防水层的屋面。其基本构造层为防水层、隔离层、找平层、结构层；并做好分仓缝、泛水、管道出入口、檐口、水落口等细部构造处理。

8. 刚性防水屋面主要适用于我国南方地区。为了防止防水层开裂，应在防水层中加钢筋网片、设置分格缝、在防水层与结构层之间加铺隔离层。

9. 涂膜防水屋面是用防水材料刷在屋面基层上，利用涂料干燥或固化以后的不透性来达到防水的目的。要注意氯丁胶乳沥青防水涂料屋面、焦油聚氯酯防水涂料屋面、塑料油膏防水屋面的做法。

10. 坡屋顶主要由承重结构和屋面组成，目前主要将屋架或钢筋混凝土现浇板作为坡屋顶的承重构件。屋面的种类根据瓦的种类而定。

11. 在寒冷地区或有空调要求的建筑中，屋顶应作保温处理，一般保温材料多为轻质多孔材料，一般有散料类，整体类、板块类三种类型，平屋顶根据保温层在屋顶中的具体位置有正置或和倒置式铺法两种处理方式，坡屋顶的保温有屋面层保温和顶棚层保温两种做法。在气候炎热地区，屋顶应采取隔热降温措施。平屋顶隔热措施有通风隔热屋面、蓄水隔热屋面、种植隔热屋面和反射降温屋面；坡屋顶的隔热主要采用通风屋顶。

思考题

1. 屋顶有什么作用及设计要求？
2. 屋顶按外形分有哪些形式？
3. 坡度的表示方法有哪些？
4. 影响屋顶坡度的因素有哪些？如何形成屋顶的排水坡度？
5. 屋顶的排水方式有哪几种？简述各自的优缺点和适用范围。
6. 简述屋顶排水组织设计步骤。
7. 简述卷材防水屋面的基本构造层次及作用。
8. 平屋顶油毡防水屋面为什么要设隔气层？如何设置？
9. 什么是泛水？有什么构造要求？

10. 柔性防水屋面的细部构造有哪些？各自的设计要点是什么？
11. 简述刚性防水屋面的基本构造层次及作用，并绘图表示。
12. 刚性防水屋面容易开裂的原因是什么？可以采取哪些措施预防开裂？
13. 平屋顶的保温材料有哪几类？保温层常设于什么位置？
14. 平屋顶的隔热构造处理有哪几种做法？
15. 何为分仓缝？为什么要设分仓缝？通常设在什么部位？
16. 简述屋面排水设计步骤。
17. 坡屋顶的承重结构类型有哪些？有哪些承重结构构件？
18. 绘图表示等高屋面变形缝的一种做法。
19. 绘图表示高低屋面变形缝处的一种做法。
20. 绘制卷材防水屋面女儿墙泛水的一种做法。
21. 绘图表示女儿墙顶构造。
22. 绘制一种有保温层、不上人卷材屋面的断面构造简图，并说明各构造层次的名称及材料做法。
23. 绘制刚性防水屋面横向分格缝的构造做法。
24. 绘制钢筋混凝土板瓦屋面的一种构造做法。

实训设计作业3：平屋顶构造设计

1. 设计内容

依据所给定的已知图，设计屋顶平面图和屋顶节点构造详图。

2. 已知条件

1）屋顶类型：平屋顶。

2）屋顶排水方式：有组织排水，檐口形式由学生自定。

3）屋面防水方案：卷材防水或刚性防水。

4）屋顶有保温或隔热要求。

3. 深度要求

1）屋顶平面图，比例1∶100。

画出各坡面交线、檐沟或女儿墙和天沟、雨水口和屋面上人孔等，刚性屋面还应画出纵横分格缝。

标注屋面和檐沟或天沟内的排水方向和坡度值，标注屋面上人孔等突出屋面部分的有关尺寸，标注屋面标高（结构上表面标高）。

标注各转角处的定位轴线和编号。

外部标注两道尺寸（即轴线尺寸和雨水汇到邻近轴线的距离或雨水口的间距）。

标注详图索引符号，注写图名和比例。

2）节点构造详图，比例1∶10，选择有代表性的详图2~4个。

根据所选择的排水方案画出具有代表性的节点构造详图，如雨水口及天沟详图、女儿墙泛水详图、高低屋面之间泛水详图、上人孔详图、楼梯间出屋面详图、分格缝详图（刚性防水屋面）、分仓壁及过水孔详图（蓄水屋面）等。

每一详图应反映构件之间的相互连接关系、屋面的构造层次及各层做法，被剖切部分应反映出材料符号，标注各部分尺寸。

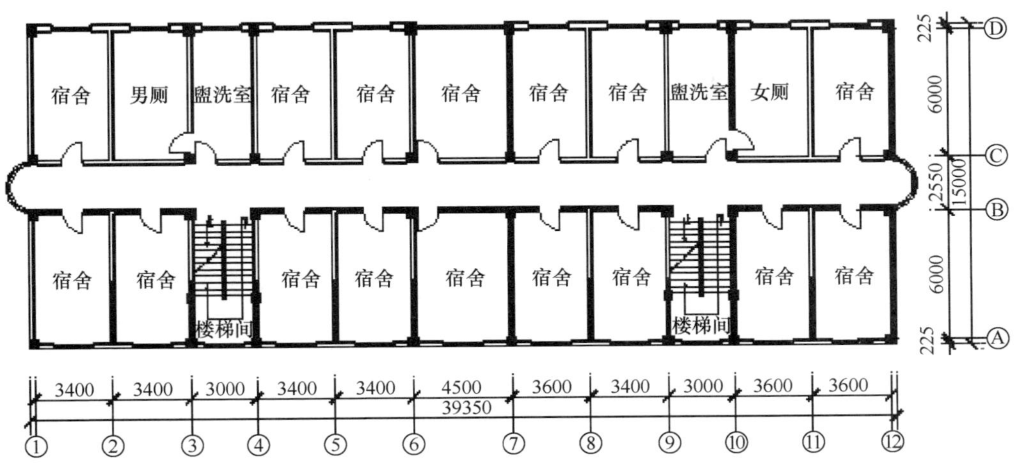

某学生宿舍平面图 1∶100

第 8 章 建筑抗震与防火

学习目标

通过学习掌握地震的基本知识、建筑抗震的设防目标和设计要点，建筑变形缝的概念、设置要求和构造，以及建筑火灾概念、火灾的发展与蔓延、防火分区及划分原则。

学习重点

掌握建筑变形缝的构造和建筑安全疏散要求；了解建筑抗震和建筑防火的基本知识。

8.1 建筑抗震

8.1.1 地震知识简介

1. 地震与地震波

地震 指由于地壳构造运动使岩层发生断裂、错动而引起的地面振动。

震源 地壳深处发生岩层断裂、错动的地方。

震中 震源正上方的地面。

地震波 当震源岩层发生断裂、错动时，岩层所积累的变形能突然释放，以波的形式从震源向四周传播。

2. 地震震级与地震烈度

地震震级：指地震的强烈程度，一般称里氏震级，取决于地震时释放能量的大小。

地震烈度：指地震时某一地区地面、建（构）筑物遭受地震影响的强烈程度，它不仅与震级有关，而且与震源深度、距震中的距离、建筑场地的土质等因素有关。一次地震只有一个震级，但却有不同的地震烈度。

8.1.2　抗震设防的目标

使建筑物经抗震设防后，当遭受到低于本地区设防烈度的地震影响时，建筑物一般不受损坏或不需要修理仍能继续使用；

当遭受到本地区设防烈度影响时，建筑物可能有一定损坏，经一般修理或不需修理仍能继续使用；

当遭受高于本地区设防烈度的罕见地震时，建筑物不致倒塌或发生危及生命的破坏。即做到“小震不坏，中震可修，大震不倒”。

8.1.3　建筑抗震设计要点

1）宜选择对抗震有利的场地。

2）建筑的平面布置宜规则、对称，形心和重心尽可能接近，并应具有良好的整体性。

3）建筑的立面和竖向剖面宜规则，结构的倾向刚度宜均匀变化，建筑的质量分布均匀。

4）选择技术上、经济上合理的抗震结构体系。加强构造处理。

8.1.4　建筑变形缝

1. 变形缝类型及要求

变形缝　是为防止建筑物在外界因素（温度变化、地基不均匀沉降及地震）作用下产生变形，导致开裂，甚至破坏而预留的构造缝。

变形缝分三种类型：伸缩缝、沉降缝和防震缝。

（1）伸缩缝

通常沿建筑物高度方向设置垂直缝隙，将建筑物断开，使建筑物分隔成几个独立部分，各部分可自由胀缩，这种构造缝称为伸缩缝。

伸缩缝要求把建筑物的墙体、楼板层、屋顶等地面以上部分全部断开。

伸缩缝的位置和间距与建筑物的结构类型、材料、施工条件及当地温度变化情况有关。设计时应根据有关规范的规定设置（表 8-1 和表 8-2）。

表 8-1　砌体建筑伸缩缝的最大间距

砌体类型	屋顶或楼层结构类别		间距/m
各种砌体	整体式或装配整体式钢筋混凝土结构	有保温层或隔热层的屋顶、楼层	50
		无保温层或隔热层的屋顶	40
	装配式无檩体系钢筋混凝土结构	有保温层或隔热层的屋顶、楼层	60
		无保温层或隔热层的屋顶	50
	装配式有檩体系钢筋混凝土结构	有保温层或隔热层的屋顶、楼层	75
		无保温层或隔热层的屋顶	60
黏土砖、空心砖砌体	黏土瓦或石棉瓦屋顶；木屋顶或楼层；砖石屋顶或楼层		100
石砌体			80
硅酸盐块砌体和混凝土块砌体			75

表 8-2　钢筋混凝土结构伸缩缝的最大间距

结构类型		室内或土中	露天
排架结构	装配式	100	70
框架结构	装配式	75	50
	现浇式	55	35
剪力墙结构	装配式	65	40
	现浇式	45	30
挡土墙、地下室墙等类结构	装配式	40	30
	现浇式	30	20

（2）沉降缝

沿建筑物高度设置垂直缝隙，将建筑物划分成若干个可以自由沉降的单元，这种垂直缝称为沉降缝。

符合下列条件之一者应设置沉降缝：

1）当建筑物相邻两部分有高差；

2）相邻两部分荷载相差较大；

3）建筑体型复杂，连接部位较为薄弱；

4）结构形式不同；

5）基础埋置深度相差悬殊；

6）地基土的地耐力相差较大。

沉降缝的宽度与地基的性质和建筑物的高度有关，地基越软弱，建筑的高度越大，沉降缝的宽度也越大（表 8-3）。

表 8-3　沉降缝的宽度

地基情况	建筑物高度	沉降缝的宽度/mm
一般地基	<5m 5~10m 10~15m	30 50 70
软弱地基	2~3 层 4~5 层 6 层以上	50~80 80~120 >120
湿陷性黄土地基		≥30~70

（3）防震缝

在变形敏感部位设缝，将建筑物分为若干个体型规整、结构单一的单元，防止在地震波的作用下互相挤压、拉伸，造成变形破坏，这种缝隙叫防震缝。

地震设防烈度为 8 度、9 度地区的多层砌体建筑物，有下列情况之一时应设防震缝：

1）建筑物立面高差在 6m 以上；

2）建筑物有错层，且楼板错层高差较大；

3）建筑物各部分结构刚度、质量截然不同。

防震缝的宽度，在多层砖混结构中按设防烈度的不同取 50～100mm；在多层钢筋混凝土框架结构建筑中，建筑物的高度不超过 15m 时为 70mm，当建筑物高度超过 15m 时，缝宽见表 8-4。

表 8-4　防震缝的宽度

设防烈度	建筑物高度	缝　宽
7 度	每增加 4m	在 70mm 基础上增加 20mm
8 度	每增加 3m	在 70mm 基础上增加 20mm
9 度	每增加 2m	在 70mm 基础上增加 20mm

2. 变形缝的构造

（1）基础变形缝

基础在沉降缝处的构造有双墙式、交叉式和悬挑式（图 8-1）。

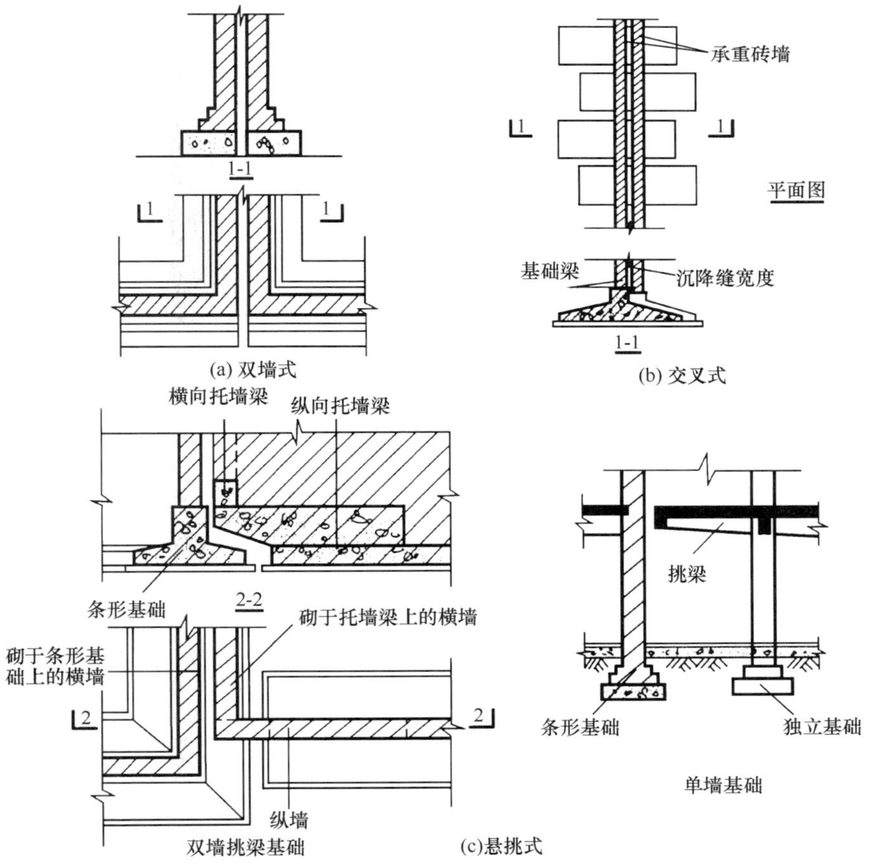

图 8-1　沉降缝处基础的构造

（2）墙体变形缝

变形缝的构造形式与变形缝的类型和墙体的厚度有关，可做成平缝、错口缝或企口缝。外墙变形缝的构造见图 8-2。

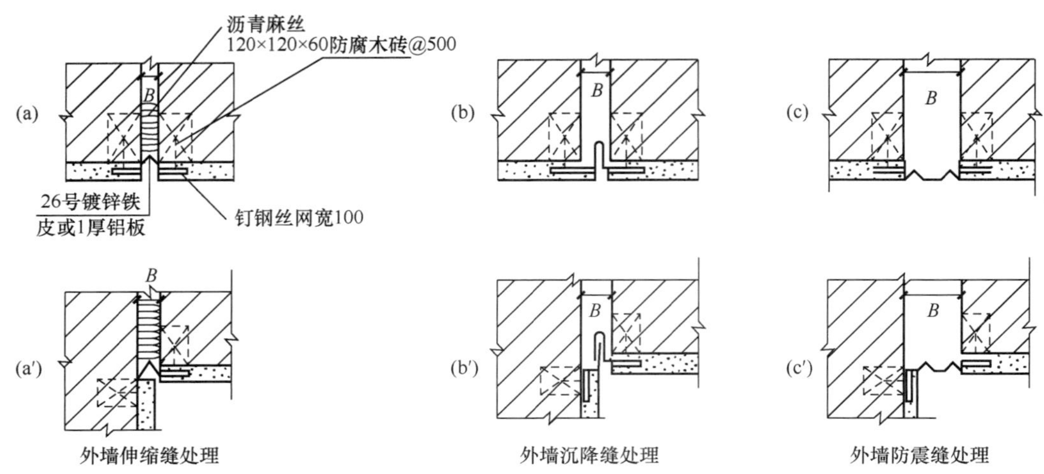

图 8-2　外墙变形缝的构造

内墙变形缝的构造应考虑与室内的装饰环境相协调，并满足隔声、防火要求。一般采用具有一定装饰效果的木条盖缝（图 8-3）。

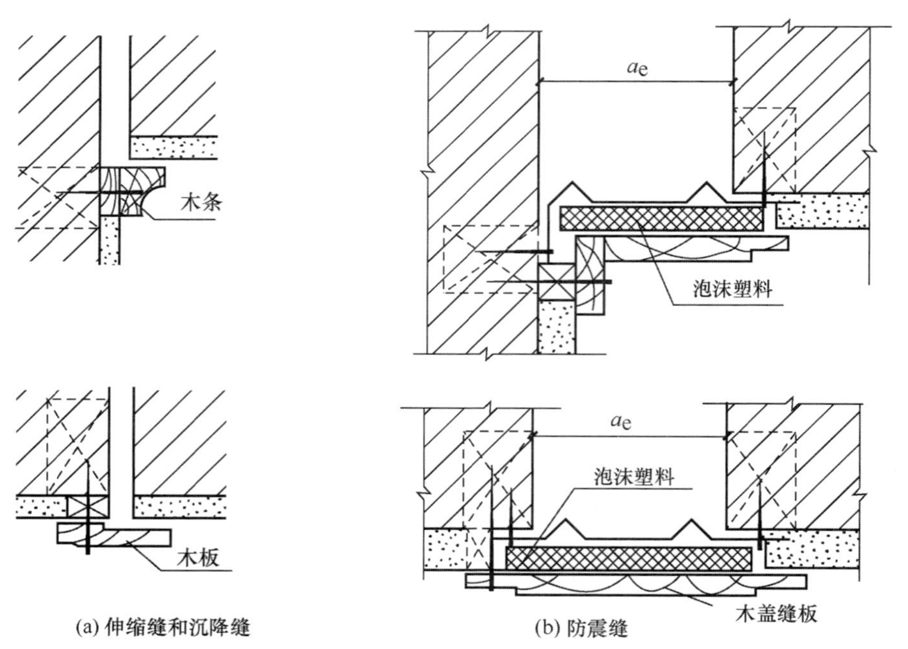

图 8-3　内墙变形缝的构造

（3）楼地层变形缝

楼板层变形缝　宽度应与墙体变形缝一致，上部用金属板、预制水磨石板、硬塑料板等盖缝，以防止灰尘下落［图 8-4（a）］。

地坪层变形缝　当地坪层采用刚性垫层时，变形缝应从垫层到面层处断开，垫层处缝内填沥青麻丝或聚苯板，面层处理同楼面［图 8-4（b）］。

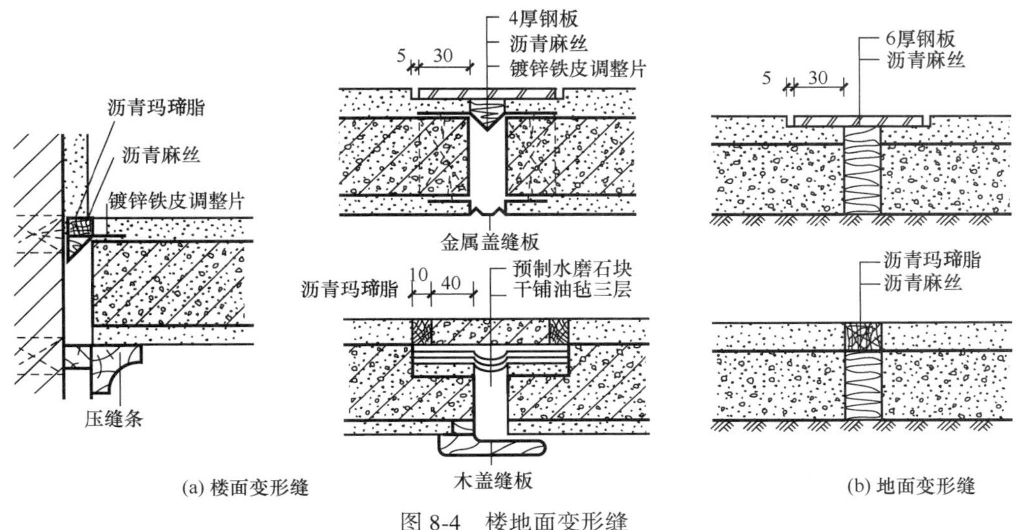

图 8-4　楼地面变形缝

（4）屋顶变形缝

屋顶在变形缝处的构造分为等高屋面变形缝和不等高屋面变形缝两种（做法见第 7 章屋面变形缝构造）。

8.2 建筑防火

8.2.1　建筑火灾简介

1. 建筑物起火的条件

可燃物质　凡能与空气中的氧或其他氧化剂起剧烈反应的物质，一般都称为可燃物质。

助燃物质　凡能帮助和支持燃烧的氧气或氧化剂叫助燃物质。

火源　凡能引起可燃物质燃烧的热能源称为火源。

火源一般分为直接火源和间接火源两大类。

直接火源主要有四种：明火、电火花、雷击起火、地震和战争火灾。

间接火源主要有两种：加热自燃起火和物品本身自燃起火。

2. 火灾发展的过程

建筑火灾的发展分为三个过程：火灾初起阶段、火灾猛烈燃烧阶段和火灾衰减阶段。

3. 建筑火灾的蔓延方式与途径

（1）建筑火灾的蔓延方式

热传导 物体一端受热时，通过物体分子的运动，将热量传至另一端的传热方式。

热辐射 热量通过空气为媒介，以电磁波的形式向周围传递的传热方式。

热对流 炽热的烟气与冷空气之间相互流动，使热量得以传递的传热方式。

（2）建筑火灾的蔓延途径

1）由外墙门窗洞口向上层蔓延。

为了防止火灾向上层蔓延，可加大上下层门窗洞口之间的墙体高度，或利用外墙挑出的阳台板、窗楣板、雨篷等，使火焰偏离上层门窗洞口，阻止火灾向上层蔓延。

2）火灾的横向蔓延。

3）火灾通过竖井或竖向空隙蔓延。

4）火灾由通风管道蔓延。

8.2.2 建筑防火设计

1. 建筑防火设计的任务

1）选择耐火时间较长的建筑结构，结合建筑物的耐火等级，合理选择建筑构配件的材料和构造做法。

2）根据建筑物的耐火等级和层数，限制建筑物内疏散走道的长度；或对建筑物内部进行防火分区。

2. 建筑防火分区

防火分区：在分析建筑火灾蔓延途径的基础上，利用建筑物的原有构件或在建筑物内设置专门的防火分隔物，采用“堵截包围、穿插分割”的方法，在一定时间内把火灾控制在限定的区域空间，阻止火势快速蔓延，以赢得宝贵的救援时间。

建筑防火分区分为水平防火分区和垂直防火分区。

每个防火分区的大小取决于建筑物的耐火等级和层数。

3. 建筑防火分区的划分原则

1）防火分区间应采用防火墙分隔，如有困难时，可采用防火卷帘和水幕分隔。

2）建筑物内如设有上下层相连通的走廊、自动扶梯等开口部位时，应按上下连通层作为一个防火分区。

3）地下、半地下建筑内的防火分区间应采用防火墙分隔，每个防火分区的建筑面积不应大于 $500m^2$。

4）当高层建筑与其裙房之间设有防火墙等防火分隔设施时，其裙房的防火分区允许最大建筑面积不应大于 $2500m^2$。

5）高层建筑内设有上下层相连通的走廊、敞开楼梯、自动扶梯、传送带等开口部位时，应将上下连通层作为一个防火分区。

6）高层建筑中庭防火分区面积应按上下层连通的面积叠加计算。

小结

1. 掌握地震、地震波、地震震级和地震烈度等基本概念。

2. 一次地震只有一个震级，但却有不同的地震烈度。

3. 抗震设防的目标是“小震不坏，中震可修，大震不倒”。掌握建筑抗震设计的要点。

4. 变形缝是为防止建筑物在外界因素（温度变化、地基不均匀沉降及地震）作用下产生变形，导致开裂，甚至破坏而预留的构造缝。变形缝分三种类型分别为伸缩缝、沉降缝和防震缝。伸缩缝要求把建筑物的墙体、楼板层、屋顶等地面以上部分全部断开。

5. 掌握基础变形缝、墙体变形缝、楼地层变形缝和屋顶变形缝的构造特点。基础在沉降缝处的构造有双墙式、交叉式和悬挑式。变形缝的构造形式与变形缝的类型和墙体的厚度有关，可做成平缝、错口缝或企口缝。

6. 建筑物起火的条件包括可燃物质、助燃物质和火源。火源一般分为直接火源和间接火源两大类。

7. 建筑火灾的发展分为三个过程即为火灾初起阶段、火灾猛烈燃烧阶段和火灾衰减阶段。

8. 建筑火灾的蔓延的三种方式为热传导、热辐射和热对流。建筑火灾的蔓延途径有四种分别为由外墙门窗洞口向上层蔓延、火灾的横向蔓延、火灾通过竖井或竖向空隙蔓延和火灾由通风管道蔓延。

9. 建筑防火分区分为水平防火分区和垂直防火分区。每个防火分区的大小取决于建筑物的耐火等级和层数。了解建筑防火分区的划分原则。

思考题

1. 什么是地震、地震波？

2. 什么是地震烈度和地震震级？他们之间的区别是什么？

3. 抗震设防的目标是什么，具体阐述每个目标内容？

4. 抗震设计的要点是什么？

5. 什么叫变形缝？伸缩缝、沉降缝、抗震缝各有何特点？有什么设计要求？

6. 绘图示意等高屋面不上人屋面变形缝的构造图。

7. 绘图示意等高屋面上人屋面变形缝的构造图。

8. 建筑起火的条件是什么？建筑火灾发展的过程包括哪几个阶段？

9. 建筑火灾蔓延的途径包括哪些？

10. 什么是防火分区？防火分区划分的原则是什么？

第 9 章　民用工业化建筑体系

学习目标

通过本章学习，熟悉建筑工业化的特征和生产体系，熟悉砌块建筑、装配式板材建筑、框架轻板建筑的特点及构造，并了解其他工业化体系建筑的特点。

提示

如何将建筑像其他工业产品一样用机械化手段加工生产，来提高生产效率和施工质量呢？

9.1 工业化建筑概述

1. 建筑工业化的含义和特征

建筑工业化是指用现代工业生产方式来建造房屋，即将现代工业生产的成熟经验应用于建筑业，像生产其他工业产品一样，用机械化手段生产建筑定型产品。其定型产品是指房屋、房屋的构配件和建筑制品等。这是建筑业生产方式的根本改变。长期以来，人类建造房屋所依靠的手工操作方法，劳功强度大、工效低、工期长，质量也难以保证，对于现代建筑工业显然极不适应。只有实现建筑工业化，才能加快建设速度，降低劳动强度，提高生产效率和施工质量。

建筑工业化的基本特征是设计标准化、生产工厂化、施工机械化、组织管理科学化。设计标准化是建筑工业化的前提，建筑产品如不加以定型，不采取标准化设计，就无法工厂化、机械化的大批量生产。生产工厂化是建筑工业化的手段，标准、定型的工厂化生产，可以改善劳动条件，提高生产效率，保证产品质量。施工机械化是建筑工业化的核心，机械化代替手工操作，可以降低劳动强度，加快施工进度，提高施工质量。组织管理科学化是实现建筑工业化的保证，从设计、生产到施工的各过程，都必须有科学化的管理，避免出现混乱，造成不必要的损失。

2. 建筑工业化的生产体系

针对大量性建造的房屋及其产品实现建筑部件系列化开发，集约化生产和商品化，以现代化大工业生产为基础，采用先进的工业化技术和管理方式，从设计到建成，配套地解决全部过程的生产体系。可分为专用体系和通用体系。

（1）专用体系

专用体系指以定型房屋为基础进行构配件配套的一种体系，其产品是定型房屋。专用体系的优点是以少量规格的构配件就能将房屋建造起来，一次性投资不多，见效大，但其缺点是由于构配件规格少，容易使建筑空间及立面产生单调感。

（2）通用体系

通用体系是以通用构配件为基础，进行多样化房屋组合的一种体系，其产品是定型构配件。它的构配件规格比较多，可以调换使用，容易做到多样化，适应面广，可以进行专业化成批生产。所以近年来很多国家都趋向于从专用体系转向通用体系，我国的情况也大体如此。

通常按结构类型和施工工艺综合特征，民用建筑工业化体系主要有以下几种类型：砌块建筑、大板建筑、框架轻板建筑、盒子建筑、大模板建筑、滑模建筑、升板建筑和升层建筑等。

9.2 砌块建筑

砌块建筑是指墙用各种砌块砌成的建筑。由于砌块的尺寸比砌墙砖大得多，每砌一块砌块就相当于砌很多块砌墙砖，所以生产效率高。制造砌块可以利用煤灰、煤矸石、炉渣等工业废料，既生产了建筑材料，又解决了环境污染。

1. 砌块的类型

砌块的类型较多，按所用材料分为混凝土砌块轻骨料混凝土砌块、加气混凝土砌块以及利用煤灰、煤矸石、炉渣等各种工业废料制成的砌块等；按砌块构造分为实体砌块和空心砌块；按尺寸及重量分为小型砌块、中型砌块和大型砌块。

2. 砌块的构造

（1）砌块墙的组砌与拉接

用砌块砌墙时，砌块之间要搭接，上下皮的垂直缝要错开。一般砌块要用M5级砂浆砌筑，水平灰缝、垂直灰缝一般为15~20mm。当垂直灰缝大于30mm时须用C20细石混凝土灌实，中型砌块上下皮的搭缝长度不得小于150mm，当搭缝长度不足时，应在水平灰缝内增设钢筋网片。

（2）圈梁和构造柱

在地震设防地区，为了增强砌块建筑的整体刚度，防止由于地基不均匀沉降引起对房屋的不利影响和地震可能引起的墙体开裂。在砌块墙中应设置圈梁。

为了加强砌块房屋墙体竖向连接，增强房屋的整体刚度，对于空心砌块墙中，在外墙转角、楼梯四角和必要的内外墙体交接处设置构造柱（芯柱）。即将砌块孔洞上下对齐，于

孔中配置通长钢筋，并用细石混凝土分层填实。对于混凝土空心小砌块的芯柱最小截面不小于 130×130。中型砌块芯柱最小截面为 150×150。芯柱的配筋对小型砌块而言每孔 1～12；对中型砌块而言，在 6、7 度抗震设防时 1～14 或 2～10，8 度设防时 1ϕ6 或 2ϕ12，芯柱的混凝土强度等级为小型砌块 C15，中型砌块 C20。

9.3 板材装配式建筑

9.3.1 板材装配式建筑

板材装配式建筑即大型板材建筑，是由预制的大型内外墙板、大型楼板和大型屋面板等构件，在现场装配成的房屋。它属于剪力墙结构体系，墙板起着承重、维护与分隔的多种功能。其特点是除了基础以外，地上的全部构件均采用预制件，通过装配整体式节点连接而成的建筑（图 9-1）。

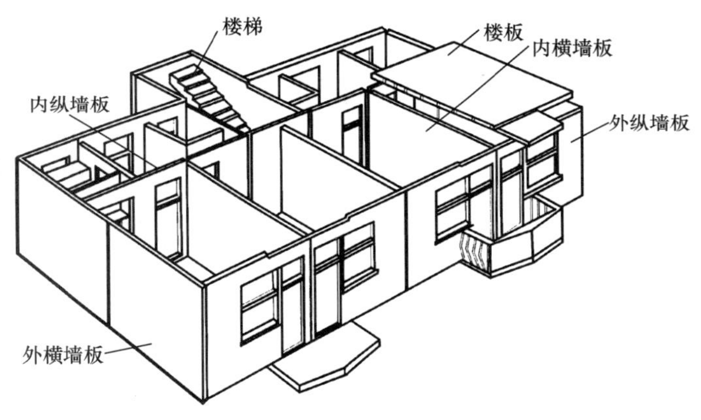

图 9-1　大板建筑

板材装配式建筑能充分发挥预制工厂和吊装机械的作用，装配化程度高，能提高劳动生产率，改善工人的劳动条件。与砖混结构相比，可减轻自重 15%～20%，增加使用面积 5%～8%。但大板建筑的平面灵活性受到一定限制，钢材及水泥消耗较大。

9.3.2 板材装配式建筑的承重方式

板材装配式建筑的承重方式以横墙承重为主，也可以用纵墙承重或者纵、横墙混合承重。

9.3.3 板材装配式建筑主要构件

1. 外墙板

外墙板按构造形式可分单一材料板和复合材料板。

单一材料外墙板主要有实心板和空心板两种（图 9-2）。

复合材料外墙板是根据功能要求由防水层、保温层、结构层等组合而成的多层外墙板（图 9-3）。

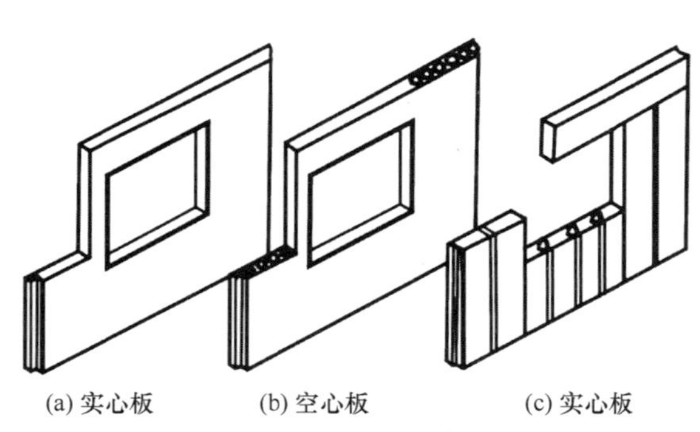

(a) 实心板　(b) 空心板　(c) 实心板　(d) 某板材建筑中墙体

图 9-2　单一材料外墙板

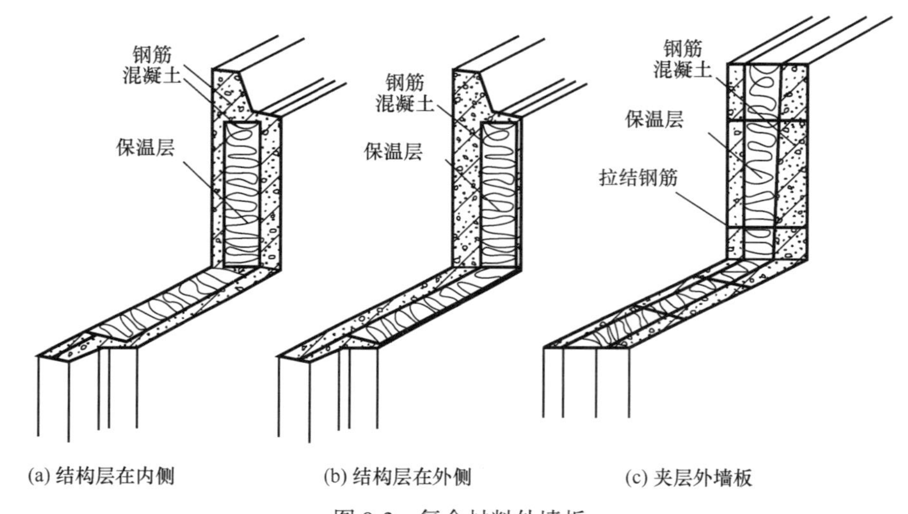

(a) 结构层在内侧　(b) 结构层在外侧　(c) 夹层外墙板

图 9-3　复合材料外墙板

2. 内墙板

在大板建筑体系下，横向内墙板通常是建筑中的主要承重构件。一般应有足够的强度，以便满足承重的要求。内墙板应该具有足够的厚度，以便保证楼板有足够的搭接长度，并保证现浇钢筋板缝所需要的宽度。内墙板通常采用单一材料的实心板，如混凝土板、粉煤灰矿渣混凝土板。

纵向内墙板一般是非承重构件。它不承担楼板荷载。但可与横向内墙相连接，起到保证纵向刚度的作用。因此也必须有一定的强度和刚度。在实际工程中，纵向墙板与横向墙板的类型通常是相同的。

3. 隔墙板

隔墙板主要用于建筑内部房间的隔墙与隔断，一般没有承重要求。为了减轻自重，提高隔声效果和防火、防潮性能，通常选择钢筋混凝土薄板、加气混凝土板、碳化石灰板、石膏板等材料。

4. 楼板

大板建筑的楼板有三种尺寸类型：一是与砖混结构相同的小块楼板；二是半间一块（或半间带阳台板）的大楼板；三是整间一块（整间带阳台板）的大楼板。一般多采用整间一块的大楼板，其装配效率高，板面平整，且与其他板材重量相似，便于统一起吊设备。整间一块的大楼板有实心板、空心板和肋形板三种类型。

5. 楼梯

大板建筑的楼梯通常是梯段和平台板分开预制，以方便施工。为了减轻构件的重量，梯段可预制成空心楼梯段。当有较强的起重能力时，也可将梯段和平台预制成整体构件。楼梯段一般支承在带肋的平台板上，平台板支承在焊于侧墙板的钢牛腿上。

6. 屋面板

屋面板是屋顶的承重结构，除要求有足够的强度和刚度外，还应能适应屋顶的防水、排水、保温（隔热）、天棚平整和外形美观的要求。

9.3.4 大板建筑构件的连接构造

大板建筑的连接构造，对于保证建筑物的整体性和坚固耐久具有重要意义。因为预制的楼板、墙板等构件，只有通过可靠的连接，才能使建筑具有整体性能，并承受各种荷载的作用。

板材之间的连接，应满足以下要求：具有可靠的强度，保证建筑物的整体性和空间刚度；构造简单，便于施工；耗钢量少；地震区的连接，应具有较好的延性。

1. 墙板之间的连接

在内墙板十字接头部位，墙板顶面预埋钢板用钢筋焊接起来，中间和下部设置锚环和竖向插筋，与墙板伸出的钢筋绑扎或焊接在一起，然后在阴角支模板，现浇 C20 混凝土，使墙板竖缝中形成现浇的构造柱，将墙板连成整体（图 9-4）。

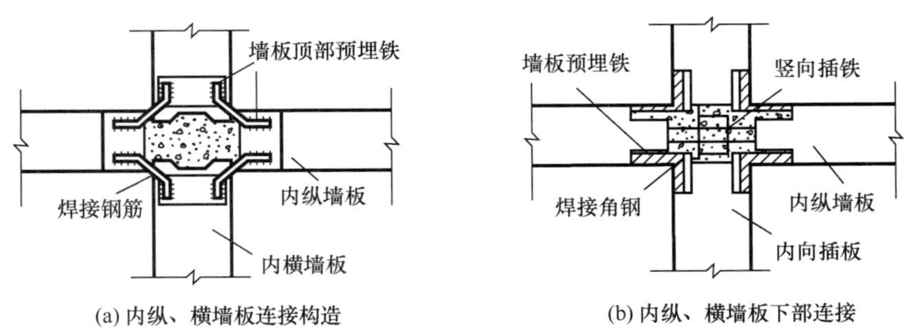

(a) 内纵、横墙板连接构造　　(b) 内纵、横墙板下部连接

图 9-4　内墙板连接构造

2. 楼板连接

由于大板建筑一般采用内墙支承楼板，外墙要比内墙高出一个楼板厚度。通常把外墙板顶部做成高低口，上口与楼板板面相平，下口与楼板底平齐，并将楼板伸入外墙板下口。

左右楼板之间的连接是将楼板伸出的锚环与墙板的吊环穿套在一起，缝间用混凝土浇灌，使所有楼板的四周形成现浇的圈梁。

9.3.5 装配式大板建筑的板缝处理

板材建筑的板缝，是材料干缩变形、温度变形和施工误差的集中点。板缝的处理方法，应当根据当地的气温变化、风雨条件、湿度状况等因素来决定，以满足防水、保温、耐久、经济、美观和便于施工等要求。

1. 板缝的防水

板缝的防水包括设置滴水、挡水台、凹槽等几种做法。这些方法的共同优点是经济、耐久、便于施工。

外墙板的接缝有平缝和立缝两种。对于接缝，一般要求密闭，以便防止雨水和冷风渗透。由于接缝也是保温的薄弱环节，因此也要防止出现“热桥”。

（1）水平缝

上下墙板之间的水平缝，通常多用坐浆并用砂浆勾缝。但因温度的变化，容易产生裂缝，造成渗漏。滴水可以排除一部分雨水，但不能彻底杜绝渗漏。比较常用的是高低缝和企口缝。

高低缝防水 高低缝由上下墙板互相咬口构成。水平缝外部的填充料可以采用水泥砂浆，但不能填得过深。

企口缝防水 上下墙板作成企口形状，从而形成企口缝。企口中间一般为空腔，前端用水泥砂浆勾抹，并留排水孔。

一般来说，水平缝还应该嵌入保温条，并在外侧勾抹防水砂浆。

（2）垂直缝

垂直缝的构造形式参见图 9-5。

在上述两种缝中，直缝最简单，但运用时必须解决好砂浆勾缝，才不会漏水；企口缝除会因毛细现象而造成漏水外，在板的制作、运输、安装方面，也增加不少困难；暗槽做法是在槽内灌注混凝土，缝口再用砂浆勾严；空腔做法是目前采用较多的一种。空腔做法的具体方法是：在空腔前壁的立槽中嵌入塑料挡雨板；在缝外勾抹防水水泥砂浆。上下塑料板的连接，可以采用分段接缝的办法，以使其能够适应温度变化引起的胀缩变形。塑料挡雨板的主要作用是导水（在抹水泥砂浆时它还起模板的作用）；水泥砂浆勾缝的作用，是避免塑料板直接暴露在大气中，以便延缓塑料老化速度，保证空腔的排水效果（图 9-6）。

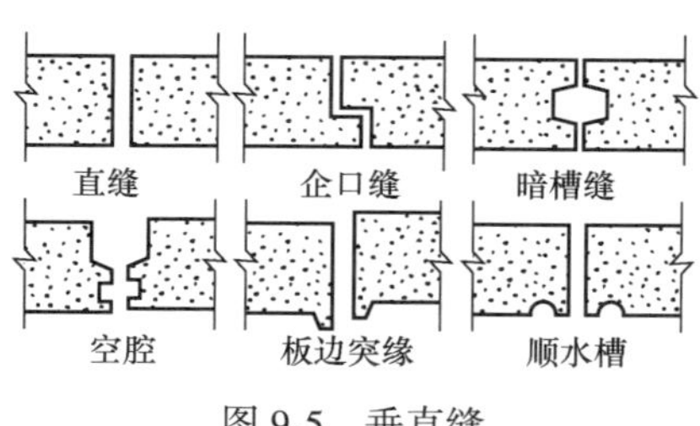

图 9-5 垂直缝

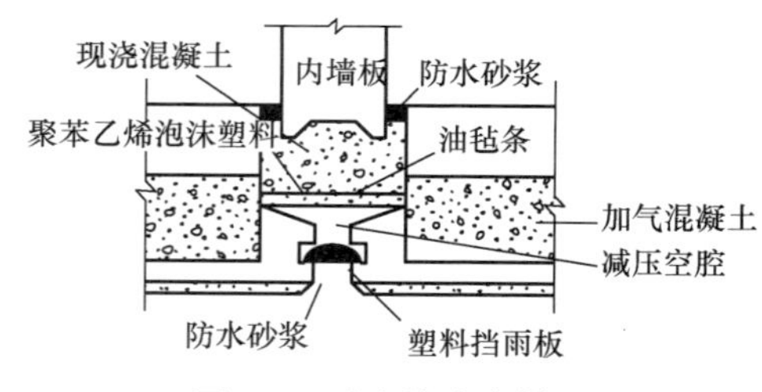

图 9-6 垂直缝防水做法

2. 板缝的保温

板材建筑最突出的热工问题，是在墙板接缝处和在混凝土肋附近产生的结露现象。结露的主要原因是墙板内表面温度低于室内空气的露点温度，从而导致空气中的水分在墙板内表面凝结。

要防止结露，必须注意做好两点：一是消灭热桥，二是阻止热空气渗透。因此，在板缝和肋边处，应采用高效能的保温材料，以避免形成热桥。在板缝外侧，一般用砂浆勾效果较好。

节点处的材料则以聚苯乙烯塑料比较理想，见图 9-7。

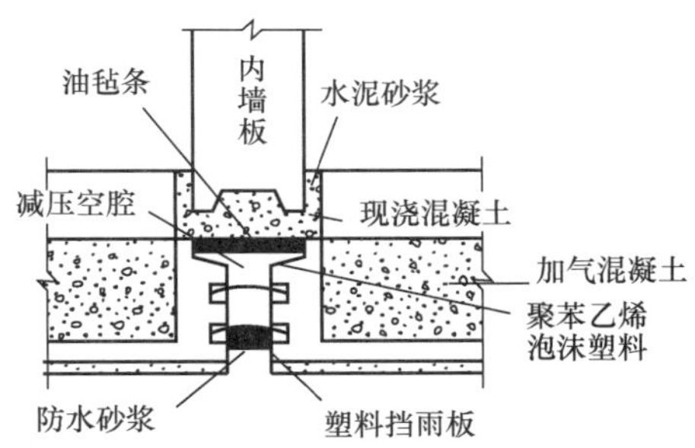

图 9-7　节点保温做法

9.4 框架轻板建筑

框架轻板建筑指以柱、梁、板组成的框架为承重结构，以轻型墙板为围护与分隔构件的新型建筑形式。其特点是承重结构与围护结构分工明确，可以充分发挥材料的不同特性，且空间分隔灵活，湿作业少，不受季节限制，施工进度快，整体性好，具有很强的抗震性能等，但钢材、水泥用量大。物件吊装次数多，工序多。造价较高，用于高层建筑较为合理，图 9-8 为某钢筋混凝土骨架装配式建筑。

图 9-8　钢筋混凝土骨架装配式建筑

9.4.1　框架结构类型

1. 按所用材料分类

木框架　柱、梁、楼板均使用木材制成。这种框架目前已很少使用。

钢筋混凝土框架　防火性能好，材料供应易于保证。它的柱、梁、板均采用钢筋混凝土。

钢框架　自重轻，施工速度快，适用于高层和超高层建筑。它的柱、梁均应采用钢材，楼板可用钢筋混凝土板或钢板。

2. 按主要构件组成分类

1）框架由梁、楼板和柱组成，简称梁板柱框架系统［图 9-9（a）］。

2）框架由楼板、柱组成，简称板柱框架系统［图 9-9（b）］。

3）在以上两种框架中，增设剪力墙，成为剪力墙框架系统［图 9-9（c）］。

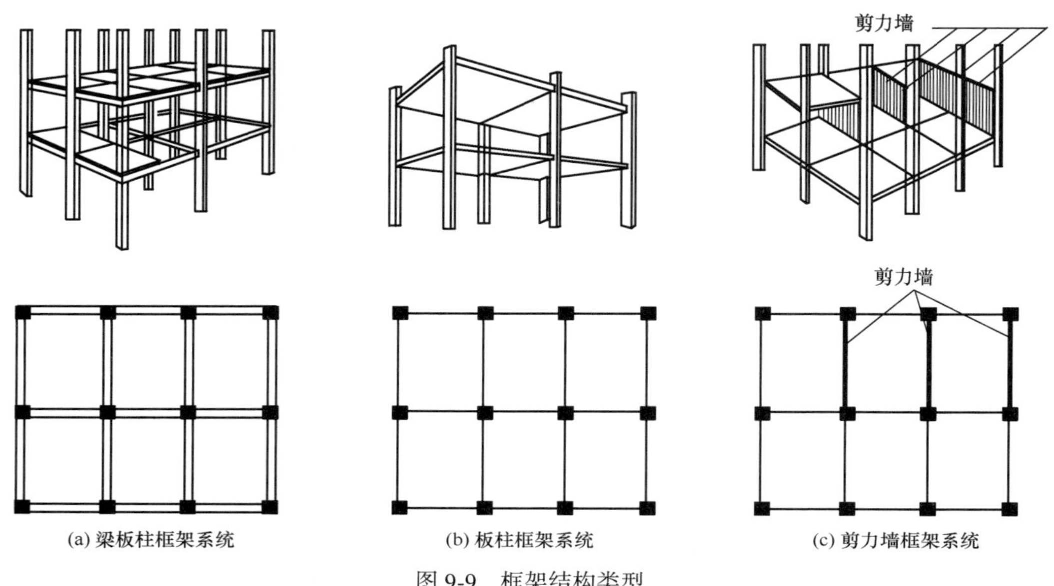

图 9-9　框架结构类型

9.4.2　装配式钢筋混凝土框架的构件连接

1. 梁柱的连接

梁柱的连接是梁板柱框架的主要节点构造，其连接可以在构件中预埋铁件，在现场焊接，也可以做湿节点连接（图 9-10）。其中图 9-10（c）所示的方法是将柱和叠合梁整浇在一起，或者连接预制楼板面上的叠合层一起整浇，以加强装配式骨架的整体刚度。

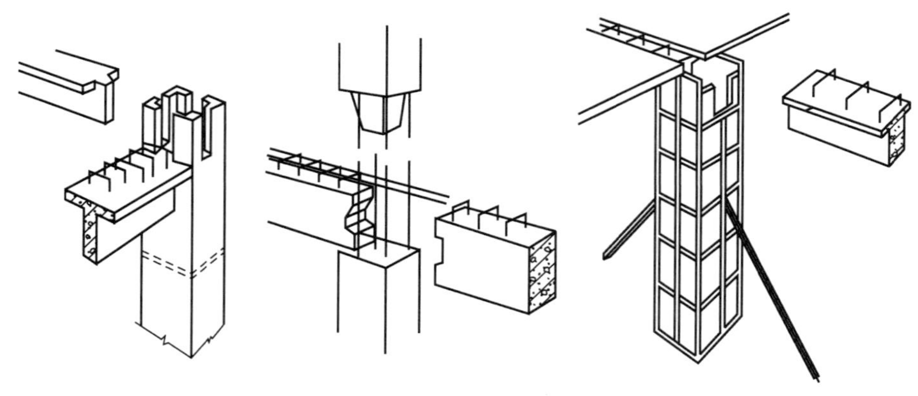

图 9-10　装配式框架的梁柱连接节点

2. 板柱连接

板柱连接可以将楼板直接支承在柱子的承台（柱帽）上，或者通过插筋与柱子相连；当采用长柱时，楼板可以搁置在长柱上预制的牛腿上，也可以搁置在后焊的钢牛腿上，还可以在板缝间用后张应力钢索现浇混凝土作为支承（图 9-11）。其中后张应力钢索现浇混凝土的抗震效果最好。

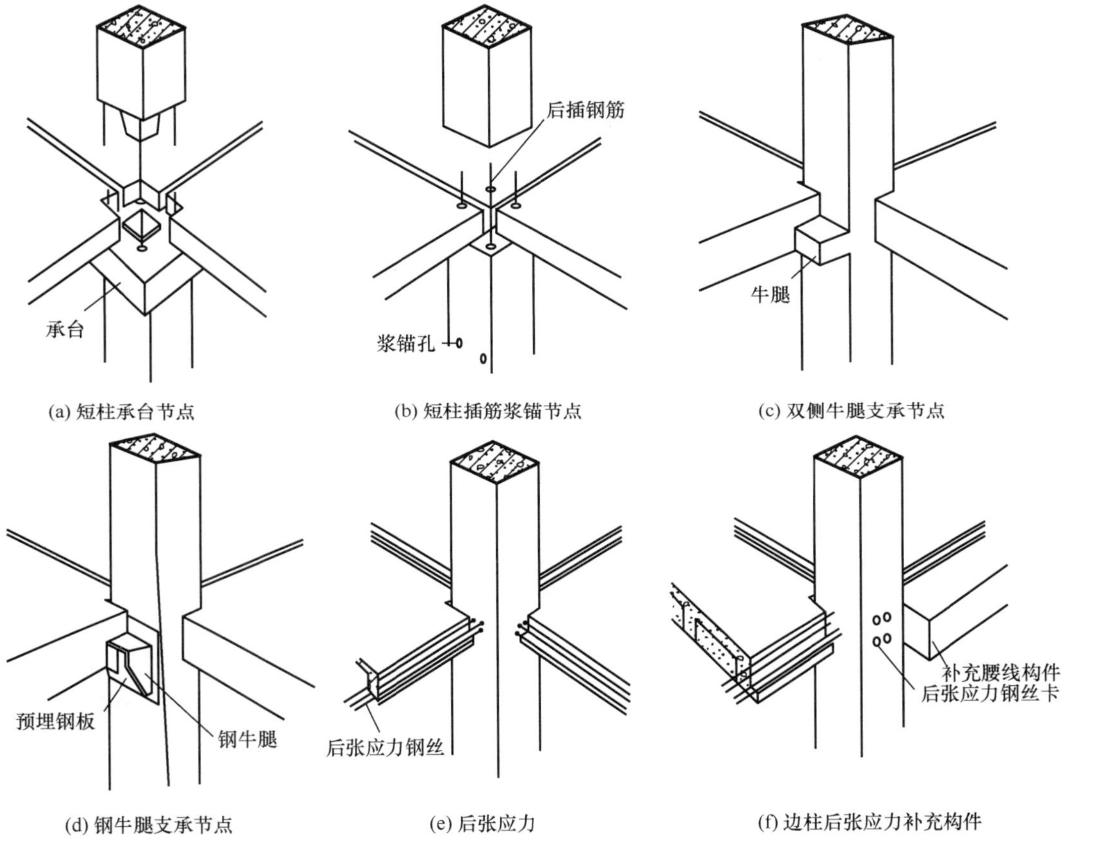

承台　浆锚孔　后插钢筋　牛腿

(a) 短柱承台节点　(b) 短柱插筋浆锚节点　(c) 双侧牛腿支承节点

预埋钢板　钢牛腿　后张应力钢丝　补充腰线构件　后张应力钢丝卡

(d) 钢牛腿支承节点　(e) 后张应力　(f) 边柱后张应力补充构件

图 9-11　板柱连接节点

3. 框架与墙板的连接

框架轻板建筑的内外墙均为围护分隔构件，可采用轻质材料制成。内墙板一般采用空心石膏板、加气混凝土板和纸面石膏板。而外墙板除要具有足够的承载力和刚度外，还应满足保温、隔热、密闭、美观等要求。所以，外墙板有单一材料板、复合材料板和幕墙三种类型。单一材料墙板用轻质保温材料制作，如加气混凝土、陶粒混凝土等。复合材料墙板通常由内外壁和夹层组成。幕墙根据外饰面材料的不同，分为金属幕墙、玻璃幕墙和水泥薄板等。图 9-12 所示为外墙板与框架的几种连接方式。

无论采用何种方式，均应保证外墙板与框架的连接要牢固可靠，不应出现“热桥”现象，并尽量使构造简单，以方便施工。

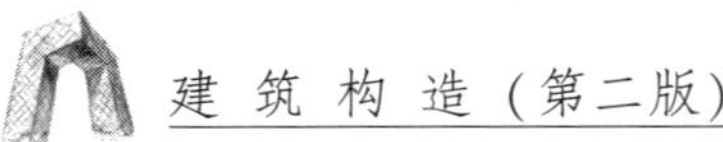

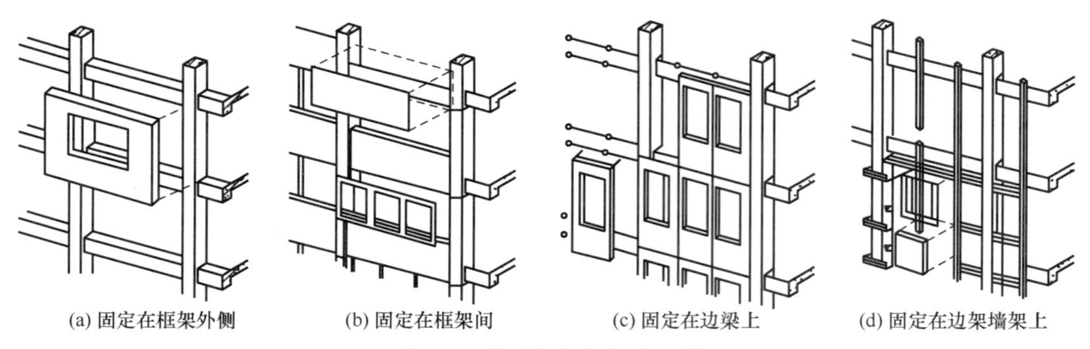

(a) 固定在框架外侧　(b) 固定在框架间　(c) 固定在边梁上　(d) 固定在边架墙架上

图 9-12　外墙板与框架的连接

9.5 其他工业化体系建筑简介

9.5.1　盒子建筑

盒子建筑指以在工厂预制成整间的盒子状结构为基础，运至施工现场吊装组合而成的建筑。

单元盒子结构分为整浇式和组装式两种（图 9-13）。

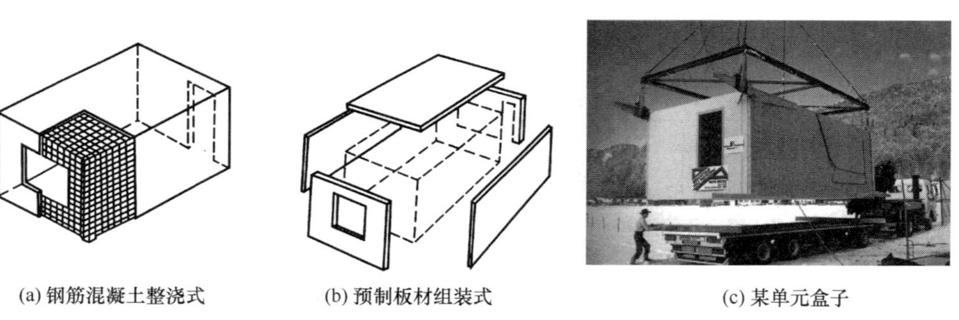

(a) 钢筋混凝土整浇式　(b) 预制板材组装式　(c) 某单元盒子

图 9-13　盒子的制作方法

由单元盒子组装成整幢建筑的方式有重叠组装式、交错组装式、与大型板材联合组装式、与框架结合组装式、与筒体结合组装式等（图 9-14）。

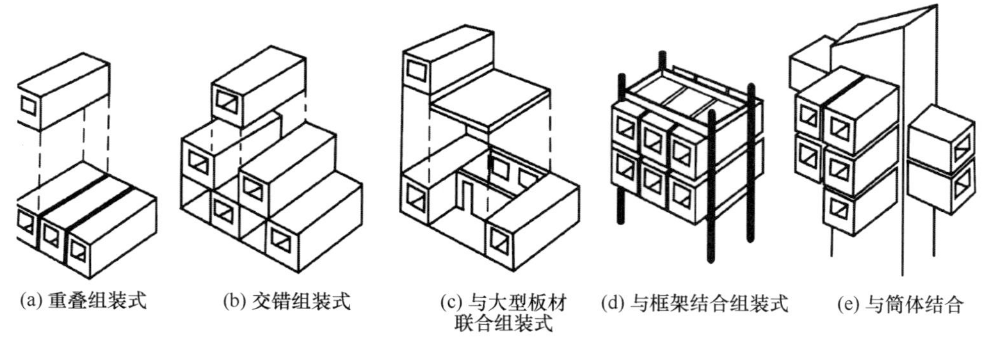

(a) 重叠组装式　(b) 交错组装式　(c) 与大型板材联合组装式　(d) 与框架结合组装式　(e) 与筒体结合

图 9-14　盒子建筑的组装方式

9. 5. 2　大模板建筑

大模板建筑是指用工具式大型模板现场浇筑混凝土楼板和墙体的一种建筑。

大模板建筑的特点：整体性好、刚度大，抗震、抗风能力强，工艺简单，劳动强度小，施工速度快，减少了室内外抹灰工程，不需要大型预制厂，施工设备投资少。但其现浇工程量大，施工组织较复杂，不利于冬季施工。

工具式大模板建筑，其内承重墙一般采用大模板现浇方式，而楼板和外墙则为了方便施工中拆撤模板，需留一面为预制。因此，大模板建筑又可分为以下三种类型；

（1）内外墙全现浇

内外墙全部为现浇，楼板和其他构件为预制。这种形式整体性好，工序简单，节点构造也较简单。

（2）内浇外挂

内墙为现浇，外墙、楼板均为预制。其优点是外墙板可预制成复合板，改善了墙体的保温性能，且整体性仍可得到保证，目前在我国高层大模板建筑中应用最普遍，其外挂板的板缝防水构造与大板建筑相同，不同的是外墙板需在现浇内墙之前安装就位，并在外墙板侧边预留的环形钢筋和板缝内竖向插筋，并与内墙钢筋绑扎在一起，待内墙浇筑混凝土后，这些钢筋便将内外墙连成一整体了。

（3）内浇外砌

内墙采用大模板现浇，外墙用砖来砌筑。砖砌外墙比混凝土墙的保温性好，且经济，适用于多层大模板建筑。砌砖外墙时，应在与内墙交接处砌成凹槽，插入竖向钢筋，并在砖墙中边砌边放人锚拉钢筋，与内墙钢筋绑扎在一起，待浇筑内墙混凝土后，预留的凹槽便形成了一根构造柱，将内外墙牢固地连接在一起了。

9. 5. 3　滑升模板建筑

滑升模板建筑简称滑模建筑。它是在混凝土工业化生产的基础上，预先将工具式模板组合好，利用墙体内特制的钢筋作导杆，以油压千斤顶作提升动力，有间隔节奏地边浇筑混凝土，边提升模板，是一种连续施工的房屋建造方法（图 9-15）。

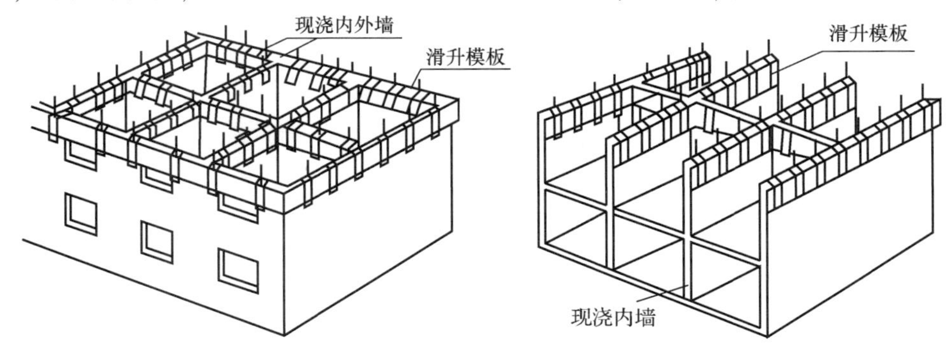

图 9-15　建筑物的不同滑模部位

滑模建筑的特点：结构整体性好，机械化程度高，施工速度快，占用场地少，模板的数量少且利用率高；但墙体的垂直度不易掌握。适用于建筑外形简单整齐，上下壁厚相同，墙面没有突出横线条的高层建筑。

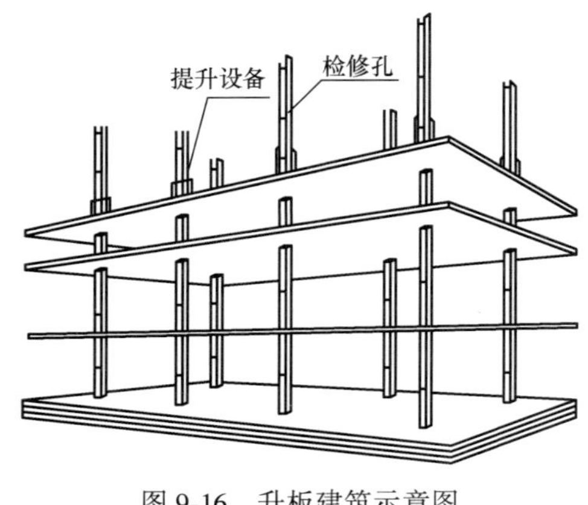

图 9-16　升板建筑示意图

9.5.4　升板建筑简介

升板建筑是利用房屋自身网状排列的柱子为导杆，在每根柱子上安装一台提升机，将就地层叠的现浇大面积楼板和屋面板由下往上逐层提升就位固定而建造起来的建筑物（图 9-16）。

升板建筑的优点：将大量的高空作业变为地面操作，施工设备简单，机械化程度高，工序简化，工效高，模板用量少，所需施工场地小，楼面面积大，空间可以自由分隔，且四周外围结构可做到最大限度地开放和通透。

小结

1. 建筑工业化具有设计标准化、施工机械化、构配件生产工厂化、组织管理科学化的特征。

2. 建筑工业化的生产体系可分为专用体系和通用体系。

3. 砌块建筑是指墙用各种砌块砌成的建筑。由于砌块的尺寸比砌墙砖大得多，每砌一块砌块就相当于砌很多块砌墙砖，所以生产效率高。

4. 装配式板材建筑即建筑大型板材建筑，是由预制的大型内外墙板、大型楼板和大型屋面板等构件，在现场装配成的房屋。其特点是除了基础以外，地上的全部构件均采用预制构件，通过装配整体式节点连接而成的建筑。

5. 框架轻板建筑指以柱、梁、板组成的框架为承重结构，以轻型墙板为围护与分隔构件的新型建筑形式。其特点是承重结构与围护结构分工明确，可以充分发挥材料的不同特性，且空间分隔灵活，湿作业少，不受季节限制，施工进度快，整体性好，具有很强的抗震性能等，但钢材、水泥用量大。

6. 盒子建筑指以在工厂预制成整间的盒子状结构为基础，运至施工现场吊装组合而成的建筑。

7. 大模板建筑是指用工具式大型模板现场浇筑混凝土楼板和墙体的一种建筑。

8. 滑升模板建筑简称滑模建筑，是在混凝土工业化生产的基础上，预先将工具式模板组合好，利用墙体内特制的钢筋作导杆，以油压千斤顶作提升动力，有间隔节奏地边浇筑混凝土，边提升模板，是一种连续施工的房屋建造方法。

9. 升板建筑是利用房屋自身网状排列的柱子为导杆，在每根柱子上安装一台提升机，将就地层叠的现浇大面积楼板和屋面板由下往上逐层提升就位固定而建造起来的建筑物。

思考题

1. 建筑工业化的特征有哪些，建筑工业化体系有哪几种？

2. 什么是板材装配式建筑？
3. 简述板材装配式建筑的特点。
4. 什么是框架轻板建筑？
5. 框架建筑有何特点？
6. 滑模建筑、升板建筑、盒子建筑各有何特点？

第 10 章 工 业 建 筑

学习目标

通过本章的学习，了解工业建筑的特点，熟悉工业建筑分类、掌握单层工业厂房的组成及定位轴线的标定。

引例

某工业厂房跨度为 24m，柱距为 6m，屋顶上部设有矩形天窗。试分析工业建筑与民用建筑有联系与区别。

10.1 工业建筑概述

10.1.1 工业建筑的特点

工业建筑是指为满足工业生产需要而建造的房屋，一般称厂房，是工业建设必不可少的物质基础。工业建筑和民用建筑都具有建筑的共性，在设计原则、建筑技术和建筑材料等方面有许多共同之处，但由于工业厂房是直接为工业服务的，因此尚具有以下特点：

1）厂房应满足生产工艺要求。

厂房的设计以生产工艺设计为基础，要满足不同工业生产的要求，并为工人创造良好的生产环境。

2）厂房内部有较大的通敞空间。

由于厂房内各生产部联系紧密，需要大量的或大型的生产设备和起重运输设备。因此，厂房的内部具有较大的面积和通敞空间。

3）采用大型的承重骨架结构。

厂房屋盖和楼板荷载较大，多数厂房采用由大型的承重构件组成的钢筋混凝土骨架结构或钢结构。

4）结构、构造复杂，技术要求高。

由于厂房的面积、体积较大，有时采用多跨组合，工艺联系密切，不同的生产类型对厂房提出不同的功能要求，在空间、采光通风和防水排水等建筑处理上以及结构、构造上都比较复杂、技术要求更高。

10.1.2　工业厂房建筑的分类

1. 按用途分类

主要生产厂房　在这类厂房中进行生产工艺流程的全部生产活动，一般包括从备料、加工到装配的全部过程。所谓生产工艺流程是指产品从原材料到半成品到成品的全过程，例如钢铁厂的烧结、焦化、炼铁、炼钢车间。

辅助生产厂房　为主要生产厂房服务的厂房，例如机械修理、工具等车间。

动力厂房　为主要生产厂房提供能源的场所，例如发电站、锅炉房、煤气站等。

储藏用房　为生产提供存储原料、半成品、成品的仓库，例如炉料、油料、半成品、成品库房等。

运输工具用房　运输工具用房屋是为生产或管理用车辆提供存放与检修的房屋，例如汽车库、消防车库、电瓶车库等。

其他　包括解决厂房给水、排水问题的水泵房、污水处理站等。

2. 按层数分类

单层厂房　即只有一层的厂房，多用于冶金、重型及中型机械工业等（图 10-1）。

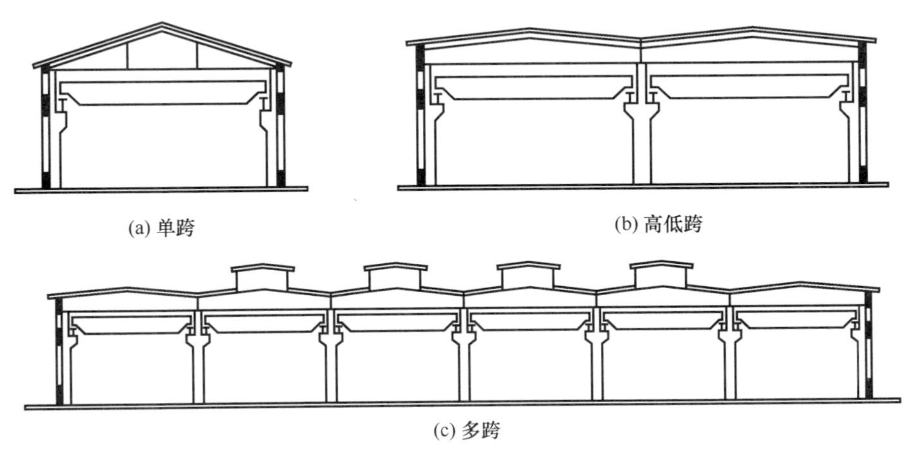

(a) 单跨　(b) 高低跨　(c) 多跨

图 10-1　单层厂房

多层厂房　指二层及二层以上的厂房，多用于食品、电子、精密仪器工业等（图 10-2）。

层次混合的厂房　在同一厂房内既有单层又有多层，单层或跨层内设置大型生产设备，多用于化工和电力工业（图 10-3）。

3. 按内部生产状况分类

冷加工车间　在正常温度状况下生产的车间，如机械加工、装配等车间。

热加工车间　在高温或熔化状态下进行生产的车间。在生产中产生大量的热量及有害气体、烟尘。如：冶炼、铸造、热轧车间和锅炉房等。

图 10-2　多层厂房

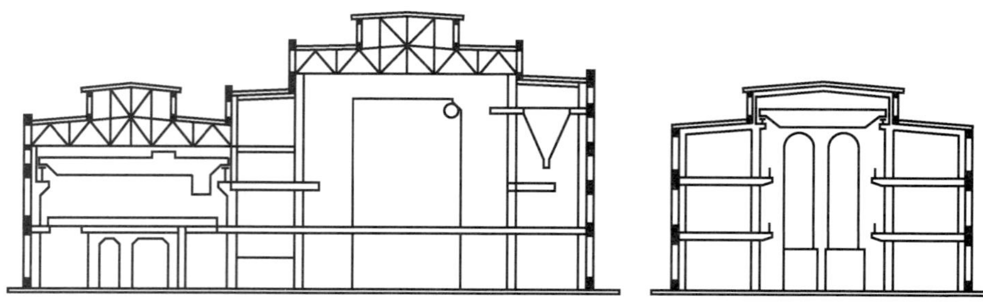

图 10-3　混合层数厂房

洁净车间　为保证产品质量在无尘无菌、无污染的洁净状况下进行生产的车间。如集成电路、医药工业、食品工业的一些车间等。

恒温、恒湿车间　在稳定的温度、湿度状态下进行生产的车间。如纺织车间和紧密仪器等车间。

特种状况车间　有爆炸可能性、有大量腐蚀性物质、有放射性物质防微振、高度隔声、防电磁波干扰车间等。

10.2 装配式单层厂房的类型与组成

在厂房建筑中，支承各种荷载作用的构件所组成的骨架，通常称为结构。厂房结构的坚固、耐久是靠结构构件连接在一起，组成一个结构空间来保证的。

10.2.1　单层厂房结构类型

单层厂房按结构支承方式可分承重墙支承结构和骨架支承结构两大类。在建筑的跨度、高度、吊车荷载较小时可采用承重墙支承结构，而建筑的跨度、高度和吊车荷载较大采用时多采用骨架支承结构。

骨架支承结构体系是由柱子、基础、屋架（屋面梁）等承重构件组成，内外墙一般不承重，只起到围护或分隔作用。其结构体系可以分为排架和刚架结构，其中以排架最为多见，因为梁柱间为铰接，可以适应较大的吊车荷载。

1. 排架结构

排架结构是由柱子、基础、屋架（屋面梁）构成的一种骨架体系。它基本特点是把屋架看成一个刚度很大的横梁，屋架（屋面梁）与柱子的连接为铰接，柱子与基础的连接为刚接。

排架结构按材料可以分为砌体结构、钢筋混凝土结构和钢结构。

砌体结构　由砖石等砌块砌筑成的柱子，钢筋混凝土屋架（或屋面大梁）、钢屋架等组成。如图 10-4 所示。

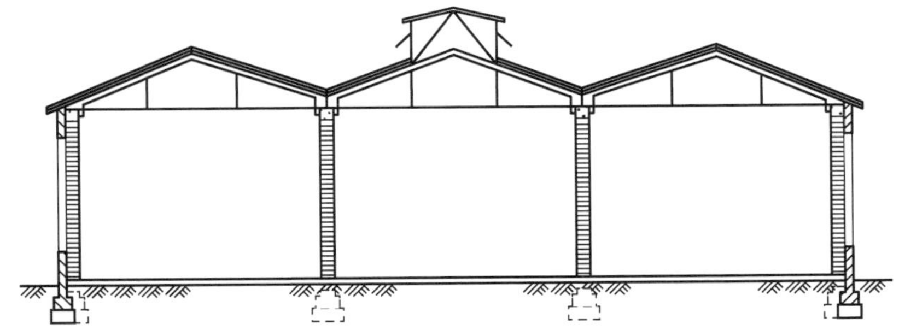

图 10-4　砖砌体结构工业建筑

钢筋混凝土结构　多采取预制装配的施工方式，钢筋混凝土结构是由横向骨架和纵向连系构件以及支撑构件组成，如图 10-5 所示。其建筑周期短，坚固耐久，与钢结构相比，造价较低，故在国内外工业建筑中应用十分广泛，但自重较大，抗震性能比钢结构工业建筑差。

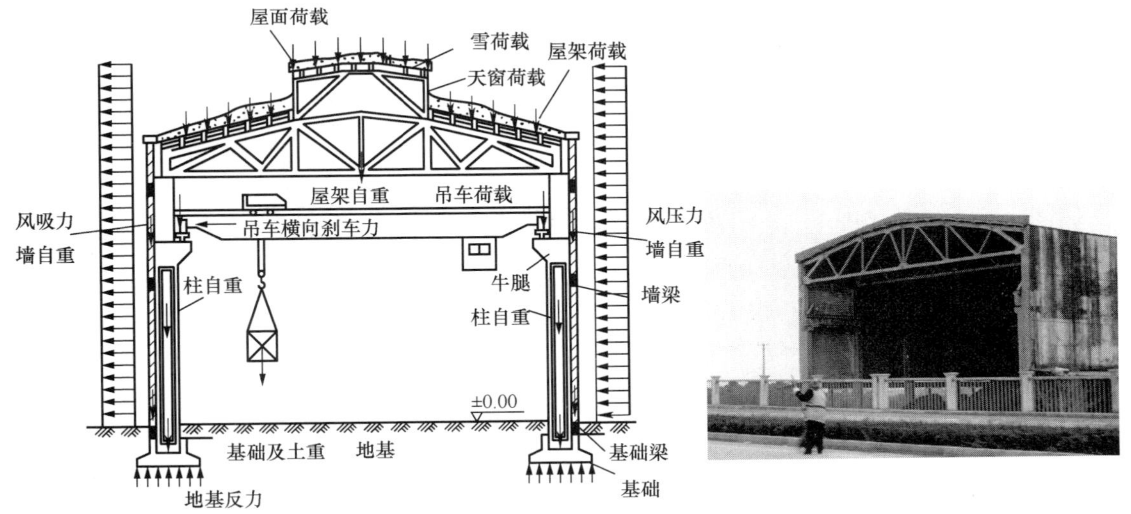

图 10-5　钢筋混凝土排架结构工业建筑

钢结构　钢结构工业建筑的主要承重构件全部采用钢材制作，如图 10-6 所示。其自重轻，抗震性能好，施工速度快，主要用于跨度巨大、空间高、吊车荷载重、高温或振动荷载工业建筑。但钢结构易锈蚀，保护维修费用高，耐久性能较差，防火性能差，使用时应采取必要的防护措施。

2. 刚架结构

刚架结构是将屋架（或屋面梁）与柱子合并为一个构件，柱子与屋架（或屋面梁）的

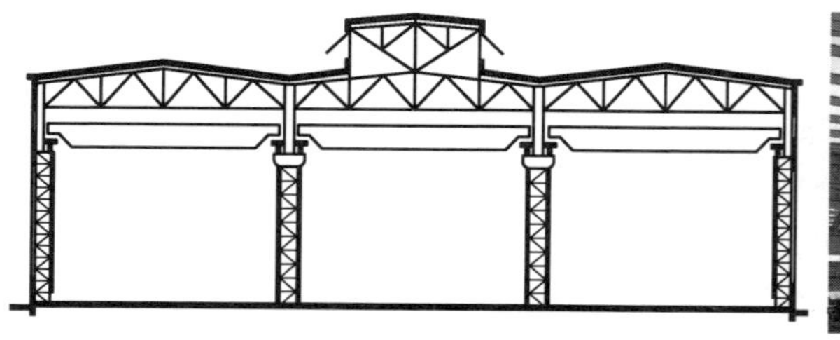

图 10-6　钢结构厂房

连接处为刚性节点，柱子与基础一般做成铰接。

10.2.2　装配式钢筋混凝土排架结构单层厂房的组成

由于装配式钢筋混凝土排架结构在工业建筑应用十分广泛，现以常见的装配式钢筋混凝土横向排架结构为例，来说明单层厂房结构组成，如图 10-7 所示。

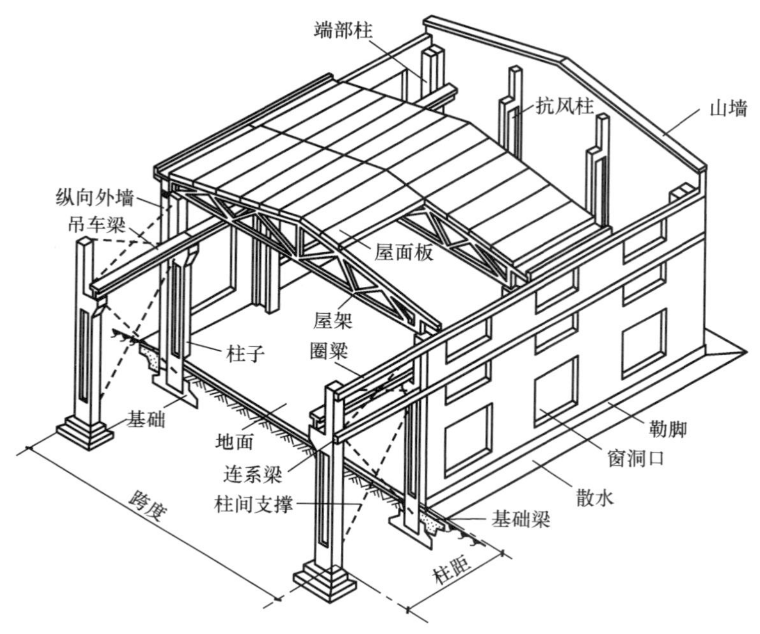

图 10-7　装配式钢筋混凝土排架结构单层厂房结构组成

1. 承重构件

(1) 横向排架

基础　基础承受柱和基础梁传来的全部荷载，并将荷载传给地基。

柱　是厂房结构的主要承重构件，承受屋架、吊车梁、支撑、连系梁和外墙传来的荷载，并把它传给基础。

屋架（屋面梁）　是屋盖结构的主要承重构件，承重屋盖及天窗上的全部荷载，并将荷载传给柱子。

(2) 纵向联系构件

吊车梁　承受吊车自重和起重的重量及运行中所有的荷载（包括吊车起动或刹车产生的横向、纵向冲击力），并将其传给排架柱。

基础梁　承受上部墙体重量，并把它传给基础。

连系梁　是厂房纵向柱列的水平连系构件，用以增加厂房的纵向刚度，当设在墙内时，承受上部墙体的荷载，并将荷载传给纵向柱列。

(3) 支撑系统构件

支撑系统包括柱间支撑和屋盖支撑两大部分，支撑的主要作用是使厂房形成整体空间骨架，以保证厂房的空间刚度，同时能传递水平荷载，如山墙风荷载及吊车纵向制动力等，此外还保证了结构和构件的稳定。

2. 围护构件

屋面板　直接承受板上的各类荷载（包括屋面自重、屋面覆盖材料、雪、积灰及施工检修等荷载），并将荷载传给屋架（屋面梁）。

外墙　厂房的大部分荷载由排架结构承担，因此，外墙是自承重构件，主要起防风、防雨、保温、隔热、遮阳、防火等作用。

侧窗、天窗与门　供采光、通风、围护、分隔和交通联系及疏散。

地面　满足生产使用及运输要求等

3. 其他

其他如散水、地沟（明沟或暗沟）、坡道、吊车梯、消防梯、内部隔墙等。

10.3 厂房内部的起重运输设备

1. 单轨悬挂式吊车

单轨悬挂式吊车由电动葫芦和工字钢轨两部分组成。工字钢轨可以悬挂在屋架（或屋面梁）下弦，如图 10-8 所示。轨上设有可水平移动的滑轮组（即电动葫芦），起重量为 1～5t。由于轨架悬挂在屋架下弦，因此对屋盖结构的刚度要求比较高。

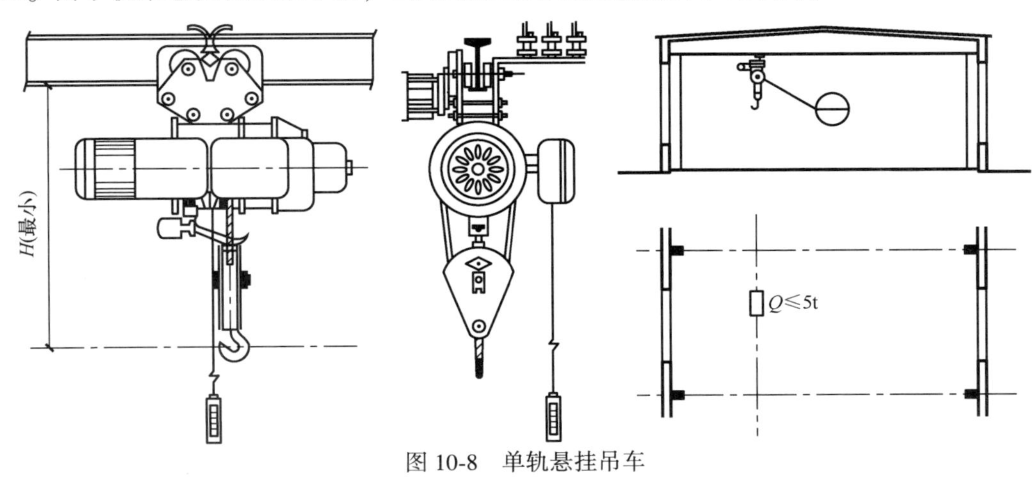

图 10-8　单轨悬挂吊车

2. 梁式吊车

梁式吊车由梁架和电葫芦组成，起重量一般为 0.5～5t，有悬挂式和支承式两种类型。

悬挂式梁式吊车 梁架悬挂在屋架下工字钢轨固定在梁架上，电动葫芦悬挂在工字钢轨上。

支座式梁式吊车 梁架支承在吊车梁上，工字钢轨固定在梁架上，电动葫芦悬挂在工字钢轨上。

3. 桥式吊车

桥式吊车由桥架和起重小车组成，如图 10-9 所示，桥架支承在吊车梁上，并可沿厂房纵向移动，桥架上设支承小车，小车能沿桥架横向移动，起重量为 5～400t。司机室设在桥架一端的下方。起重量及起重幅面均较大。

桥式吊车根据开动时间与全部生产时间的比值，分为轻级、中级、重级工作制，用 JC%来表示。

轻级工作制——15%（以 JC15%表示）；

中级工作制——25%（以 JC25%表示）；

重级工作制——40%（以 JC40%表示）。

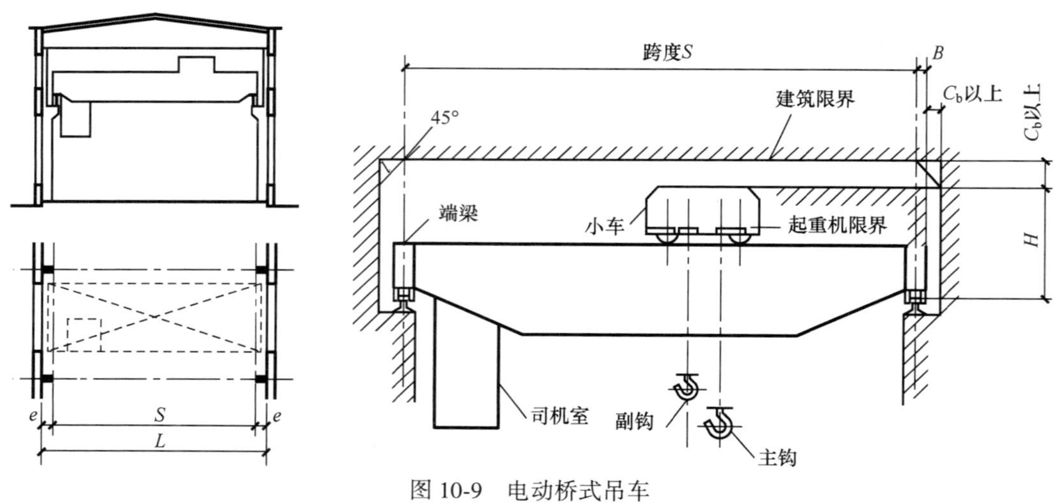

图 10-9　电动桥式吊车

10.4 单层厂房定位轴线

10.4.1　柱网尺寸

柱网是厂房承重柱的定位轴线在平面上排列所形成的网格。柱网尺寸的确定实际上就是确定厂房的跨度和柱距，如图 10-10 所示。

跨度 跨度是柱子纵向定位轴线间的距离；单层厂房的跨度在 18m 及 18m 以下时，取 30M 数列，如 9m、12m、15m、18m；在 18m 以上时，取 60M 数列，如 24m、30m、36m 等。

柱距 柱距是相邻柱子横向定位轴线间的距离。单层厂房的柱距应采用 60M 数列，如 6m、12m，一般情况下均采用 6m。抗风柱柱距宜采用 15M 数列，如 4.5m、6m、7.5m。

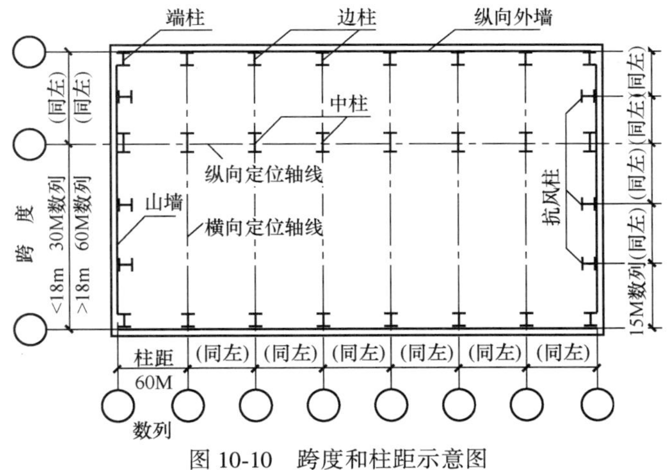

图 10-10　跨度和柱距示意图

10.4.2　横向定位轴线

厂房横向定位轴线主要用来标定纵向构件的标志端部，如屋面板、吊车梁、连系梁、基础梁、墙板、纵向支撑等。横向定位轴线通过处是吊车梁、屋面板、连系梁、基础梁及墙板标志尺寸端部的位置。也是大型屋面板边缘的位置。

1）除了靠山墙的端部柱及横向变形缝两侧的柱以外，一般中间柱的中心线与横向定位轴线相重合，且横向定位轴线通过柱基础、屋架中心线及各纵向连系构件的接缝中心，如图 10-11 所示。

2）端部柱的中心线应自定位轴线向内移 600mm，如图 10-12 所示。

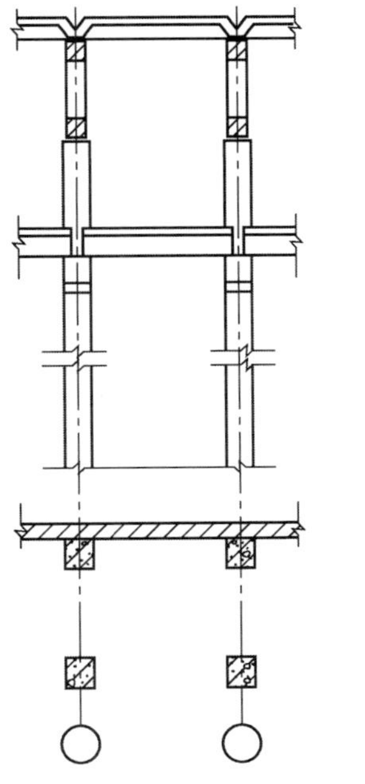

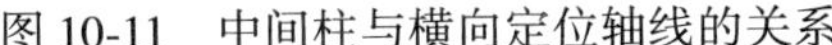

图 10-11　中间柱与横向定位轴线的关系

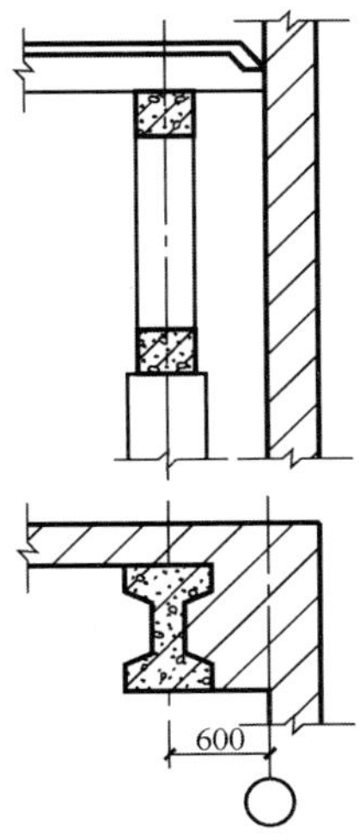

图 10-12　非承重山墙与横向定位轴线的关系

3）山墙为非承重墙时，墙内缘与横向定位轴线相重合，且端部柱的中心线应自定位轴线向内移600mm如图10-12所示。

山墙为砌体承重时，墙内缘与横向定位轴线间的距离应按砌体块材类别分别为半块或半块的倍数或墙厚的一半，以保证伸入山墙内的屋面板与砌体之间有足够的搭接长度（图10-13）。

4）横向伸缩缝、防震缝处的柱应采用双柱及两条横向定位轴线（图10-14）。

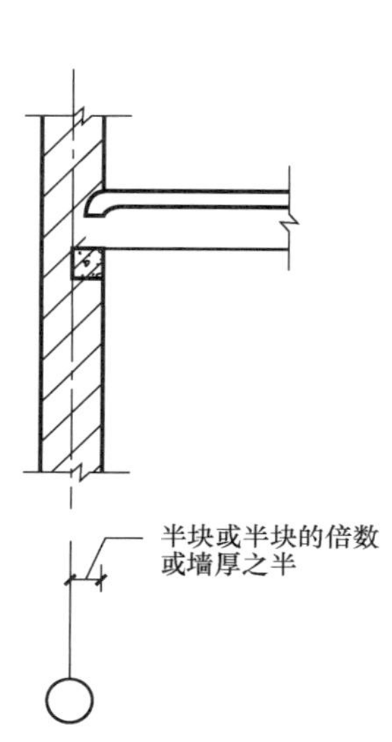

图10-13　承重山墙与横向定位轴线的关系

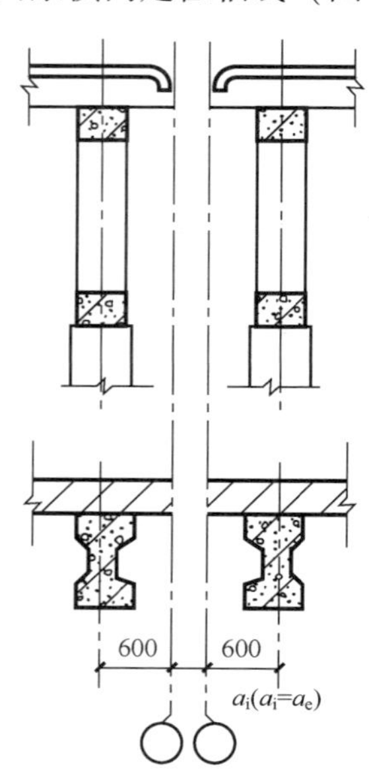

图10-14　横向伸缩缝、防震

此定位方法，既保证了双柱间有一定的距离且有各自的基础杯口，以便于柱的安装，同时又保证了厂房结构不致因设有伸缩缝或防震缝而改变屋面板、吊车梁等纵向构件的规格，施工简单。

10.4.3　纵向定位轴线

1. 外墙、边柱与纵向定位轴线的联系

纵向定位轴线主要用来标定厂房横向构件的标志端部，如屋架的标志尺寸以及大型屋面板的边缘。厂房纵向定位轴线应视其位置不同而具体确定。

在有吊车的厂房中，为使吊车规格与厂房结构相协调，确定二者的关系如图10-15（a）所示。

纵向定位轴线的标定与吊车桥架端头长度、桥架端头与上柱内缘的安全缘隙宽度以及上柱宽度有关。为使吊车跨度与厂房跨度相协调，二者之间的关系为

$$L - L_k = 2e$$

式中：L——厂房跨度，即纵向定位轴线间的距离；

$L_k(S)$——吊车跨度（吊车轮距），即吊车轨道中心线间的距离（m）；

e——轴线至吊车轨中心线的距离，一般取750mm，当吊车起重量大于50t时或有构造要求时，可取1000mm。

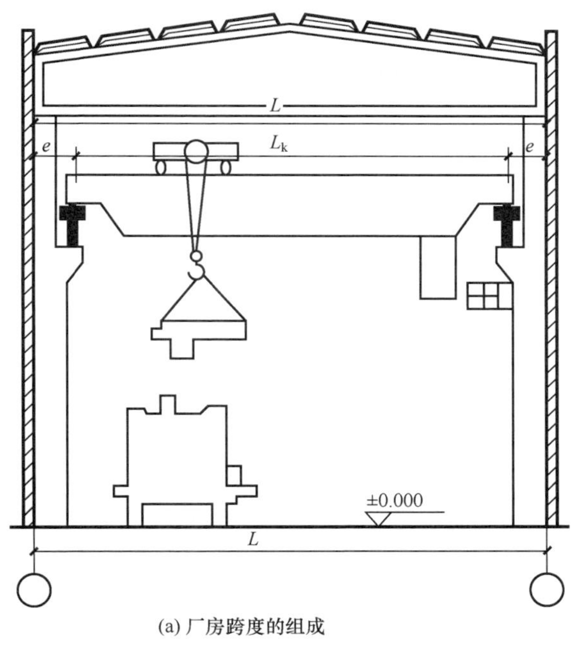

(a) 厂房跨度的组成

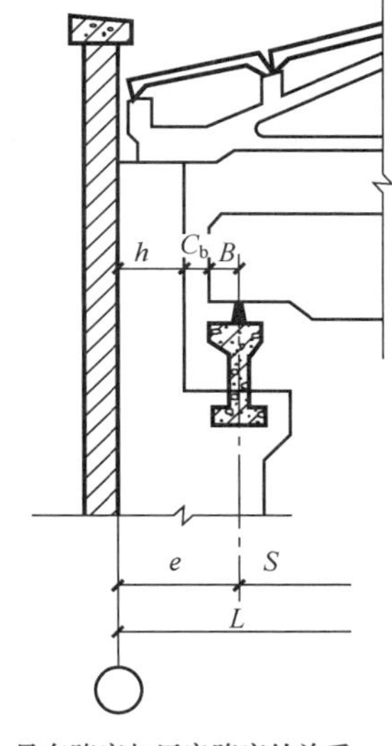

(b) 吊车跨度与厂房跨度的关系

图 10-15　吊车跨度与厂房跨度

由图 10-15（b）可知

$$e = h + C_b + B$$

式中：h——上柱截面宽度，根据工业建筑高度、跨度、柱距及吊车起重量确定，mm；

B——吊车桥架端部构造长度，即吊车轨道中心线至吊车端部外缘的距离，mm；

C_b——吊车端部外缘到上柱内缘的安全净空尺寸（mm），当吊车起重量 $Q \leqslant 50$t 时，$C_b \geqslant 80$mm，$Q \geqslant 75$t 时，$C_b \geqslant 100$mm。C_b 值主要考虑吊车和柱子的安装误差以及吊车运行时的安全间隙。

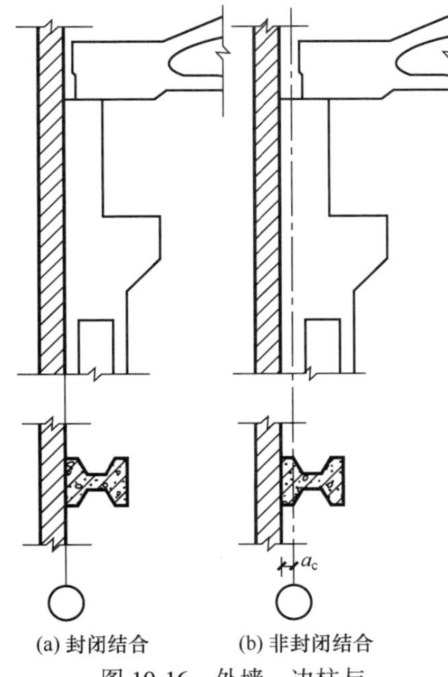

(a) 封闭结合　(b) 非封闭结合

图 10-16　外墙、边柱与纵向定位轴线的关系

由于吊车起重量、工业建筑跨度、柱距不同、是否有安全走道等条件，边柱外缘纵向定位轴线的关系有两种情况：

（1）封闭结合

对于无吊车或只设悬挂式吊车的厂房以及柱距为 6m，吊车起重量≤20/5t 的工业建筑中，一般 $(h+C_b+B)<e$，可采用封闭结合式定位轴线，即纵向定位轴线与边柱外缘、外墙内缘三者相重合的定位方法，如图 10-16（a）所示，使上部屋面手推车与外墙之间形成封闭结合的构造，这样确定的轴线称为“封闭轴线”。

在封闭结合中，屋面板全部采用标准件，不需设补充构件，具有构造简单、施工方便等优点。

（2）非封闭结合

指纵向定位轴线与柱外缘、墙内缘不相重合，中间出现联系尺寸的定位方法。如图 10-16（b）所示，对于柱距为 6m，吊车起重量≥30/5t 的厂房，或柱距>6m，吊车起重量及厂房跨度较大时，由于 h、C_b、B 均可能增大，因而可能导致（$h+C_b+B$）>e，如继续采用封闭结合，已不能满足吊车安全运行所需要的净空要求，造成厂房结构的不安全。解决问题的方法是将边柱外缘自定位轴线向外移动一定距离，这个距离称为联系尺寸，用 a_c 来表示。为了减少构造类型，a_c 须取 300mm 或 300mm 的倍数，当外墙为砌体时，可为 50mm 或 50mm 的倍数。

当纵向定位轴线与柱子外缘间有联系尺寸时，屋架标志尺寸端部与柱子外缘、墙身内缘不能重合，屋面板边缘与墙体之间出现空隙，因此，屋顶上部空隙需作构造处理。处理方法一般有挑砖、加铺补充小板及结合檐沟构造处理三种方法。

当厂房采用承重墙结构时，承重外墙的墙内缘与纵向定位轴线间的距离宜为半块砌体的倍数，或使墙体的中心线与纵向定位轴线相重合［图 10-17（a）］。若为带壁柱的承重墙，其内缘与纵向定位轴线相重合，或与纵向定位轴线相间半块或半块砌体的倍数［图 10-17（b）、（c）］。

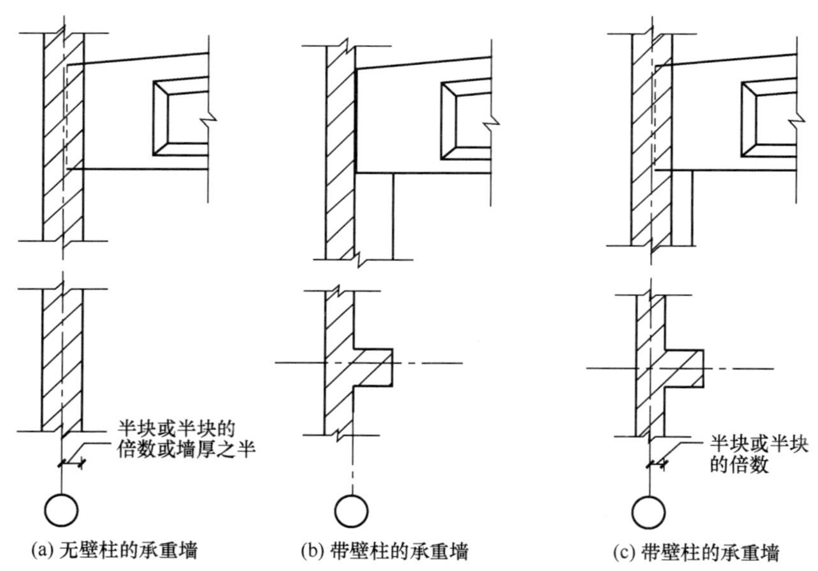

图 10-17　承重墙的纵向定位轴线

2. 中柱与纵向定位轴线的联系

（1）平行等高跨中柱与纵向定位轴线的定位

等高厂房中柱设单柱时的定位要点如下（图 10-18）：

单柱单轴线　双跨及多跨厂房中如没有纵向变形缝时，宜设置单柱和一条纵向定位轴线，且上柱的中心线与纵向定位轴线相重合［图 10-18（a）］。

单柱双轴线　当相邻跨内的桥式吊车起重量较大时，设两条定位轴线，两轴线间距（插入距）用 a_i 表示，此时上柱中心线与插入距中心线相重合［图 10-18（b）］。

等高厂房中柱设双柱时的定位要点如下：

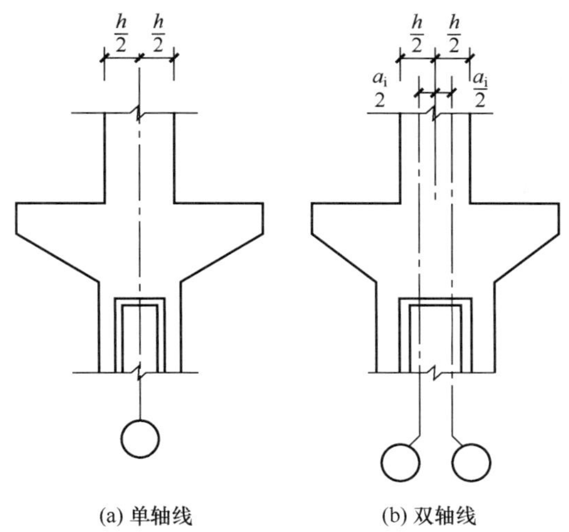

(a) 单轴线　　(b) 双轴线

图 10-18　等高厂房中柱设单柱时定位

若厂房需设置纵向防震缝时，应采用双柱及两条定位轴线，插入距 a_i 与相邻两跨吊车起重量大小有关。

相邻两跨吊车起重量不大，其插入距 a_i 等于防震缝宽度 a_e，即 $a_i = a_e$，如图 10-19（a）所示。

若相邻两跨中，一跨吊车起重量大，必须在这跨设联系尺寸 a_c，此时插入距 $a_i = a_e + a_c$，如图 10-19（b）所示。

若相邻两跨吊车起重量都大，两跨都需设联系尺寸 a_c，此时插入距 $a_i = a_e + a_c$，如图 10-19（c）所示。

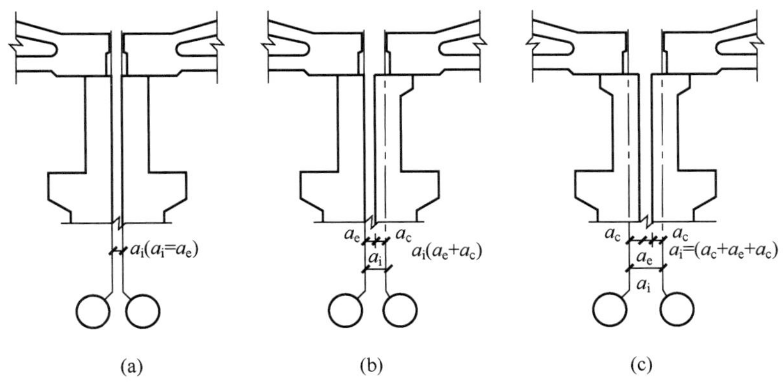

(a)　(b)　(c)

图 10-19　等高厂房中柱设双柱时定位

a_i—插入距；a_c—联系尺寸；a_c—缝度

（2）平行不等高跨中柱与纵向定位轴线的定位

1）无变形缝时的不等高跨中柱。

若高跨内吊车起重量不大时，高跨采用封闭结合，根据封墙底面的高低，可以有两种情况：

① 封墙底面高于低跨屋面，宜采用一条纵向定位轴线，且纵向定位轴线与高跨上柱外缘、封墙内缘及低跨屋架标志尺寸端部相重合，如图 10-20（a）所示。

② 若封墙底面低于低跨屋面时，应采用两条纵向定位轴线，且插入距 a_i 等于封墙厚度 t，即 $a_i=t$，如图 10-20（b）所示。

当高跨吊车起重量大时，高跨中需设联系尺寸 a_c，此时定位轴线也有两种情况。

① 封墙底面高于低跨屋面时，$a_i=a_c$，如图 10-20（c）所示；

② 封墙底面低于低跨屋面时，$a_i=a_c+t$，如图 10-20（d）所示。

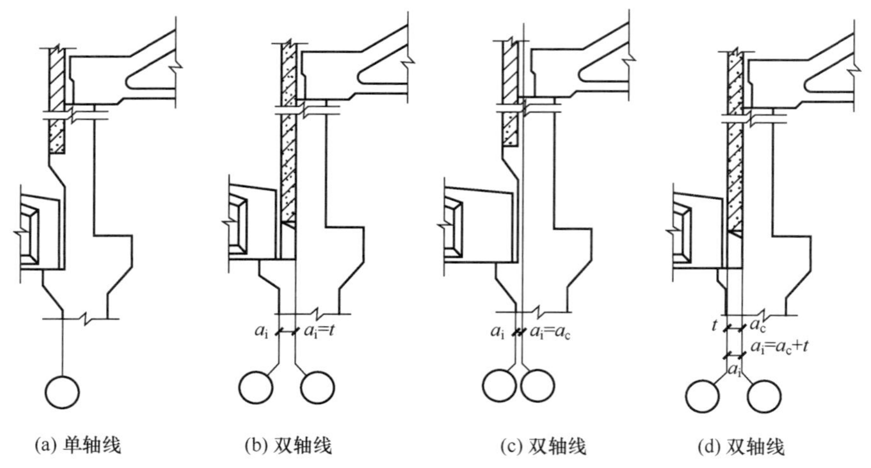

(a) 单轴线　(b) 双轴线　(c) 双轴线　(d) 双轴线

图 10-20　无变形缝时的不等高跨中柱的定位

a_i—插入距；a_c—联系尺寸；t—封墙厚

2）有变形缝时的不等高跨中柱。

不等高跨处采用单柱并设纵向伸缩缝时，应采用两条纵向定位轴线，并设插入距。如图 10-21 所示。

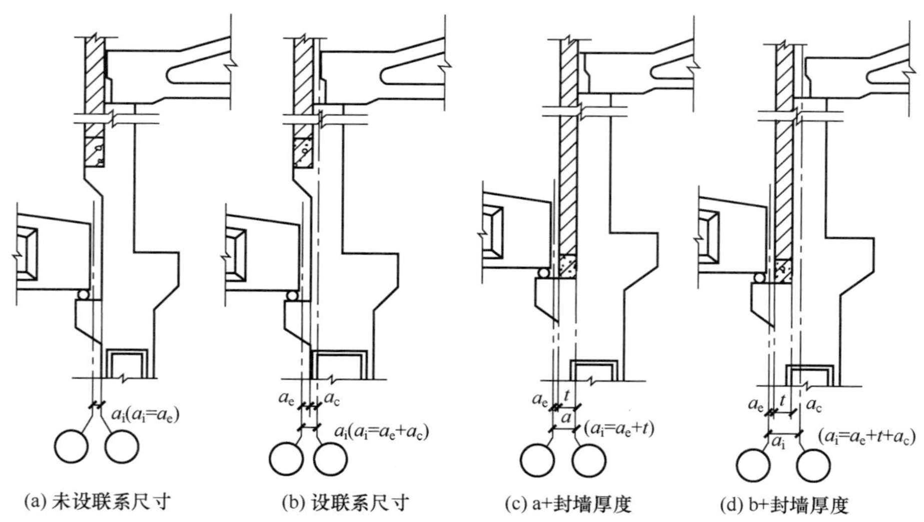

(a) 未设联系尺寸　(b) 设联系尺寸　(c) a+封墙厚度　(d) b+封墙厚度

图 10-21　不等高跨厂房纵向伸缩缝处单柱的定位

a_i—插入距；a_c—联系尺寸；t—封墙厚；a_e—缝度

当厂房不等高跨处需设置防震缝时，应采用双柱和两条纵向定位轴线的定位方法，柱与纵向定位轴线的定位规定与边柱相同。如图 10-22 所示。

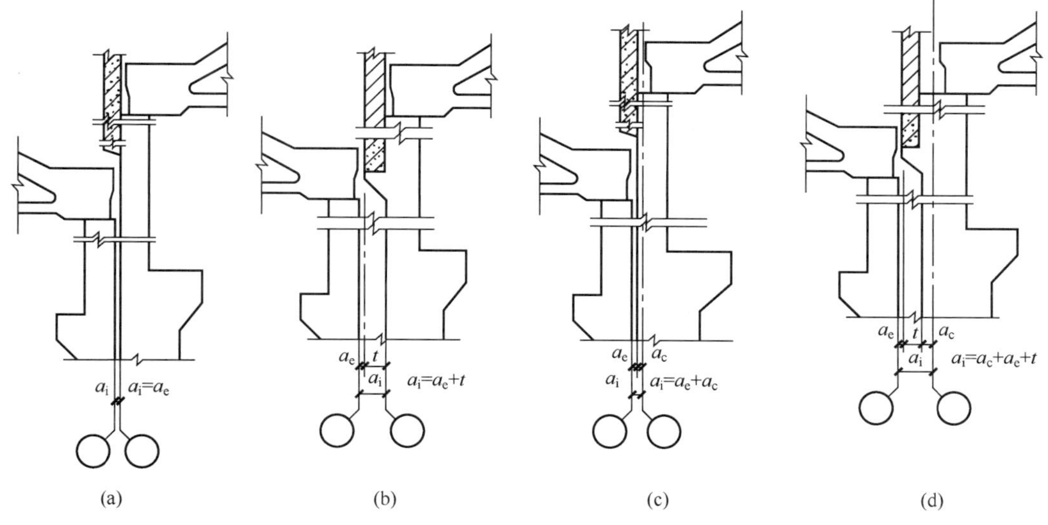

图 10-22　不等高跨厂房纵向伸缩缝处双柱的定位

a_i—插入距；a_c—联系尺寸；t—封墙厚；a_c—缝度

小结

1. 工业建筑厂房应满足生产工艺要求，有较大的通敞空间，采用大型的承重骨架结构、结构、构造复杂，技术要求高的特点。

2. 工业建筑可按不同的依据分类。按用途可分为主要生产厂房、辅助生产厂房、动力厂房、储藏用房、运输工具用房和其他；按层数分为单层厂房、多层厂房、层次混合的厂房；按内部生产状况分为冷加工车间、热加工车间、洁净车间、恒温、恒湿车间、特种状况车间。

3. 单层工业厂房主要有排架结构和刚架结构。

4. 骨架承重结构的单层厂房一般采用装配式钢筋混凝土排架结构，装配式排架结构由横向排架、纵向连系构件和支撑构成。横向排架由屋架（或屋面梁）、柱和基础组成，沿厂房的横向布置；纵向连系构件包括吊车梁，连系梁和基础梁，它们沿厂房的纵向布置，建立起了横向排架的纵向连系；支撑包括屋盖支撑和柱间支撑。

5. 厂房内部的起重运输设备主要由单轨悬挂吊车、梁式吊车和桥式吊车。

6. 柱网是厂房承重柱的定位轴线在平面上排列所形成的网格。柱网尺寸的确定实际上就是确定厂房的跨度和柱距。

7. 单层厂房横向定位轴线主要用来标定纵向构件的标志端部，如屋面板、吊车梁、连系梁、基础梁、墙板、纵向支撑等。横向定位轴线通过处是吊车梁、屋面板、连系梁、基础梁及墙板标志尺寸端部的位置。

8. 纵向定位轴线主要用来标定厂房横向构件的标志端部，如屋架的标志尺寸以及大型屋面板的边缘。厂房纵向定位轴线应视其位置不同而具体确定。

思考题

1. 工业建筑有哪些特点？
2. 什么是工业建筑？工业建筑按用途、层数和生产状况分为别有哪些类型？
3. 单层工业厂房内的起重吊车常见的类型有哪几种？
4. 钢筋混凝土单层厂房由哪些部分组成？各部分由哪些构件组成？
5. 什么是柱网？如何确定柱网（跨度与柱距）尺寸？
6. 绘图表示变形缝处柱与横向定位轴线的联系。
7. 绘图表示山墙与横向定位轴线的联系。
8. 绘图表示外墙、边柱与纵向定位轴线的联系。
9. 绘图表示无变形缝时的不等高跨中柱与纵向定位轴线的联系。

第 11 章　单层厂房构造

学习目标

通过学习单层工业厂房构造，掌握单层工业厂房主要结构构件及构造做法。

提示

某工业厂房为单层双跨厂房，厂房内设有吊车，屋顶上部设有矩形天窗，采用有组织排水。分析单层厂房构造与民用建筑构造有何联系与区别。

11.1 单层厂房主要结构构件

11.1.1　基础与基础梁

1. 基础

(1) 基础的类型

单层工业厂房的基础一般做成独立式基础，其形式有锥台形基础、薄壳基础、板肋基础等。根据厂房荷载及地基情况，还可采用条形基础和桩基础等。

(2) 独立式基础构造

现浇柱下基础　基础与柱均为现场浇筑，但不同时施工（图 11-1）。

预制柱下杯形基础　当柱为预制时，基础的顶部做成杯口形式，柱安装于杯口内，这种基础称为杯形基础。如图 11-2 所示。

2. 基础梁

设置基础梁的原因：采用装配式钢筋混凝土排架结构的厂房时，墙体仅起围护和分隔作用，通常不再做基础，而将墙砌在基础梁上，基础梁两端搁置在杯形基础的杯口上(图 11-3)，墙体的重量通过基础梁传到基础上。可使内、外墙和柱一起沉降，墙面不易开裂。

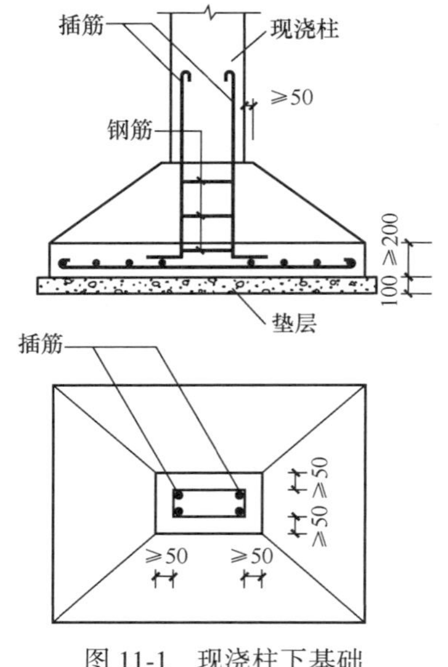

图 11-1　现浇柱下基础

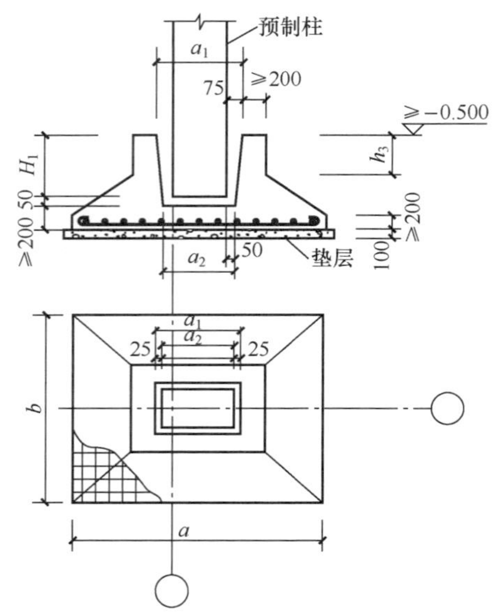

图 11-2　预制柱下杯形基础

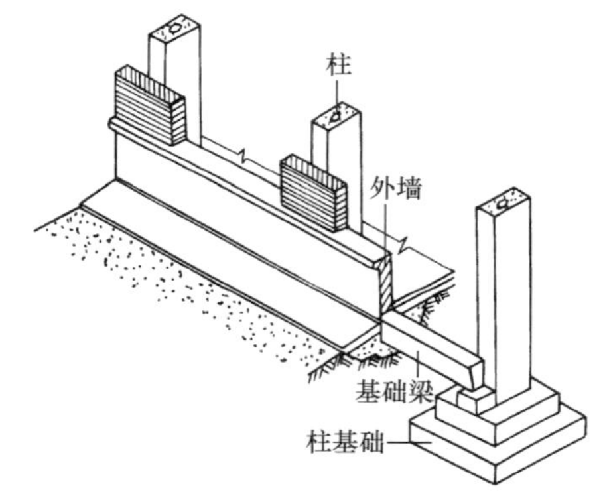

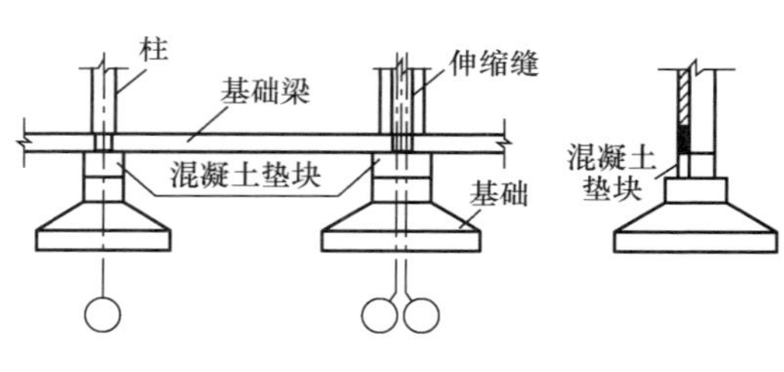

图 11-3　基础梁的支承

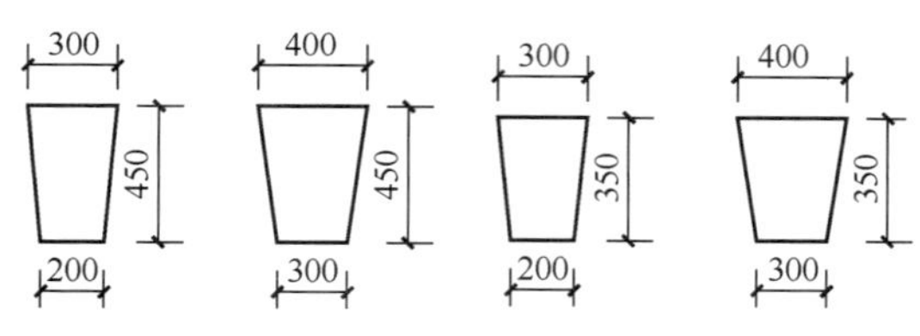

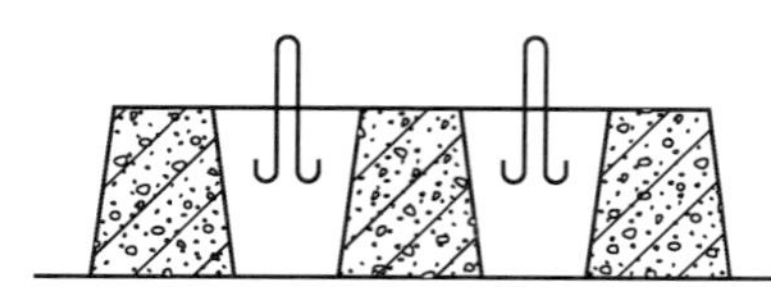

图 11-4　基础梁截面形式

基础梁构造如下：

标志长度　6m。

截面形式　有矩形和上宽下窄的倒梯形截面，如图 11-4 所示。其中倒梯形的较为常用，有预应力和非预应力钢筋混凝土两种。

基础梁的位置　基础梁顶面标高应至少低于室内地坪 50mm，高于室外地坪 100mm。

基础梁的搁置方式　基础梁一般直接搁置在基础顶面上，当基础较深时，可采用加垫块、设置高杯口基础或在柱下部分加设牛

腿等措施，如图 11-5 所示。

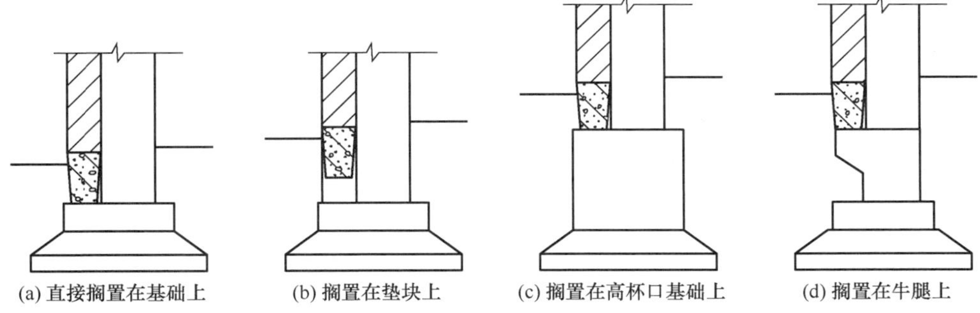

图 11-5　基础梁的搁置方式

防冻胀措施　基础产生沉降时，基础梁底的坚实土将对梁产生反拱作用；寒冷地区土壤冻胀也将对基础梁产生反拱作用，因此在基础梁底部应留有 50～100mm 的空隙，寒冷地区基础梁底铺设厚度≥300mm 的松散材料，如矿渣、干砂，如图 11-6 所示。

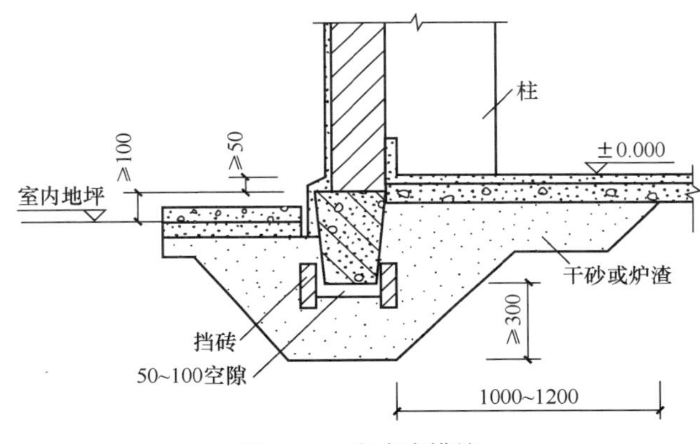

图 11-6　防冻胀措施

11.1.2　柱

1. 承重柱

(1) 柱的截面形式

单层厂房的钢筋混凝土柱基本上可分为单肢柱和双肢柱两类（图 11-7）。

单肢柱的截面形式有矩形、工字形、单管圆形。

双肢柱是由两肢矩形截面或圆形截面柱用腹杆连接而成。按腹杆形式又分为平腹杆双肢柱和斜腹杆双肢柱两种。

钢筋混凝土柱在厂房中的位置不同，外形也不同（图 11-8）。

(2) 柱的构造

工字形柱见图 11-9，双肢柱见图 11-10，牛腿见图 11-11。

要求如下：

1) 牛腿外缘高度 h_k 应大于或等于 $h/3$，且不小于 200mm。

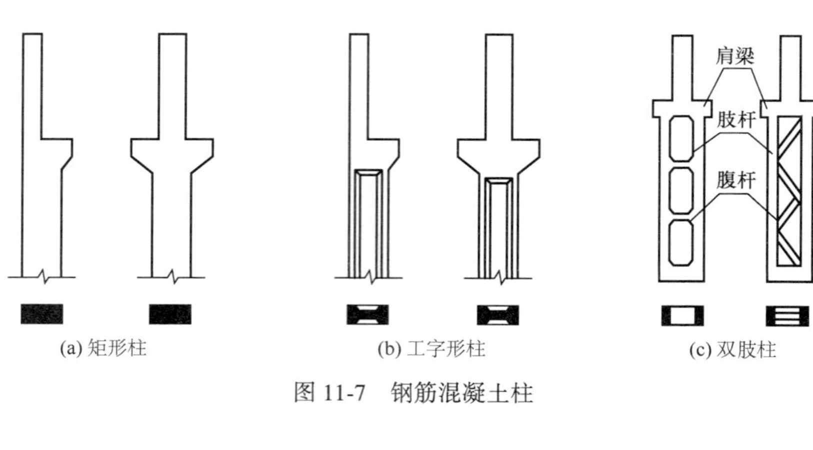

(a) 矩形柱　(b) 工字形柱　(c) 双肢柱

图 11-7　钢筋混凝土柱

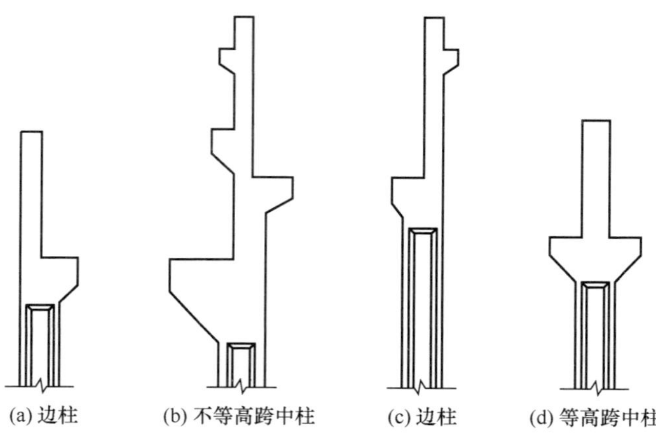

(a) 边柱　(b) 不等高跨中柱　(c) 边柱　(d) 等高跨中柱

图 11-8　柱的选型

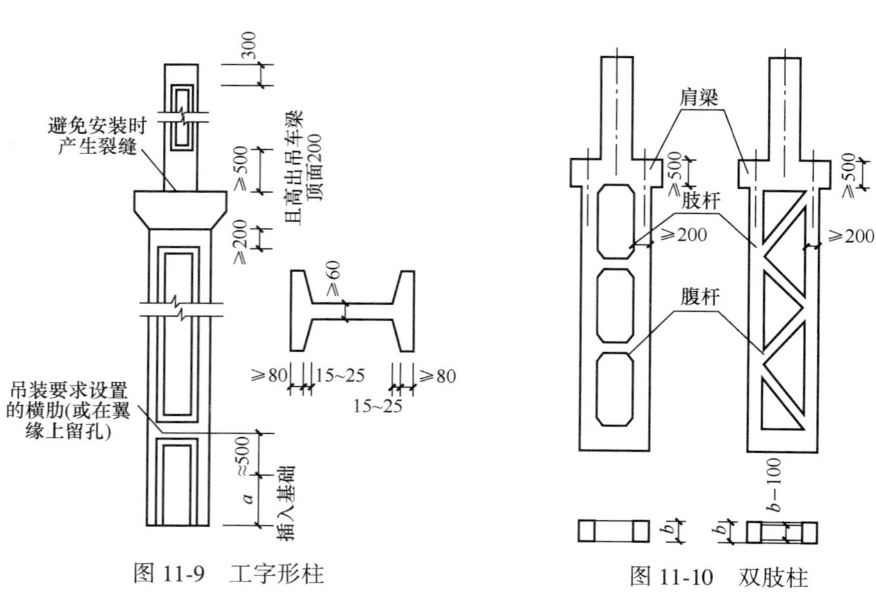

图 11-9　工字形柱

图 11-10　双肢柱

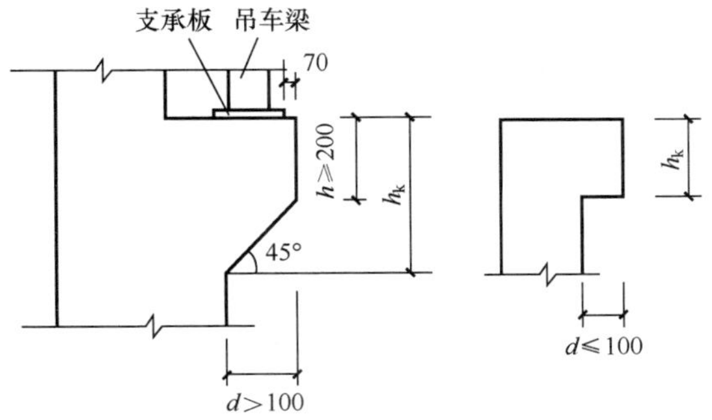

图 11-11　实腹式牛腿的构造

2）支承吊车梁的牛腿，其支承板边与吊车梁外缘的距离不宜小于 70mm（其中包括 20mm 的施工误差）。

3）牛腿挑出距离 d 大于 100mm 时，牛腿底面的倾斜角 β 宜小于或等于 45°，当 d 小于等于 100mm 时，β 可为 0。

柱的预埋件见图 11-12。

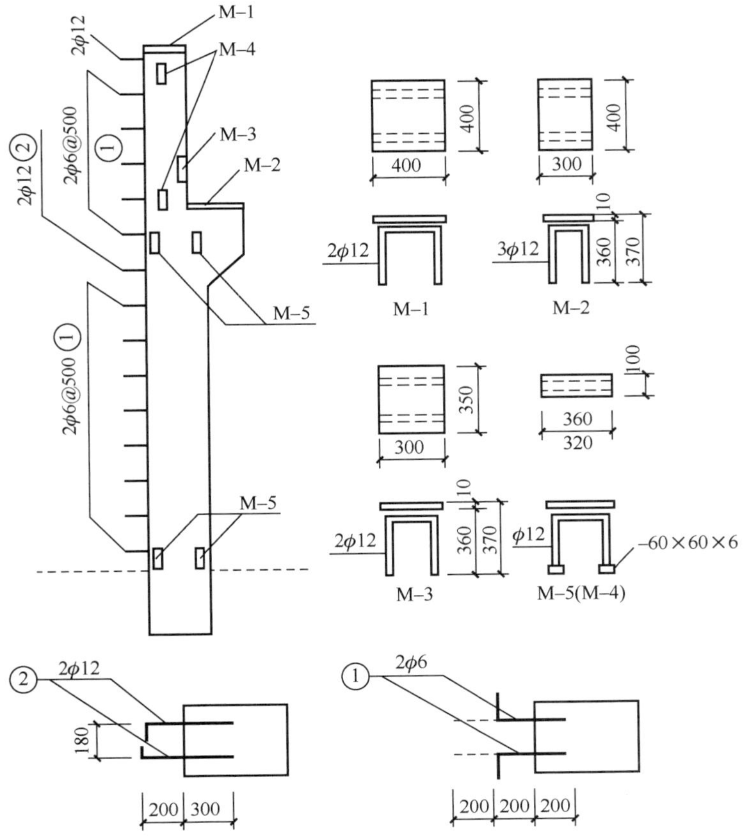

图 11-12　柱的预埋件

2. 抗风柱

由于单层厂房的山墙面积较大，所受到的风荷载很大，因此要在山墙处设置抗风柱承受墙面上的风荷载，使一部分风荷载由抗风柱直接传到基础，另一部分由抗风柱上端通过屋盖系统传到厂房纵向柱列上去。

抗风柱与屋架的连接多为铰接，在构造处理上必须满足以下要求：

1）水平方向应有可靠的连接，以保证有效地传递风荷载。

2）在竖向应使屋架与抗风柱之间有一定的相对竖向位移的可能性。

3）屋架与抗风柱之间一般采用弹簧钢板连接，见图 11-13（a）。

4）厂房沉降大时用螺栓连接，见图 11-13（b）。

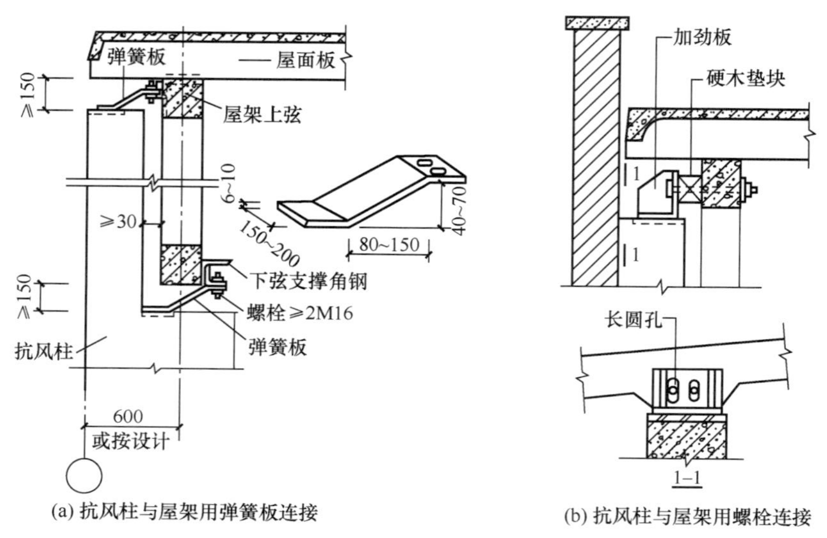

图 11-13　抗风柱与屋架的连接

11.1.3　屋盖

厂房屋盖起围护与承重作用。它包括承重构件和覆盖构件两部分。

单层厂房屋盖的结构形式大致分为无檩体系和有檩体系两类，见图 11-14。无檩体系是将大型屋面板直接放在屋架（或屋面梁）上，屋架（屋面梁）放在柱子上。适用于大、中型厂房。有檩体系是将各种小型屋面板或瓦直接放在檩条上，檩条支承在屋架或屋面梁上，屋架或屋面梁放在柱子上。适用于小型厂房和吊车吨位小的中型工业厂房。

1. 屋盖的承重构件

（1）屋面大梁

钢筋混凝土屋面大梁主要用于跨度较小的厂房，有单坡和双坡之分，单坡仅用于边跨。截面有 T 形和工字形两种，因腹板较薄故常称其为薄腹梁。单坡屋面梁适用于 6m、9m、12m 的跨度，双坡屋面梁适用于 9m、12m、15m、18m 的跨度，屋面梁的坡度比较平缓，一般为 1/12~1/8。屋面梁的特点是形状简单、制作安装方便、稳定性好、可以不加支撑，但自重较大，见图 11-15。

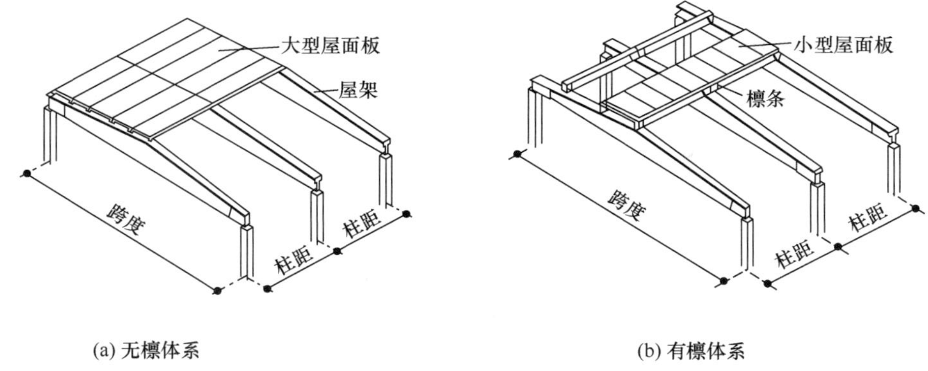

(a) 无檩体系　　(b) 有檩体系

图 11-14　屋盖结构体系

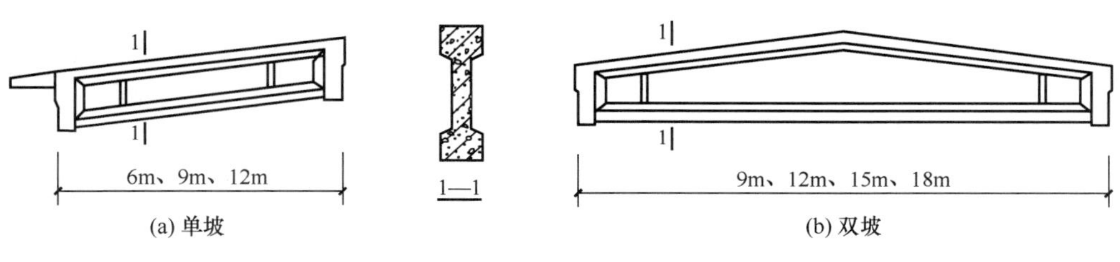

(a) 单坡　　(b) 双坡

图 11-15　屋面梁

（2）屋架

按钢筋的受力情况分为预应力和非预应力两种。

按材料分为木屋架、钢筋混凝土屋架和钢屋架。

其外形通常有三角形、梯形、拱形和折线形等几种（图 11-16）。

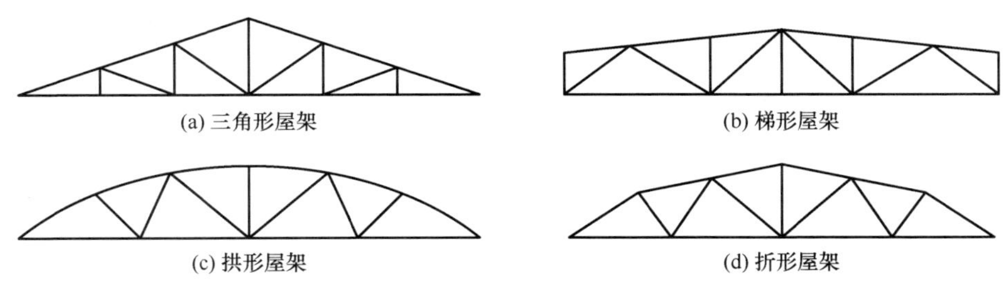

(a) 三角形屋架　　(b) 梯形屋架

(c) 拱形屋架　　(d) 折形屋架

图 11-16　钢筋混凝土屋架的外形

屋架的端部形式见图 11-17。

（3）托架

因工艺要求或设备安装的需要，柱距需为 12m，而屋架的间距和大型屋面板长度仍为 6m 时，需在 12m 的柱距间设置托架。托架将屋架上的荷载传给柱子。托架一般采用预应力混凝土托架或钢托架（图 11-18）。

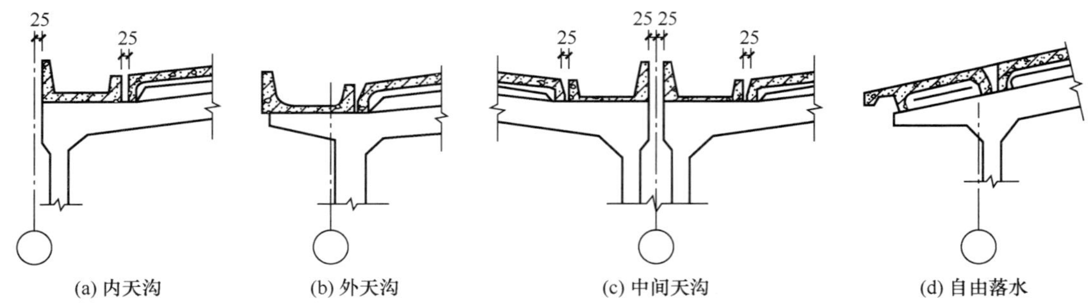

图 11-17　屋架的端部形式

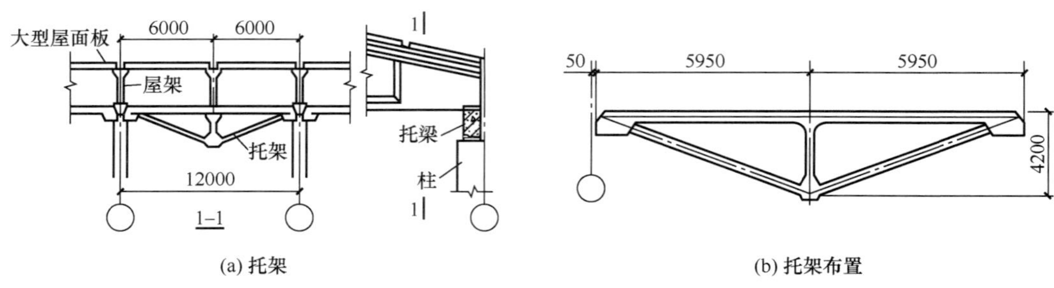

图 11-18　托架及布置

2. 屋盖的覆盖

屋面板　屋面板分小型屋面板和大型屋面板两种。

预应力大型屋面板的外形尺寸常用 1.5m×6.0m（宽×长），为配合屋架尺寸及檐口做法，还有 0.9m×6.0m 的嵌板和檐口板。

檩条　有钢檩条和钢筋混凝土檩条两种，其中钢筋混凝土檩条的截面形状常为倒 L 形和 T 形。

天沟板　有预应力和非预应力钢筋混凝土天沟板两种。天沟板的宽度共有 5 种。

3. 屋盖构件间的连接

（1）屋架与柱的连接有焊接连接和螺栓连接（图 11-19）

（2）屋面板与屋架（或屋面梁）的连接

每块屋面板的肋部底面均有预埋铁件与屋架（或屋面梁）上弦相应处预埋铁件相互焊接，其焊接点不少于三点，板与板缝隙均用不低于 C15 细石混凝土填实，如图 11-20 所示。

（3）天沟板与屋架的连接

天沟板端底部的预埋铁件与屋架上弦的预埋铁件四点焊接，与屋面板间的缝隙加通长钢筋，再用不低于 C15 混凝土填实，如图 11-21 所示。

（4）檩条与屋架的连接

檩条与屋架上弦的连接有焊接和螺栓连接两种，常采用焊接。两个檩条在屋架上弦的对头空隙应以水泥砂浆填实，如图 11-22 所示。

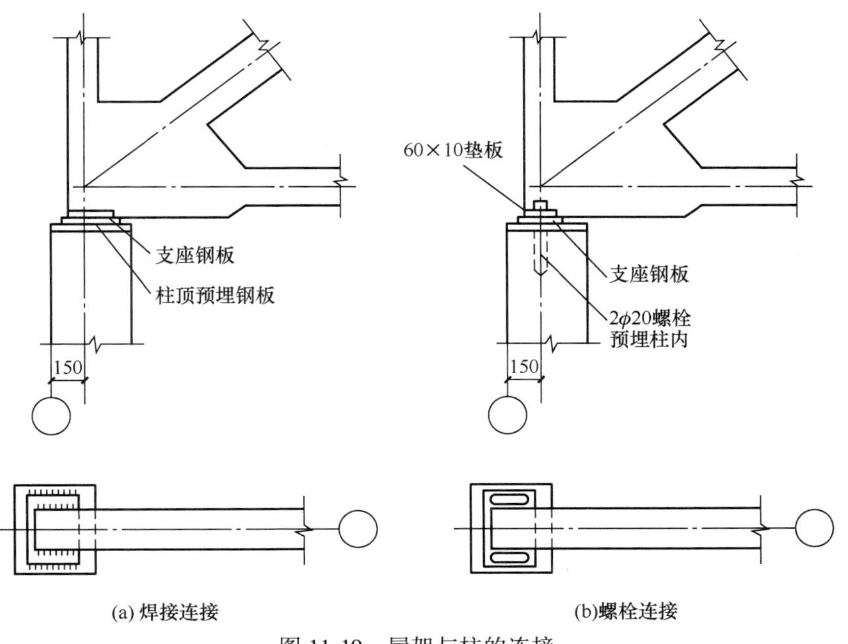

图 11-19　屋架与柱的连接

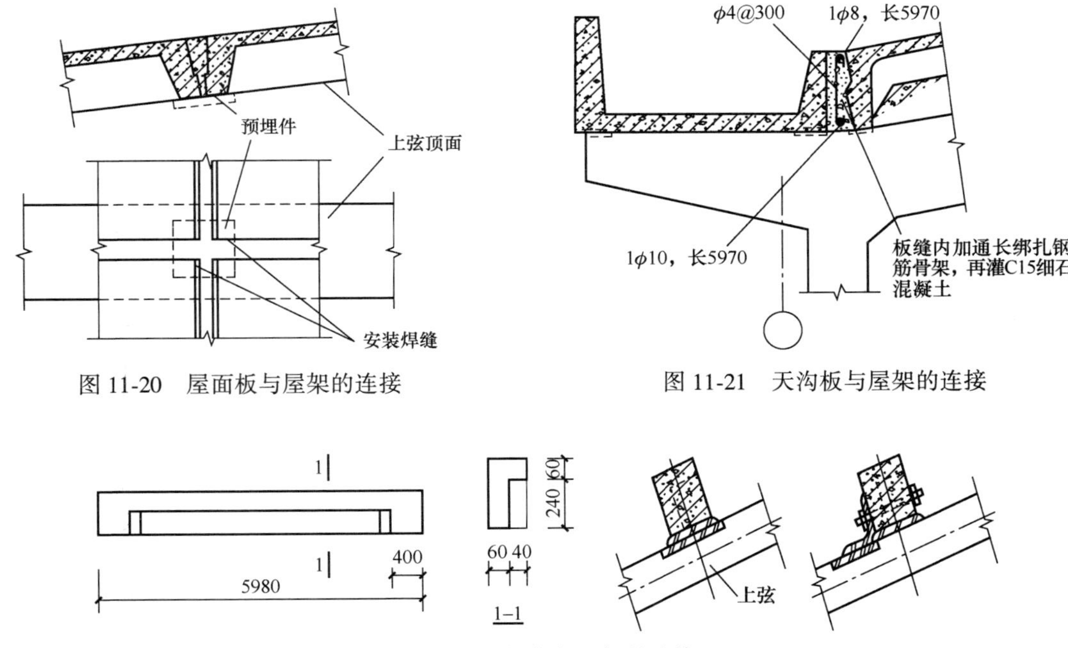

图 11-20　屋面板与屋架的连接

图 11-21　天沟板与屋架的连接

图 11-22　檩条与屋架的连接

11.1.4　吊车梁、连系梁与圈梁

1. 吊车梁

吊车梁支承在排架柱的牛腿上，沿厂房纵向布置，是厂房的纵向连系构件之一。它直

接承受吊车荷载（包括吊车自重、吊车起重量，以及吊车启动和刹车时产生的纵、横向水平冲力）并传递给柱子，同时对保证厂房的纵向刚度和稳定性起着重要作用。

吊车梁的类型 吊车梁按材料不同有钢筋混凝土梁和钢梁两种，常采用钢筋混凝土梁。钢筋混凝土梁按截面形式不同有等截面的T形、工字形和变截面的鱼腹式等吊车梁。吊车梁可用非预应力与预应力钢筋混凝土制作（图11-23）。

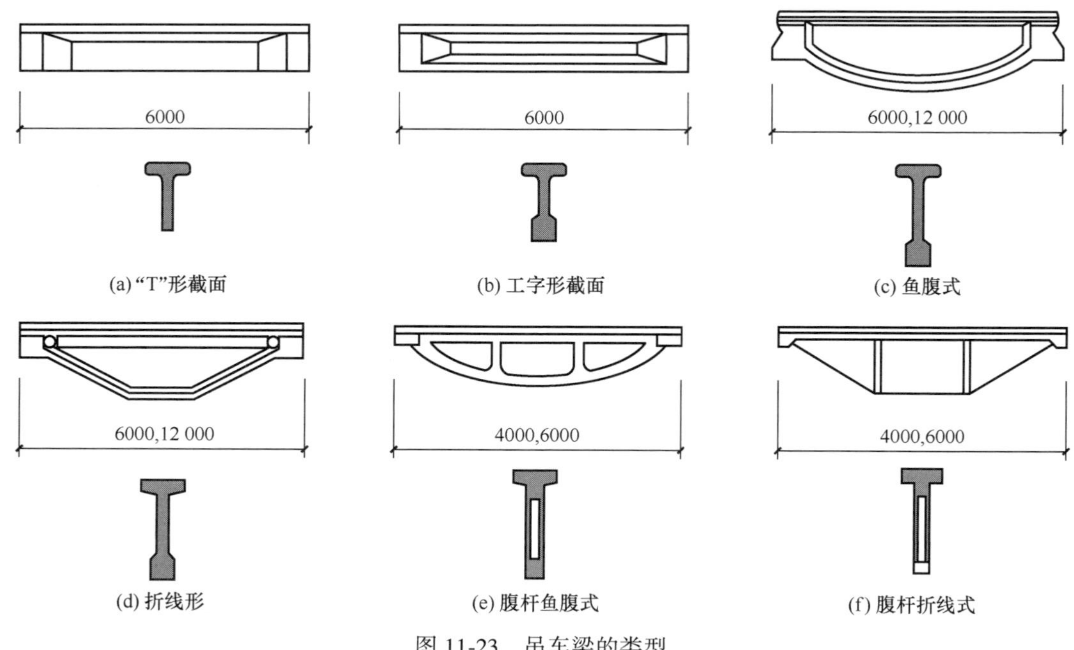

图 11-23 吊车梁的类型

吊车梁与柱的连接 吊车梁的上翼与柱间用角钢或钢板连接，吊车梁下部在安装前应焊上一块钢垫板，并与柱牛腿上的预埋钢板焊牢，吊车梁与柱子空隙以C20混凝土填实，如图11-24所示。

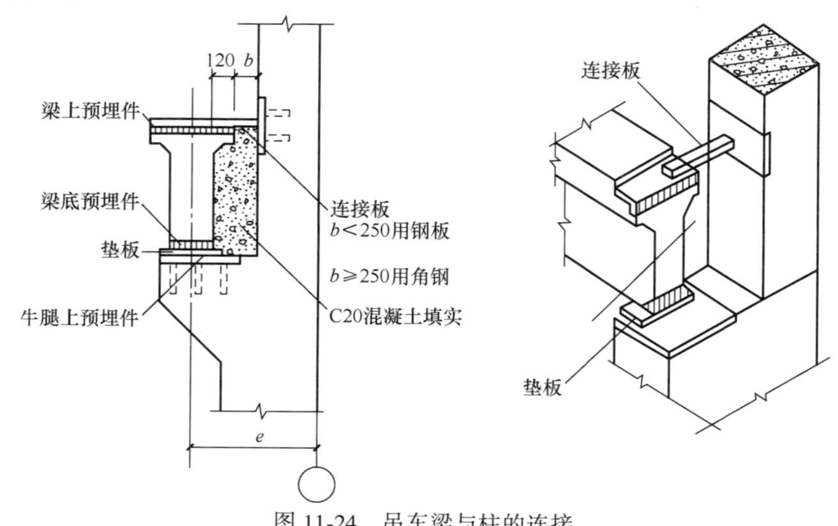

图 11-24 吊车梁与柱的连接

2. 连系梁

连系梁是柱与柱之间在纵向的水平连系构件，其作用是加强厂房的纵向刚度，并传递风荷载至纵向柱列。有设在墙内和不在墙内两种，其截面形式有矩形和 L 形。

连系梁与柱子的连接，可以采用焊接或螺栓连接，具体做法如图 11-25 所示。

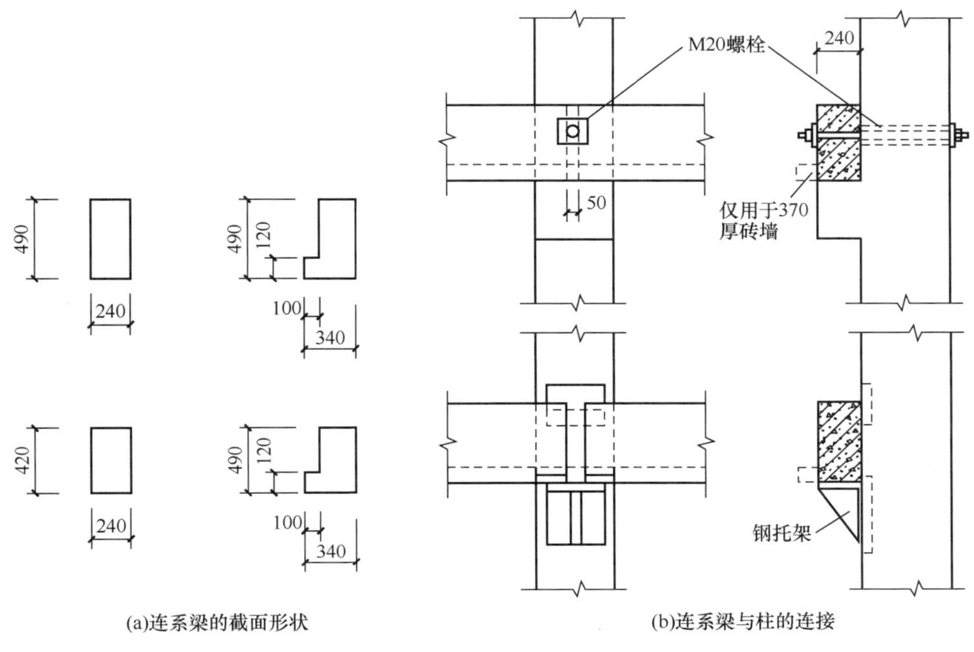

图 11-25　连系梁

3. 圈梁

圈梁是沿厂房外纵墙、山墙在墙内设置的连续封闭梁。它将墙体与厂房排架柱、抗风柱等箍在一起，以增强厂房结构的整体刚度和稳定性。圈梁应在墙内，位置通常设在柱顶、吊车梁、窗过梁等处；其截面高度应不小于 180mm，配筋数量主筋为 4ϕ12，箍筋为 ϕ6，间距 200mm。圈梁的截面常为矩形或 L 形，可现浇也可预制，并且应与柱子上的预留插筋拉接，如图 11-26 所示。

11.1.5　支撑系统

屋盖支撑　包括上弦或下弦横向水平支撑、纵向水平支撑、垂直支撑和水平系杆等。

屋盖支撑主要用以保证屋架上下弦杆件受力后的稳定，并保证山墙受到风力后的传递。横向水平支撑和垂直支撑一般布置在厂房端部和伸缩缝两侧的第二（或第一）柱间。

柱间支撑　作用是将屋盖系统传来的山墙风荷载及吊车制动力传至基础，同时加强厂房的纵向刚度。

柱间支撑一般设在横向变形缝区段的中部，或距山墙与横向变形缝处的第二柱间。柱间支撑一般采用型钢制作，支撑形式宜采用交叉式，其斜杆与水平面的交角不宜大于 55°支撑斜杆与柱上预埋件焊接（图 11-27）。

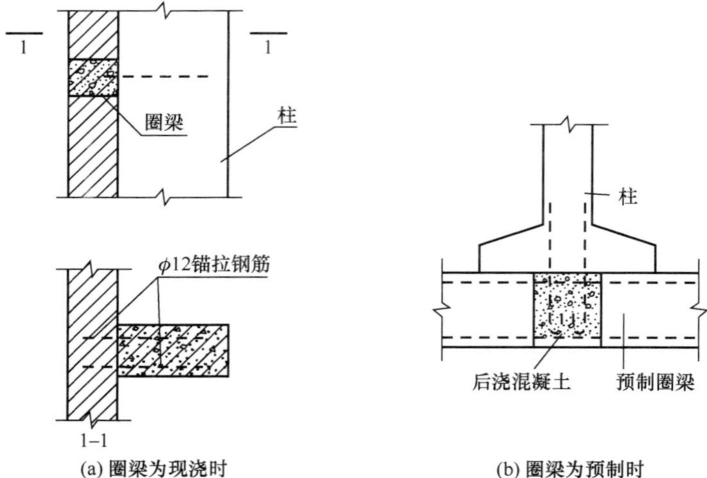

图 11-26　圈梁与柱的连接

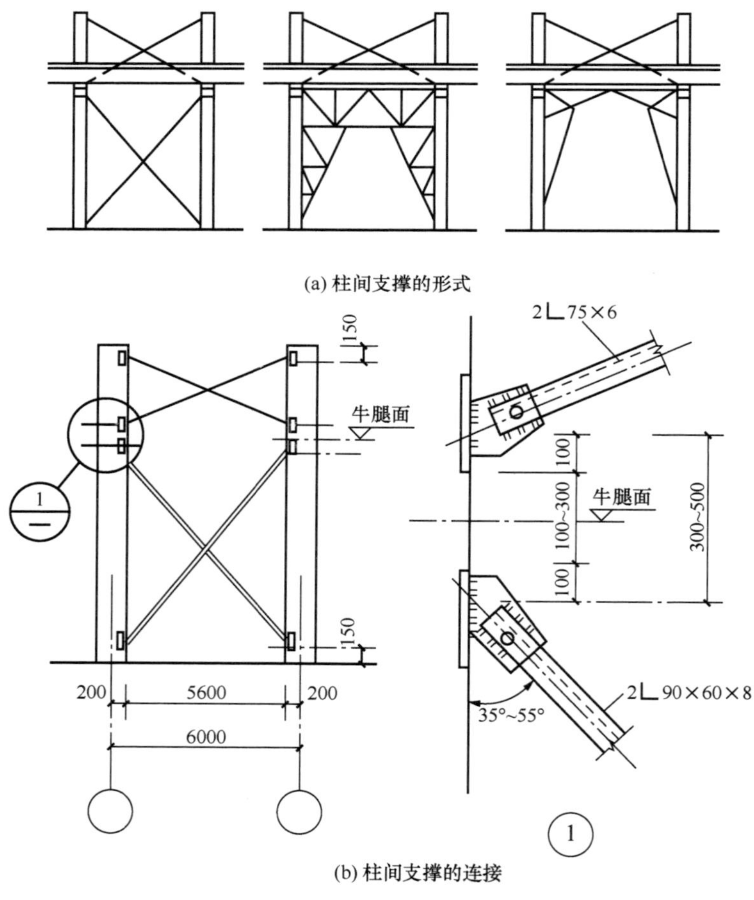

图 11-27　柱间支撑

11.2 外墙

单层工业厂房的墙体，主要包括厂房外墙和内部隔断墙。由于厂房的高度与跨度都比较大，所以单层厂房的外墙要承受较大的自重和较大的风荷载，并且还要受到起重运输设备和生产的振动作用。因此，墙身必须要有中足够的刚度和稳定性。

单层工业厂房的外墙按材料不同，可分为砖墙、砌块墙和板材墙；按承重方式不同，可以分为承重墙、承自重墙、框架墙等，如图 11-28 所示。当厂房跨度小于 15m、吊车吨位不超过 5t 时，一般可以采用承重墙（图 11-28 中 *A* 轴的墙）直接承受屋盖与起重运输设备等荷载。当厂房的高度与跨度都比较大时，通常由钢筋混凝土排架柱来承受屋盖与起重运输等荷载，而外墙承受自重，并起围护作用，这种墙体称为承自重墙。如图 *D* 轴线下部的墙体。为避免墙柱的不均匀沉降所引起的墙体开裂与外倾，墙体一般不做基础，而由柱基础上的钢筋混凝土基础梁支承墙体重量。当墙体较高时，上部墙体重量由连系梁承担，经柱牛腿将重量传至基础，这种墙称为框架墙（图 11-28 中 *B* 轴线上部和 *D* 轴线的墙）。承自重墙与框架墙是厂房外墙的主要形式。

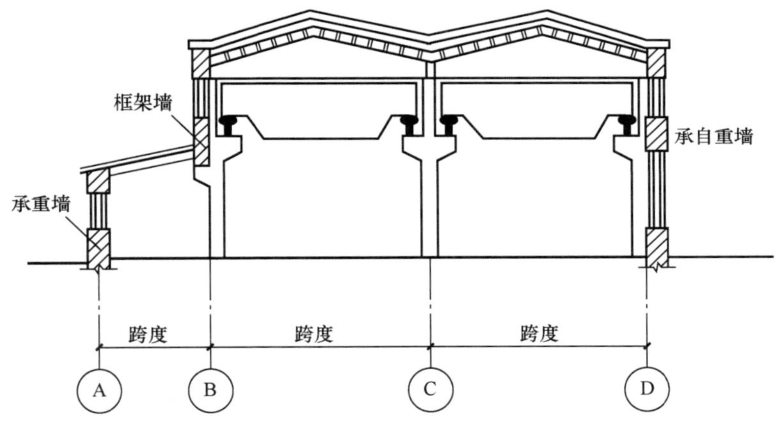

图 11-28　单层厂房外墙的类型

11.2.1　砖墙与砌块墙

1. 砖墙

在单层厂房中，除了厂房跨度小于 15m、吊车吨位不超过 5t 外，砖墙通常只作为围护结构使用。其厚度通常为 240mm 和 365mm。

（1）墙与柱的相对位置（图 11-29）

1）将墙砌筑在柱子外侧，这种方案构造简单、施工方便，热工性能好，基础梁和连系梁便于标准化，因此被广泛采用。

2）将墙部分嵌入在排架柱中，能增强柱列的刚度，但施工较麻烦，需要部分砍砖。

3）将墙设置在柱间，更能增加柱列的刚度，节省占地，但不利于基础梁和连系梁的统一及标准化，热功能差，构造复杂。

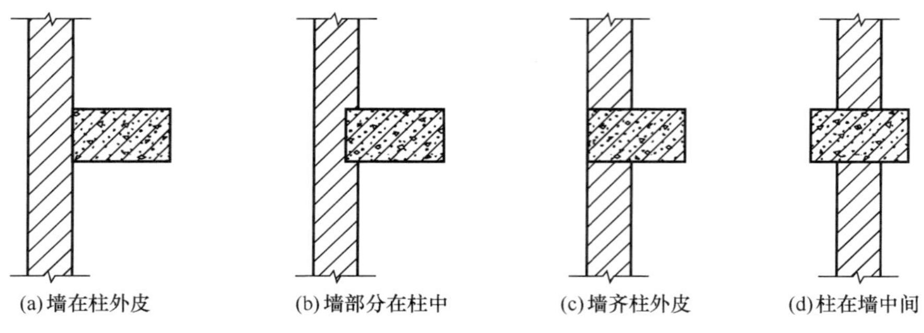

图 11-29 墙与柱的相对位置

（2）墙和柱的连结构造

为使墙体与柱子间有可靠的连接，通常的做法是在柱子高度方向每隔 500mm 甩出两根 ϕ6 钢筋，砌筑时把钢筋砌在墙的水平缝里，如图 11-30 所示。

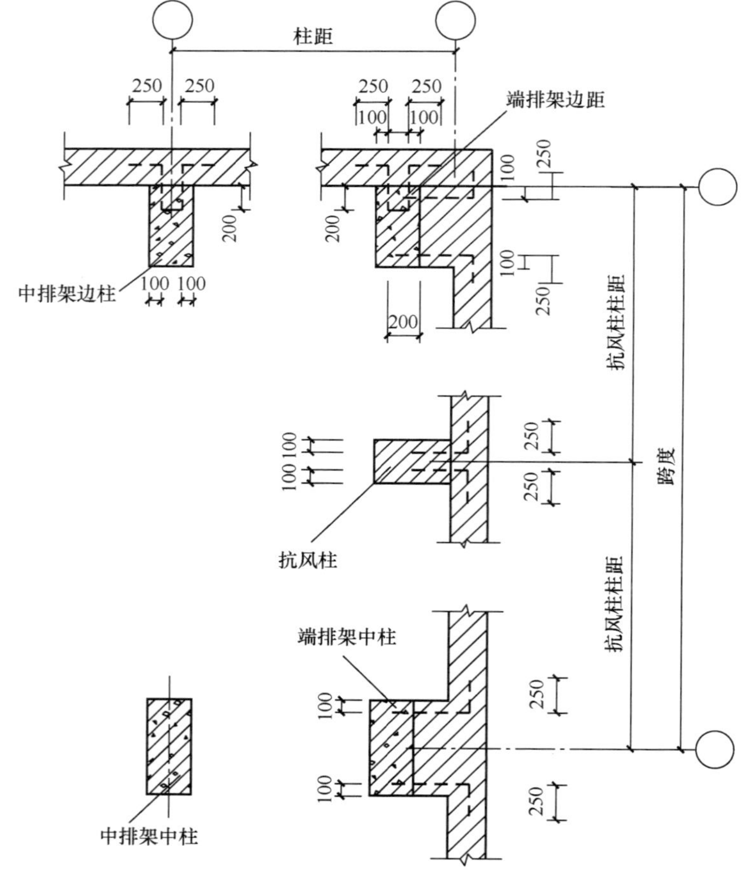

图 11-30 柱的连结构造

（3）女儿墙的拉结构造

女儿墙厚一般不小于 240mm，用强度等级不低于 M5 的砂浆砌筑。应设置构造柱，构

造柱间距不宜大于 4m，其高度应满足安全和抗震的要求。在非地震区，宜设置高度 1m 左右的女儿墙或护栏。在地震区或受振动影响较大的厂房，女儿墙高度不应超过 500mm。女儿墙与屋面板之间常采用钢筋拉接等措施，如图 11-31（a）所示。

女儿墙的顶部需做压顶处理，压顶宜用钢筋混凝土现浇而成，其截面常为梯形，如图 11-31（b）所示。

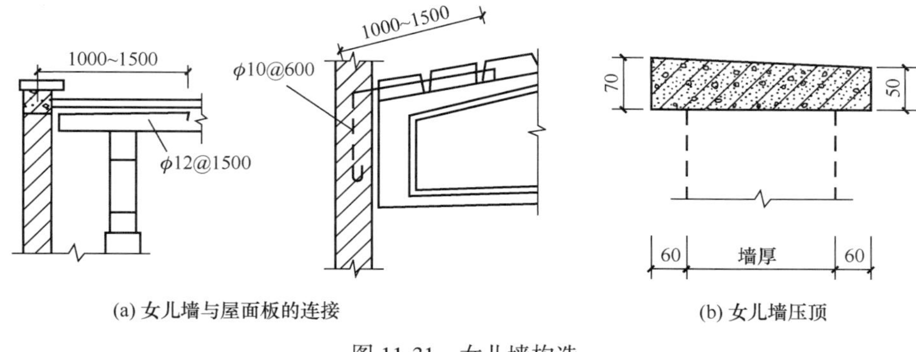

(a) 女儿墙与屋面板的连接　(b) 女儿墙压顶

图 11-31　女儿墙构造

（4）墙与屋架的连接

砖墙与屋架的连接如图 11-32 所示。通常是在屋架的上下弦或屋面梁预埋钢筋拉结砖墙。在屋架的腹杆不便预埋钢筋时，可在预埋钢板上焊接钢筋。

2. 砌块墙

砌块墙即由轻质材料制成的块材，或用普通钢筋混凝土制成空心块材砌筑而成的墙体。砌块墙的连接构造与砖外墙的连接构造相同，砌筑时块材之间应横平竖直、灰浆饱满、错缝搭接。砌块墙的整体性与抗震性比砖墙好。

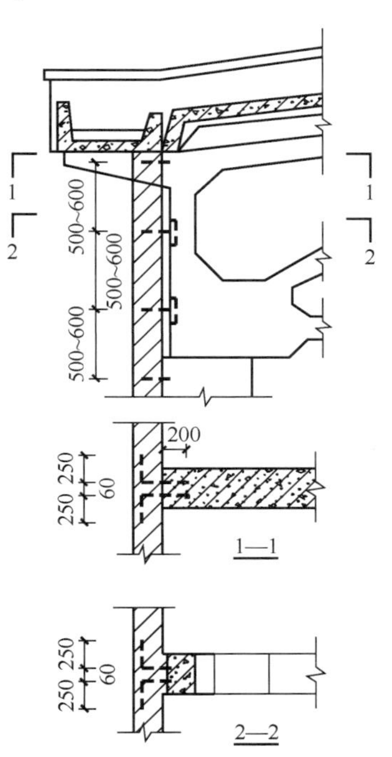

图 11-32　墙与屋架的连接

11.2.2　板材墙体

1. 板材墙的类型

（1）单一材料的墙板

1）钢筋混凝土槽形板、空心板。

槽形板也称肋形板，其钢材和水泥的用量较省，但保温隔热性能差，且易积灰。

空心板的钢材、水泥用料较多，但双面平整，不易积灰，并有一定保温隔热能力。

2）配筋轻混凝土墙板。

优点是保温性能好，但有龟裂或锈蚀钢筋等缺点，故一般需加水泥砂浆等防水面层。

（2）组合墙板

组合墙板由承重骨架和各种轻质夹心材料所组成的墙板。一般做成轻质高强的夹心墙板，芯层采用高效热工材料制作，面层外壳采用承重防腐蚀性能好的材料制作。

这类墙板的特点是防火、防水、保温、隔热，可充分发挥各种材料的优点，但制作时工艺复杂，仍有热桥现象，需要改进。

2. 板材墙的规格

墙板的规格尺寸应符合相应的模数，一般墙板的长度和高度采用3M的倍数。板长有4500mm、6000mm、7500mm、12 000mm等四种；板高有900mm、1200mm、1500mm、1800mm四种规格；板厚则以20mm为模数进级，常用板的厚度为140~240mm。

3. 墙板的连接构造

（1）板材墙的布置（图11-33）

横向布置　即利用厂房的承重柱作为墙板的悬挂点或支承点，板的标志长度与柱距一致。

竖向布置　竖向布置一般采用轻质墙板，板的上下两端固定在连系梁上。

混合布置　既有横向布置，也有竖向布置，兼有二者的优点，布置灵活，使立面富有变化，但板型较多、构造复杂。

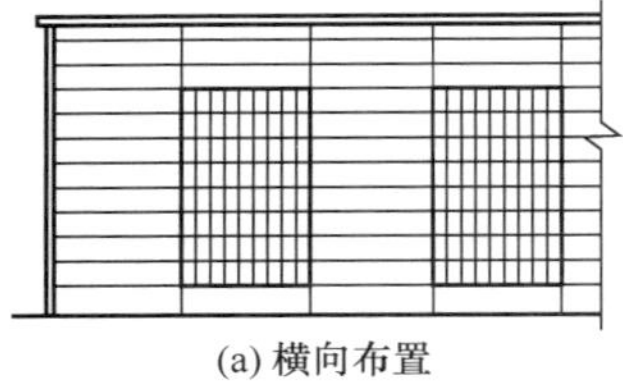
(a) 横向布置

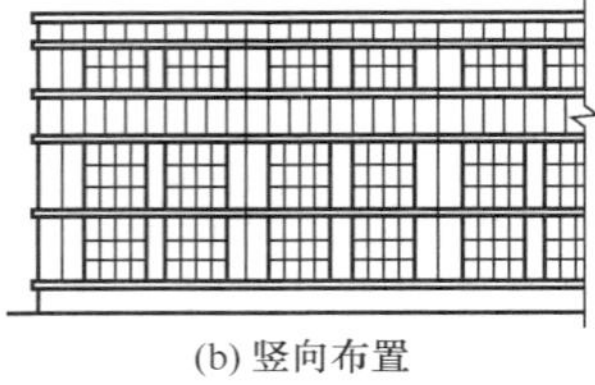
(b) 竖向布置

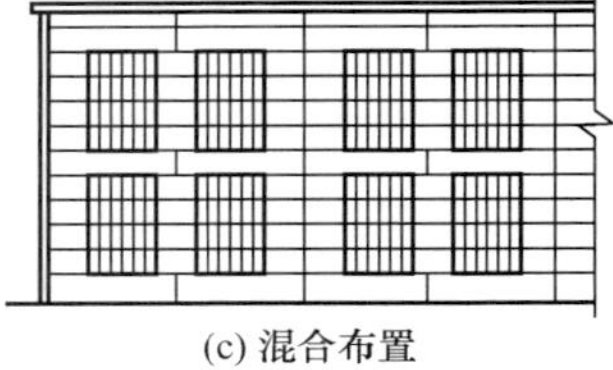
(c) 混合布置

图11-33　板材墙的布置

墙板的布置要尽量减少板型，如果标准的基本板难以满足，可用异形板和补充构件填补。

（2）墙板与柱的连接构造

柔性连接　在大型墙板上预留安装孔，同时在柱的两侧相应位置预埋铁件，在板吊装前焊接连接角钢，并安上螺栓钩，吊装后用螺栓钩将上下两块板连接起来，这种连接对厂房的振动和不均匀沉降的适应性较强。较为常用的连接形式有螺栓连接和压条连接。

螺栓挂钩柔性连接是在水平方向用螺栓挂钩等辅助构件将板、柱固定在一起，垂直方向每隔3~4块板用焊接在柱上的钢支托支承竖直的墙板荷载（图11-34）。

压条柔性连接是在柱上预埋或焊接螺栓，利用压条和螺母将两块墙板压紧固定在柱上，墙板的重量由勒脚板或基础梁来承担（图11-35）。

刚性连接　用角钢直接将柱与板的预埋件焊接连接，其做法是在柱子和墙板上分别设置预埋件，安装时用连接件将它们焊牢。这种方法构造简单，连接刚度大，增加了厂房的纵向刚度。不适用于烈度为7°以上的地震区或可能产生不均匀沉降的厂房（图11-36）。

（3）墙板板缝的处理

墙板板缝的形式包括水平缝和垂直缝。水平缝包括平口缝、高低错口缝及滴水平缝等。水平缝的缝隙一般不应小于20mm。垂直缝主要有直缝、喇叭缝、双腔缝、单腔缝等。对板缝的处理首先要求是防水，并应考虑制作及安装方便，对保温墙板尚应注意满足保温要求。

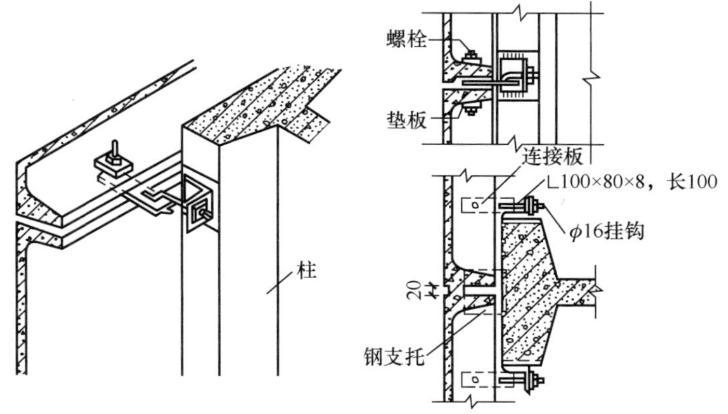

图 11-34　螺栓挂钩柔性连接构造

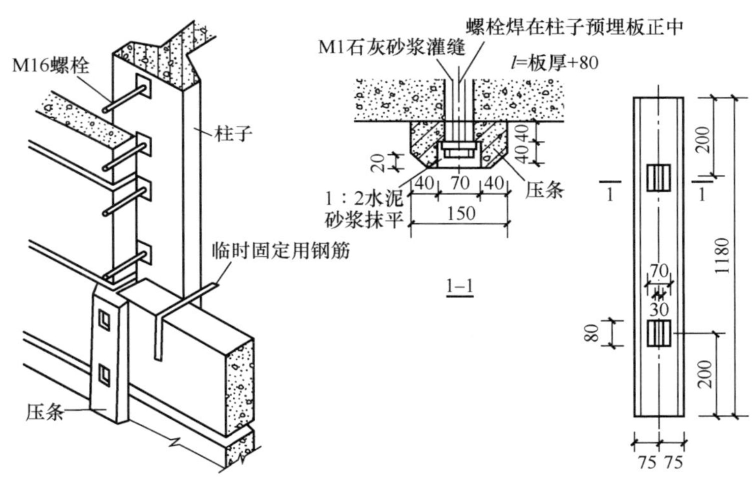

图 11-35　压条柔性连接构造

11. 2. 3　轻质板材墙

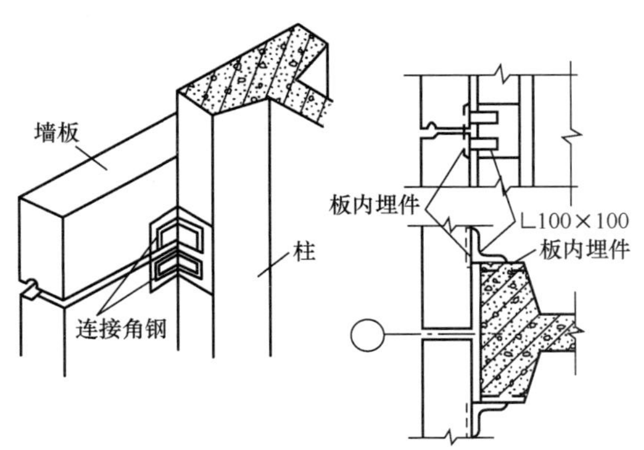

图 11-36　刚性连接构造

轻质板材墙用轻质的石棉水泥板、瓦楞铁皮、塑料铁皮、铝合金板等材料做成的墙。这种墙一般起围护作用，墙身自重也由厂房骨架来承担，适用于一些不要求保温、隔热的热加工车间、防爆车间和仓库建筑的外墙。

目前我国采用较多的是波形石棉水泥瓦墙，波形石棉水泥瓦通常悬挂在柱子之间的 L 型或 T 型的钢筋混凝土横梁上。横梁长度与柱距相一致，两端搁置在柱子的钢牛腿柱上，并通过预埋件与柱子焊接牢固，如图 11-37 所示。石棉水泥瓦与横梁用铁卡子和螺栓夹紧，螺栓孔在波峰处，并加作 5mm 厚毡垫，左右搭接不少于一个瓦拢，如图 11-38 所示。

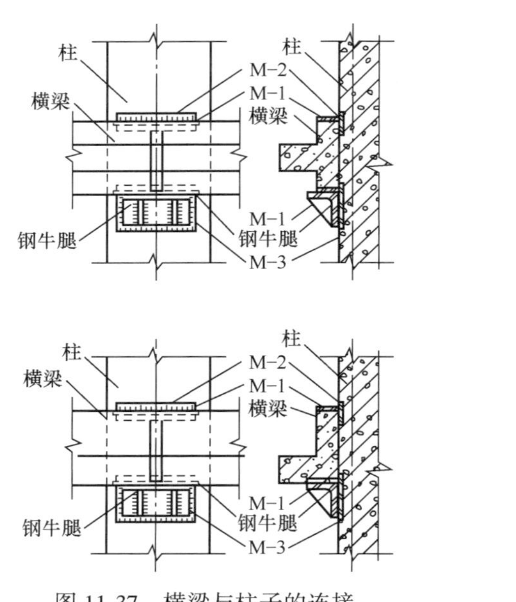

图 11-37　横梁与柱子的连接

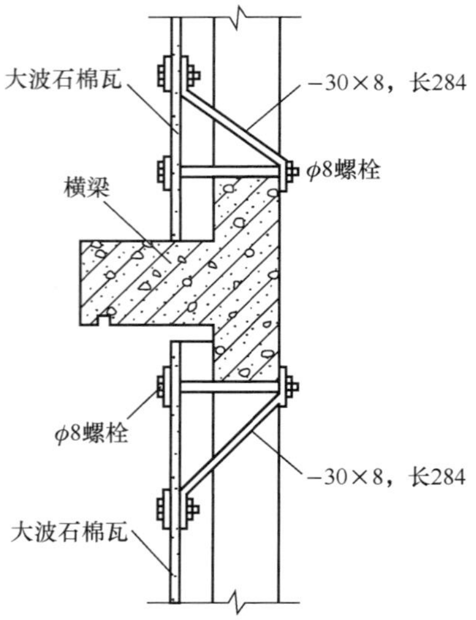

大波石棉瓦
−30×8，长284
ϕ8螺栓
横梁
ϕ8螺栓
−30×8，长284
大波石棉瓦

图 11-38　波形石棉瓦与横梁的连接

11.2.4　开敞式外墙

炎热地区及高温车间，为了获得良好的自然通风和迅速散热，通常采用挡雨板或遮阳板局部或全部代替房屋的围护墙，即开敞式外墙，见图 11-39。这种墙体要求便于通风且能防雨，其构造主要是挡雨板的构造。

图 11-39　某厂房开敞式外墙

挡雨板的挑出长度与垂直距离，应根据飘雨角度以及日照、通风等因素确定。飘雨角度即雨点滴落方向与水平线的夹角，在一般情况下可按 45°设计，如图 11-40 所示。

挡雨板有多种构造形式，通常有：

（1）石棉水泥瓦挡雨板

石棉水泥瓦挡雨板的特点是重量轻，它由型钢支架（或钢筋支架）、型钢檩条、石棉水泥瓦挡雨板及防溅板组成，见图 11-41。型钢支架焊接在柱的预埋件上，石棉水泥瓦用弯钩在角钢檩条上。

（2）钢筋混凝土挡雨板

钢筋混凝土挡雨板分为有支架和无支架两种，如图 11-42 所示。其基本构件有支架、挡雨板、防溅板。各种构件通过焊接固定。

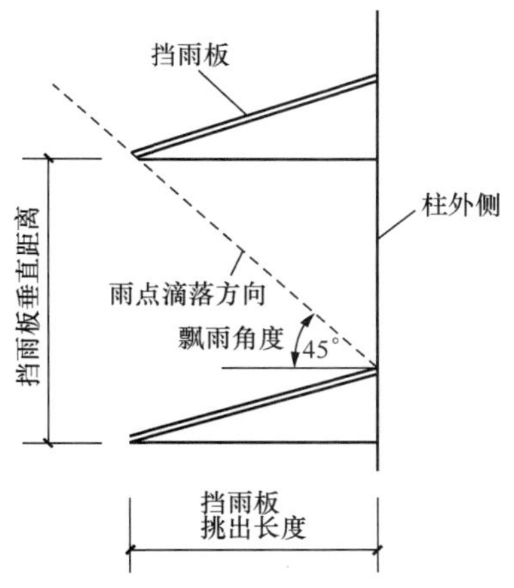

图 11-40　挡雨板与飘雨角的关系

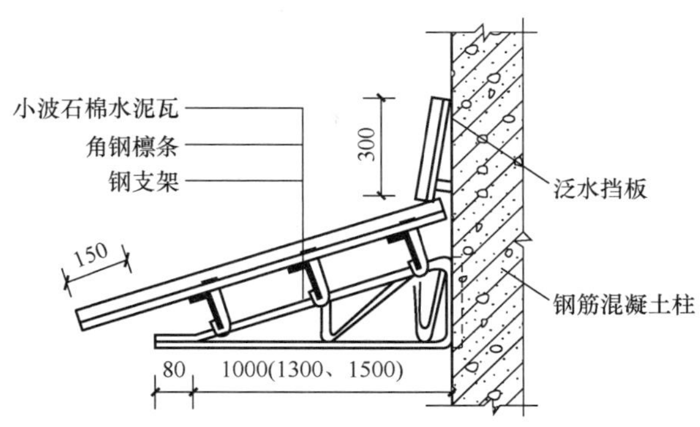

图 11-41　石棉水泥瓦挡雨板构造

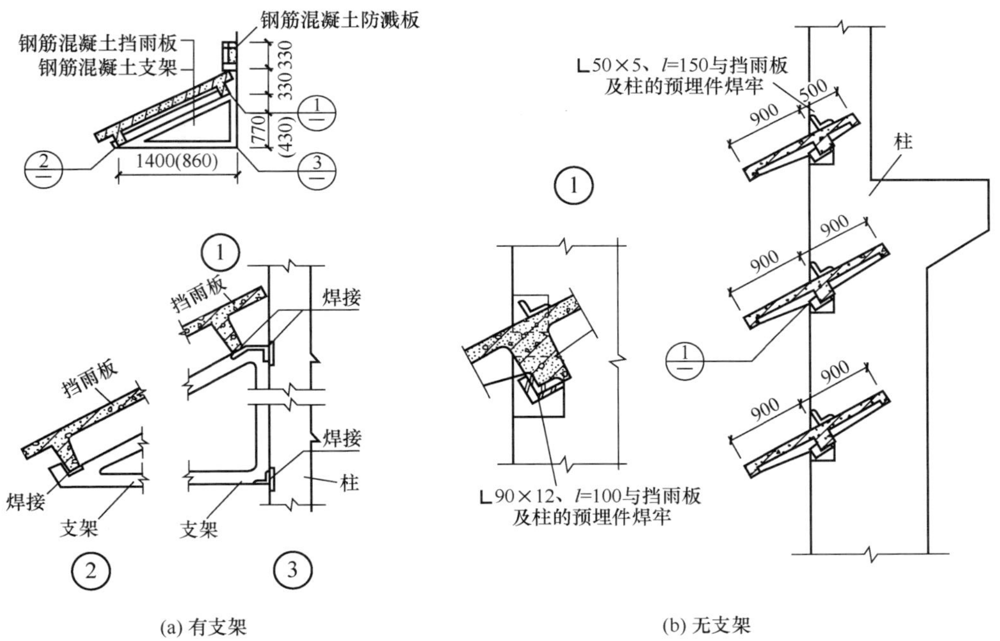

图 11-42　钢筋混凝土挡雨板构造

11.3 屋面

11.3.1　屋面排水

1. 排水方式

厂房屋面排水方式和民用建筑相同，分有组织排水和无组织排水两种。

（1）有组织排水

一般适用于降雨量大的地区或厂房较高的情况。有组织排水通常分为外排水、内排水和内落外排水。

外排水 适用于厂房较高或地区降雨量较大的南方地区如图 11-43（a）所示。

内排水 适用于多跨厂房或严寒多雪北方，如图 11-43（b）所示。

内落外排水 适用于多跨厂房或地下管线铺设复杂的厂房，如图 11-43（c）所示。

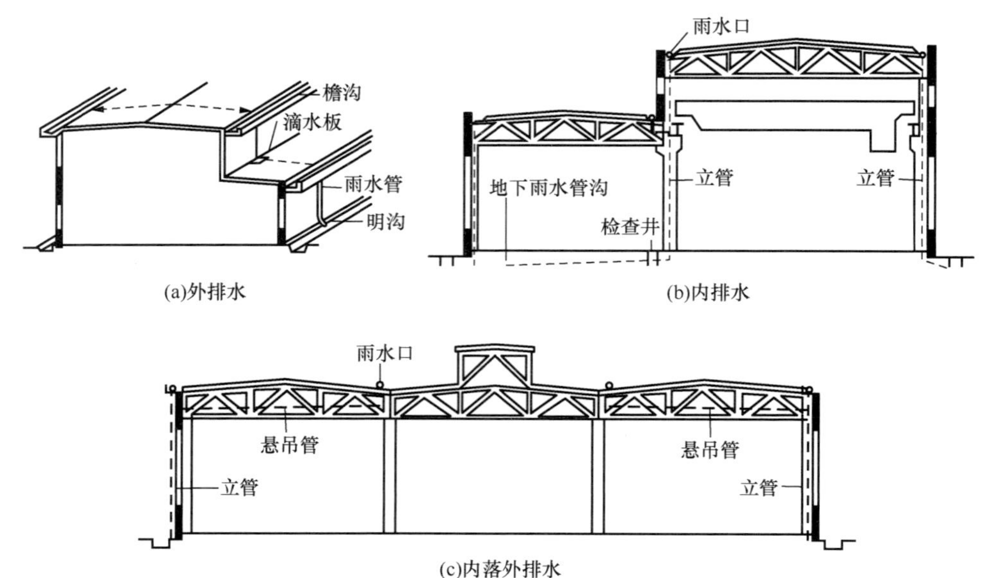

图 11-43　有组织排水

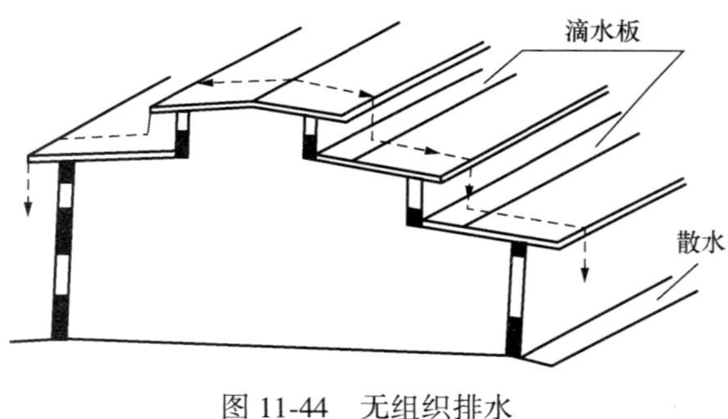

图 11-44　无组织排水

（2）无组织排水

也称自由落水，是雨水直接由屋面经檐口自由排落到散水或明沟内，适用于地区年降雨量不超过 900mm，檐口高度小于 10m 的单跨厂房、多跨厂房的边跨，及地区年降雨量超过 900mm 檐口高度小于 8m 的厂房；对雨水管有腐蚀作用的车间和屋面积灰较多的厂房也宜采用无组织排水，如图 11-44 所示。

2. 排水坡度

屋面排水坡度的选择应根据厂房屋架的类型、屋面基层类型、防水构造及防水材料性能及当地气候条件来确定。一般来，坡度越陡对排水有利，但若有些卷材在屋面坡度过大时则夏季会产生沥青流淌，使卷材下滑。搭盖式构件自防水屋面坡度过陡时，也会引起盖瓦下滑等问题。通常，各种屋面的排水坡度选择范围可参考表 11-1。

表 11-1　屋面坡度选择参考

防水类型	卷材防水	构件自防水			
		嵌缝式	F 板	槽瓦	石棉瓦
选择范围	(1∶4)～(1∶50)	(1∶4)～(1∶10)	(1∶3)～(1∶8)	(1∶2.5)～(1∶5)	(1∶2)～(1∶5)
常用坡度	(1∶5)～(1∶10)	(1∶5)～(1∶8)	(1∶4)～(1∶5)	(1∶3)～(1∶4)	(1∶2.5)～(1∶4)

3. 排水装置

天沟（或檐沟）　天沟有钢筋混凝土槽形天沟和直接在钢筋混凝土屋面板上做成的“自然天沟”见图 11-45。沟底应分段设置坡度，一般为 0.5%～1%，最大不宜超过 2%，一般用焦渣混凝土垫坡，然后用水泥砂浆抹面。槽形天沟的分水线与沟壁顶面的高差应大于 50mm，以防雨水出槽而导致渗漏。

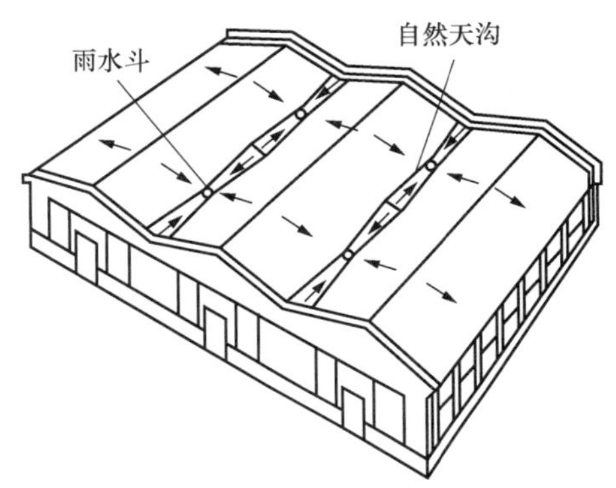

图 11-45　自然天沟示意

雨水斗　常采用铸铁水斗，铸铁水斗及铁水盘均可用 3mm 厚钢板焊成。

雨水管　在工业厂房中一般采用铸铁雨水管，当对金属有腐蚀时可采用塑料雨水管。铸铁雨管管径常用 ϕ100mm，ϕ150mm，ϕ200mm 三种，如图 11-46 所示。

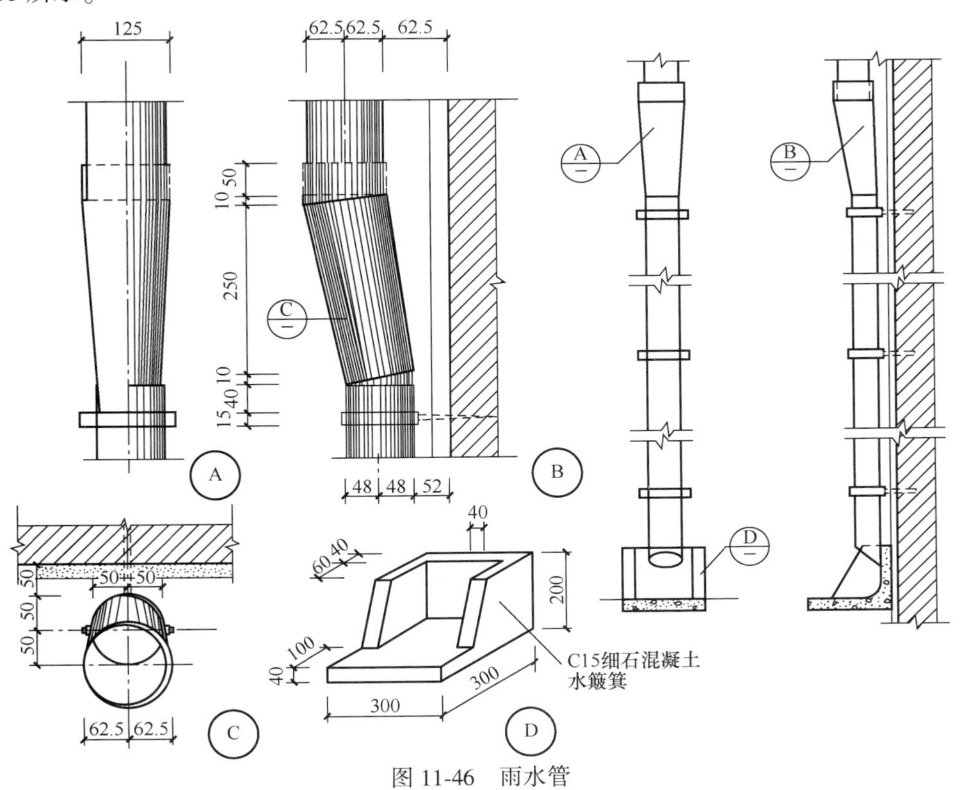

图 11-46　雨水管

11.3.2 屋面防水

单层厂房的屋面防水主要有卷材防水、构件自防水屋面和波形瓦（板）屋面等类型。

1. 卷材防水

卷材防水屋面构造原则和做法与民用建筑基本相同，它的防水质量关键在于基层和防水层。由于厂房屋面面积大，受生产热源、吊车刹车力和其他振动荷载影响较大，易使屋面卷材开裂破坏，此外由于大型屋面板构件尺寸大，短边（即横向缝）变形较大，为防止屋面卷材开裂，一般在大型屋面板或保温层上做找平层时做出横向分格缝。缝内用油膏填充，沿缝干铺油毡做缓冲层，减少基层对面层的影响。

2. 构件自防水

构件自防水屋面是利用屋面板本身的密实性和抗渗性来承担屋面防水作用。其板缝的防水则靠嵌缝、贴缝或搭盖等措施来解决。

（1）嵌缝式

嵌缝式是在大型屋面板的板缝中嵌灌防水油膏，在板面上刷防水涂料，同时依靠板的自身平整密实性而达到防水目的，见图 11-47。

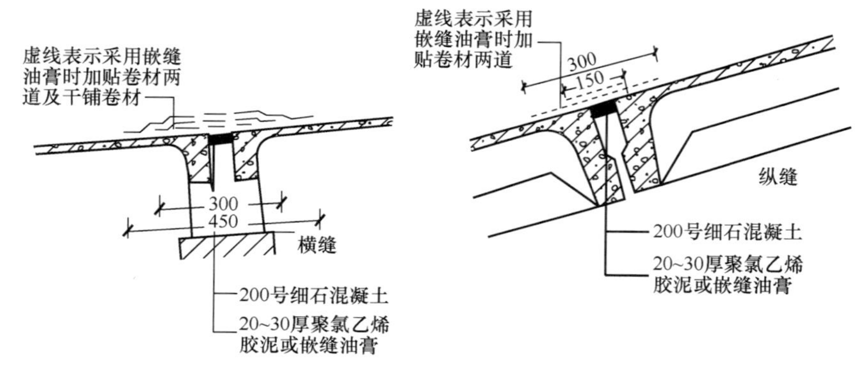

图 11-47 嵌缝式防水构造

（2）搭盖式

搭盖式是利用屋面板的搭盖构造解决板缝处的防水问题，板面防水与嵌缝式相同。有大型无檩体系构件和轻型有檩体系构件两种。

预应力钢筋混凝土 F 形屋面板屋面 属于大型无檩体系自防水构件屋面，由 F 形屋面板、盖瓦、脊瓦组成。这种屋面安装简便，但板型复杂（图 11-48）。

槽瓦屋面 属轻型有檩体系自防水构件屋面，由槽瓦、盖瓦、脊瓦三部分组成（图 11-49）。

波形瓦屋面 属于轻型有檩体系自防水构件屋面。波形瓦与檩条之间用镀锌钢筋挂钩或镀锌扁钢卡钩固定。

压型钢板屋面 构件包括屋面板、屋脊板、泛水板等，安装构造详见图 11-50。

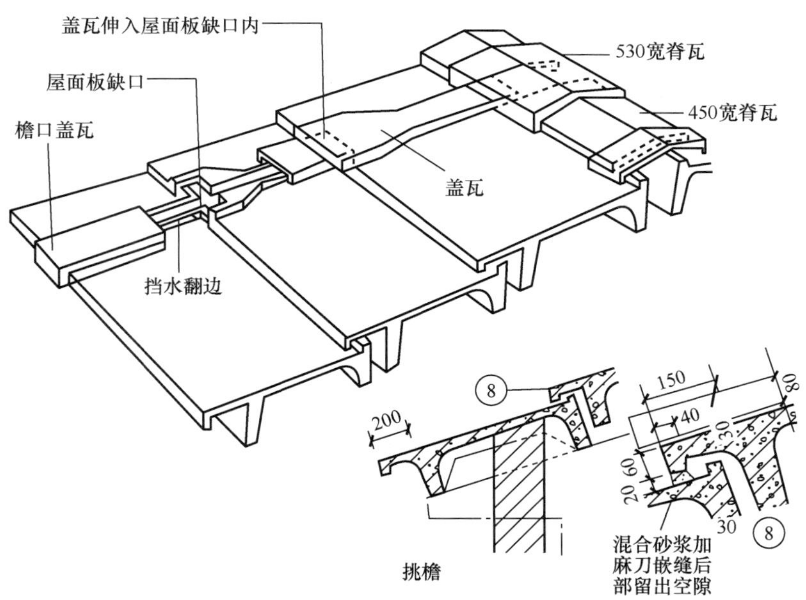

图 11-48　F 型板屋面的组成及搭缝构造

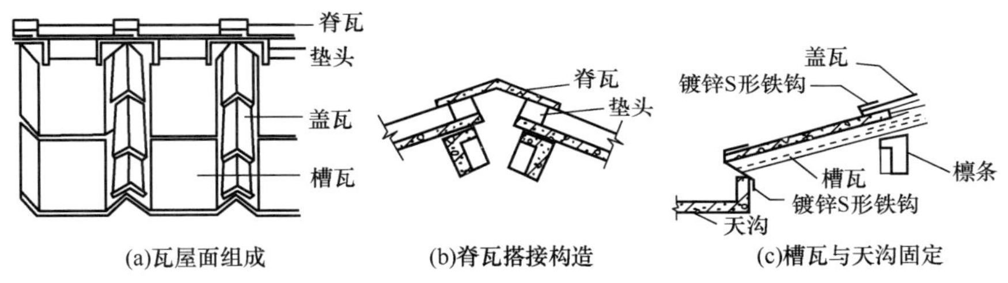

图 11-49　槽瓦屋面组成及搭接固定

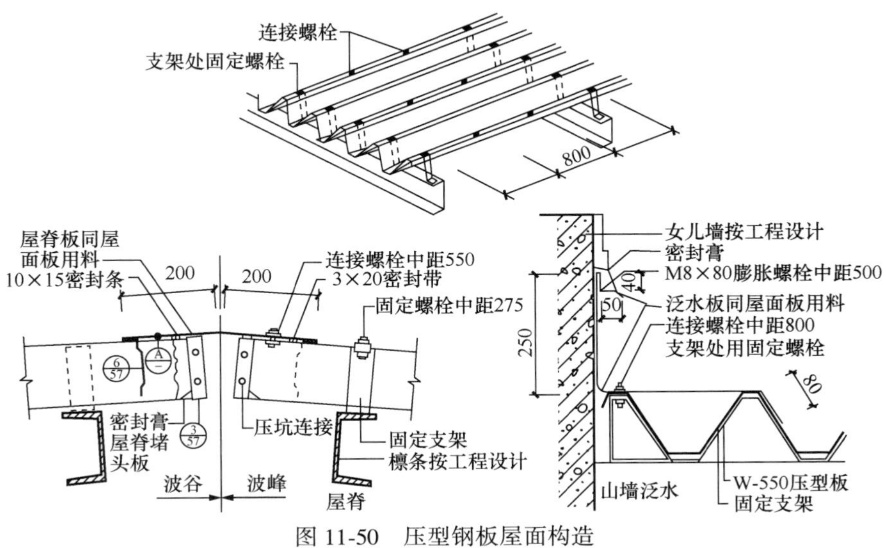

图 11-50　压型钢板屋面构造

11.3.3 屋面的保温与隔热

1. 屋面的保温

屋面保温有铺在屋面板上部、保温层设在屋面板下部和保温层与承重基层相结合等三种做法。

1）在屋面板上部与民用建筑保温层在屋面板上部的构造基本相同。

2）保温层设置在屋面板下部有直接喷涂保温层和吊挂保温层两种做法。

直接喷涂 是在完成屋面板吊装施工后，用喷枪把保温材料直喷涂在屋面板的板底上，如图 11-51（a）所示，喷涂材料可用水泥膨胀蛭石（水泥：白灰：蛭石粉=1：1.5：8，体积比）或水泥膨胀珍珠岩（水泥：珍珠岩=（1：10）~12，体积比），喷涂厚度为 20~30mm。

吊挂保温层 是将轻质保温材料吊挂在屋面下部，其间可留有空气间层。这类材料有聚苯乙烯泡沫塑料、玻璃棉毡、铝箔等，如图 11-51（b）~（d）所示。

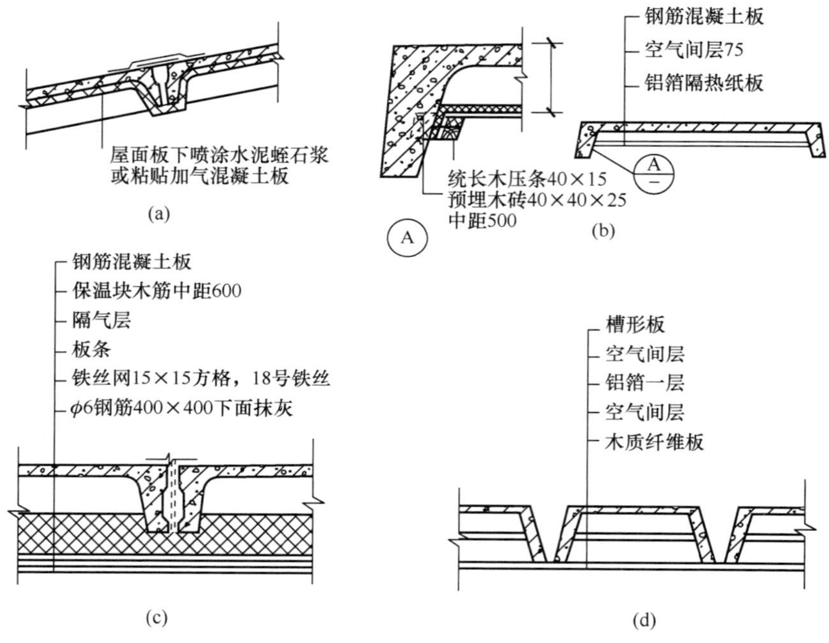

图 11-51 保温层设置在屋面板下部

3）保温层与承重层相结合，即把屋面板和保温层结合起来，甚至将承重、保温、防水功能三者合一。目前常用的有配筋加气混凝土板和夹心钢筋混凝土屋面板等。

2. 屋面的隔热

炎热地区的低矮厂房中，一般应作隔热处理。当厂房高度在 9m 以上，可不考虑隔热，主要用加强通风来达到降温的目的；当厂房高度小于 9m，或高度小于等于跨度的 1/2 时，宜做隔热处理，具体做法如图 11-52 所示。

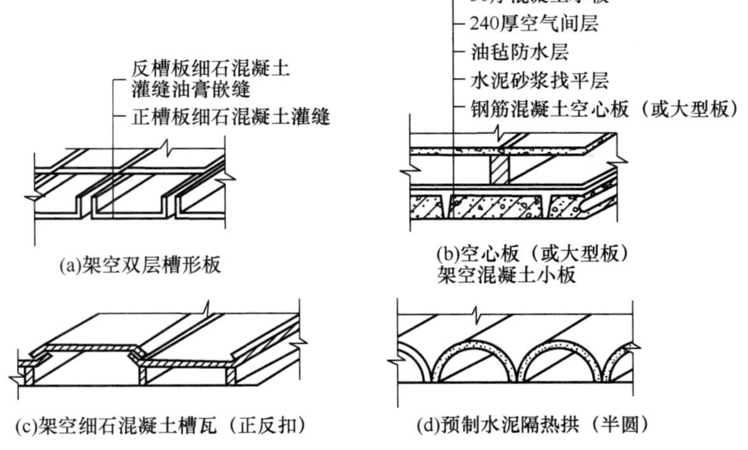

图 11-52　屋面的隔热做法

11.4 侧窗和大门

11.4.1　侧窗

1. 侧窗的尺寸

单层工业厂房侧窗洞口的尺寸应符合《建筑模数协调标准》的规定，以利于窗的设计、加工制作标准化和定型化。窗洞口的通常在 900~6000mm 之间。当洞口宽度≤2400mm 时，按 300mm 的模数进级；当洞口宽度>2400mm 时，则应按 600mm 的模数进级。洞口的高度通常在 900~4800mm 之间。当洞口的高度在 1200~4800mm 之间时，按 600mm 的模数进级。

2. 侧窗的类型

1）按材料分，有木窗、钢窗和钢筋混凝土窗。

2）按层数分，有单层窗、双层窗。

3）按开启方式分，有平开窗、悬窗、固定窗、立转窗等。

平开窗　构造简单，开关方便，通风效果好，并便于做成双层窗，于外墙下部，作为通风的进气口。

中悬窗　窗扇沿水平轴转动，开启 80°，有利于泄压，并便于机械开关或绳索手动开关，常用于外墙上部。但中悬窗构造复杂，开关扇周边的缝隙易漏雨和不利于保温。

固定窗　构造简单，节省材料，多设在外墙中部，主要用于采光，对有防尘要求的车间其侧窗也多做成固定窗。

立转窗　窗扇沿垂直轴转动，并可根据不同的风向调节开启角度，通风效果好，多用于热加工车间的外墙下部，作为进风口。

上悬窗　一般向外开，防雨性能好，但启闭不如中旋窗轻便，并且开启角小，通风效果差，常用于厂房上部做高侧窗。

根据车间通风的要求，还可以将平开窗、固定窗或中悬窗组合在一起（图 11-53）。组合窗在同一横向高度内，应采取相同的开关方式。

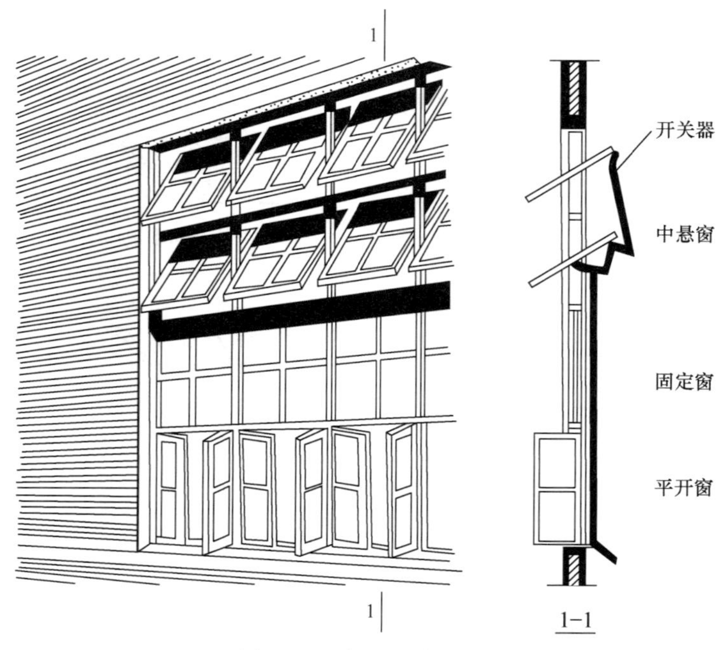

图 11-53　侧窗组合示例

3. 侧窗的构造

由于厂房的侧窗面积较大，故一般多采用金属窗。钢侧窗具有坚固耐久、挡光少，易于批量生产等优点，是一般工业厂房侧窗的优先类型。钢侧窗其按采用型材，可以分为空腹和实腹两种类型。图 11-54 为钢窗构造。

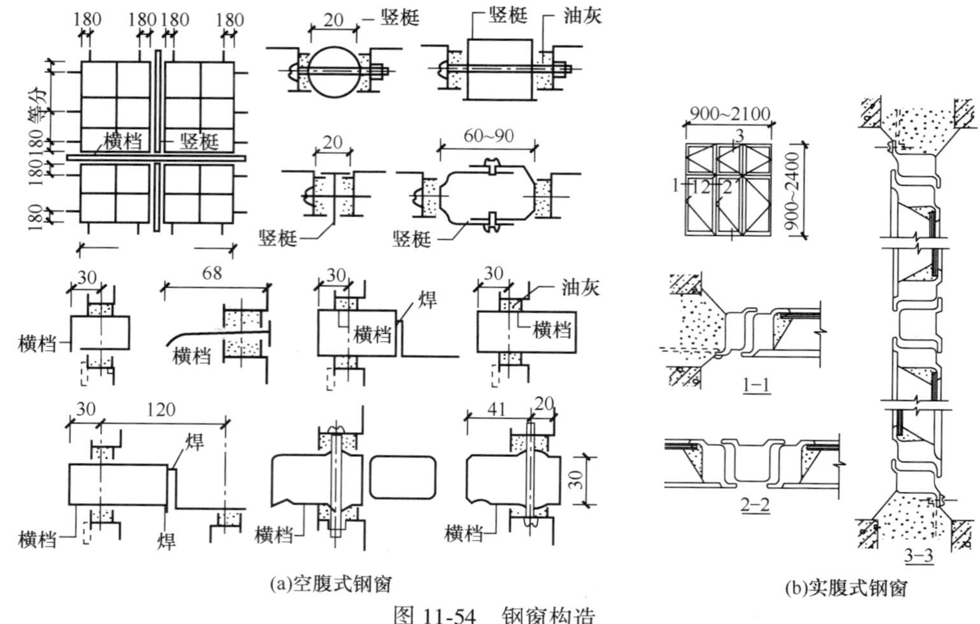

图 11-54　钢窗构造

11.4.2　大门

1. 大门尺寸

为了使满载货物的车辆能顺利地通过大门，门的宽度应比满载货物的车辆外轮廓宽 600~1000mm，高度则应高出 400~500mm。为了便于采用标准构配件，大门的尺寸应符合《建筑模数协调标准》的规定，以 300mm 作为扩大模数进级。常用运输车辆通行用的大门门洞尺寸见图 11-55。

洞口宽 / 运输工具	2100	2100	3000	3300	3600	3900	4200 4500	洞口高
3t矿车								2100
电瓶车								2400
轻型卡车								2700
中型卡车								3000
重型卡车								3900
汽车起重机								4200
火车								5100 5400

图 11-55　厂房大门的尺寸

2. 大门的类型

1）按用途可分为一般大门和有特殊要求的大门（如保温、防火等）；

2）按门扇材料分有木门、钢木门、钢板门、铝合金门等；

3）按开启方式分有平开门、推拉门、折叠门、上翻门、升降门、卷帘门等（图 11-56）。

平开门　构造简单，开启方便，为便于疏散和节省车间使用面积，平开门通常向外开启，但需设置雨篷，以保护门扇和方便出入，受力状态较差，易产生下垂或扭曲变形。

折叠门　由几个较窄的门扇通过铰链组合而成，开启时通过门扇上下轮沿导轨左右移动并折叠在一起。占空间较少，适用于较大的门洞口。

推拉门　门的开关是通过滑轮沿导轨向左右推拉，门扇受力状态好，构造简单，不易变形，但密闭性较差，不宜用于密闭要求高的车间。

上翻门　开启时门扇随水平轴沿导轨上翻至门顶过梁下面，不占使用空间。这种门可避免门扇的碰损，多用于车库大门。

升降门　升降门开启时门扇沿导轨向上升，门洞高时可沿水平方向将门扇分为几扇。

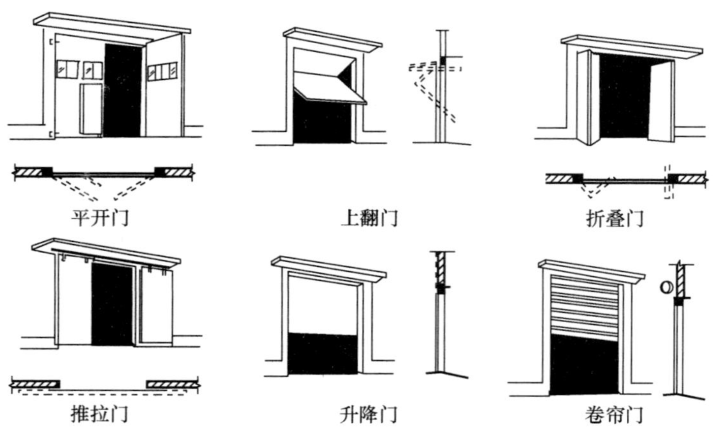

图 11-56　厂房大门开启方式

不占使用空间，只需在门洞上部留有足够的上升高度，开启宜采用电动，适用于较高的大型厂房。

卷帘门　门扇是由许多冲压成型的金属叶片连接而成，开启时通过门洞上部的转动轴将叶片卷起，有手动和电动两种。

3. 大门的构造

平开钢木大门　由门扇和门框组成。门扇采用焊接型钢骨架，上贴 15mm 厚的木门心板，寒冷地区要求保温的大门，可采用双层木板，中间填保温材料。门框有钢筋混凝土和砖砌门框。当门洞宽度大于 3m 时，应采用钢筋混凝土门框。边框与墙体之间应采用拉筋连接，并在铰链位置上预埋铁件（图 11-57）。当门洞宽度较小时，采用砖砌门框，并在安装铰链的位置砌入有预埋铁件的预制块，且用拉筋与墙体连接（图 11-58）。一般每个门扇设两个铰链，铰链焊接在预埋铁件上（图 11-59）。

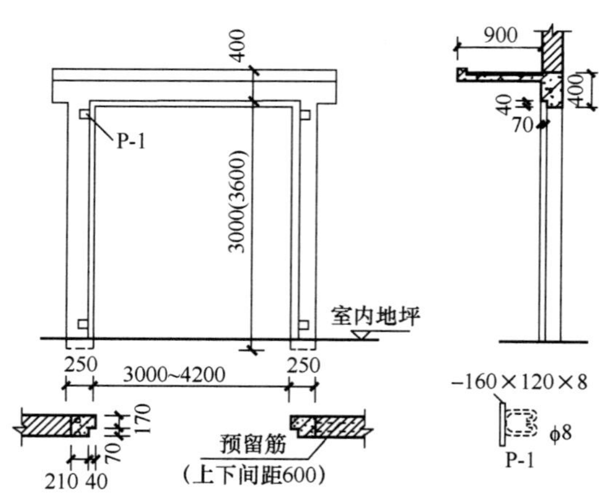

图 11-57　钢筋混凝土门框与过梁构造

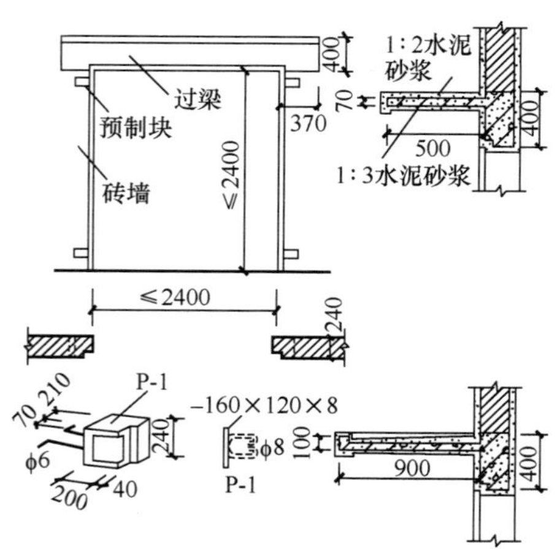

图 11-58　砖砌门框与过梁构造

推拉门　由门扇、上导轨、滑轨、导饼和门框组成，门扇可采用钢板门和空腹薄壁钢

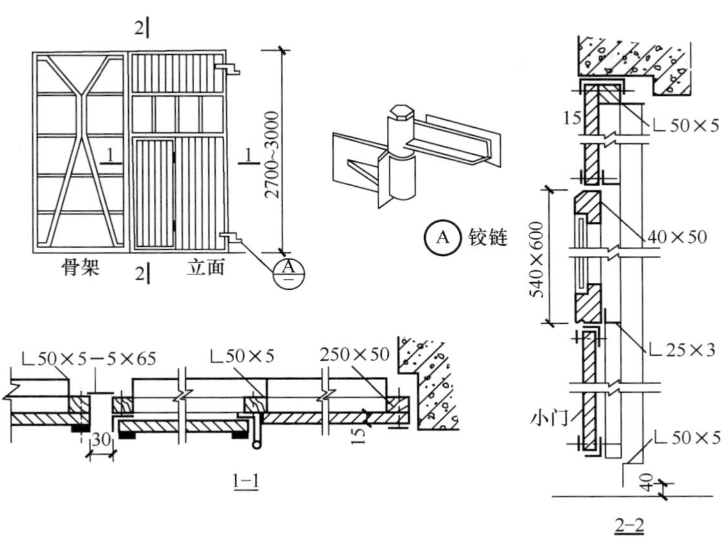

图 11-59　平开钢木大门构造

板门等，门框一般均由钢筋混凝土制作，如图 11-60 所示。

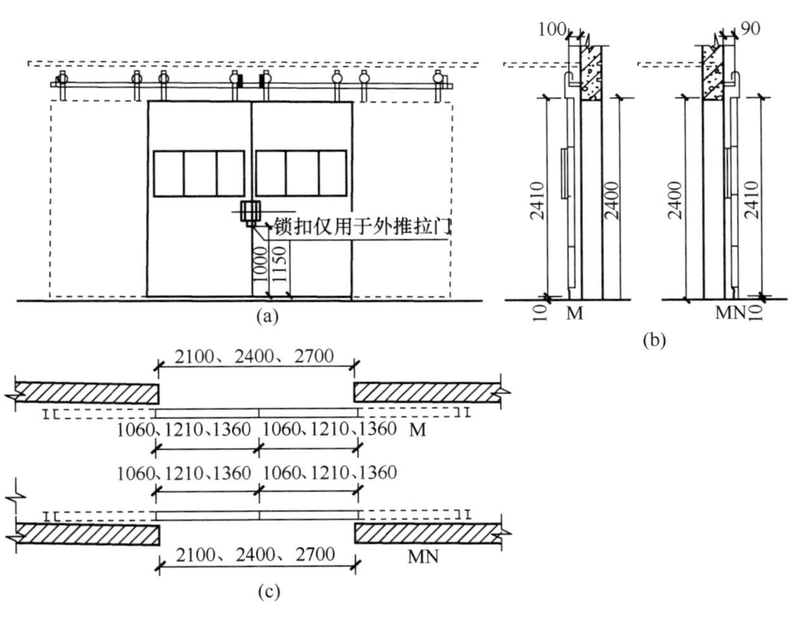

图 11-60　推拉门构造

卷帘门　由卷帘板、导轨、卷筒和开关装置等组成。其门扇为 1.5mm 厚带钢轧成的帘板，帘板之间用铆钉连接。门框一般均由钢筋混凝土制作。

4. 有特殊要求的门

防火门　用于加工易燃品的车间或仓库。根据耐火等级的要求选用，见图 11-61。

保温门、隔声门　一般保温门和隔声门的门扇常采用多层复合板材，在两层面板间填

图 11-61　自动控制防火联动系统启闭防火卷帘门

充保温材料或吸声材料，且门缝密闭处理和门框的裁口形式对保温、隔声和防尘有很大影响。保温门和隔声门的节点构造如图 11-62 所示。

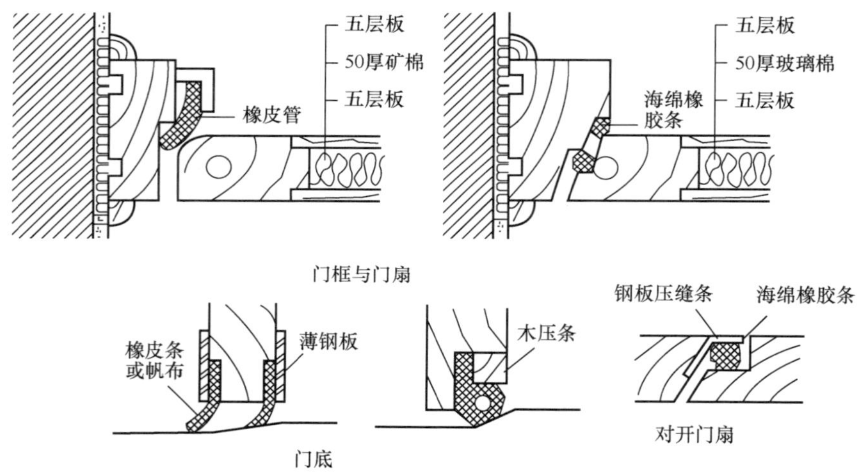

图 11-62　保温门、隔声门的门缝节点处理

11.5 天窗

在大跨度和多跨度的单层工业厂房中，为了满足天然采光和自然通风的要求，常在厂房的屋顶设置各种类型的天窗。

天窗按其在屋面的位置不同分为上凸式天窗，如矩形天窗，M 型天窗、梯形天窗等；下沉式天窗，如横向下沉式、纵向下沉式、井式天窗等；平天窗，如采光板、采光罩、采光带等，如图 11-63 所示。主要用作采光的有矩形天窗、锯齿形天窗、平天窗、横向下沉式天窗等;主要用作通风的有矩形避风天窗、纵向或横向下沉式天窗、井式天窗、M 形天窗。

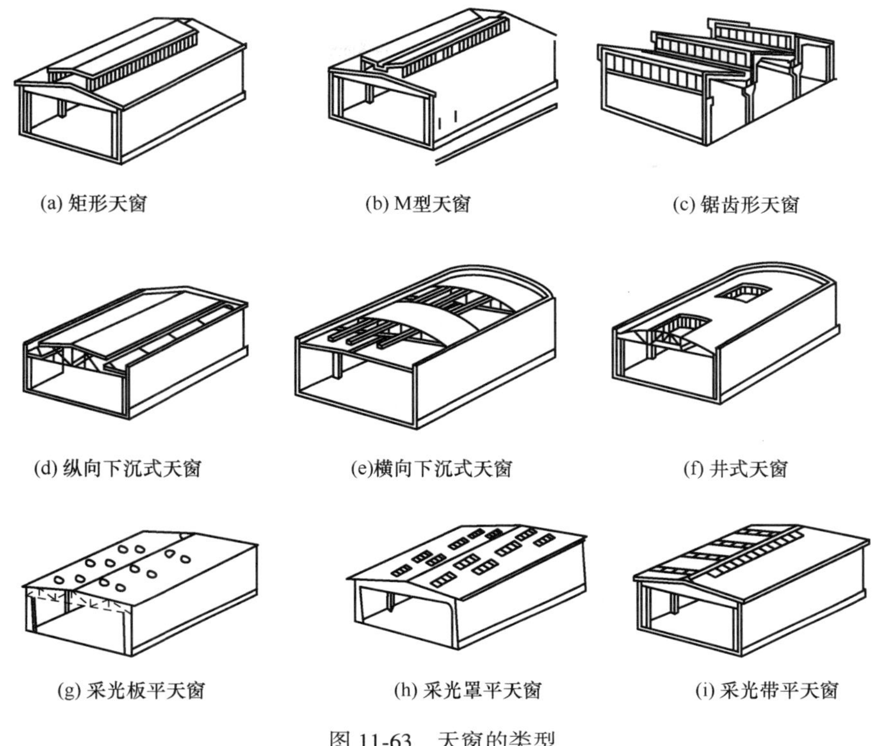

图 11-63　天窗的类型

11.5.1　矩形天窗构造

矩形天窗横断面呈矩形，两侧采光面与水平面垂直，具有光线均匀，防雨较好，窗扇可开启兼作通风口等优点，在冷加工车间应用广泛。缺点是构件类型多，自重大，造价高。

矩形天窗主要由天窗架、天窗屋面板、天窗端壁、天窗侧板、天窗扇等组成，如图 11-64 所示。

天窗架　是天窗的承重构件，它支撑在屋架或屋面梁上，常用的有钢筋混凝土和型钢天窗架，跨度有 6m、9m、12m，如图 11-65 所示。

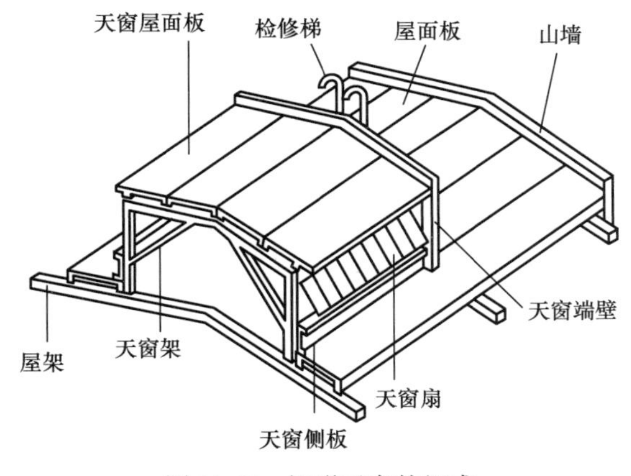

图 11-64　矩形天窗的组成

天窗屋面　通常与厂房屋面的构造相同，由于天窗宽度和高度一般均较小，故多采用无组织排水，并在天窗檐口下部的屋面上铺设滴水板，如图 11-66（a）所示。雨量多或天窗高度和宽度较大时，宜采用有组织排水，如图 11-66（b）~（d）所示。

天窗端壁　天窗两端的山墙称为天窗

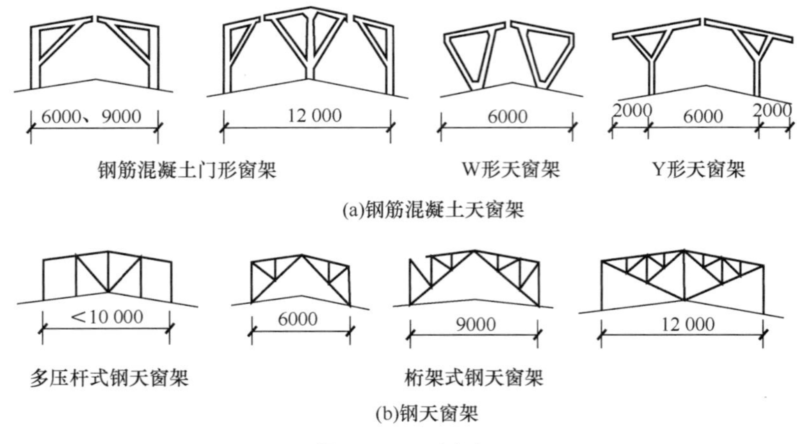

图 11-65　天窗架

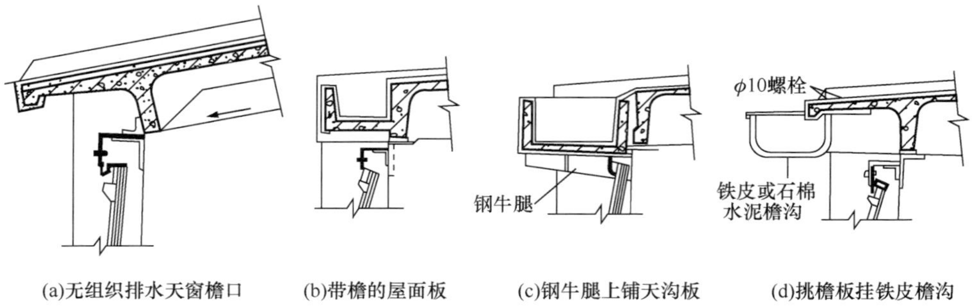

(a)无组织排水天窗檐口　(b)带檐的屋面板　(c)钢牛腿上铺天沟板　(d)挑檐板挂铁皮檐沟

图 11-66　天窗檐口

端壁，常用预制钢筋混凝土端壁板，它不仅使天窗尽端封闭起来，同时也支承天窗上部的屋面板，如图 11-67 所示。

天窗侧板　天窗下部的围护构件，它的主要作用是防止屋面的雨水溅入车间以及积雪挡住天窗扇影响开启。屋面至侧板顶面的高度一般应≥300mm，常有大风雨或多雪地区应增高至 400~600mm。侧板常用钢筋混凝土槽形板。

天窗扇　多为钢材制成，按开启方式分有上悬式和中悬式。上悬式钢天窗扇防雨性能较好，由于最大开启角度为 45°，故通风功能较差。上悬式钢天窗扇有通长式和分段式两种布置方式，开启扇与天窗端壁以及扇与扇之间均须设置固定扇，以起竖框的作用，如图 11-68 所示。

天窗开关器　由于天窗位置较高，需要经常开关的天窗应设置开关器。用于上悬天窗的有撑臂式开关器；用于中悬天窗的有电动引伸式、手动水平拉杆式及简易拉绳式等。

11.5.2　矩形避风天窗

用做通风的矩形天窗，为使天窗能稳定的排风，应在天窗口外加设挡风板。除寒冷地区采暖的车间外，其窗口开敞，不装设窗扇，为了防止飘雨，须设置挡雨设施。

矩形通风天窗由矩形天窗及其两侧的挡风板所构成，见图 11-69。

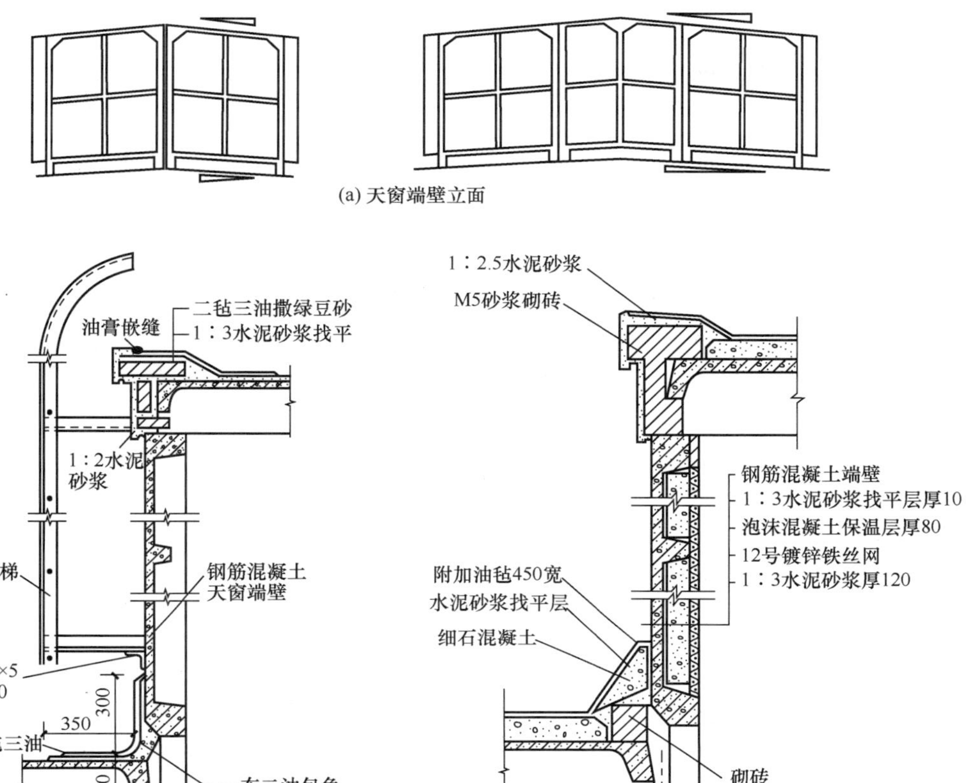

(b) 不保温屋面天窗端壁构造　　(c) 保温屋面天窗端壁构造

图 11-67　天窗端壁

1. 挡风板的形式及构造

挡风板有面板和支架两部分组成。面板常采用石棉水泥瓦、玻璃钢瓦、压型钢板等轻质材料。支架主要有型钢及钢筋混凝土。挡风板支架两种支承方式：立柱式（图 11-70）、悬挑式（图 11-71）。

2. 挡雨方式及挡雨片构造

(1) 挡雨方式及挡雨片的布置

天窗的挡雨方式可分为水平口、垂直口设挡雨片以及大挑檐挡雨三种（图 11-72）。

(2) 挡雨片构造

挡雨片所采用的材料有钢丝网水泥板、石棉瓦（图 11-73）、钢筋混凝土板、薄钢板、瓦楞铁等。

当天窗有采光要求时，可改用铅丝玻璃、钢化玻璃、玻璃钢波形瓦等透光材料。

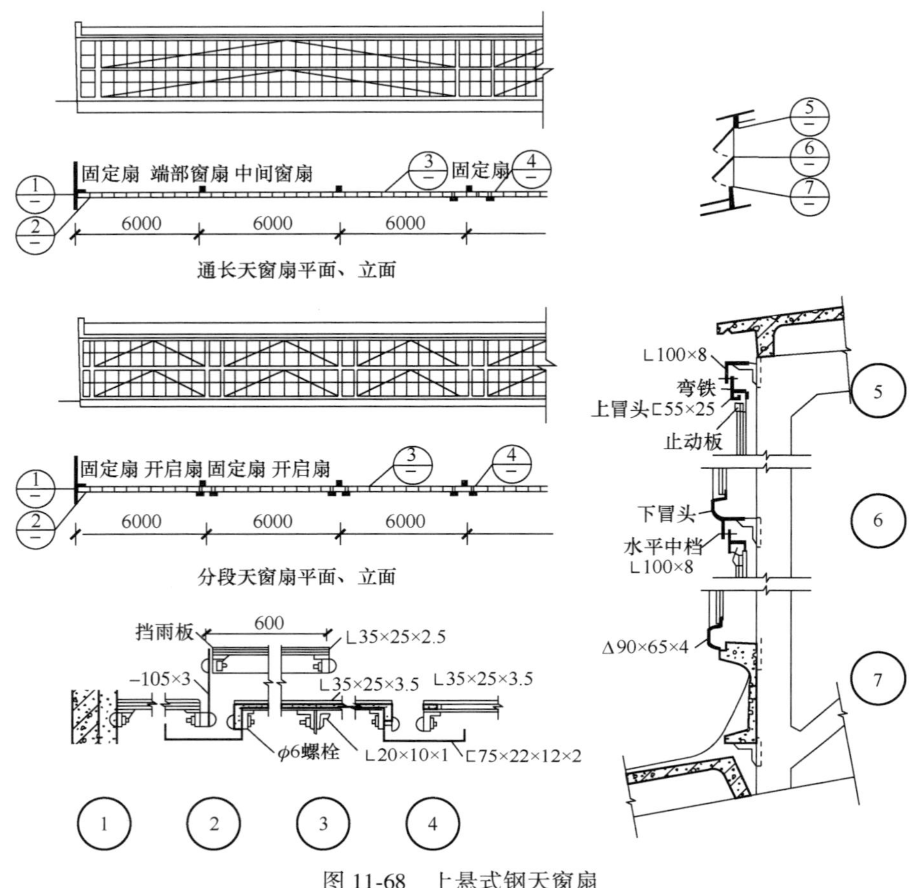

图 11-68 上悬式钢天窗扇

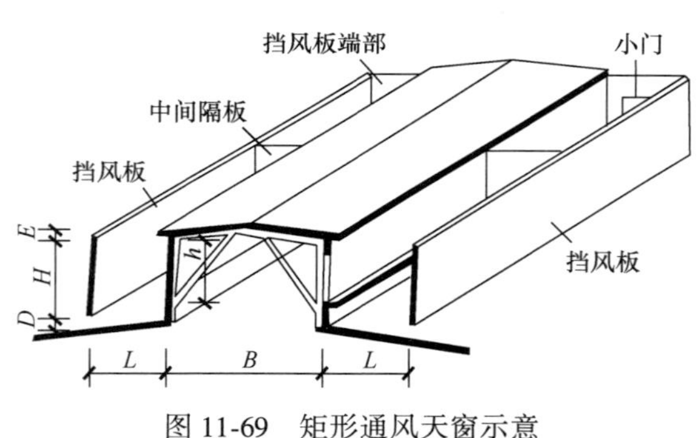

图 11-69 矩形通风天窗示意

11.5.3 下沉式天窗

1. 下沉式天窗常见的类型

纵向下沉式天窗 纵向下沉式天窗是将下沉的屋面板沿厂房纵轴方向搁置在屋架下弦上，利用屋架高度形成纵向下沉式天窗［图 11-63（d）］。适用于纵轴为东西向的厂房，

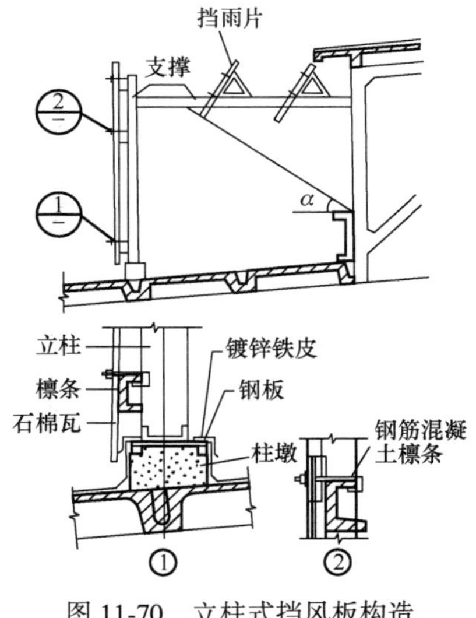

图 11-70　立柱式挡风板构造

图 11-71　悬挑式挡风板构造

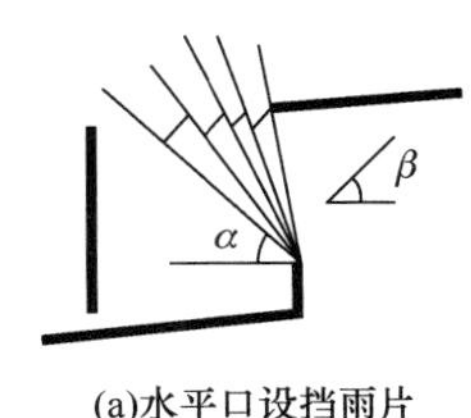

(a)水平口设挡雨片

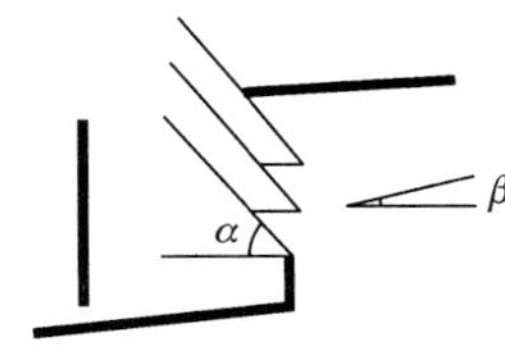

(b)垂直口设挡雨片

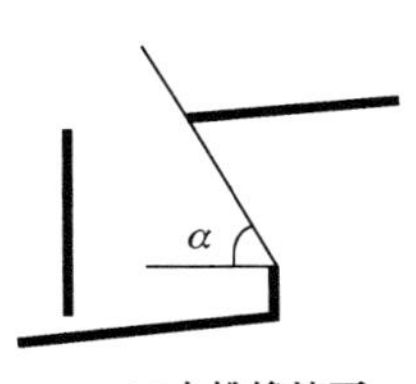

(c)大挑檐挡雨

图 11-72　天窗挡雨方式示意

α—挡雨角；β—挡雨片与水平夹角

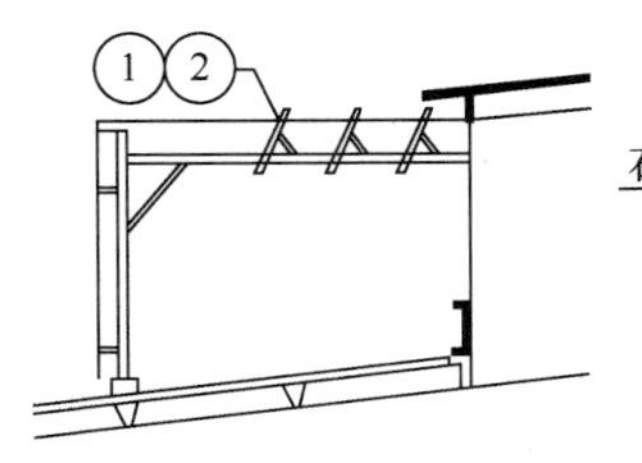

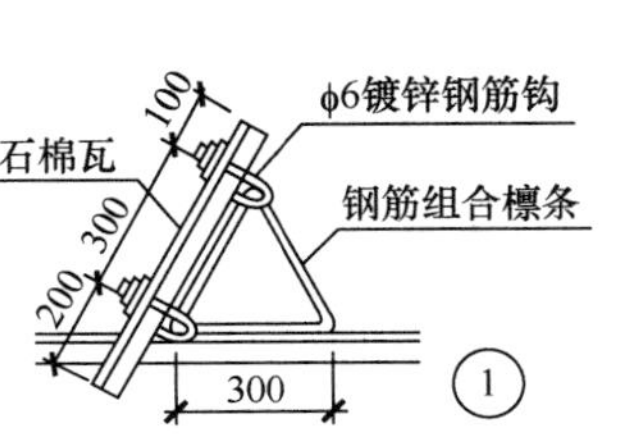

图 11-73　石棉水泥瓦挡雨片

且多用于热加工车间。

横向下沉式天窗　横向下沉式天窗将相邻柱距的整跨屋面板一上一下交替布置在屋架上、下弦上，利用屋架高度形成横向下沉式天窗［图 11-63（e）］。适用于纵轴为南北向的厂房。

井式下沉式天窗（井式天窗）　井式下沉式天窗将拟设天窗位置的屋面板下沉铺在屋架下弦上，在屋面上形成凹嵌在屋架空间内的天窗井［图 11-63（f）］，在井壁的三面或四面设置采光或排气窗口，同时设置挡雨和排水设施。广泛应用于热加工车间。

2. 井式天窗构造

在下沉式天窗中，井式下沉式天窗的构造最复杂，最具有代表性，下面主要以它为例介绍下沉式天窗的构造做法。

（1）井式天窗布置方式

井式天窗布置方式有三种：单侧布置、两侧对称或错开布置、跨中布置。单侧或两侧布置的通风效果好，排水、清灰容易，但采光效果差；跨中布置通风较差，排水、清灰麻烦，但采光效果好。如图 11-74 所示。

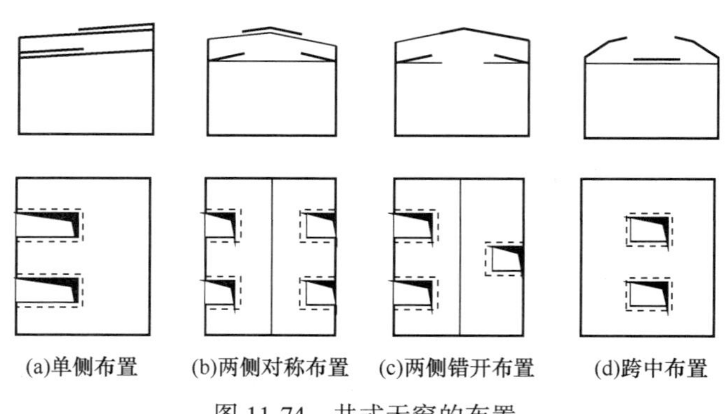

图 11-74　井式天窗的布置

（2）井底板铺设

井式天窗的井底板，一般位于屋架下弦，其底板铺设有横向铺设和纵向铺设两种方式。

横向铺设是井底板平行于屋架摆设，铺板前应先在屋架下弦搁置檩条，檩条有 T 形和槽形两种。如图 11-75 所示。

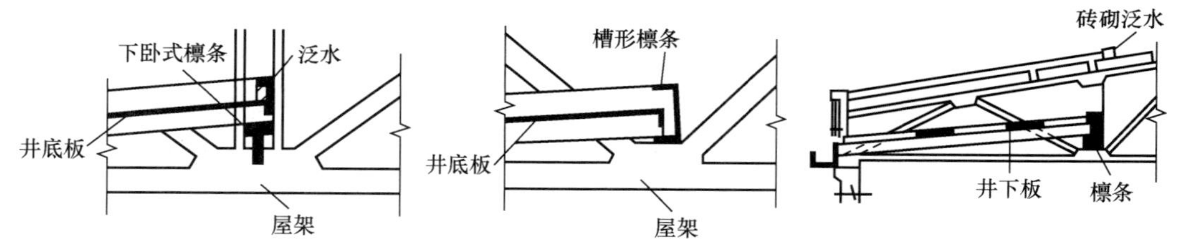

图 11-75　横向铺设井底板

纵向铺设是把井底板直接放在屋架下弦上，可省去檩条，增加天窗垂直的净空高度，井底板常采用出肋板或卡口板。如图 11-76 所示。

（3）挡雨设施

不采暖厂房的井式天窗通常不设窗扇而做成开敞式，但应加设挡雨设施，常用的方法有设空格板、挑檐板、镶边板等。

空格板　是将大型屋面板的大部分板面去掉，仅保留纵肋和部分横向小肋及两端用作挑檐挡雨的实板，如图 11-77 所示。

挑檐板　井口的横向采用加长屋面板，纵向多铺一块屋面板形成挑檐，如图 11-78 所示。

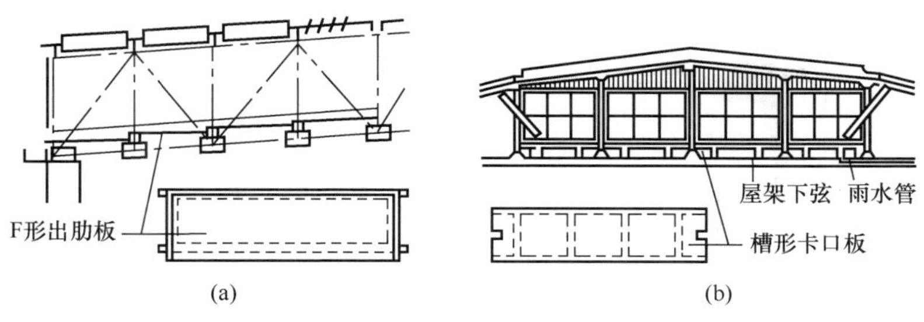

图 11-76　纵向铺设井底板

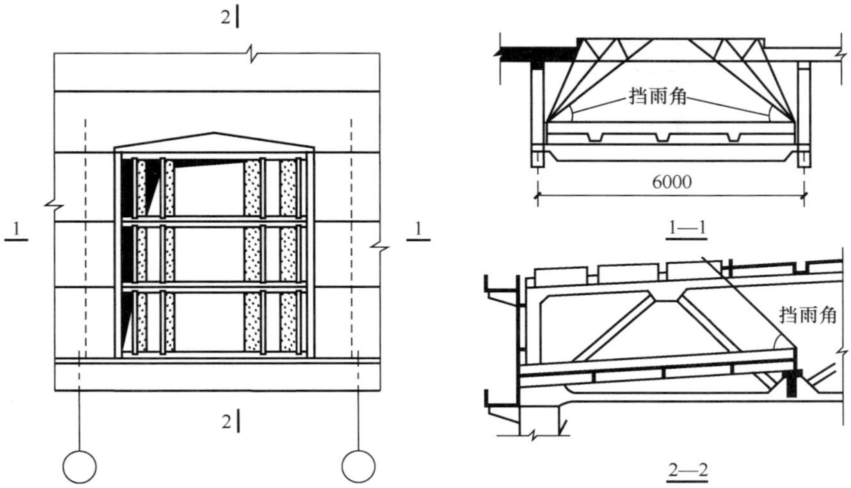

图 11-77　挡雨设施——空格板

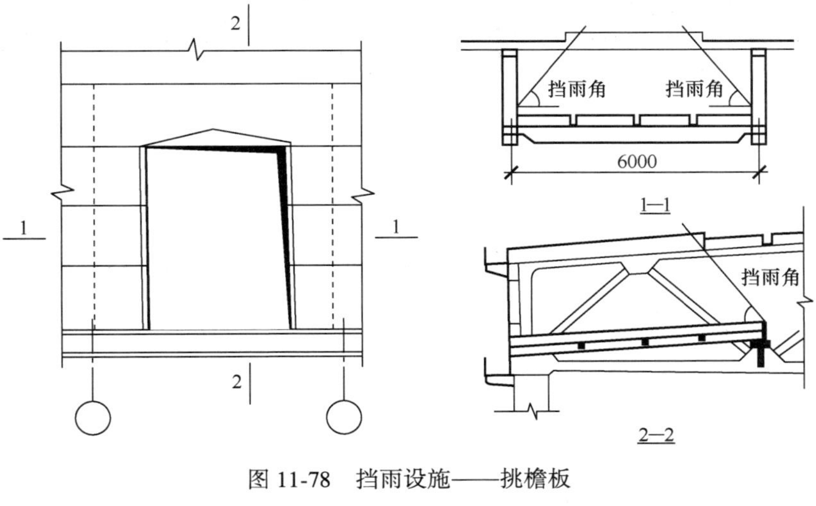

图 11-78　挡雨设施——挑檐板

镶边板　可设在井口的檩条或直接搁置在屋面板纵肋的钢牛腿上，如图 11-79 所示。

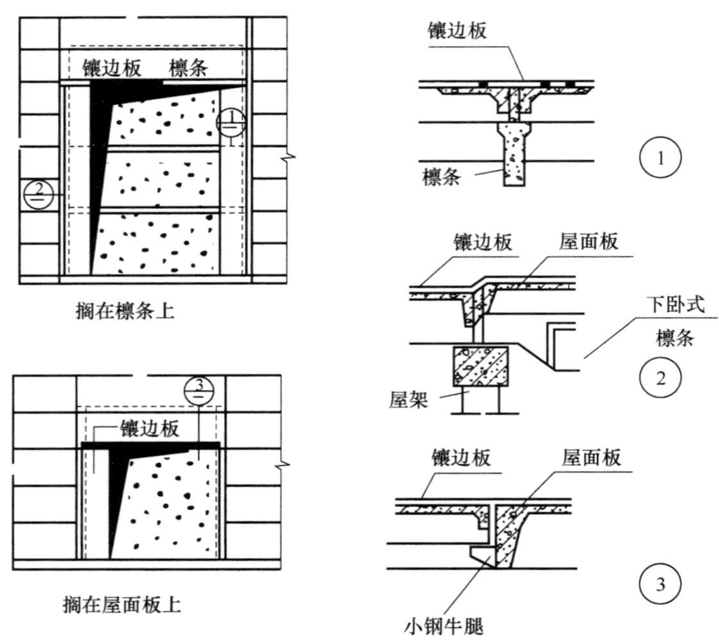

图 11-79 挡雨设施——镶边板

（4）窗扇

窗扇可设在垂直口，也可设在水平口上。垂直口一般设在厂房的垂直方向，可以安装上悬或中悬窗扇，如图 11-80 所示。

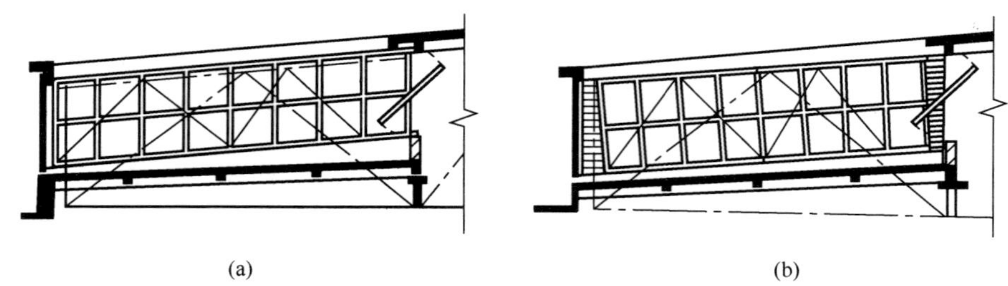

图 11-80 横向垂直口窗扇的设置

水平口设窗扇有两种形式，一种是设中悬窗扇，窗扇架在井口的空格板或檩条上，如图 11-81（a）所示。另一种是设水平推拉窗扇，即在水平口上设导轨，窗扇两侧设滑轮，使窗扇沿导轨开闭，如图 11-81（b）所示。

（5）排水及泛水

井式天窗由于有上下两层屋面，即要做好排水，又要解决好井口板、井底板的泛水。

排水 具体做法可采用无组织排水、上层屋面通长天沟排水、下层屋面通长天沟排水、双层天沟排水，见图 11-82。

泛水 井口周围应做 150~200mm 的泛水，为防止雨水流入车间，在井底板的边缘也应设泛水，高度≥300mm，如图 11-83 所示。

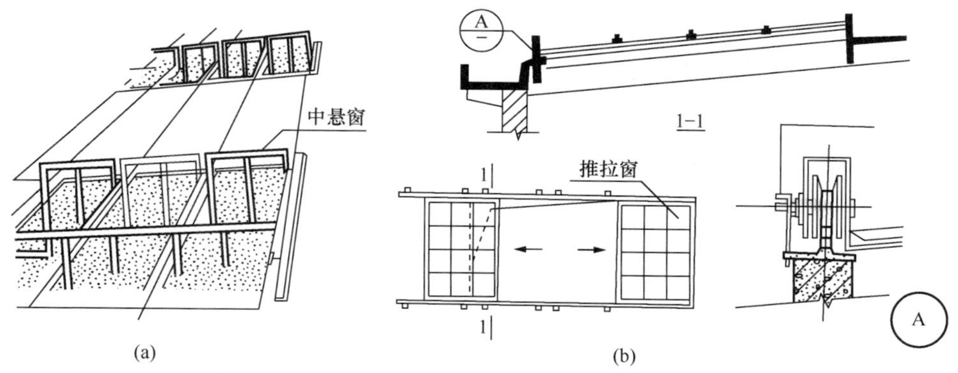

图 11-81　水平口窗扇的设置

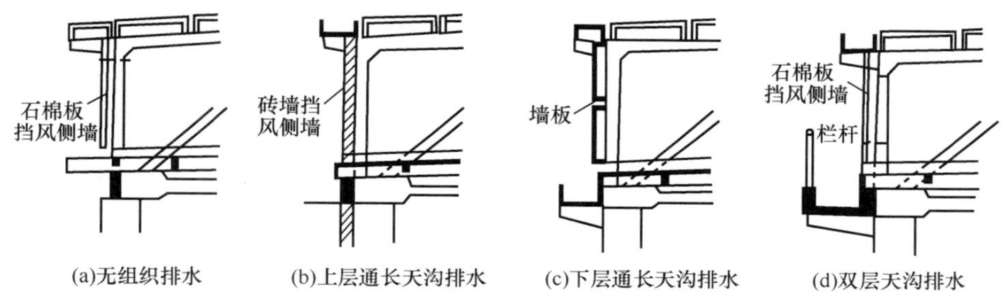

图 11-82　下沉式天窗的排水方式

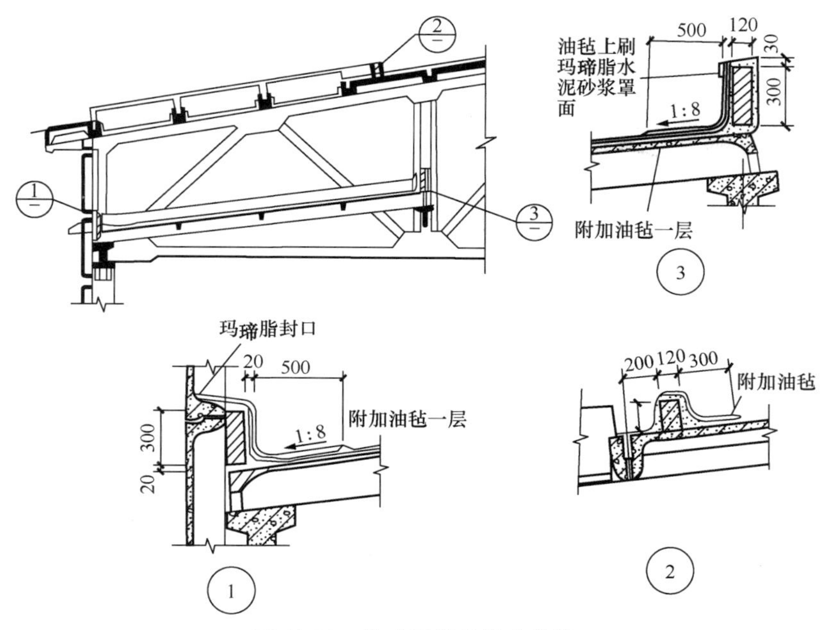

图 11-83　井式天窗的泛水构造

11.5.4 平天窗

平天窗是根据采光需要设置带孔洞的屋面板，在孔洞上安装透光材料所形成的天窗。它具有采光效率高，不设天窗架、构造简单、屋面荷载小、布置灵活等优点，但易造成太阳直接热辐射和眩光，防雨、防雹较差，易产生冷凝水和积灰。

平开窗是利用屋顶水平面安设透光材料进行采光的天窗。它的优点是屋面荷载小，构造简单，施工简便，但易造成眩光、直射、易积灰。平天窗宜采用安全玻璃（如钢化玻璃，夹丝玻璃等），但此类材料价格较高，当采用平板玻璃、磨砂玻璃、压花玻璃等非安全玻璃时，为防止玻璃破碎落下伤人，须加安全网。

平天窗可分为采光玻璃、采光罩和采光带三种类型。

1）采光板在屋面板上留孔，装平板式透光材料（图 11-84）。

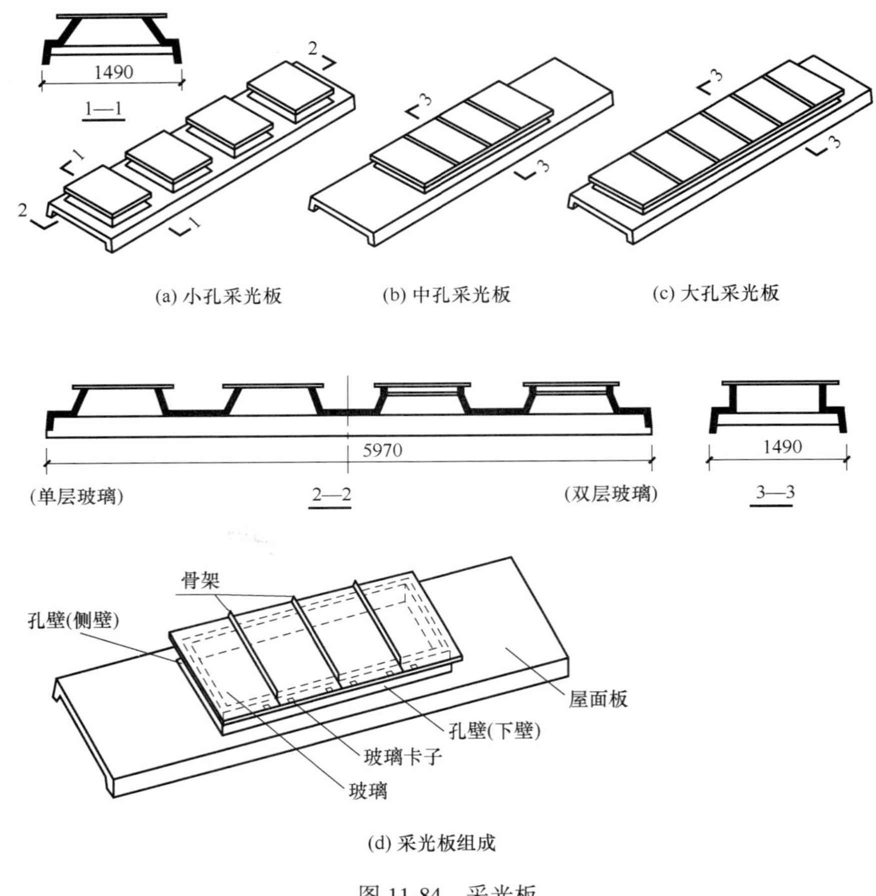

图 11-84 采光板

2）采光罩是在屋面板上留孔，装弧形采光材料，有固定和开启两种（图 11-85）。

3）采光带是将部分屋面板的位置空出来，铺上透光材料做成较长的（6m 以上）横向或纵向采光带（图 11-86）。

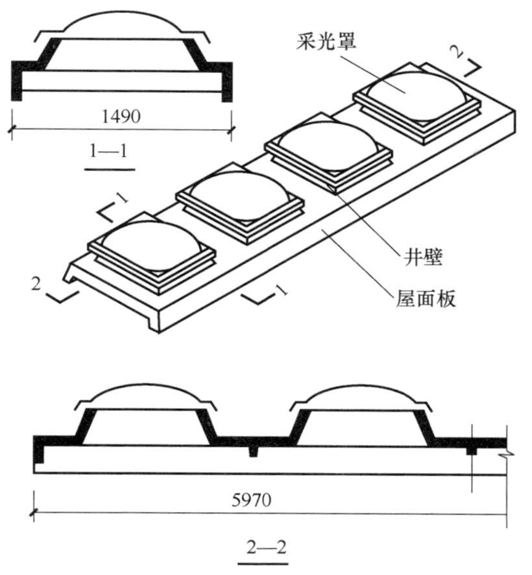

图 11-85　采光罩

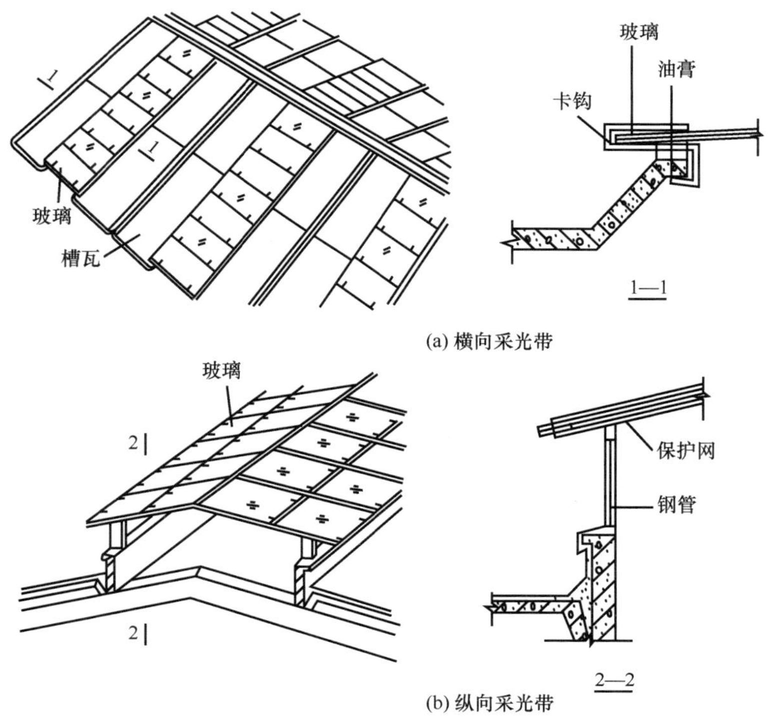

图 11-86　采光带

11.6 地面及其他构造

11.6.1 地面

1. 厂房地面的组成

面层 直接承受作用于地面上的各种影响。应根据生产特征、使用要求和影响地面的各种素来选择地面。面层的选择见表 11-2。

表 11-2 地面面层选择

生产特征及对垫层使用要求	适宜的面层	生产特征举例
机动车行驶、受坚硬物体磨损	混凝土、铁屑水泥、粗石	车行通道、仓库、钢绳车间等
坚硬物体对地面产生冲击（10kg 以内）	混凝土、块石、缸砖	机械加工车间、金属结构车间等
坚硬物体对地面有较大冲击（50kg 以上）	矿渣、碎石、素土	铸造、锻压、冲压、废钢处理等
受高温作用地段（500℃以上）	矿渣、凸缘铸铁板、素土	铸造车间的熔化浇铸工段、轧钢车间加热和轧机工段、玻璃熔制工段
有水和其他中性液体作用地段	混凝土、水磨石、陶板	选矿车间、造纸车间
有防爆要求	菱苦土、木砖沥青砂浆	精苯车间、氢气车间、火药仓库等
有酸性介质作用	耐酸陶板、聚氯乙烯塑料	硫酸车间的净化、硝酸车间的吸收浓缩
有碱性介质作用	耐碱沥青混凝土、陶板	纯碱车间、液氨车间、碱熔炉工体段
不导电地面	石油沥青混凝土、聚氯乙烯塑料	电解车间
要求高度清洁	水磨石、陶板马赛克、拼花木地板、聚氯乙烯塑料、地漆布	光学精密器械、仪器仪表、钟表、电讯器材装配

垫层 垫层是承受面层传来的荷载，并将其分布到基层上的构造层。垫层可分为刚性垫层、半刚性垫层和柔性垫层三类。刚性垫层是指用混凝土、沥青混凝土和钢筋混凝土等材料做成的垫层，它整体性好，不透水，强度大，变形小。半刚性垫层是指灰土、三合土、四合土等材料做成的垫层，它整体性稍差，受力后有一定的塑性变形。柔性垫层是用砂、碎石、矿渣 等材料做成的垫层。它造价低，施工方便。

地面垫层的最小厚度应满足的规定，见表 11-3。

表 11-3 地面垫层的最小厚度

垫层名称	材料强度等级或配合比	厚度/mm
混凝土	≥C10	60
四合土	1：1：6：12（水泥：石灰膏：砂：碎砖）	80
三合土	1：3：6（熟化石灰：砂：碎砖）	100
灰土	3：7 或 2：8（熟化石灰：黏性土）	100
砂、炉渣、碎（卵）石		60
矿渣		80

基层　基层是地面的最下层，是经过处理的地基土，最常见的是素土夯实。

地面应铺设在均匀密实的地基上。当地基土层不够密实时，应用夯实、掺骨料、铺设灰土层等措施加强。地面垫层下的填土应选用砂土、粉土、黏性土及其他有效填料，不得使用湿土、淤泥、腐殖土、冻土、膨胀土及有机物含量大于8%的土。

结合层　结合层是连接块材面层与垫层的中间层。

隔离层　隔绝地面上部或地面下部水、潮气的附加层，以防止渗透扩散，保证正常生产和建筑结构的安全，隔离层的层数，见表 11-4。

表 11-4　隔离层的层数

隔离层材料	隔离层层数	隔离层材料	隔离层层数
石油沥青油毡	1~2 层	防水冷胶剂	一布三胶
沥青玻璃布油毡	1 层	防水涂膜（聚氯酯类涂料）	2~3 道
再生胶油毡	1 层	热沥青	2 道
软聚氯乙烯卷材	1 层	防油渗胶泥玻璃纤维布	一布二胶

2. 厂房地面的细部构造

缩缝　混凝土垫层需考虑温度变化产生的附加应力的影响，同时防止因混凝土收缩变形所导致的地面裂缝。一般厂房内混凝土垫层按 3~6m 间距设置纵向缩缝，6~12m 间距设置横向缩缝，设置防冻层的地面纵横向缩缝间距不宜大于 3m。缝的构造形式有平头缝、企口缝、假缝，一般多为平头缝。企口缝适合于垫层厚度大于 150mm 的情况、假缝只能用于横向缩缝。

变形缝　地面变形缝的位置应与建筑物的变形缝一致。同时在地面荷载差异较大和受局部冲击荷载的部分亦应设变形缝。变形缝应贯通地面各构造层，见图 11-87。

交界缝　两种不同材料的地面，由于强度不同，接缝处易遭受破坏，应根据不同情况采取措施，见图 11-88。

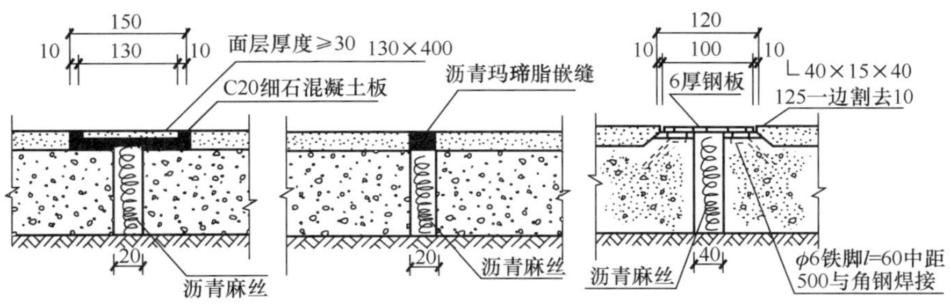

图 11-87　地面变形缝构造示意图

11.6.2　其他构造

1. 坡道

厂房的室内外高差一般为 150mm，为了便于各种车辆通行，在门口外侧须设置坡道，坡道的坡度常取 10%~15%，宽度应比大门宽 600~1000mm 为宜，如图 11-89 所示。

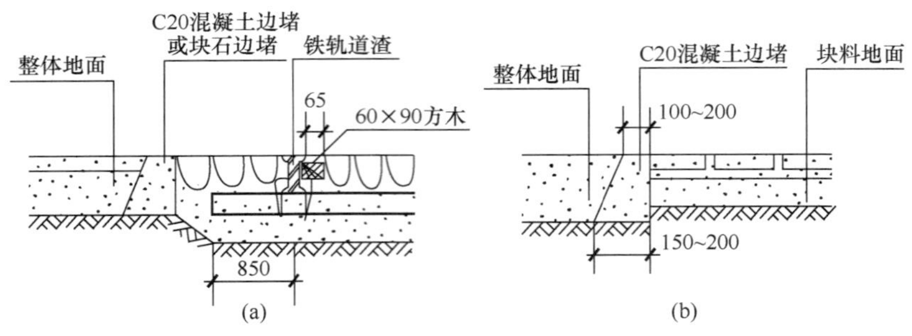

图 11-88　不同地面接缝处理图

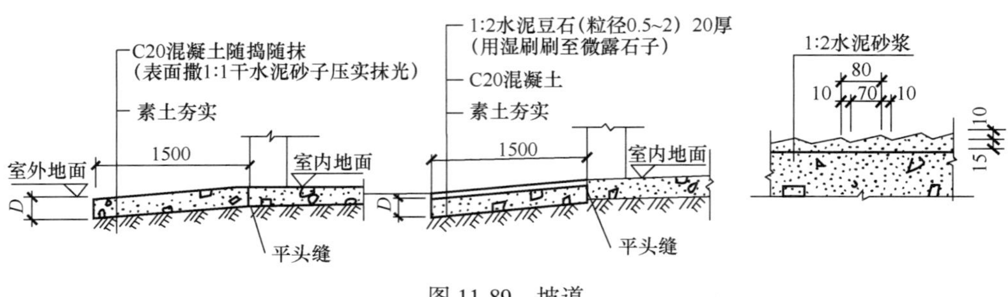

图 11-89　坡道

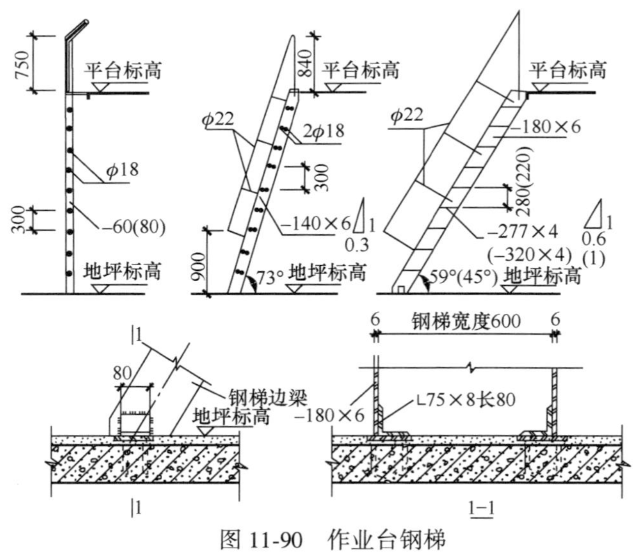

图 11-90　作业台钢梯

2. 钢梯

单层工业厂房中常采用各种钢梯，如作业台钢梯，吊车钢梯、消防及屋面检修钢梯等。

（1）作业台钢梯

作业台钢梯是工人上下生产操作平台或跨越生产设备联动线的交通道。其坡度为 45°、59° 、73°和 90°，如图 11-90 所示。

（2）吊车钢梯

吊车钢梯是为吊车司机上下吊车使用的专用梯，吊车梯一般为斜梯，梯段有单跑和双跑两种，坡度有 51°、55°和 63°。

（3）消防及屋面检修钢梯

单层厂房屋顶高度大于 10m 时，应设专用梯自室外地面通至屋面，或从厂房屋面通至天窗屋面，作为消防及检修之用。消防、检修常用直梯，宽度为 600mm，由梯段、踏步、支撑组成，如图 11-91 所示。

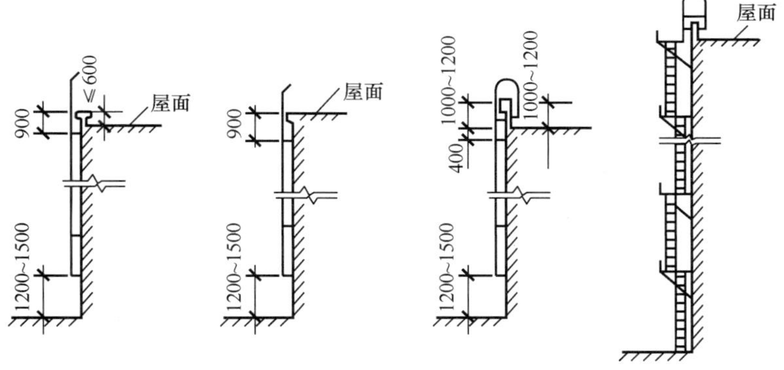

图 11-91　消防及屋面检修钢梯

小结

1. 单层厂房主要结构构件基础与基础梁、柱、屋盖、吊车梁、连系梁与圈梁及支撑。

2. 外墙单层工业厂房的外墙按材料不同，可分为砖墙、砌块墙和板材墙；按承重方式不同，可以分为承重墙、承自重墙、框架墙等。

3. 厂房屋面排水方式和民用建筑相同，分有组织排水和无组织排水两种。屋面防水主要有卷材防水、构件自防水屋面和波形瓦（板）屋面等类型。同时屋面按需求做好保温或者隔热算处理。

4. 单层工业厂房侧窗洞口的尺寸应符合《建筑模数协调标准》的规定，以利于窗的设计、加工制作标准化和定型化。

5. 为了使满载货物的车辆能顺利地通过大门，厂房大门的宽度应比满载货物的车辆外轮廓宽 600~1000mm，高度则应高出 400~500mm。为了便于采用标准构配件，大门的尺寸应符合《建筑模数协调标准》的规定，以 300mm 作为扩大模数进级。

6. 在大跨度和多跨度的单层工业厂房中，为了满足天然采光和自然通风的要求，常在厂房的屋顶设置各种类型的天窗。主要用作采光的有矩形天窗、锯齿形天窗、平天窗、横向下沉式天窗等；主要用作通风的有矩形避风天窗、纵向或横向下沉式天窗、井式天窗、M 形天窗。

7. 矩形天窗横断面呈矩形，主要由天窗架、天窗屋面板、天窗端壁、天窗侧板、天窗扇等组成。

8. 矩形通风天窗由矩形天窗及其两侧的挡风板所构成。

9. 下沉式天窗是在拟设天窗的部位把屋面板下移，铺在屋架的下弦上，利用屋架上、下弦之间的空间做成采光口或通风口。可分为纵向下沉式天窗、横向下沉式天窗及井式天窗。

10. 厂房地面主要由面层、垫层、基层、结合层、隔离层。地面要处理好地面缩缝、变形缝等编细部构造。

思考题

1. 单层厂房墙板的布置方式有哪几种形式？

2. 在工业厂房中，为什么要设基础梁？基础梁设置在什么位置，其搁置方式有哪几种？

3. 厂房中，抗风柱有什么作用？有何构造要求？

4. 连系梁有什么作用？

5. 什么是柔性连接？什么是刚性连接？
6. 天窗按其在屋面上的位置不同分为几种？
7. 矩形天窗由哪几部分组成？
8. 分别说明什么是井式天窗、横向下沉式天窗和纵向下沉式天窗。
9. 工业建筑地面有哪些构造层次？它们各有什么作用？
10. 钢筋混凝土构件自防水的板缝处理有哪几？试画出节点图。

第 12 章　多层厂房简介

学习目标

通过本章的学习，了解多层工业建筑的特点及适用范围，熟悉多层工业建筑结构分类、掌握多层工业厂房定位轴线的标定。

引例

某多层工业厂房跨度为9.0m，柱距为6m，屋顶采用平屋顶。试分析多层工业厂房与单层工业厂房的联系与区别。

随着科学技术的发展、工艺和设备的进步、工业用地的日趋紧张，多层厂房在机械、电子、电器、仪表、光学、轻工、纺织、化工和仓储等行业中已具有举足轻重的地位，多层工业厂房在整个工业建筑中所占的比重将会越来越大。

12.1 多层厂房概述

12.1.1 多层厂房的特点

多层厂房在建筑平面布置和结构形式选择方面都与单层厂房有很大区别。它的特点主要是：

1）占地面积小、节约用地。

这对于用地紧张的城市来讲更为适宜。由于节约用地，相对地缩短了厂区一切管网、道路、围墙等设施，因而全厂基本建设费用可以降低。

2）外围护结构小。

多层厂房宽度较小，可利用侧面采光，一般都不需设置天窗，因而使屋顶构造简化。屋顶面积较小，故雨雪排除方便，并有利于室内的保温、隔热的要求。

3）交通运输面积大。

由于多层厂房增加了垂直方向的运输系统（如电梯、楼梯等）。这样就增加了用于交通运输的面积和体积。

4）柱网尺寸小，厂房的通用性小。

由于多层厂房在楼层上要布置设备，又受梁板结构经济合理性的制约，因而不利于工艺改革和设备更新，不如单层厂房灵活。

5）结构构造复杂。

多层厂房多采用梁板柱承重，因而除底层外，一些荷载大、重量大或振动大的设备对于楼层难以适应，须作特殊的结构、构造处理。

6）立面丰富。

多层厂房能点缀城市，美化环境，改变城市面貌。

12.1.2 多层厂房的适用范围

在现代划企业建设中。一般具有下列条件者可以采用多层厂房。

1）生产上需要垂直运输的厂房，如面粉厂、啤酒厂、乳制品厂等。

2）生产上要求在不同层高操作的厂房，如化工厂的大型蒸馏塔等设备，高度比较高，生产上又需要在不同的层高上进行。

3）生产环境有特殊要求的厂房，如仪表、电子、医药、食品类厂房。采用多层厂房容易解决生产多要求的恒温、恒湿、洁净、无尘、无菌等问题。

4）生产设备、原料及产品较轻，运输量不大的厂房，如服装厂。

5）城市建设规划需要或厂区基地受到限制的厂房，如城市中的旧厂房改建、扩建等。

12.2 多层厂房的结构类型

多层厂房结构形式的选择首先应该结合生产工艺及层数的要求进行。其次还应该考虑建筑材料的供应、当地的施工安装条件、构配件的生产能力以及基地的自然条件等。目前我国多层厂房承重结构有：混合结构、钢筋混凝土结构、钢结构。

1. 混合结构

混合结构为钢筋混凝土楼（屋）盖和砖墙承重的结构。分为墙承重和内框架承重二种型式。适用于楼面荷载不大，又无振动设备，层数在五层以下的中小型厂房。在地震区不宜选用。

2. 钢筋混凝土结构

钢筋混凝土结构是我国目前采用最广泛的结构形式。它的构件截面较小，强度较大，能适应层数较多、荷重较大、空间较大的需要。

（1）框架结构

一般可分为梁板式结构和无梁楼板结构两种。其中梁板式结构可分为横向承重框架、纵向承重框架及纵横向承重框架三种。横向承重框架刚度较好，适用于室内要求空间比较固定的厂房，是目前经常采用的一种形式。纵向承重框架的横向刚度较差，需在横向设置抗风墙、剪力墙，但由于横向连系梁的高度较小，楼层净空较高，有利于管道的布置。一般适用于需要灵活分隔的厂房。纵横向承重框架，采用纵横向均为刚接的框架，厂房整体刚度好，适用于地震区及各种类型的厂房。

（2）框架—剪力墙结构

框架与剪力墙共同工作的结构形式，具有较大的承载能力。一般适用于层数较多，高度和荷载较大的厂房。

（3）无梁楼板结构

无梁楼板结构系由板、柱帽、柱和基础组成。其特点是没有梁。因此楼板底面平整、室内净空可有效利用。它适用于布置较大空间及需灵活分间布置的要求，一般应用于荷载较大（$10kN/m^2$ 以上）及无较大振动的厂房。柱网尺寸以近似或等于正方形为宜。

除上述的结构形式外，还可采用为设置技术夹层而采用的无斜腹杆平行弦屋架的大跨度桁架式结构。

3. 钢结构

钢结构具有重量轻、强度高、施工方便等优点。是国内外采用较多的一种结构形式。它施工速度快，能使工厂早日投产（一般认为可提高速度 1 倍左右）。

目前钢结构主要趋向是采用轻钢结构和高强度钢材。采用高强度钢结构较普通钢结构可节约钢材 15%~20%，造价降低 15%，减少用工 20%左右。

12.3 多层厂房定位轴线

1. 柱网尺寸

多层厂房由于受到楼层结构的限制，柱网尺寸一般较单层厂房小，但随着建筑材料、建筑结构以及施工技术的不断发展和适应生产灵活性的需要，柱网（主要是跨度）有扩大的趋势。

多层厂房柱网尺寸的确定应考虑生产工艺要求和结构形式的经济合理性以及施工上的可能性，也应符合《建筑模数协调统一标准》（GBJ 2—1986）和《厂房建筑模数协调标准》（GBJ 6—1986）的要求。根据厂房建筑模数协调标准，多层厂房的跨度（进深）应采用扩大模数 15M 数列，宜采用 6. 0m、7. 5m、9. 0m、10. 5m 和 12m。厂房的柱距（开间）应采用扩大模数 6M 数列，宜采用 6. 0m、6. 6m 和 7. 2m（图 12-1）。内廊式厂房的跨度可采用扩大模数 6M 数列，宜采用 6. 0m、6. 6m 和 7. 2m。走廊的跨度应采用扩大模数 3M 的数列，宜采用 2. 4m、2. 7m 和 3. 0m。

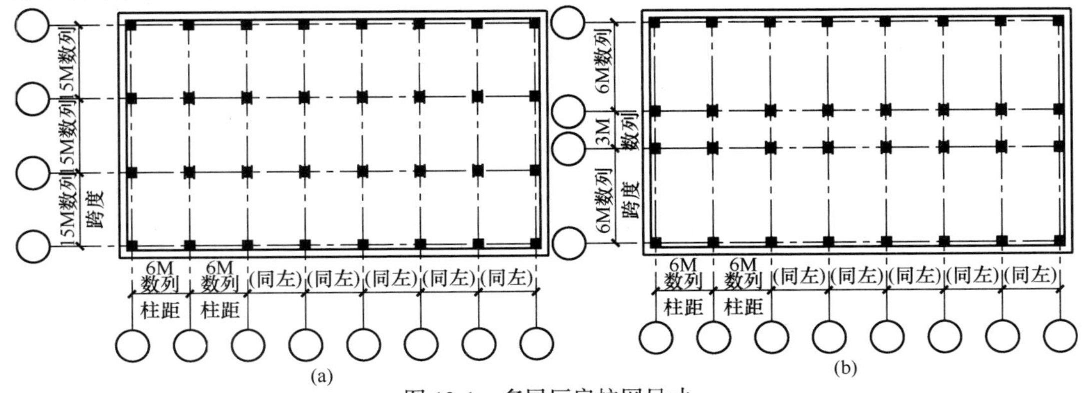

图 12-1　多层厂房柱网尺寸

2. 多层厂房柱网类型

在工程实践中，常见的多层厂房柱网类型有内通道式柱网、等跨式柱网、不等跨式柱网、大跨度式柱网等四种（图 12-2）。

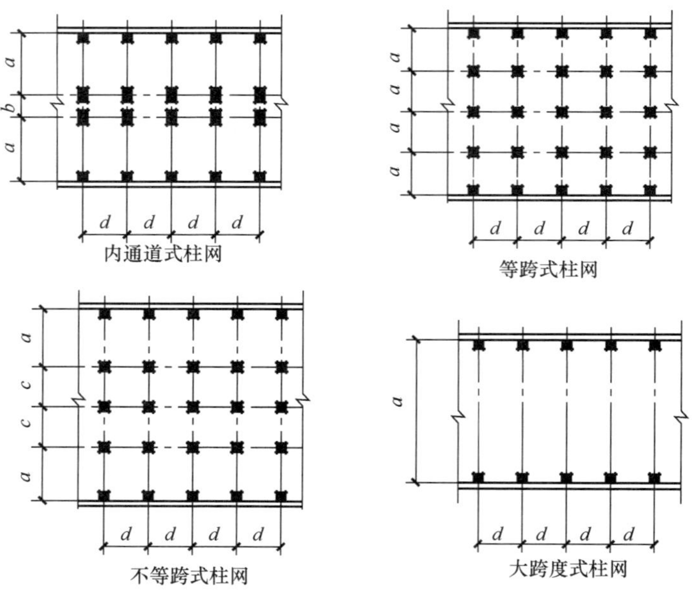

图 12-2 柱网的类型

（1）内廊式柱网

内廊式柱网适用于内廊式的平面布置且多采用对称式。在仪表、电子、电器等类企业中应用较多，主要用于零件加工或装配车间。过去这种柱网应用较多，近年来有所减少。常见的柱距 d 为 6.0m，房间的进深 a、c 有 6.0m、6.6m 和 7.2m 等，而走廊宽 b 则为 2.4m、2.7m、3.0m。

（2）等跨式柱网

它主要使用于需要大面积布置生产工艺的厂房，底层一般布置加工、仓库或总装配车间等，有的还布置有起重运输设备。适用于机械、轻工、仪表、仓库等的工业厂房。这类柱网可以是二个以上连续等跨的形式。用轻质隔墙分隔后，亦可作内廊式的平面布置。目前采用的柱距 d 为 6.0m，跨度 a 有 6.0m、7.5m、9.0m、10.5m 及 12.0m 等数列。

（3）对称不等跨柱网

这种柱网的特点及适用范围基本和等跨柱网类似。现在常用的柱网尺寸有（6.0+7.5+7.5+6.0）m×6.0m（仪表类），（1.5+6.0+6.0+1.5）m×6.0m（轻工类），（7.5+7.5+12.0+7.5+7.5）m×6.0m 及（9.0+12.0+9.0）m×6.0m（机械类）等数种。

（4）大跨度柱网

这种柱网由于取消了中间柱子，为生产工艺的变革提供更大的适应性。因为扩大了跨度（大于 12m），楼层常采用桁架结构，这样楼层结构的空间（桁架空间）可作为技术层，用意布置各种管道及生活辅助用房。

除上述主要柱网类型外，在实践中根据生产工艺及平面布置等各方面的要求，也可在用其他一些类型的柱网，如（9.0+6.0)m×6.0m，[(6.0−9.0)+3.0+(6.0~9.0)+3.0+(6 0~9.0)]m×6.0m 等。

3. 多层厂房定位轴线布置

（1）墙承重时定位轴线的定位

小型厂房采用墙承重时，其定位轴线的划分相当于砖混结构定位轴线的划分，与单层厂房建筑的划分一致。横向定位轴线与顶层横墙的中心线相重合。山墙顶层墙内缘与横向定位轴线间的距离可按砌体材料类别，分别为半块或半块的倍数或墙厚的一半。

纵向外墙为承重砌体时，因层高和荷载的原因，多在墙体内侧设置壁柱，此时，纵向定位轴线与墙体的内缘相重合。也可定位于砌体中半块或半块的倍数处。纵向中间墙承重时，纵向定位轴线通过墙体中心线，一般这种情况较少，因其影响到空间的使用。

（2）框架承重时定位轴线的定位

1）墙、柱与横向定位轴线的定位。

横向定位轴线一般与柱中心线相重合。在山墙处定位轴线仍通过柱中心，这样可以减少构件规格品种，使山墙处横梁与其他部分一致，虽然屋面板与山墙间出现空隙，但构造上易于处理（图 12-3）。

横向伸缩缝或防震缝处应采用加设插入距的双柱并设两条横向定位轴线，柱的中心线与横向定位轴线相重合。插入距 a_i，一般取 900mm。此处节点可采用加长板的方法处理（图 12-4）。

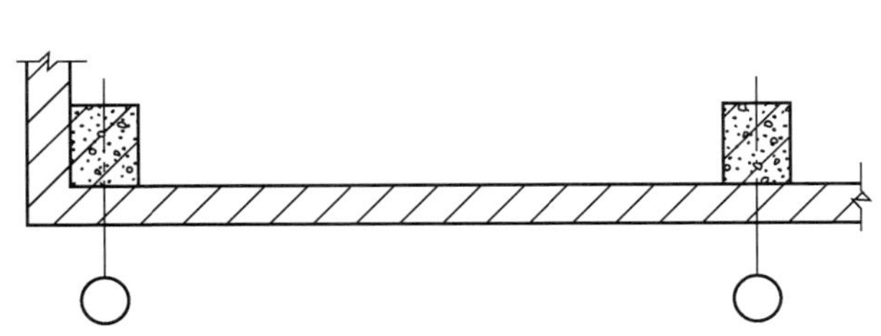

图 12-3　柱与横向定位轴线的定位

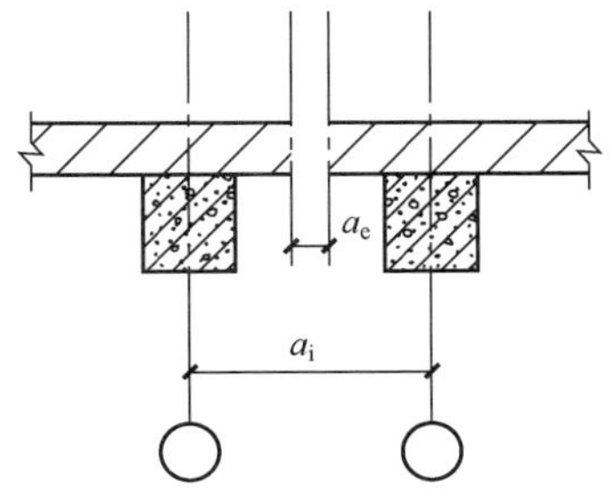

图 12-4　横向伸缩缝或防震缝处横向定位轴线的定位

2）纵墙、边柱与纵向定位轴线的定位。

纵向定位轴线在中柱处应与柱中心线相重合。在边柱处，纵向定位轴线在边柱下柱截面高度 h_1 范围内浮动定位。浮动幅度 a_n 最好为 50mm 的整倍数，这与厂房柱截面的尺寸应是 50mm 的整倍数是一致的。a_n 值可以是零，也可以是 h_1，当 a_n 为零时，纵向定位轴线即定于边柱的外缘了（图 12-5）。

（3）纵横跨处定位轴线的定位

厂房纵横跨处的连接，应采用双柱并设置含有伸缩缝或防震缝的插入距。插入距应包括伸缩缝或防震缝，还应包括山墙处柱宽的一半、纵向边柱浮动幅度、墙体厚度以及施工所需的净空尺寸（图 12-6）。

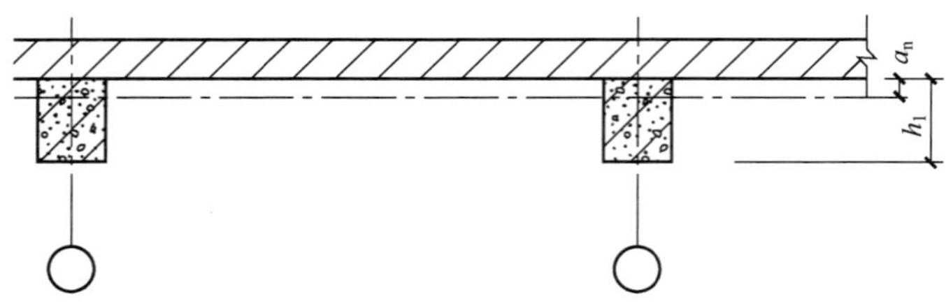

图 12-5　纵墙、边柱与纵向定位轴线的定位

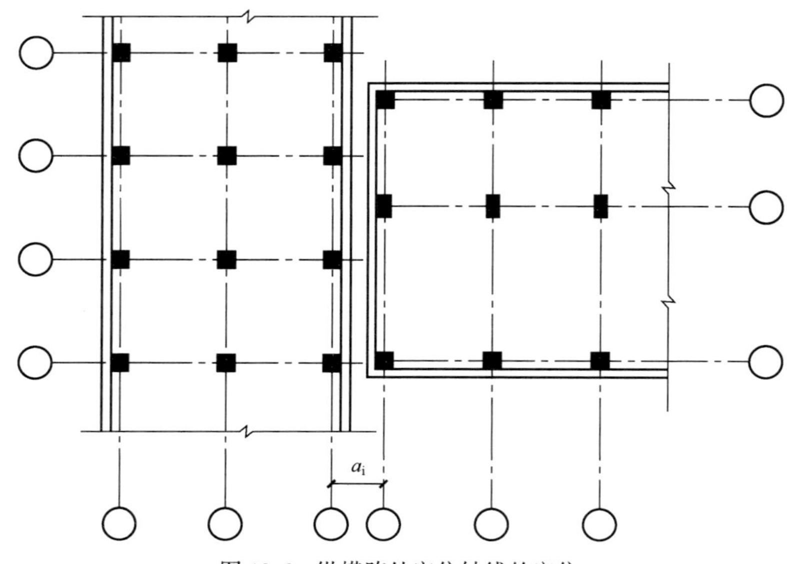

图 12-6　纵横跨处定位轴线的定位

小结

1. 多层厂房有占地面积小、节约用地、外围护结构小、交通运输面积大、柱网尺寸小、结构构造复杂和立面丰富等特点。

2. 我国多层厂房承重结构有：混合结构、钢筋混凝土结构、钢结构。

3. 多层厂房的跨度（进深）应采用扩大模数 15M 数列；厂房的柱距（开间）应采用扩大模数 6M 数列。

4. 在工程实践中，常见的多层厂房柱网类型有内通道式柱网、等跨式柱网、不等跨式柱网、大跨度式柱网等四种。

5. 多层小型厂房采用墙承重时，其定位轴线的划分相当于砖混结构定位轴线的划分，与单层厂房建筑的划分一致。横向定位轴线与顶层横墙的中心线相重合。

6. 框架承重时横向定位轴线一般与柱中心线相重合。

7. 纵向定位轴线在中柱处应与柱中心线相重合；在边柱处，纵向定位轴线在边柱下柱截面高度 h_1 范围内浮动定位。

思考题

1. 多层厂房的特点和适用范围是什么？
2. 多层厂房常采用的柱网形式有哪些？
3. 多层厂房定位轴线如何定位？
4. 绘图表示变形缝处柱与横向定位轴线的联系。
5. 绘图表示外墙、边柱与纵向定位轴线的联系。

主要参考文献

《建筑设计资料集》编委会. 1994. 建筑设计资料. 北京：中国建筑工业出版社.
李必瑜. 2000. 建筑构造. 2版. 北京：中国建筑工业出版社.
李必瑜. 2000. 房屋建筑学. 武汉：武汉理工大学出版社.
刘建荣. 1991. 房屋建筑学. 武汉：武汉大学出版社.
舒秋华. 2006. 房屋建筑学. 3版. 武汉：武汉理工大学出版社.
孙礼军，蔡晓宝，王育武，赵伟成. 2000. 建筑的基本知识. 天津：天津大学出版社.
同济大学，西安建筑科技大学，东南大学，重庆建筑大学合编. 2005. 房屋建筑学. 4版. 北京：中国建筑工业出版社.
颜宏亮. 1999. 建筑构造设计. 上海：同济大学出版社.
颜宏亮. 2010. 建筑构造. 上海：同济大学出版社.
杨金铎，房志男. 2003. 房屋建筑构造. 北京：中国建材工业出版社.
杨善勤，郎四维，涂逢祥. 1999. 建筑节能. 北京：中国建筑工业出版社.
袁雪峰，王志军. 2001. 房屋建筑学. 北京：科学出版社.
袁雪峰，张海梅. 2001. 房屋建筑学. 3版. 北京：科学出版社.
张璋. 2002. 民用建筑设计与构造. 北京：科学出版社.
赵研. 2000. 建筑构造. 北京：中国建筑工业出版.
郑贵超. 2009. 建筑构造与识图. 北京：北京大学出版社.
《中国土木建筑百科辞典》总编委员会. 2006. 中国土木建筑百科辞典. 北京：中国建筑工业出版社.
中华人民共和国国家标准.《房屋建筑制图统一标准》(GB/T 50001—2001). 北京：中国计划出版社.
中华人民共和国国家标准.《建筑制图标准》(GB/T 50104—2001). 北京：中国计划出版社.
中华人民共和国国家标准.《高层民用建筑设计防火规范》(GB 50045—1995). 2005版. 北京：中国计划出版社.
中华人民共和国国家标准.《住宅设计规范》(GB 50096—1999). 2003版. 北京：建筑工业出版社.
中华人民共和国国家标准.《建筑模数协调统一标准》(GBJ 2—1986). 北京：中国计划出版社.
中华人民共和国国家标准.《建筑设计防火规范》(GBJ 50016—2006). 2006版. 北京：中国计划出版社.